科学出版社"十四五"普通高等教育本科规划教材
南开大学"十四五"规划核心课程精品教材
新能源科学与工程教学丛书

储能科学与工程

Energy-Storage Science and Engineering

张 凯 王 欢 编著

科学出版社

北 京

内 容 简 介

本书结合国内外储能科学与工程的积累与发展，对储能领域的基本原理、主要技术和工程应用进行了梳理、归纳和总结，使读者对储能领域有初步的了解。本书讲述了储能的发展历程，涵盖了储能的基本概念和基本原理，详细介绍了目前主要应用和具有发展前景的机械储能、电磁储能、热储能、化学储能、电化学储能，并且关注了规模储能系统集成与智能管理。

本书可作为高等学校新能源科学与工程及相关专业的教材，也可供相关领域的科研人员、工程师和管理人员参考阅读。

图书在版编目（CIP）数据

储能科学与工程/张凯，王欢编著. —北京：科学出版社，2023.11
（新能源科学与工程教学丛书）
科学出版社"十四五"普通高等教育本科规划教材　南开大学"十四五"规划核心课程精品教材
ISBN 978-7-03-076890-2

Ⅰ. ①储…　Ⅱ. ①张…　②王…　Ⅲ. ①储能-技术-高等学校-教材　Ⅳ. ①TK02

中国国家版本馆 CIP 数据核字（2023）第 207590 号

责任编辑：丁　里　李丽娇 / 责任校对：杨　赛
责任印制：赵　博 / 封面设计：迷底书装

科 学 出 版 社 出版
北京东黄城根北街 16 号
邮政编码：100717
http://www.sciencep.com

保定市中画美凯印刷有限公司印刷
科学出版社发行　各地新华书店经销

*

2023 年 11 月第 一 版　开本：787×1092　1/16
2024 年 12 月第三次印刷　印张：20 1/2
字数：486 000
定价：98.00 元
（如有印装质量问题，我社负责调换）

"新能源科学与工程教学丛书"

专家委员会

丛 书 序

　　能源是人类活动的物质基础，是世界发展和经济增长最基本的驱动力。关于能源的定义，目前有 20 多种，我国《能源百科全书》将其定义为"能源是可以直接或经转换给人类提供所需的光、热、动力等任一形式能量的载能体资源"。可见，能源是一种呈多种形式的，且可以相互转换的能量的源泉。

　　根据不同的划分方式可将能源分为不同的类型。人们通常按能源的基本形态将能源划分为一次能源和二次能源。一次能源即天然能源，是指在自然界自然存在的能源，如化石燃料(煤炭、石油、天然气)、核能、可再生能源(风能、太阳能、水能、地热能、生物质能)等。二次能源是指由一次能源加工转换而成的能源，如电力、煤气、蒸汽、各种石油制品和氢能等。也有人将能源分为常规(传统)能源和新能源。常规(传统)能源主要指一次能源中的化石能源(煤炭、石油、天然气)。新能源是相对于常规(传统)能源而言的，指一次能源中的非化石能源(太阳能、风能、地热能、海洋能、生物质能、水能)以及二次能源中的氢能等。

　　目前，化石燃料占全球一次能源结构的 80%，化石能源使用过程中易造成环境污染，而且产生大量的二氧化碳等温室气体，对全球变暖形成重要影响。我国"富煤、少油、缺气"的资源结构使得能源生产和消费长期以煤为主，碳减排压力巨大；原油进口量已超过 70%，随着经济的发展，石油对外依存度也会越来越高。大力开发新能源技术，形成煤、油、气、核、可再生能源多轮驱动的多元供应体系，对于维护我国的能源安全，保护生态环境，确保国民经济的健康持续发展有着深远的意义。

　　开发清洁绿色可再生的新能源，不仅是我国，同时也是世界各国共同面临的巨大挑战和重大需求。2014 年，习近平总书记提出"四个革命、一个合作"的能源安全新战略，以应对能源安全和气候变化的双重挑战。我国多部委制定了绿色低碳发展战略规划，提出优化能源结构、提高能源效率、大力发展新能源，构建安全、清洁、高效、可持续的现代能源战略体系，太阳能、风能、生物质能等可再生能源、新型高效能量转换与储存技术、节能与新能源汽车、"互联网+"智慧能源(能源互联网)等成为国家重点支持的高新技术领域和战略发展产业。而培养大批从事新能源开发领域的基础研究与工程技术人才成为我国发展新能源产业的关键。因此，能源相关的基础科学发展受到格外重视，新能源科学与工程(技术)专业应运而生。

　　新能源科学与工程专业立足于国家新能源战略规划，面向新能源产业，根据能源领域发展趋势和国民经济发展需要，旨在培养太阳能、风能、地热能、生物质能等新能源领域相关工程技术的开发研究、工程设计及生产管理工作的跨学科复合型高级技术人才，以满足国家战略性新兴产业发展对新能源领域教学育人、科学研究、技术开发、工程应用、经营管理等方面的专业人才需求。新能源科学与工程是国家战略性新兴专业，涉及化学、材料科学与工程、电气工程、计算机科学与技术等学科，是典型的多学科交叉专业。

从 2010 年起，我国教育部加强对战略性新兴产业相关本科专业的布局和建设，新能源科学与工程专业位列其中。之后在教育部大力倡导新工科的背景下，目前全国已有 100 余所高等学校陆续设立了新能源科学与工程专业。不同高等学校根据各自的优势学科基础，分别在新能源材料、能源材料化学、能源动力、化学工程、动力工程及工程热物理、水利、电化学等专业领域拓展衍生建设。涉及的专业领域复杂多样，每个学校的课程设计也是各有特色和侧重方向。目前新能源科学与工程专业尚缺少可参考的教材，不利于本专业学生的教学与培养，新能源科学与工程专业教材体系建设亟待加强。

为适应新时代新能源专业以理科强化工科、理工融合的"新工科"建设需求，促进我国新能源科学与工程专业课程和教学体系的发展，南开大学新能源方向的教学科研人员在陈军院士的组织下，以国家重大需求为导向，根据当今世界新能源领域"产学研"的发展基础科学与应用前沿，编写了"新能源科学与工程教学丛书"。丛书编写队伍均是南开大学新能源科学与工程相关领域的教师，具有丰富的科研积累和一线教学经验。

这套"新能源科学与工程教学丛书"根据本专业本科生的学习需要和任课教师的专业特长设置分册，各分册特色鲜明，各有侧重点，涵盖新能源科学与工程专业的基础知识、专业知识、专业英语、实验科学、工程技术应用和管理科学等内容。目前包括《新能源科学与工程导论》《太阳能电池科学与技术》《二次电池科学与技术》《燃料电池科学与技术》《新能源管理科学与工程》《新能源实验科学与技术》《储能科学与工程》《氢能科学与技术》《新能源专业英语》共九本，将来可根据学科发展需求进一步扩充更新其他相关内容。

我们坚信，"新能源科学与工程教学丛书"的出版将为教学、科研工作者和企业相关人员提供有益的参考，并促进更多青年学生了解和加入新能源科学与工程的建设工作。在广大新能源工作者的参与和支持下，通过大家的共同努力，将加快我国新能源科学与工程事业的发展，快速推进我国"双碳"目标的实现。

中国工程院院士、中国矿业大学（北京）教授

2021 年 8 月

前　言

能源是人类赖以生存的重要物质基础，也是推动人类社会发展的基石。虽然化石燃料的大规模利用促进了全球经济增长和社会进步，但也造成了巨大的环境问题和社会挑战。党的二十大报告明确指出，"实现碳达峰碳中和是一场广泛而深刻的经济社会系统性变革"。想要实现"双碳"目标，就必须逐步有序减少传统能源的使用，实现新能源对传统能源稳步替代。可再生能源及核能的高效利用亟需规模储能技术与之配套，形成"新能源+高效储能"新模式，促进智能电网在发—输—变—配—用等各个环节的调控。储能设施发展的不足限制了新能源的利用效率，因此亟需加大储能技术与系统的研发，为新能源的规模应用提供科技支撑。

当前，我国储能产业还处于发展的初级阶段，以示范应用为主，与欧美主要发达国家的产业化进程相比还存在一定差距。我国已为储能产业制定了相关发展规划与激励措施，从政府的政策倾斜和资金支持，高等学校和科研机构的基础研究和应用基础研究，到企业的生产和研发，形成了良好的环境，正在推动储能行业的进一步发展。国家相关部委先后发布了《"十四五"现代能源体系规划》《"十四五"能源领域科技创新规划》和《"十四五"新型储能发展实施方案》，指出到 2025 年，新型储能由商业化初期步入规模化发展阶段，具备大规模商业化应用条件。

本书共 7 章，第 1 章为储能科学与工程基础，主要介绍储能的意义、技术分类、储能科学与工程发展现状以及我国储能领域面临的挑战与问题；第 2 章为机械储能，介绍机械储能的应用形式、基本概念及前景等；第 3 章为电磁储能，包括超级电容器储能和超导磁储能；第 4 章为热储能，包括热交换的基本方式、热储能的主要应用形式及不同储热技术等；第 5 章为化学储能，包括不同物质的储能性质及应用范围等；第 6 章为电化学储能，包括不同储能电池体系的工作原理、制造工艺、发展现状及电池管理系统等；第 7 章为规模储能系统集成与智能管理，对规模储能的系统集成及控制进行了介绍和分析。书中部分彩图以数字化资源的形式出现，读者扫描相应二维码即可查看。希望本书对我国储能科学与工程的教学、研究、应用等方面产生积极影响，并且对我国储能相关专业的建设起到一定的推动作用。

本书由张凯、王欢编著，在编写过程中，焦培鑫、陈嘉磊、陈山、黄蓉、伍忠汉、冯阳、张桐瑞、李有增、王巍、孙潇婷、王雅欣、王慧丽、钟北斗、姜娜、孙珞然、张若晨、廖雪龙、卢天天、张子恒在资料整理、勘误等方面做了大量工作，在此表示诚挚的谢意。此外，编者还参考了大量国内外资料，对相关作者表示衷心的感谢。

由于编者知识水平有限，书中难免存在疏漏和不足之处，敬请广大读者批评指正。

编著者

2022 年 11 月

目　录

第 1 章　储能科学与工程基础

1.1　引　言

目前，全球能源生产严重依赖煤、石油、天然气等化石燃料，造成大量温室气体 (如 CO_2 等)排放、环境恶化和资源短缺等问题，严重威胁生态系统和人类健康。随着"双碳"目标(图 1.1)的提出，可再生能源成为我国重点部署的国家市场战略能源。风能、太阳能等可再生能源发电受自然界的风速、风向、昼夜、阴晴天气等因素的影响，具有间歇性、随机性、波动性。为保证电网安全、稳定、可靠供电，先进储能技术是建设可再生能源占比逐渐提高的新型电力系统的关键。

储能系统是将能量从一种形式(通常是电力)转换为另一种形式的系统，该形式可以保留在储存介质中，然后在需要时转换回电力或热量等。其本质是进行不同能量形式之间的转化，实现时间和空间的分离。储能系统可以将需求低、发电成本低或从间歇性能源中生产的电力转化储存为可调、可控、可利用的能源，从而大幅度提高能源的价值，或者提高能源系统的安全性；在需求高、发电成本高或没有其他发电方式可用时将储能系统中的能量释放出来，为电网提供了极大的操作灵活性，并缓解了可

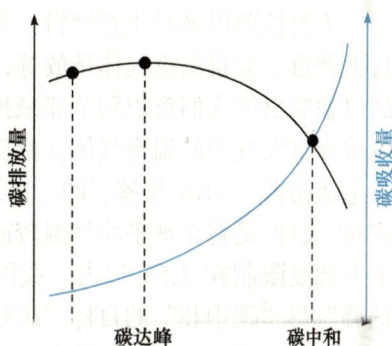

图 1.1　"双碳"目标示意图

再生能源的间歇性问题。储能系统有许多应用，包括便携式设备、运输车辆和固定能源。在不同能量转化过程中，无论是能量形式还是能量的数量，均遵守能量守恒定律和熵增加原理等基本科学规律。所有的储能技术与储能装备研究开发过程都需要以科学规律为指导，在此基础上发展高效转化技术才能成功。本书将重点介绍用于发电、配电和智能电网、分布式能源储存以及用户端等固定式储能系统。

国家发展改革委、国家能源局发布的《"十四五"新型储能发展实施方案》明确指出，"新型储能是构建新型电力系统的重要技术和基础装备，是实现碳达峰碳中和目标的重要支撑，也是催生国内能源新业态、抢占国际战略新高地的重要领域。"储能能够为电网运行提供调峰、调频、备用、黑启动、需求响应支持等多种服务，是提升传统电力系统灵活性、经济性和安全性的重要手段；能够显著提高风、光等可再生能源的消纳水平，支撑分布式电力及微网系统，是推动主体能源由化石能源向可再生能源更替的关键技术；能够促进能源生产消费开放共享和灵活交易，实现多能协同，是构建能源互联网、推动电力体制改革和促进能源新业态发展的核心基础。电力系统的储能应用可以分为：电-能-电(具有调节特性)、电-能(具有负荷特性)和能-能-电(具有电源特性)三种场

景，分别在电力系统中承担不同作用。储能的出现增加和丰富了电力系统的有功调控手段；储能的技术指标已经能够满足电力系统暂态、动态、稳态全过程的功率调节需求。系统调节应用面临的科学问题包括基于储能的系统有功功率调控技术和智能电网环境下的协调控制体系。

1.2　储能的意义

一个国家的社会经济发展水平可以用人均能源消耗量来衡量。能源是现代社会的关键。能源供应包括能源的提取、储存和运输。能源的主要来源有：太阳、风、水、核能和化石燃料(石油、煤炭和天然气等)等。化石燃料需要经过亿万年才能形成，并且在短期内无法恢复。自 20 世纪 70 年代出现能源危机以来，各国都重视节约使用化石燃料。但由于世界人口和消费水平迅速增加，对能源的需求大幅增加。根据国际能源署(International Energy Agency，IEA)的数据，2021 年能源需求量高达约 495 EJ(1 EJ=1×10^{18} J)，比 2016 年的 462 EJ 增长了 7%，平均每年增长 1.4%。

人类长期以来对化石燃料大量无节制地使用，造成了一系列环境问题，如空气污染日益严重、大量温室气体排放等，为人类自身的生存带来了严重影响。全球性环境问题的日益突出使人们意识到节能减排对人类生存的重要性。1997 年通过《京都议定书》，以确保将大气中的温室气体含量稳定在一个适当的水平，进而防止剧烈的气候变化对人类造成伤害。2016 年签署的《巴黎协定》为应对 2020 年后全球气候的变化做出了统一安排，目标是将全球平均气温较前工业化时期上升幅度控制在 2℃以内，并努力将温度上升幅度限制在 1.5℃以内。我国作为世界上最大的能源生产国和消费国，提出了"碳达峰"与"碳中和"的目标。碳达峰是指在某一个时间点，二氧化碳的排放不再增长达到峰值，之后逐步回落；碳中和是指在一定时间内，直接或间接产生的温室气体排放总量通过植树造林、节能减排等形式，抵消自身产生的二氧化碳排放，实现二氧化碳的"零排放"。

碳中和倡导绿色、环保、低碳的生活方式，要求逐步有序减少传统能源使用，实现新能源对传统能源稳步替代。根据国际能源署的数据，2019 年全球总电力最终消耗为 276 440 亿 kW·h，比 2017 年增长 19.3%。国际能源署预测，到 2040 年，全球电力需求将以每年 34 000 亿~420 000 亿 kW·h 的增长幅度增长。国际能源署认为可再生能源在全球发电量中的占比将从当前的约 25%攀升至 2050 年的 86%。我国持续推进产业结构和能源结构调整，大力发展可再生能源，在沙漠、戈壁、荒漠地区加快规划建设大型风力发电、光伏发电项目，努力兼顾经济发展和绿色转型。2021 年，我国可再生能源发电量达到 24 800 亿 kW·h，占全社会用电量的 29.8%，其中风力发电和光伏发电分别占比 7.9%和 3.9%；BP Energy 预测我国 2060 年 70%以上的电力将由清洁可再生能源供应(图 1.2)。但是，风能、太阳能等可再生能源发电受自然界的风速、风向、昼夜、阴晴天气的影响，具有间歇性、波动性，为保证电网安全、稳定、可靠供电，需要配套储能设施进行峰谷调控和调频调相。

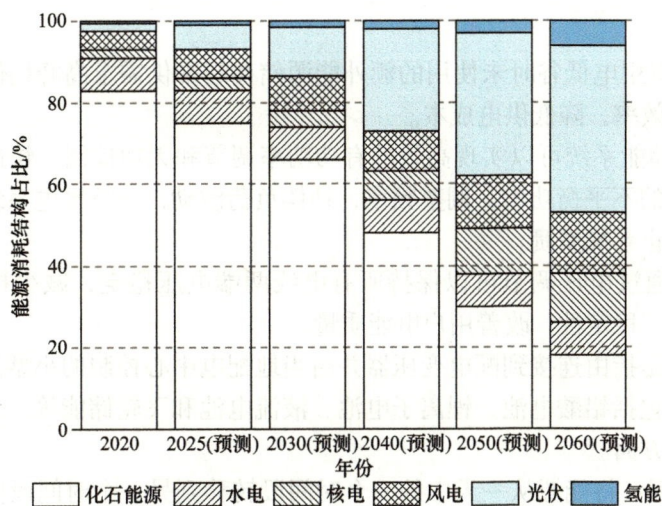

图 1.2　我国能源消耗结构变化预测

储能系统的历史可以追溯到 20 世纪初,当时发电站经常在夜间关闭,铅酸电池为直流网络提供剩余负载。美国康涅狄格州电力公司认识到储能在网络中的灵活性和重要性,抽水蓄能作为第一个储能中心站于 1929 年投入使用。在电力供应行业的后续发展中,随着对规模和经济性的追求,大型中央发电站和广泛的输配电网络,都对储能系统产生了兴趣。如图 1.3 所示,根据国际能源署的数据,每年新增储能容量持续走高,在全球范围内,2022 年增加了超过 11 GW 的储能容量,其中以中国和美国为首。

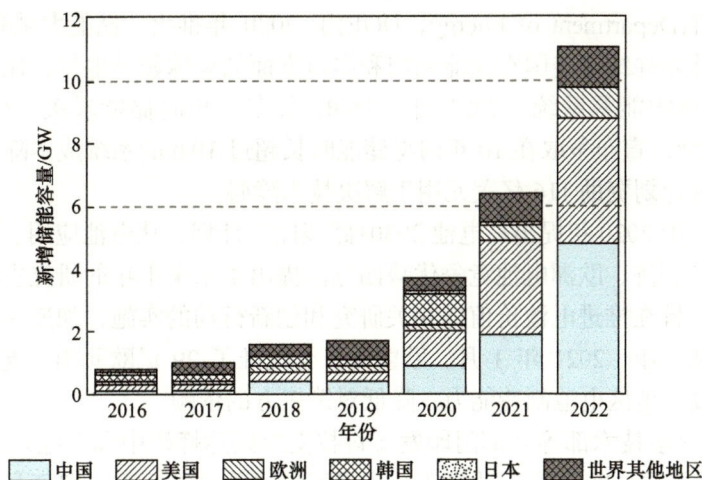

图 1.3　2016～2022 年全球范围内每年新增储能规模

储能的潜在应用种类繁多,涵盖从发电和输电系统,到配电网络相关的系统,再到最终用户的全部范围。根据集中程度,储能分为集中式储能与分布式储能。集中式储能通常连接到传输和子传输系统,并由独立系统运营商调度以支持大容量传输网络操作,主要包括传统的抽水蓄能、压缩空气储能和大型钠硫电池等。集中式储能主要应用于以下几个方面。

(1) 调峰：将用电低谷时未使用的额外能源储存起来供需求高峰期使用，从而提高电网整体的运行效率，降低供电成本。

(2) 维稳：储能系统可以实现高效的有功功率调节和无功控制，快速平衡电网中由于各种原因产生的不平衡功率，调整频率，补偿负荷波动，维持输电系统上所有组件相互同步运行以防止系统崩溃。

(3) 调压：通过电压调节可以保持所有电线两端电压稳定，减少扰动对电网的冲击，提高系统运行稳定性，改善用户电能质量。

分布式储能是指由连接到配电变压器并由当地配电中心控制的小型储存单元组成的社区储能，主要包括铅酸电池、锂离子电池、液流电池和飞轮储能等。分布式储能主要应用于以下几个方面。

(1) 能源管理：将能源从一天中的一个时间段转移到另一个时间段使用，从而减少使用能源的费用。

(2) 波动抑制：保障用电质量，使电力的"波形"不产生二次振荡或中断，如骤升/骤降、尖峰或谐波。

(3) 应急：可作为不间断电源桥接以度过电力中断时期，维持正常的生产运营，避免因运营中断而付出的高昂代价。

当前，世界主要发达国家在制定本国的能源政策和相关国家规划时，均将储能技术作为优先发展的方向，出台了一系列投资补贴和税收优惠等政策，鼓励投资和引进储能工程、建设各类储能项目，研究和开发前沿储能工程，并在发电及输配电、离网孤岛应用及智能微电网中积极推广和应用储能工程，希望在该领域的竞争中占据有利地位。例如，美国能源部(Department of Energy，DOE)于 2020 年推出"储能大挑战路线图"，要求到 2030 年建立并维持美国在储能利用和出口方面的全球领导地位，建立起弹性、灵活、经济、安全的能源系统。2021 年，DOE 公布"长时储能攻关"(Long Duration Storage Shot)计划，宣布争取在 10 年内将储能时长超过 10 h 的系统成本降低 90%以上，将为储能大挑战计划资助 116 亿美元用于解决技术障碍。

欧盟委员会于 2020 年提出"电池 2030+路线图"计划，从电池应用、电池制造与材料、原材料循环经济、欧洲电池竞争优势四方面提出了未来十年的研究主题及应达到的关键绩效指标，旨在推进电池价值链相关研究和创新行动的实施，加速建立具有全球竞争力的欧洲电池产业。2021 年 1 月，欧盟委员会批准了 29 亿欧元用于支持电池储能领域的研究，提高本地区电池制造能力，降低对第三方的依赖。

2022 年，科学技术部等九部门印发《科技支撑碳达峰碳中和实施方案(2022—2030年)》，国家相关部委先后发布《"十四五"现代能源体系规划》、《"十四五"能源领域科技创新规划》和《"十四五"新型储能发展实施方案》，指出到 2025 年，新型储能由商业化初期步入规模化发展阶段，具备大规模商业化应用条件。新型储能技术创新能力显著提高，核心技术装备自主可控水平大幅提升，标准体系基本完善，产业体系日趋完备，市场环境和商业模式基本成熟。到 2030 年，新型储能全面市场化发展。新型储能核心技术装备自主可控，技术创新和产业水平稳居全球前列，市场机制、商业模式、标准体系成熟健全，与电力系统各环节深度融合发展，基本满足构建新型电力系统需求，全面支撑能源领域实现碳达峰目标。国家在储能领域规划了详细的技术路线(图 1.4)。

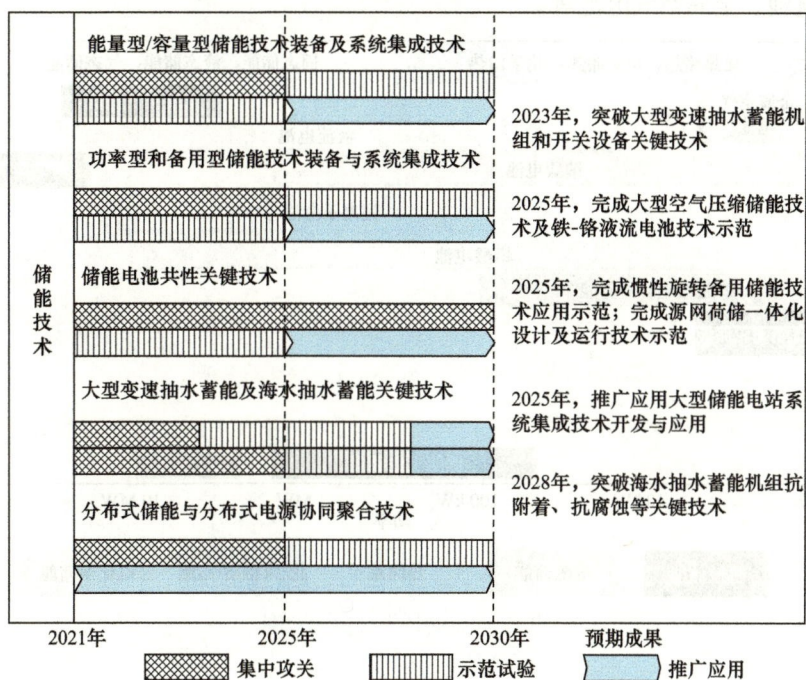

图 1.4　《"十四五"能源领域科技创新规划》中储能领域的技术路线

1.3　储能技术分类

储能技术种类较多，以抽水蓄能和电化学储能为主。根据储能需求特性和时长要求的不同，储能技术大致可以分为容量型、功率型、能量型和备用型四种。其中，容量型储能一般要求连续储能时长大于 4 h，如削峰填谷场景或离网储能场景；功率型储能要求储能系统的连续储能时长小于 30 min，如储能辅助调频或平滑间歇性电源功率波动场景；能量型储能介于容量型和功率型之间，一般为 1 h 左右的复合储能场景，要求储能系统能够提供调峰调频和紧急备用等多重功能；备用型储能在电网突然断电或电压跌落时，能够作为不间断电源立即提供紧急电力，一般要求持续时间不低于 15 min。

从形式上看，电能几乎无法直接储存。一般来说，电能的储存需要将其转换为另一种形式的能量，并在需要时转换回电能。如图 1.5 所示，按形式分，储能技术可分为以下几类：

(1) 机械储能：包括抽水蓄能、压缩空气储能、飞轮储能。

(2) 电磁储能：包括超导储能、超级电容器储能。

(3) 热储能：包括显热储热、相变储热、化学储热。

(4) 化学(物质)储能：包括固态储能、液态储能、气态储能。

(5) 电化学储能：包括铅酸电池、锂离子电池及金属锂电池、钠离子电池、钠硫电池、液流电池、金属空气电池等。

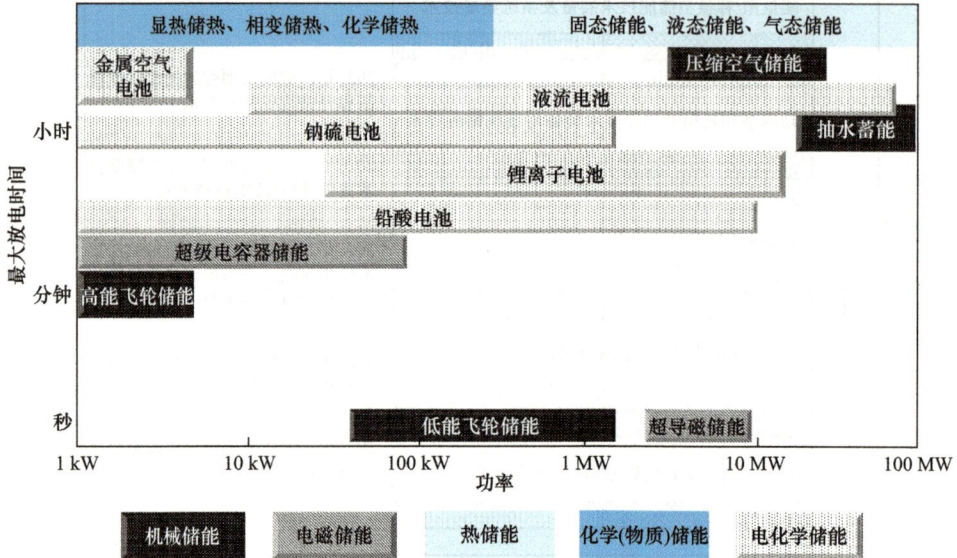

图 1.5 储能技术分类示意图

1.3.1 机械储能

机械储能是将电能转换为机械能进行储存的储能方式，一般用于大规模储能，包括抽水蓄能、压缩空气储能及飞轮储能等，其中抽水蓄能是最主要的机械储能方式(图 1.6)。抽水蓄能最适合空间大且水量充足的地区。它的效率最高，但需要较大的安装面积。就利润而言，变速泵优于恒速泵。水轮机始终保持运行，为电网提供所需的电力。飞轮储能通过使用旋转质量以动能形式短期储存能量。事实上，它具有最快的响应速度，可以在几分钟内释放大量电力，但其容量非常有限。就快速响应(每千瓦最低成本)

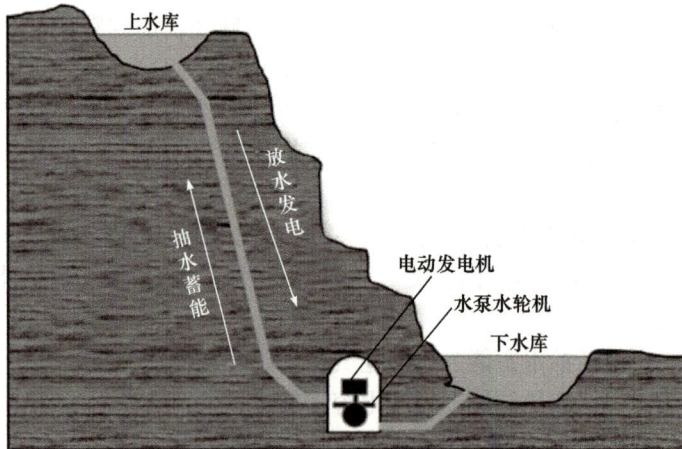

图 1.6 抽水蓄能示意图

而言，它是最经济的机械储能系统。压缩空气储能使用压缩机来储存高压空气，然后在需要时膨胀以提供能量。它非常灵活，启动速度快，但与其他机械储能系统相比运行效率较低。

1.3.2　电磁储能

电磁(电气)储能主要以电场的形式储存电能，而不将电能转换为其他形式的能量。电磁储能包括超导磁储能和超级电容器储能等。

超导磁储能主要通过电磁能的形式将电能储存在线圈中，其原理为电磁感应。将超导线圈置于磁场中，线圈周围温度低于线圈自身的临界温度时，将磁场撤去，此时线圈中将产生感应电流。若环境温度始终保持在线圈临界温度以下，则线圈中产生的感应电流就会一直持续。超导磁储能的污染较小，并且在超导状态下线圈的电阻趋近于零。

超级电容器储能是 20 世纪 80 年代兴起的一种新型储能器件。其响应速度较快，具有较好的负荷响应特性和较高的功率密度，能够在短时间内吸收或释放大量电能，成本较低且后期维护费用也相对较低。

1.3.3　热储能

热储能是一种通过加热或冷却介质储存热能的技术，以便将储存的能量用于加热、冷却及发电。热储能系统特别适用于建筑物和工业过程。在能源系统中使用热储能的优点包括提高整体效率和可靠性，提升经济性，降低投资和运行成本，以及减少环境污染。与追求效率的光伏系统不同，太阳能热系统在工业上已经成熟，并且在白天利用太阳热能的主要部分。然而，它没有足够的热备份以保证在太阳辐射较低或没有太阳辐射的时间内继续运行。热储能与太阳能发电相结合对于电力储存尤为重要，当没有阳光时，可以储存太阳能热量用于发电。

1.3.4　化学储能

化学能储存于原子和分子的化学键中，只有在化学反应中才能释放出来。化学能释放后，反应物往往变成完全不同的物质。化石能源作为目前的主流并非偶然，因为化学燃料中的能量储存提供了能量密度最高、最方便、最具成本效益、可扩展、灵活和高度便携的方式来储存和传输燃料化学键中的大量能量。化学储能按储能物质形态分为固态储能、液态储能和气态储能。固态储能主要是煤炭，煤炭被人们誉为"黑色的金子""工业的食粮"，它是 18 世纪以来人类使用的主要能源之一，是人类生产生活必不可少的能量来源之一，煤炭的供应关系到国家的工业乃至整个社会发展的稳定，煤炭的供应安全问题也是我国能源安全中最重要的一环。液态储能主要有石油、甲醇、乙醇、肼等。甲醇又称为"液态阳光"，这是因为生产过程中碳排放极低或为零就能制得甲醇。甲醇作为燃料可替代汽油、柴油，用于各种机动车、锅炉等。通过太阳光光解水制氢，并对空气中的二氧化碳加氢生成甲醇的过程零污染零排放，且可形成碳循环，是迄今人类制备甲醇最清洁环保的方式之一。气态储能主要有天然气、氢气、氨气、甲烷等。氢气是一种无色的气体。燃烧 1 g 氢气能释放出 142 kJ 热量，是汽油的 3 倍。氢气燃烧的产物主要是水，不会产生 CO、CO_2、碳氢化合物、铅化物和粉尘颗粒等对环境有害的污染物质，且燃烧生成的水还可继续制氢，反复循环使用。

1.3.5　电化学储能

电化学储能是通过氧化还原反应实现电能到化学能转化的过程，该反应的能量可以在规定的电压和时间以电流的形式获得。严格来说，电化学储能也属于化学储能，但因其发展迅速、体系众多，本书单独成章进行介绍。目前，以金属(锂、钠等)离子电池和液流电池(图 1.7)为主导的电化学储能在安全性、能量转换效率和经济性等方面均取得了重大突破，其装机容量也在不断增长。此外，电化学储能可以同时向系统提供有功和无功支撑，因此对于复杂电力系统的控制也具有非常重要的作用。

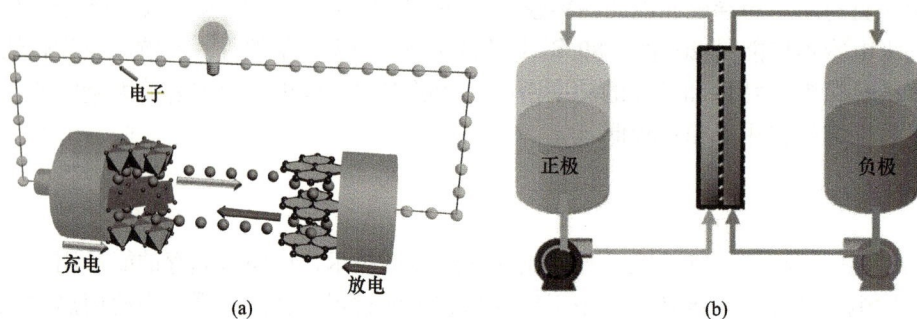

图 1.7　金属离子电池(a)和液流电池(b)示意图

1.4　储能科学与工程发展现状

储能科学与工程主要是指综合运用数学、物理、化学等科学知识，通过各种结构、器件、系统和示范应用，高效、可靠地将能量储存起来。储能科学与工程是国家能源领域的迫切需求，覆盖电源、电网、用户、居民及社会化功能性储能设施等方面。储能工程是实现灵活用电、互动用电的重要基础，是实现智能化使用能源、解决能源危机的重要技术发展方向，也是发展智能电网的重要基础工作。"储"作为系统运行的补充环节，可从时间上有效隔离电能的生产和使用，彻底颠覆电力系统供需瞬时平衡的执行原则，将电网的规划、设计、布局、运行管理及使用等从以功率传输为主转化为以能量传输为主，给电力系统运行带来革命性的变化，也将对传统电力起到改善和改良的作用。

当前，发达国家已经走在储能工程与产业发展的前列，通过政府扶持、政策导向、资金投入等多种方式积极促进产业发展，意图建立行业技术标准，抢占全球储能工程和市场制高点。美国为储能产业制定了具体的立法，明确了储能技术开发和应用的重要性、制定产业发展规划的必要性、产业政策发展指导与技术支持、推广应用政策、激励与监督措施，中国政府、科研院所和企业可以适当借鉴美国的经验。我国的储能产业起步可以追溯到 2000 年年初，历经二十几年，储能走过了技术研发、示范应用和商业化初期三个阶段。

根据中关村储能产业技术联盟全球储能项目库的不完全统计(图 1.8)，截至 2021 年，我国已投运储能项目累计装机规模为 43.44 GW，同比增长 22.0%。其中，抽水蓄能的累计装机规模最大，为 37.58 GW，同比增长 18.2%；其次是电化学储能，累计装机规模为 5.26 GW，同比增长 55.6%；熔融盐储热的累计装机规模位列第三，达到 0.565 GW，同比增长 5.2%。

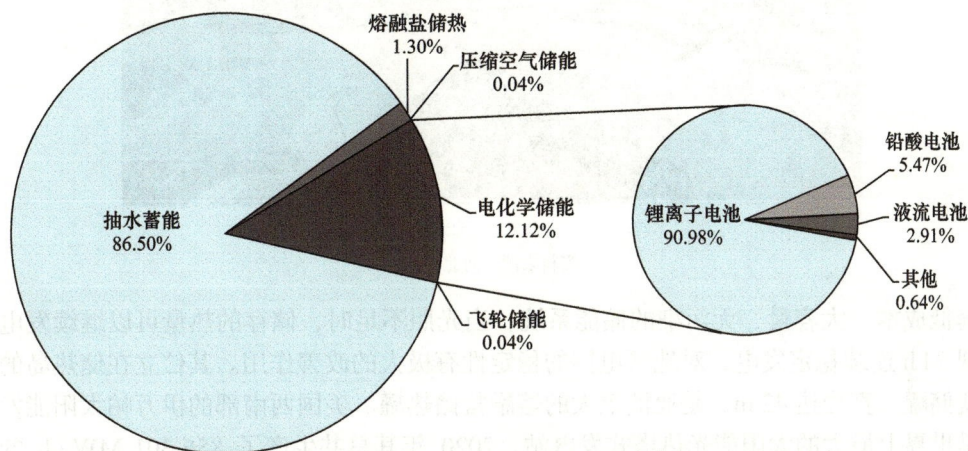

图 1.8　2021 年我国各类储能技术的装机规模

近年来储能科学技术迅速发展，许多技术已进入商业示范阶段并展现出一定的经济性。总体来看，机械储能是目前最成熟、成本最低、使用规模最大的储能技术，而电化学储能是应用范围最广、发展潜力最大的储能技术。与此同时，国内外也出台了一些储能规划与政策，为"新能源发电+储能"模式提供了发展机遇。

国内外主要储能工程介绍如下：

(1) 抽水蓄能工程：河北丰宁抽水蓄能电站(图 1.9)，总装机容量 3600 MW，是目前世界装机容量最大的抽水蓄能电站。电站建成后，每年可消纳过剩电能约 87 亿 kW·h，年发电量约 66 亿 kW·h，可满足 260 万户家庭一年的用电需求，年节约标准煤 48 万 t，可减少碳排放 120 万 t，相当于造林 24 万余亩。作为 2022 年北京冬奥会配套绿色能源重点工程，丰宁电站积极服务冬奥电力供应，为绿电冬奥提供"抽蓄"力量。日本是抽水蓄能电站开发较早的国家之一，1931 年便建成了第一座 14 MW 装机容量的抽水蓄能电站。20 世纪 50 年代以前，日本以利用天然湖泊兴建的调节性能好的小型抽水蓄能电站为主，用来弥补常规电站枯水季节电力的不足。其中，日本神流川抽水蓄能电站的装机总容量 2820 MW，是目前世界上装机容量排名第四的抽水蓄能电站，也具有世界最大规模的地下厂房。

(2) 热储能工程：储热系统通过减少对燃烧燃料的需求提高环境和经济效益。储热系统主要是通过储存太阳能热能、地热能，以及化石燃料发电厂、核电厂、工业废热等大型热源中多余的热量来防止热能的损失，并加以利用。中广核德令哈 50 MW 光热示范项目是中国首个大型商业化光热示范电站，于 2018 年 10 月正式投运(图 1.10)。项目由 25 万片共 62 万 m² 的反光镜、11 万 m 长的真空集热管、跟踪驱动装置等组成，形成

图 1.9　河北丰宁抽水蓄能电站

资料来源：河北日报

一套低成本、大容量、无污染的储能系统，当光照不足时，储存的热量可以继续发电，实现 24 h 连续稳定发电，对地区电网的稳定性有极大的改善作用。其伫立在储热岛的熔融盐储罐，直径达 42 m，是亚洲最大的熔融盐储热罐。美国西南部的伊万帕太阳能发电站是世界上最大的太阳能光热塔式发电站，2020 年其总共生产了 856 301 MW·h 的电量，可供给 14 万户家庭使用。

图 1.10　中广核德令哈 50 MW 光热示范项目

资料来源：浙江可胜技术股份有限公司官网

(3) 油气储能工程：天然气是一类重要的化学储能物质，它存在于地下岩石储集层中，是以烃为主体的混合气体的统称。俄罗斯是世界上天然气资源最丰富、产量最多、消费量最大的国家，其天然气的探明储量约 40 万亿 m³，占世界的 1/3 以上，因此俄罗斯也是世界上天然气管道最长、出口量最多的国家，有"天然气王国"之称。2014 年 5 月，中国石油天然气集团有限公司(简称"中国石油"或"中石油")和俄罗斯天然气工业股份公司签署《中俄东线供气购销合同》，合同约定总供气量超过 1 万亿 m³、年供气量 380 亿 m³，合同期累计 30 年。经过前期充分准备和两次试验段摸索建设，中俄东线境内段于 2017 年 12 月 13 日全面加速建设，经过近两年的持续奋战，中俄东线天然气管道于 2019 年 10 月 16 日贯通。一年内引进 50 亿 m³ 天然气，最终达到每年 380 亿 m³，东北三省、京津冀等地区直接受益。

(4) 氢能工程：氢具有燃烧热值高的特点，其燃烧热值是汽油的 3 倍、乙醇的 3.9 倍、焦炭的 4.5 倍。氢燃烧的产物是水，是世界上最干净的能源。因此，氢能在世界能源舞台上已成为举足轻重的能源，氢的制取、储存、运输、应用技术也成为 21 世纪备受关注的焦点。2022 年 7 月 6 日，国内首座兆瓦级氢能综合利用示范站在安徽六安投运，标志着我国首次实现兆瓦级制氢-储氢-氢能发电的全链条技术贯通(图 1.11)。该示范站位于安徽省六安市金安经济技术开发区，额定装机容量 1 MW，占地面积大于 7000 m²，主要配备兆瓦级质子交换膜制氢系统、燃料电池发电系统和热电联供系统、风光可再生能源发电系统、配电综合楼等，是国内首次对具有全自主知识产权"制、储、发"氢能技术的全面验证和工程应用。该示范站采用先进的质子交换膜水电解制氢技术，清洁零碳排，年制氢可达 70 多万标准立方米、氢发电 73 万 kW·h，对于推动氢能研究应用、服务新型电力系统建设具有重要的示范引领作用。所制氢气可在氢燃料电池车、氢能炼钢、绿氢化工等领域广泛应用，氢能发电可用于区域电网调峰需求。

图 1.11　安徽六安兆瓦级氢能综合利用示范站

资料来源：央广网

(5) 电化学储能工程：我国首个集风力发电、太阳能光伏发电、储能和智能输电"四位一体"的新能源综合利用工程——张北国家风光储输示范工程在河北省张北县建成投产。工程一期建成风电 100 MW、光伏发电 40 MW、储能 20 MW，配套建设风光储输联合控制中心及一座 220 kV 智能变电站。工程采用世界首创的建设思路和技术路线，建成了国内首个智能源网友好型风电厂、国内容量最大的功率调节型光伏电站、世界上规模最大的多类型电化学储能电站，在世界范围内首创了新能源发电的风光储输联合运行模式。其自主研发的联合发电智能全景优化控制系统可根据电网用电需要及风速、光照预测，对风电厂、光伏电站、储能系统和变电站进行全景监测、智能优化，对风光储系统运行实现全面控制和平滑切换，完成了新能源发电平滑输出、计划跟踪、削峰填谷和调频等控制目标。美国劳雷尔山储能系统是劳雷尔山风力发电场(装机容量 98 MW)的集成部分，是与风力发电共同发展起来的，额定功率为 32 MW，装机容量为 8 MW·h，

采用先进的锂离子电池技术制造而成，投资约 2900 万美元。该储能项目为 PJM
(Pennsylvania-New Jersey-Maryland，宾夕法尼亚州-新泽西州-马里兰州)电力市场提供调
频服务，同时协助管理风况波动时发生的输出功率快速变化的状况。该项目于 2011 年
第三季度实现了商业运营，目前提供的电量在 PJM 电力市场中作为自由运行备用容量，
能精确响应 4 s 时间间隔的自动发电控制(automatic generation control，AGC)指令，参与
PJM 市场的日前竞价。该项目是第一个从 PJM 电力市场根据美国联邦能源管理委员会
(Federal Energy Regulatory Commission，FERC)755 号令设计制定的关于快速响应调频资
源新资费规定中获益的大型储能项目。在这项新资费规定下，储能企业可得到比传统调
节资源更多的经济收益。

不同类型的储能技术比较见表 1.1。

表 1.1   不同类型的储能技术比较

储能类型	典型额定功率	持续时间	效率	优势	劣势	应用场合
抽水蓄能	100~5000 MW	4~10 h	70%~85%	大功率、大容量、低成本	受地理条件限制、建设周期长	辅助削峰填谷、调频、黑启动和备用电源
压缩空气储能	100~300 MW	6~20 h	40%~50%	大功率、大容量、低成本	受地理条件限制	备用电源、黑启动等
微型压缩空气储能	10~50 MW	1~40 h		低成本	受地理条件限制	调峰
飞轮储能	5 kW~10 MW	15 s~30 min	80%~90%	高功率密度、快速响应、长寿命	低能量密度、自放电率高	提高电力系统稳定性、不间断/应急电源(UPS/EPS)系统、电能质量等
超导磁储能	10 kW~20 MW	1 ms~15 min	80%~95%	快速响应、高功率密度	低能量密度、高制造成本	电能质量管理、提高系统稳定性和可靠性
超级电容器储能	10 kW~1 MW	1 s~1 min	70%~80%	高能量转换效率、长寿命、高功率密度	低能量密度、价格高	短时电能质量调节、平滑可再生能源功率输出等
铅酸电池	1 kW~50 MW	1 min~3 h	60%~70%	价格低、可靠性好、安全稳定性	低功率密度、低能量密度、循环寿命短	电能质量控制、备用电源、黑启动和UPS/EPS
锂离子电池	100 kW~100 MW	数小时	70%~80%	大容量、高能量密度、高功率密度、高能量转换效率	成本高、安全性低、循环寿命短、无法规模化	平滑可再生能源功率输出、辅助削峰填谷、电能质量调节等

储能 类型	典型额定功率	持续时间	效率	优势	劣势	应用场合
全钒液 流电池	5 kW～100 MW	1～20 h	65%～80%	容量和功率相互独立、长寿命、可100%深度放电	低能量密度、效率不高	辅助削峰填谷、平滑可再生能源功率输出等
高温钠 硫电池	100 kW～100 MW	1～20 h	70%～80%	大容量、高能量密度、高能量转换效率	安全性低、运行维护费用高	平滑可再生能源功率输出、辅助削峰填谷等

1.5　我国储能领域面临的挑战与问题

目前，我国储能领域还存在如下挑战：

一是技术路线尚不明朗，部分材料和技术存在"卡脖子"风险。首先，材料成本是技术流派选择的关键问题。要求和标准随着产品的性能、寿命和可靠性以及关键材料的规格而变化，这导致储能系统的成本将受到限制。以电池为例，储能材料成本占蓄电池总成本的 40%～50%，在短期内难以克服电池效率和成本难题的前提下，降低电池关键材料的成本对于降低储能产品成本至关重要。储能电池成本居高不下的主要原因是关键材料缺乏自主研发技术。在主流蓄电池(锂离子电池)中，其隔膜进口依存度达 80%以上，六氟磷酸锂(电解液核心材料)进口依存度高达 80%～90%，碳酸锂等锂资源(合成正极材料的必需品)70%都依赖进口。其次，我国还没有完全确定在储能方面什么技术最具经济性、最有竞争力，即从商业角度来看最有前景的储能技术还不确定。储能虽然在电力系统中应用了几年，但大多数现有的应用程序都是示范项目。电力行业对产品的可靠性要求很高，传统上至少需要五年的现场可靠性测试和试验才能通过电力用户的最低标准，这导致在大规模生产之前的定型周期很长。而且储能产品设计方案的成熟度和可靠性直接关系到量产。例如，已确定硅是太阳能发电主要的技术方向，我们就可以提出商业模式。而储能技术还不清楚未来方向是液流电池、压缩空气还是锂离子电池，因此不知道如何投入资金和精力来降低成本。从未来发展看，或许有两类主要技术方向，一是对长寿命(10～20 年)应用来说应该是液流电池，二是对短寿命应用来说应该是锂电池。无论哪种技术，只有完成了科学实验阶段，达到可以盈利，才能进行大范围的推广应用。鉴于此，储能技术产业化困难重重。必须解决储能产业面临的这些关键问题，才能满足智能电网的强烈需求。

二是市场机制不健全。我国储能产业起步晚，最近几年国家才开始重视，因此我国储能产业仍主要集中在引导层。美国、日本 20 年前就有了储能方面的产业政策，也都已经形成了各自的运行机制。我国的示范项目赶不上美国、日本等发达国家，还没有将储能视为独立产业，也没有出台特殊政策扶持和保障其有效发展。在我国，电力系统的发电、输电、配电和销售均受益于整个储能行业，但迄今还没有一个是占主导地位的行业，因此不可避免地导致收入分配不公平。而储能的经济价值又难以计算。如果整个储能行业都在政府的引导下，就会导致企业存在积极性不高的问题。此外，储能产业缺乏长期发展规划、配套标准、监测审核体系，也需要配套完善的政策。因此，如何选择合适的储能技术，如何在电力系统中实现规模化应用，如何为行业建立机制，是有关部门和企业需要探讨的核心问题。目前，国内已经有一些地区性规定，提供了一些发展机会和市场模式，但离整体产业的健康发展还有很大距离。储能企业希望未来这些规定能够上升到政策层面，真正纳入电力体制改革，形成法规，这样可以提高投资方参与的可靠性，也可以尽量减少投资风险。

三是储能科学与工程相关学科与专业设置不完善，缺乏相关人才。储能科学与工程涉及材料、化学、数学、物理、能源、电气工程等众多学科的知识，是典型的学科交叉支撑的新工科。按照新工科内涵，需要构建"跨学科交叉融合"课程设计主旨思想，通过储能相关学科横向联系，打破专业壁垒，充分利用高校现有教育资源，培养储能行业高质量、复合型人才，真正做到储能学科高起点建设。产教研结合是实现专业人才培养与产业需求紧密结合的有效途径之一，更有利于推动社会发展。因此，从社会需求出发，需要围绕储能学科人才培养目标，科教融合，积极开设学科前沿课程或讲座，发挥科研对人才培养的作用。以科研项目为依托，对其进行合理的分解，将科研成果融入教学，鼓励学生参与科研项目，使其从简单的课本知识的学堂转入科学研究的殿堂，培养学生独立思考的能力及创新思维，激发他们的成就感和使命感。人才是驱动储能领域发展的基石，是实现"双碳"目标和可持续发展的首要资源，储能科学与工程相关专业所培养的人才也必然是国家未来的急需人才。

储能产业作为国家发展战略和实现"双碳"目标中的重要一环，是国家极力扶持的新兴产业之一，显示出了良好的发展前景。储能科学与工程想要取得长足发展，实现规模化、商业化，亟需解决技术、政策和人才三方面的问题，为实现"双碳"目标持续发挥支撑作用。

思 考 题

1. 什么是碳达峰？什么是碳中和？为了实现"双碳"发展目标，我们该怎么做？
2. 简述储能科学与工程的内涵。
3. 简述储能技术的分类，并比较其优缺点。
4. 目前已经商业化的储能电池分别有哪几种？

第 2 章　机 械 储 能

2.1　主要应用形式

根据能量转换形式的不同，可以将储能技术分为多种类别。其中，将电能转换为机械能并储存起来的技术就是机械储能，目前主要包括抽水蓄能、压缩空气储能和飞轮储能。

抽水蓄能是目前最主要的储能形式，它利用电网系统过剩电能，将低处的水抽至高处储能，该过程中将过剩的电能转化为水的势能并储存，当需要用电的时候通过开闸的方式将水的重力势能转化为电能。抽水蓄能电站具有调(削)峰填谷、调频调相、受环境波动影响小等优点，但是也存在投资规模大、选址受自然条件限制大等弊端。

压缩空气储能技术源于燃气轮机技术，该技术易于获得且可靠。压缩空气储能系统是一种能够实现大容量和长时间电能储存的电力储能系统，它通过压缩空气储存多余的电能，在需要时将高压空气释放通过膨胀机做功发电。压缩空气储能系统具有容量大、工作时间长、经济性能好、充放电循环多等优点。但其缺点也不容忽视，一方面，传统的压缩空气储能系统依赖燃烧化石燃料提供热源，面临化石燃料逐渐枯竭的难题；另一方面，压缩空气储能系统需要特定的地理条件用于建造大型储气室，极大地限制了其应用范围。

飞轮储能是一种源于航天的物理储能技术，利用旋转体加速、减速过程进行电能与机械能之间的双向转换，从而实现能量的储存、释放。飞轮储能具有功率密度高、响应速度快、使用寿命长、运营成本低、安全风险小、环境友好等优势，非常适用于响应快、大功率、高频次的场景。然而，飞轮储能也存在技术劣势，主要包括能量密度低、自放电率高、资金成本高等。

在上述三种机械储能技术中，目前只有抽水蓄能和压缩空气储能是非常成熟的工程技术，三种机械储能技术对比如表 2.1 所示。

表 2.1　抽水蓄能、压缩空气储能、飞轮储能的技术对比

项目	抽水蓄能	压缩空气储能	飞轮储能
原理	储能：电能—水的重力势能 放电：水的重力势能—电能	储能：电能—高压空气能 放电：高压空气能—电能	储能：电能—飞轮的动能 放电：飞轮的动能—电能
主要组成	上下水库、传输系统、厂房系统	压缩机、膨胀机、储气设备、燃烧室、储热装置	飞轮转子、轴承、电机、真空室、电力电子转换器和控制器
核心参数	装机容量、单机容量、额定水头、比转速、稳定性	储能效率、工业化规模	储能量、功率密度、转动惯量、储能密度、飞轮转速
优点	具有调相调频、调峰填谷、黑启动等功能，缓解电网系统压力	容量大、工作时间长、经济性能好、充放电循环多等	功率密度高、响应速度快、使用寿命长、运营成本低、安全风险小、环境友好

	抽水蓄能	压缩空气储能	飞轮储能
缺点	占地面积大，投资耗费高，水库选址依赖自然环境	依赖燃烧化石燃料提供热源，环境要求高(需要特定的地理条件)	能量密度低、自放电率高、资金成本高
前沿方向	风力(光伏)发电-抽水蓄能电站联用，海水(地下)抽水蓄能电站，可变速水轮机组，超高水头电站	新型蓄热式压缩空气储能系统，超临界空气储能系统	新能源消纳、电网调频、储能式电动汽车工作电桩、航空航天蓄能电池、不间断电源
国内外代表性工程	国内：河北丰宁抽水蓄能电站(装机容量 3600 MW，额定水头 425 m) 国外：日本葛野川抽水蓄能电站(装机容量 1600 MW，额定水头 653 m)	国内：贵州毕节压缩空气储能系统(效率 60.2%) 国外：美国加利福尼亚州 Hydrostor 公司的 500 MW 压缩空气储能电站	国内：国家能源集团宁夏电力灵武公司光火储耦合 22 MW/4.5 MW·h 飞轮储能项目 国外：美国纽约州史蒂芬镇的 20 MW 飞轮调频电站(200 个 Bacon Power 系列 400 飞轮)

2.2 抽水蓄能

抽水蓄能电站是一种特殊类型的水电站。它利用电网系统负荷低谷时过剩的电能，将低处的水抽至高处储能，该过程中将过剩的电能转化为水的势能并储存起来；当电网系统负荷达到高峰时，利用涡轮将水从高处泄至低处，将储存的势能转化为电能并反馈给电网。基于上述原理，抽水蓄能电站具有调节用电峰谷能力和快速响应用电情况的优点，为保障电力的安全和正常运行发挥了至关重要的作用。

自 1928 年世界上第一台商用抽水蓄能电站(洛基河电站)在美国开机运营以来，抽水蓄能电站开始逐渐走上历史舞台。自 20 世纪 40 年代末期开始，全球抽水蓄能电站开始进入快速发展阶段，全球总装机容量迅速增长，截至 2020 年年底，全球抽水蓄能装机规模为 1.59 亿 kW，占储能总规模的 94%，全球另有超过 100 个抽水蓄能项目在建(图 2.1)。

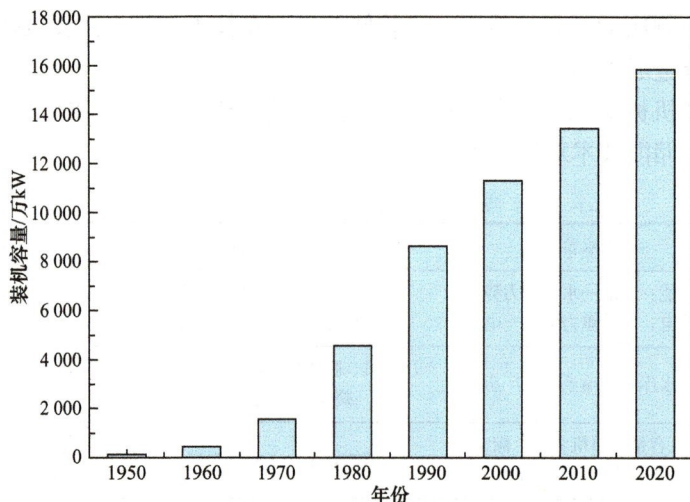

图 2.1　全球抽水蓄能电站发展历程

我国的抽水蓄能电站起步于 1960 年，1968 年河北平山的河北岗南抽水蓄能电站安装了装机容量为 11 MW 的进口抽水蓄能机组。随后，广州抽水蓄能电站、北京十三陵抽水蓄能电站和浙江天荒坪抽水蓄能电站的建设运行夯实了抽水蓄能发展基础。随着我国经济社会快速发展，抽水蓄能发展加快，相继建设了泰安、惠州、丰宁等一批具有世界先进水平的抽水蓄能电站。其中，河北丰宁电站是目前世界装机容量最大的抽水蓄能电站，其装机容量达到 3600 MW，除此之外该抽水蓄能电站的储能能力位列世界第一，12 台机组满发利用小时数达到 10.8 h，是华北地区唯一具有周期调节功能的抽水蓄能电站。在 2022 年北京冬奥会期间，河北丰宁抽水蓄能电站为北京冬奥场馆实现 100%绿电供应。目前我国已用于运营的抽水蓄能电站总规模已经达到 32 490 MW，规模居世界首位。我国目前已建成投入使用、在建的抽水蓄能电站见表 2.2。

表 2.2 我国已建成、在建的抽水蓄能电站统计

序号	电站名称	建设地点	开发方式	装机容量/MW	额定水头/m	投产时间 (年-月)
1	岗南	河北平山	混合式	1×11	64	1968-5
2	广州一期	广州从化	纯蓄能	4×300	535	1994-3
3	溪口	浙江奉化	纯蓄能	2×40	276	1997-2
4	天荒坪	浙江安吉	纯蓄能	6×300	560	1998-9
5	广州二期	广州从化	纯蓄能	4×300	535	1999-4
6	沙河	江苏溧阳	纯蓄能	2×50	121	2002-6
7	桐柏	浙江天台	纯蓄能	4×300	244	2005-12
8	泰安	山东泰安	纯蓄能	4×250	253	2006-7
9	清远	广州清远	纯蓄能	4×320	504	2006-8
10	宜兴	江苏宜兴	纯蓄能	4×250	353	2008-12
11	西龙池	山西五台	纯蓄能	4×300	640	2008-12
12	惠州	广东惠州	纯蓄能	8×300	518	2009-5
13	宝泉	河南辉县	纯蓄能	4×300	510	2010-6
14	仙游	福建仙游	纯蓄能	4×300	448	2014-10
15	仙居	浙江仙居	纯蓄能	4×370	447	2016-12
16	长龙山	浙江安吉	纯蓄能	6×350	756	2021-6
17	梅州	广东梅州	纯蓄能	4×300	400	2021-11
18	丰宁	河北承德	纯蓄能	12×300	425	2021-12
19	阳江	广东阳江	纯蓄能	3×400	800	2021-12
20	苍龙山	辽宁桓仁	纯蓄能	6×300	330	在建

根据国家能源局的数据，截至 2021 年年底，我国可再生能源发电装机容量达到 10.63 亿 kW，占总发电装机容量的 44.8%。其中，水电装机容量 3.91 亿 kW(其中抽水蓄能 0.36 亿 kW)，占全国总发电装机容量的 16.5%。抽水蓄能电站作为机械储能的一

种，正在为调整能源结构、实现碳中和目标发挥着积极的作用。

2.2.1 工作原理

抽水蓄能的基本原理就是将"过剩"的电能通过水的重力势能储存起来，在用电高峰时将重力势能转化为电能实现发电。该过程主要通过下水库、电动抽水泵(水轮发电机组)和上水库三个部分实现(图 2.2)。

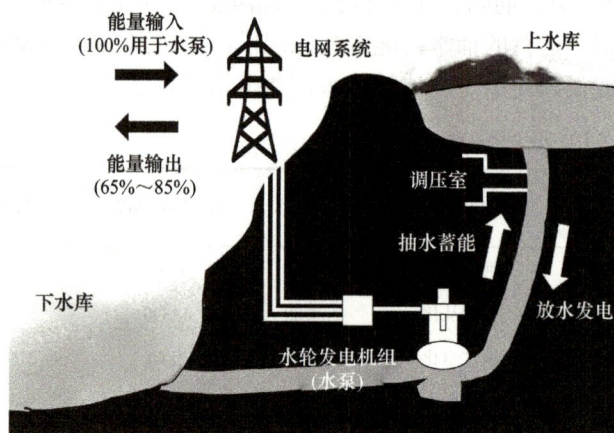

图 2.2 抽水蓄能电站示意图

当电力系统产能过剩时，剩余电量将带动电动抽水泵，在水泵的作用下将下水库的水运输至高地势的上水库，此时是将电能转化为水的重力势能，对于电网系统而言，抽水蓄能电站扮演"客户"的角色。当电力系统用电需求上涨时，将水闸打开，上水库中储存的水在重力的作用下从高地势流往下水库，此时是将储存的重力势能转化为电能，对于电网系统而言，抽水蓄能电站是"供应商"。

抽水蓄能的原理本质上是电能与重力势能的相互转化，在每一次抽水蓄能-放水发电的能量循环过程中，蓄能效能为两个过程的比值。

为了更好地理解抽水蓄能的工作原理，将抽水蓄能电站简化为仅包含上水库、水轮发电机组(主要是水泵和发电机)和下水库，水流在管道内的流动所引起的能量损失均忽略不计，同时假设上下水库的水位保持恒定，不会受到自然因素的影响。在抽水的过程中，将下水库定义为零势能面 1，对应的上水库的水位则定义为势能面 2，按照能量守恒及转化定律，输入系统的总能量(电网系统的电能带动电动抽水泵，实质是将电能转化为机械能)等于输出的水的重力势能：

$$z_1 + \frac{u_1^2}{2g} + \frac{p_1}{\rho g} + H_e = z_2 + \frac{u_2^2}{2g} + \frac{p_2}{\rho g} + \sum H_f \tag{2.1}$$

式中，各项单位为 $\frac{J}{N} = \frac{N \cdot m}{N} = m$，其物理意义是每牛顿重量的流体所具有的能量，在工业上将其定义为压头。z 表示位压头；$\frac{u^2}{2g}$ 表示动压头；$\frac{p}{\rho g}$ 表示静压头；$H_e = \frac{W_e}{g}$ 表

示外加压头或泵压头；水流在电动抽水泵的作用下，不可避免有摩擦力产生，使得一部分电能转变为热能无法使用，这部分损失的能量用 $\sum H_f$ 表示，称为损失压头。

由于在抽水蓄能的过程中，电动抽水泵是实现电能转化为水的重力势能的关键装置，因此对电动抽水泵的性能有较高要求，接下来对电动抽水泵在抽水蓄能中的应用做简单介绍。

表征电动抽水泵的性能参数主要有流量(q_v)、扬程(也称为压头，H_e)、功率(P)和效率(η)。流量是指单位时间内泵输送到管路的液体体积，压头指泵对单位重量(1 N)的流体所提供的有效能量，功率分为轴功率($P_轴$)和有效功率(P_e)，分别代表泵轴运行的功率(由电机提供)和单位时间流体从泵中获取的有效能量。通常情况下按照水体的最大流量计算轴功率选择确定抽水蓄能电站所需要的电能。

有效功率和轴功率的比值就是电动抽水泵的效率(η)：

$$\eta = \frac{P_e}{P_轴} \times 100\% \tag{2.2}$$

有效功率(P_e)为(其中 ρ 是泵输送到管路液体的密度)：

$$P_e = H_e q_v \rho g \tag{2.3}$$

将式(2.2)和式(2.3)联立，可得

$$P_轴 = \frac{H_e q_v \rho g}{\eta} \tag{2.4}$$

若电动抽水泵的功率单位用 kW 表示，则式(2.4)可以表示为

$$P_轴 = \frac{H_e q_v \rho}{102\eta} \tag{2.5}$$

结合式(2.1)，假设利用电动抽水泵将下水库的水抽至上水库，在抽水过程中，假设两水库的水位液面维持不变，则水流经过管路所需的压头(水头)为

$$H_e = \Delta z + \frac{\Delta u^2}{2g} + \frac{\Delta p}{\rho g} + \sum H_f \tag{2.6}$$

从式中可以看出，机组的扬程 H_e 并不是电动抽水泵对水流做功所导致的升扬高度(Δz)，扬程要远高于升扬高度，一般抽水蓄能电站的最大扬程都不宜超过 800 m。

联立式(2.5)和式(2.6)，则电动抽水泵所需的轴功率为

$$P_轴 = \frac{q_v \rho}{102\eta} \left(\Delta z + \frac{\Delta u^2}{2g} + \frac{\Delta p}{\rho g} + \sum H_f \right) \tag{2.7}$$

但是在抽水蓄能电站的实际运行过程中效率一般为 65%～85%，这主要是因为在机组运行期间还会受到汽蚀现象、管道连接处渗漏、水流在管道内的摩擦、水流本身的黏性、湍流损失、水位波动、压力震荡、变压器损失等因素的影响。此外，水体惯性会在抽水过程中产生巨大压力，导致体系压力不稳定，从而影响机组效率和寿命。为了解决

上述问题，还会增加调压室，使上下水库在抽防水的过程中尽可能保持稳定。

2.2.2　核心参数

1. 装机容量

装机容量又称发电厂装机容量，是指整个抽水蓄能电站中全部的水力发电机组额定功率的总和，单位为千瓦(kW)。该指标是表征抽水蓄能电站建设规模和电力生产能力的主要指标之一。目前我国抽水蓄能电站的装机容量位于世界前列。例如，河北丰宁电站装机容量 3600 MW，是目前世界装机容量最大的抽水蓄能电站。

值得注意的是，提高抽水蓄能电站的单机容量是目前科研攻关的关键方向。这是因为提高单机容量可以有效减少机组数量，降低机组所需的金属材料和机械加工费用，精简控制系统，降低发电站的运行成本。例如，单机容量 40 万 kW 的广东阳江抽水蓄能电站是目前国内在建的单机容量最大、净水头最高、埋深最大的抽水蓄能电站。

2. 电站额定水头

额定水头是指水电站水轮机在正常运行条件下发出额定出力所需要的最小水头。从式(2.6)和式(2.7)中可以看出，增大额定水头不仅可以提高电动抽水泵的轴功率，而且对于具有固定体积的上下水库而言，还可以提高装机容量。除此之外，提高额定水头还可以减缓因上下水库水位浮动所导致的实际液面差，有利于抽水蓄能电站长期稳定地在高效率工作区间运行，增加抽水蓄能电站的经济效益。

但是，选定额定水头是一项综合性的工作，过高的额定水头会加大机组的设计和制造难度，从而影响整体机组效应。结合式(2.6)可知，水头过大时会导致上下水库产生巨大的压力差，因此对输水系统的承压能力提出了非常高的要求。

针对电站额定水头的选定，我国《水电工程动能设计规范》(NB/T 35061—2015)做出了明确规定：抽水蓄能机组的额定水头、额定扬程选择应根据上下水库水位变幅、水头损失及电站运行方式分析确定。

3. 比转速

比转速(n_s)是指在一个可逆式水泵水轮机组中，假设一标准水泵的扬程为 1 m、流量为 75 $L \cdot s^{-1}$ 时水泵应该具有的转速。由于电动抽水泵的参数选择直接关系到抽水蓄能电站的经济效益和稳定性，因此针对电动抽水泵的参数，首先需要考虑的是比转速。比转速反映了可逆式水泵水轮机的设计制造水平、转轮的尺寸形状、过流能力、空化和效率性能。

在理想情况下，假设一台电动抽水泵的叶轮尺寸保持不变，仅考虑转速发生的变化，那么在转速变化小于 20% 的情况下，流量、扬程及轴功率与转速之间的近似关系可以表示为

$$\frac{q_{v1}}{q_{v2}} \approx \frac{n_1}{n_2} \tag{2.8}$$

$$\frac{H_1}{H_2} \approx \left(\frac{n_1}{n_2}\right)^2 \tag{2.9}$$

$$\frac{P_{\text{轴}1}}{P_{\text{轴}2}} \approx \left(\frac{n_1}{n_2}\right)^3 \tag{2.10}$$

式中，q_{v1}、H_1、$P_{\text{轴}1}$ 分别为转速为 n_1 时抽水泵的流量、扬程、轴功率；q_{v2}、H_2、$P_{\text{轴}2}$ 分别为转速为 n_2 时抽水泵的流量、扬程、轴功率。

在抽水蓄能电站实际运行的过程中，根据设计制造经验和实际运行状况，不同国家、单位针对水泵水轮机组的转速 n_{sp} 和水泵扬程之间的关系提出了各自的经验公式，其中中国电建集团北京勘测设计研究院有限公司提出的经验公式为

$$n_{\text{sp}} = 1714 H_{\text{p}}^{-0.6565} \tag{2.11}$$

式中，n_{sp} 为水泵水轮机组的转速；H_{p} 为水泵的扬程。

一般情况下，对于扬程大于 650 m 的电动抽水泵，比转速不能选得过低，否则就会出现流道狭长、水力损失增加、机组效率下降、设备制造难度增加等问题；但是当比转速选择过大时，机组的稳定性就会受到影响。

4. 稳定性

根据现有抽水蓄能电站的经验，不稳定区域一般存在于以下四个区域：①电动抽水泵的低水头、低负荷区域；②超负荷区；③高扬程二次回流区；④大流量区。针对上述问题，主要是通过合理的设计和严格的施工工艺将不利因素的影响降低到最小。根据相关公司的经验，当 $K = H_{\text{max}}/H_{\text{min}} < 1.22$ 时，水泵水轮机能够稳定运行。目前我国投入运行的抽水蓄能电站的 K 值基本控制在 1.11 左右，从整体上看，能够安全稳定地运行。

5. 环保效益

作为新能源电网的一个重要组成部分，评价抽水蓄能电站的环保效益是一个重要指标。环保效益主要包括节煤效益和废气减排效益。

1) 节煤效益

在当前的电力供应系统中，抽水蓄能电站机组属于超临界机组或亚临界机组，因此抽水蓄能电站抽水所耗电量的煤耗是电网系统中煤耗最低的超临界、亚临界机组的供电煤耗。抽水蓄能电站在发电的过程中可以利用其调峰作用，替代原有的发电机组(如火电机组等)，降低煤耗量。目前采用的节煤效益的计算方法是满足高峰负荷要求所替代的调峰机组的燃煤量与现抽水耗电燃煤量的差值，计算公式如下：

$$C = \left(C_{\text{r}} - \frac{4/3}{C_{\text{h}}}\right) Q \tag{2.12}$$

式中，C 为抽水蓄能电站的年节煤量[g·(kW·h)⁻¹]；C_{r} 为抽水蓄能电站发电时所替代机

组的供电煤耗[g·(kW·h)$^{-1}$]；C_h 为抽水耗电单位电量的煤耗[g·(kW·h)$^{-1}$]；抽水蓄能电站抽发电的比设定为 4/3；Q 为抽水蓄能电站的年发电量。

2）废气减排效益

与传统的火力发电机组相比，抽水蓄能电站的环保效益还体现在能够减少硫化物、氮氧化物(NO$_x$)、一氧化碳(CO)等气体及粉尘的排放，其中 NO$_x$、CO 及粉尘的减排是通过减煤实现的，而硫化物的减排不仅仅由减煤实现。在抽水蓄能电站设计制造时都有脱硫装置，因此抽水蓄能电站机组在抽水时耗用电力燃煤的污染物排放很低。SO$_2$ 排放量的计算公式如下：

$$G_{SO_2} = \frac{32}{16} \times CST \times (1 - \eta_S) \tag{2.13}$$

式中，32/16 为 SO$_2$ 与 S 的摩尔质量之比；C 为燃煤消耗率[g·(kW·h)$^{-1}$]；S 为燃煤的收到基硫分(%)；T 为燃料燃烧后 S 氧化为 SO$_2$ 的比例(%)，一般工业上取 80%；η_S 为抽水蓄能电站机组中配备的脱硫装置的脱硫率(%)。

NO$_x$ 排放量的计算比 SO$_2$ 排放量的计算复杂，这主要是因为在火电机组燃烧过程中生成的氮氧化物的成分复杂，主要包括一氧化氮(NO，约占 95%)和二氧化氮(NO$_2$，约占 5%)。燃煤中的氮化物热解后再氧化和空气中的氮在高温下氧化是抽水蓄能电站机组产生 NO$_x$ 的两条主要途径。规定单位发电煤耗率为 C，则火电机组 NO$_x$ 排放量的计算公式为

$$G_{NO_x} = \frac{30.8}{14} \times CN\eta_n / m \times (1 - \eta_N) \tag{2.14}$$

式中，C 为燃煤消耗率[g·(kW·h)$^{-1}$]；N 为所用燃煤中 N 的质量分数；m 为由燃煤中的 N 氧化生成的 NO$_x$ 占全部 NO$_x$ 排放量的比例(%)，一般取 80%；η_n 为燃料氮的转化率(%)，一般情况下取 25%；η_N 为抽水蓄能电站机组中配备的脱氮装置的脱氮率(%)。

最后需要考虑的是烟尘和 CO 的排放量。烟尘一般在锅炉工作时产生，其数量一般与锅炉型号、燃料种类、运行工况等有关。一般机组的烟尘排放量可以按如下公式进行计算：

$$G_y = \frac{CQ}{A_a a_f + 29\,271.2 q_g} \times (1 - \eta_c) \tag{2.15}$$

式中，C 为燃煤消耗率[g·(kW·h)$^{-1}$]；q_g 为锅炉的固体未完全燃烧导致的热损失(%)；A_a 为燃料的收到基灰分(%)；a_f 为飞灰中的含碳量占燃料总灰量的份额(%)；Q 为燃料的低位发热量(kJ·kg^{-1})；η_c 为除尘效率(%)，具体数值依据抽水蓄能电站的实际情况而定。

2.2.3 结构组成

为了实现抽水蓄能应用，抽水蓄能电站的总工程由上水库、输水系统、电站厂房及附属洞室(包括厂房、主变洞和尾水闸门室)、变电站、出线场、下水库等部分组成，由此可以看出抽水蓄能电站选址、系统和技术的复杂性。我国目前在抽水蓄能电站的规划中主要按照"安全可靠、技术先进、经济合理、资源节约、环境友好"的原则，科学依

据水文、气象、地形、工程地质和水文地质条件等方面的要求进行考虑。

1. 上下水库

抽水蓄能系统最主要的部分是上下水库。上下水库的进出水口在不同功能时也发挥不同的作用，这是与常规发电站相比的不同之处。

抽水蓄能电站的上水库一般情况下选择在山顶盆地，但是可供选择的地址不多，主要是基于环境保护的考量。上水库的调节库容量一般需要考虑 5～10 h 的蓄水量，水位变化幅度应不超过水轮机工作水头的 10%～20%。下水库的选择是抽水蓄能电站需要考虑的关键问题之一。下水库多为在溪流上筑坝形成或结合原有的水库改建(扩建)而成。在上水库选址固定的情况下，下水库的选择将会影响上下水库之间形成的高度差，从而影响输水系统的长度和电站的距离比。

我国清远抽水蓄能电站在下水库的选址上具有一定的代表性，这里以清远抽水蓄能电站为例，对下水库的选择进行介绍。清远抽水蓄能电站的下水库有两个位置可供选择，分别是麻竹脚水库和已建成的大秦水库。已建成的大秦水库在改建上存在一定困难，主要包括水库加高加固施工困难，水库集雨面积大容易导致水头发生变化，施工期间会直接影响大秦水库的正常运营。经专家研判，对麻竹脚水库附近的居民进行搬迁安置的方案切实可行，最后选择了麻竹脚水库作为下水库。

值得注意的是，如何使上水库的水位保持相对稳定是实现抽水蓄能电站长期高效运行的关键因素，因此上水库对防渗要求非常高。结合目前的抽水蓄能电站的规划经验，需要针对当地的地质条件合理地做好防渗漏措施。目前防渗漏的方法主要包括水平防渗、垂直防渗和两者相结合的方法。

2. 输水系统

输水系统是抽水蓄能电站的核心组成部分之一，主要包括上水库进出水口及闸门井、上游调压室、高压隧道、下水库出水口及闸门井等。在上下水库和大坝等选址结束以后，需要根据前者的地质条件进行输水系统的选择。输水系统要尽量做到线路平顺、长度较短；当输水线路较长时，需要考虑上下调压室的位置。

上下水库进水口应适应双向水流的运动要求，在选择输水系统位置时应选择地形开阔、与水库水力联系较好、不需要引水渠或引水渠较短的位置，便于进出水口与闸门井布置、双向水流畅，不出现回旋水流。

一般来说，输水系统的设计主要包括以下几个步骤：①查明输水系统的水文地质条件，重点考虑连通性和渗透性；②通过模型模拟试验、水力振动计算等方法研究岩体渗水结构面的规律；③建立岩体三维裂缝网络渗流水文地质模型；④结合高压压水试验结果，模拟输水管路在不同工况下的渗流情况；⑤为避免压力差导致的管道变化，最后需要对高压水道安全性和渗透稳定性进行研究。

3. 厂房系统

根据厂房在引水线路中所处位置的不同，抽水蓄能电站的开发方式可以分为首部式、中部式和尾部式。

(1) 首部式开发方式的地下厂房靠输水系统的上游侧布置，由于高压水道相对较短，往往无须设置上游调压井。尾水隧道相对较长，需要设置下游调压井才能满足电站的水力过渡要求。

(2) 中部式开发方式的地下厂房靠输水系统的中部布置，一般需要设置上游调压井和下游调压井才能满足水力过渡要求。

(3) 尾部式开发方式的地下厂房靠输水系统的下游侧布置，因此其高压水道往往较长，需要设置上游调压井才能满足电站的水力过渡要求，若尾水隧道较短，则无须设置尾水调压井。

厂房系统的开发方式虽然各具优缺点，但是一般情况下都需要根据上下水库的地质条件合理选择。

厂房系统内部洞室之间的距离问题，不但对于保持围岩稳定和安全具有十分重要的意义，也是影响输水系统的重要因素。对设有两个厂房的电站，不但需要充分考虑两个厂房间的洞室互为利用降低工程造价等问题，还要考虑 B 厂施工对 A 厂安装和机组运行的影响。从工程造价和施工方便的角度出发，两个厂房的距离需要相对较近，但从工程安全的角度出发，两个厂房距离要尽量远一些，以保证一期输水管道运行的高压水不会影响二期的施工安全。

厂房系统中主厂房、主变洞和尾水闸门室这三个洞室的间距对安全稳定性也很重要。首先洞室之间的间距应满足机电设备的布置，其次要根据围岩地质条件、洞室开挖尺寸选择合适的洞室间距，避开不利的地质条件，以保证洞室的稳定。

4. 应用实例

三峡集团所属的浙江长龙山抽水蓄能电站 3 号机组已正式投产发电。这里以长龙山抽水蓄能电站为例，对抽水蓄能电站的设计特性做系统介绍(图 2.3)。

图 2.3　浙江长龙山抽水蓄能电站
资料来源：光明网

电站上水库和下水库多年平均流量分别为 $0.0154\ \mathrm{m^3 \cdot s^{-1}}$ 和 $1.16\ \mathrm{m^3 \cdot s^{-1}}$；200 年一

遇设计洪水洪峰流量分别是 $16.7\,\mathrm{m^3 \cdot s^{-1}}$ 和 $758\,\mathrm{m^3 \cdot s^{-1}}$，2000 年一遇校核洪水洪峰流量 $26.3\,\mathrm{m^3 \cdot s^{-1}}$ 和 $1160\,\mathrm{m^3 \cdot s^{-1}}$。上水库及下水库大坝、下水库泄洪建筑物、电站进出水口的洪水设计标准按 200 年一遇洪水设计、2000 年一遇洪水校核，消能防洪建筑物按 100 年一遇洪水设计；地下厂房洪水设计标准均按 200 年一遇洪水设计、1000 年一遇洪水校核。下水库大坝按照可能最大洪水(probable maximum flood，PMF)不漫坝的标准要求进行复核。

2.2.4 设备

抽水蓄能的设备中，电动抽水泵或水轮发电机组是最重要的组成部分之一，前面已经介绍了电动抽水泵的工作机理，本小节将重点介绍电动抽水泵或水轮发电机组的发展状况和目前国内抽水蓄能电站采用的水轮发电机组的主要参数。

国外抽水蓄能电站发展起步较早，目前日本、欧洲、美国等供应商已经积累了丰富的制造经验和技术储备。日本东芝集团已经向全球提供了 2000 余套水轮发电机组，其中具有代表性的是日本葛野川抽水蓄能电站变速机组。世界上单机容量最大(482 MW)的是日本神流川电站水泵水轮机。通用电气-阿尔斯通(GE-ALSTOM)公司是韩国知名的水泵水轮机组制造商，目前在韩国襄阳抽水蓄能电站投入使用的双极水泵水轮机的最高扬程可以达到 832.3 m，额定转速为 $600\,\mathrm{r \cdot min^{-1}}$。

我国抽水蓄能电站的发展在 21 世纪以前相对世界水平而言比较滞后，国内缺乏抽水蓄能设备的设计和制造相关的理论和制造基础，因此初期建造的抽水蓄能电站一般都依靠国外引进。进入 21 世纪，随着我国对电力需求的不断提升和抽水蓄能电站研究的不断深入，在国家的统一规划下，国内厂商开始在研究国外设备和技术的基础上，逐步实现自主设计和制造。单机容量 400 MW 的广东阳江抽水蓄能电站是目前国内单机容量最大、净水头最高、埋深最大的抽水蓄能电站，该抽水蓄能电站的水轮发电机组由国内厂家自主设计制造完成，机组设计制造难度为国内最高、世界第三。本小节以广州抽水蓄能电站一期工程发电机组和阳江抽水蓄能电站发电机组为例，介绍与抽水蓄能相关的设备。

广州抽水蓄能电站一期工程自 1993 年起正式投入使用，至今已经稳定运行三十年，机组所采用的设备非常具有代表性，发电时能实现最大水头 535.7 m，抽水时最大扬程可以达到 550.0 m，是当时世界上较为先进的抽水蓄能电站。广州抽水蓄能电站一期工程的主要机电是依靠国外引进的。

水泵水轮机为立轴单级可逆混流式，具有可调导水机构，与发电电动机轴直接连接。机组为竖式布置，主轴具有三个径向导轴承，水导轴承布置在紧靠转轮处(图 2.4)。上、下导轴承分别布置在发电电动机上、下机架处。推力轴承布置在水轮机顶盖上，用于承受机组转动部分的重量和作用在转轮上的水推力。水泵水轮机解体检查采用下拆方式，这样的设计能够确保装卸主轴、顶盖、推力轴承和导轴承等部位，还能在确保主轴轴线

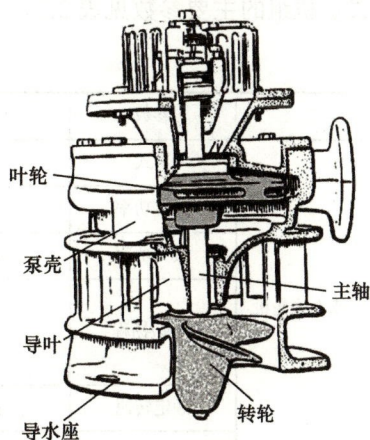

图 2.4 水泵水轮机剖面图

稳定的情况下对重要部件(如底环、转轮、抗磨环和导叶等)进行检修。

转轮直径设计为 3886 mm，由不锈钢材料与上下止漏环一起整体铸造，共由 7 个叶片组成。主轴采用 A668CIE 锻钢整体中空结构。主轴密封采用带有碳精环的环形密封，装在水导轴承上方的主轴上。水导轴承采用自润滑型，油槽外壳由通过上止漏环的水进行冷却，除此之外为体外辅助油冷却器。推力轴承为可逆式弹簧油箱，推力轴承计算最大荷载为 9800 kN，由 10 个推力瓦支承。座环为平行四边形结构，有两个固定导叶。蜗壳各节根据运输条件在工厂与座环组焊成两块，在现场焊接成整体。采用 E500TR 钢板。蜗壳进口直径为 2300 mm，最大壁厚为 80 mm。蜗壳必须在充 0.5 倍静水压力(2.7 MPa)的情况下浇注混凝土。蜗壳上半部不设弹性垫。顶盖呈盒形，钢板焊接结构，用 E28-4 和 E36-4 板材分半制造，用螺栓把合。导水机构由 20 个活动导叶组成。这些导叶由两个直缸接力器及控制环操作，控制环用 E28-3 钢板制造。尾水管用 E28-4 钢板制造，锥管为可拆卸结构，锥管拆除后可在肘管进口处装设检修平台，便于安装和检修。

发电电动机采用立轴半伞式、外加风机空气冷却、可逆式三相凸极同步发电电动机。定子机座为多边形结构。机座采用 4 瓣组装方式，在现场焊成一体，分瓣机座在工厂内进行预组装，并配有钻好螺栓孔的法兰和销钉。上机架为圆盘式结构，下机架为多边形盘式结构，推力轴承采用外部强迫油循环系统，推力头与镜板合为一体，直接与发电机下端轴法兰把合定位，并与水轮机轴法兰有一个小配合段。推力瓦为带有托盘式凸台结构的厚瓦，支撑在特殊形状的单波纹弹性油箱上。

定子铁心采用低损耗、高磁导率、非晶粒取向、无时效、机械性能优异的冷轧硅钢片。转子为无轴结构，支架与轮毂一体由优质钢铸成，磁轭为叠片式结构，总高为 3654 mm。

该机采用电制动与机械制动两套系统，必要时机械制动可单独使用。机械制动系统由固定于上端轴顶端的制动环和上机架主圆盘上的制动装置组成，使制动块从两面夹紧制动环。

阳江抽水蓄能电站发电机组目前公布的资料较少，下面主要介绍阳江抽水蓄能电站机组中水泵水轮机和发电电动机机组的设计参数，其中水泵水轮机的拆装采用上拆方式。机组的主要参数见表 2.3。

表 2.3 阳江抽水蓄能电站机组的主要参数

	参数	单位	发电工况	抽水工况
水泵水轮机	型式	—	立轴单级混流可逆式水泵水轮机	
	额定功率	MW	408	
	最大功率	MW	408	431
	水头/扬程	m	最大水头：694.37 额定水头：653.00 最小水头：626.10	最大扬程：705.90 最小扬程：644.89
	额定转速	r·min⁻¹	500	
	转轮直径	mm	4322	

续表

参数	单位	发电工况	抽水工况
型号	—	三相立轴可逆式同步电机	
额定容量	MVA·MW^{-1}	445	431
功率因数	—	0.9(滞后)	0.975
额定电压	kV	18	

发电电动机

2.2.5 优点与作用

抽水蓄能电站是经济社会发展到一定程度的必然产物，它的出现是为了优化电网结构、缓解用电负荷，平衡和改善用电状况，提高电网系统的供电能力和供电质量，进一步提升经济效益。因此，深入了解抽水蓄能电站的作用和应用特性将有助于理解抽水蓄能电站出现的意义，以及掌握如何设计、制造、运用抽水蓄能电站。本小节将重点介绍抽水蓄能电站在电网中的优点，并介绍其作用。

在了解抽水蓄能电站的应用特性之前，必须先了解抽水蓄能电站的分类。根据电站所用水量的不同，将抽水蓄能电站分为两大类：纯抽水蓄能电站和混合式抽水蓄能电站。

纯抽水蓄能电站的工作原理是在总用水量固定的情况下，将上下水库的水通过抽水和发电的形式实现循环，从而达到蓄能-放电的作用。纯抽水蓄能电站的上水库往往没有水源或者水流量少，因此需要将下水库的水抽至上水库储存，从理论上来说，抽水量和发电量相同。纯抽水蓄能电站仅用于调峰，不能作为独立的电源存在，需要和火电厂、核电站等协同运作。

混合式抽水蓄能电站是目前最常见的类型，其上水库一般利用自然条件修建在水库、天然河道上，输水系统中包括抽水蓄能机组和水轮发电机组，可以实现能量的转换，通过调节抽水量和放水量实现发电量的调节，从而更好地实现抽水蓄能电站的调峰作用。

根据水库调节性能的不同，还可以将抽水蓄能电站分为日调节抽水蓄能电站、周调节抽水蓄能电站和季调节抽水蓄能电站。日调节抽水蓄能电站是指蓄能机组在每天用电晚高峰过去后，上水库水位清零，下水库蓄满，然后利用凌晨用电低谷时电网系统的富余电能将下水库的水抽至上水库，使得在第二天白天的用电峰值之前实现下水库水位清零，上水库蓄满。纯抽水蓄能电站一般都设计为日调节抽水蓄能。

周调节抽水蓄能电站是指在每周的 5 个工作日内，抽水蓄能机组如同日调节抽水蓄能电站一样工作。在实际运用过程中，每天的发电用水量大于蓄水量，在每个工作日快结束时将上水库水位清零，在双休日期间由于电力负荷下降，因此将富余的电能用于将下水库的水抽至上水库，在下一个工作日前将上水库蓄满。

季调节抽水蓄能电站则是依据汛期工作，具体是指在枯水期放水发电，在汛期将下水库多余的水抽至上水库，通过这样的方法将原本是汛期的季节性电能转化为枯水期的保证电能。混合式抽水蓄能电站一般设计为季调节。

由于抽水蓄能电站的能量转换特性，其具有与其他发电方式不同的特性，主要包括以下几个方面：

(1) 既可以做功，也可以吸收功。

抽水蓄能电站可以与一般的水力发电站一样将水的重力势能转化为电能，这个过程是发出有用功。抽水蓄能电站还能吸收电网系统提供的电能并利用水轮发电机组在水泵的作用下将电能转化为水的重力势能，从而将上水库蓄满。发电机组还具有调节工况的作用，因为机组有两种旋转方向，所以分别有发电转向调相和水泵转向调相。在上述工况中，机组可以发出无用功来调高电网电压，也可以吸收无用功来降低电网电压。

(2) 启动和工况转换快。

与传统的水电发电机组类似，抽水蓄能电站机组发电工况也能做到快速启动。正常运行的情况下，抽水蓄能机组 1～3 min 就能实现从停机到满负荷运作(或从满负荷运作到满负荷抽水)，机组从空载到满负荷一般小于 35 s。

(3) 受环境因素影响小。

一般的水电站发电会受到环境因素(如降水量、枯水期和汛期等)的影响。一般在汛期，传统的水电站需要尽可能开闸发电，否则容易发生次生灾害；在枯水期则会因为蓄水量不足导致发电量无法达到需求。但是抽水蓄能电站是依靠上下水库的来回抽放循环，水量的变化主要来自天然降水和水的自然蒸发，因此对抽水蓄能电站的影响非常小，仍然能够实现调峰的作用。

得益于抽水蓄能电站的应用特性，抽水蓄能电站在发电、调峰、调频、调相等方面发挥了重要作用。

1) 缓解调峰压力

抽水蓄能电站既是发电厂，又是用电客户，因此具有调峰填谷双重作用，调峰容量一般可以达到装机容量的 2～2.1 倍，是缓解系统调峰压力的有效手段。填谷是指将日负荷曲线的低谷填平，该过程是通过抽水蓄能电站将下水库的水抽至上水库，将电能转化为水的重力势能来实现的。调峰是指将日负荷曲线的高峰削去(又称为削峰)，该过程是通过将存蓄于上水库的水放水放电，将水的重力势能转化为电能来实现的。

抽水蓄能电站的调峰填谷作用对于我国而言具有重要意义，特别是在我国南方的梅雨季、台风季和春节等节假日期间，电网系统的调峰能力往往面临巨大挑战，此时抽水蓄能电站按计划安排发电，降低电网系统夜间调峰压力，减少火电投油调峰，既能提升社会经济效益，又能优化绿色能源结构。

2) 具有调频作用

调频作用又称为旋转备用或者负荷自动跟随功能。一般的水电站和抽水蓄能电站都有调频功能，但在负荷跟踪速度和调频容量变化幅度上，抽水蓄能电站则具有更明显的优势。一般来说，常规水电站从启动一直到满负荷运作需要数分钟，但是抽水蓄能电站机组的特点就是快速启动和快速负荷跟踪，因此现在设计制造的抽水蓄能电站可以在短时间(1～2 min)内从静止到满载，增加出力的功率可达到 10 000 kW，并频繁转换工况。

所有水电站在设计时都会考虑事故备用的功能，因此有效应对机组运行中的事故也是抽水蓄能调频作用中的重要一环。在发生事故以后，抽水蓄能电站将紧急作为备用电源用于提供电能，此时下水库的水位会达到峰值，因此在事故结束后，需要利用机组将上水库蓄满。同时，抽水蓄能机组由于其水力设计的特点，在作备用电源时所消耗的电功率较小，并能在发电和抽水两个功能之间空转，因此也具有反应迅速的特点。

据报道，广州抽水蓄能电站机组在 2013 年时共应急启动 8 次。具有代表性的案例发生在 2013 年 5 月 26 日，楚穗直流孤岛调试双极相继闭锁时，广州抽水蓄能电站电厂紧急满负荷启动 3 台机组，协助系统频率返回正常，有力确保了电网系统的正常安全运行。另一个案例发生在 2014 年 5 月 15 日，香港中华电力龙鼓滩发电厂 2 号机组突然停机，导致香港中华电力电网系统损失负荷 200 MW，广州抽水蓄能电站 2 号机组成功应急响应，向系统提供有用功 180 MW，香港中华电力电网系统频率恢复正常，系统电压恢复到正常水平。

抽水蓄能电站的反应迅速、运行灵活、可以应急启动的优点，为保障电网系统稳定运行发挥了重要作用。

3) 具有调相作用

每到节假日或用电低峰时，系统用电负荷减少，电网无功富余，导致系统电压升高，这时采用抽水蓄能电站通过迟相运行吸收无功，确保电压稳定，这就是抽水蓄能电站的调相作用。调相的目的是稳定电网电压，目前的调相方式包括两种：发出无功的调相运行和吸收无功的进相运行。抽水蓄能电站在设计上具有明显优势，因此在发电工况和抽水工况下都可以实现调相和进相的运行，并且可以在水轮发电机组和水泵两种方向进行，灵活性强。而常规的水电机组的发电功率因数(功率因数指交流电路有功功率与现在功率的比值，一般来说这个数值越接近 1，说明水电机组的效率越高)为 0.85~0.9，机组可以在低功率因数下运行，从而实现调相的作用，但是无法发挥进相的作用。另外，抽水蓄能电站通常比常规水电站更靠近负荷中心。因此，抽水蓄能电站对稳定系统电压的作用优于传统水电站。

4) 具有黑启动功能

黑启动是指出现系统解列事故(解列是指电力系统在受到干扰后，为了避免其由于不稳定而产生的事故，将发电机和电力系统其他部分之间、系统的一部分和系统其他部分之间电联系切断，分解成相互独立、互不联系的部分)以后，要求机组在无电源的情况下迅速启动。一般传统的水电站不具备黑启动功能，现代设计制造的抽水蓄能电站都要求配备该功能。在发生停电事故后，抽水蓄能电站能够自动启动并带动全网恢复供电，大大减少了电网停电的时间。

仍以广州抽水蓄能电站为例，其二期工程安装了一台柴油发电机(2000 kV·A)，一旦系统出现全黑的状态，柴油发电机可以立即自动启动带厂用电，然后启动二期机组迅速向广州电网提供黑启动电源，从而快速恢复广州电网的电力供应。在广州抽水蓄能电站的二期工程验收试验中，广州抽水蓄能电站启动成功后，送电至 500 kV 增城站、北郊站，结合广州电网执行黑启动成功的区域，及时完成广州电网的重置。

5) 加快电力行业能源结构调整

目前，我国基本形成了煤、油、气、电、核、新能源和可再生能源多轮驱动的能源生产体系。2019年，电力供应能力持续增强，累计发电装机容量20.1亿kW，发电量7.5万亿kW，较2012年分别增长75%、50%。但是，2019年我国煤炭消费占能源消费总量比例为57.7%，仍然高于发达国家水平。采用抽水蓄能电站可减少系统火电机组参与调峰启停次数，使得火力发电机组出力过程平稳，提高其负荷率并在高效区运行，降低机组的燃料和检修维护等费用，减少污染物排放，降低燃煤发电相关的电厂能耗，进一步提高水力能源占总能源的比例，优化能源结构。按照目前我国节能发电调度原则，高效机组承担基荷，低效机组承担峰荷，目前两者的发电煤耗差在 $200 \ \mathrm{g \cdot (kW \cdot h)^{-1}}$ 以上，即抽水蓄能 $4 \ \mathrm{kW \cdot h}$ 电换 $3 \ \mathrm{kW \cdot h}$ 电，抽水蓄能替代抵消火电机组顶峰每千瓦时依然可以节约 $100 \ \mathrm{g}$ 标准煤(1 kg 标准煤的低位热值为 29 307.6 kJ)。

2.2.6 应用场景

我国幅员辽阔，导致能源分布和电网结构不均，因此各地对抽水蓄能电站的设计需求也不尽相同。根据当地电力的主要形式不同，可以将抽水蓄能电站的应用场景分为以下四种。

1. 以火电或核电为主、没有水电或水电很少的电网系统

以火电为主的电网系统一般都会因为调峰能力差而在供电方面存在缺陷，因此配合抽水蓄能电站能够很好地起到调峰填谷和紧急启动的作用，从而实现电网的稳健运营。环保效益计算就是针对火电发电机组和抽水蓄能电站机组联用的情况，相比之下，核电站和抽水蓄能电站联用在环保减碳方面更有优势。需要特别注意的是，目前的核电站是按基荷方式(发电机组长期以额定功率或接近额定功率运行)运行设计的，这主要是为了保证核电站机组的安全和提高利用率，降低发电成本，因此核电站和抽水蓄能电站相配合是最适宜的。下面重点介绍核电站和抽水蓄能电站联用的实例——大亚湾核电站和广州抽水蓄能电站。

在《广州抽水蓄能电站项目建议书》中明确指出，广州抽水蓄能电站建设的初衷就是解决电网系统的调峰填谷问题，特别是确保大亚湾核电站的安全问题。核电站的设计适宜稳定连续的基荷运作，如果核电站机组频繁地遇到满载或减载的情况，容易引起操作失误，增加机件的损耗，而核电站投入运行后设备往往会带有放射性，维护的成本相当高。因此，广州抽水蓄能电站利用大亚湾核电站早班时的低谷量作为抽水电源，使得大亚湾核电站总是处于基荷状态运行，这样就可以避免核电站出现频繁的升降负荷调峰，节省了瞬变能耗，确保核电站机组能够长期稳定运行，有助于保持燃料组件包壳的完好性，进一步提升了核电站的安全性。如果没有广州抽水蓄能电站的配合，大亚湾核电站在低谷负荷时必须减载运行，年负荷率只能达到 0.6 左右，年发电量约为 100 亿 $\mathrm{kW \cdot h}$，当配备广州抽水蓄能电站以后，核电站的年负荷率可以达到 0.76，年发电量提升至 126 亿 $\mathrm{kW \cdot h}$。

广州抽水蓄能电站除了起到调峰填谷的作用外，还能确保大亚湾核电站的安全。大亚湾核电站的机组容量大，一旦出现甩负荷的情况，就会对电网产生巨大冲击。在 1995 年的甩负荷试验中，1、2 号机组均经过了 1000 多次试验，其中有 4 个系统的试验具有较高跳机风险，这些试验都是通过抽水蓄能电站快速承担负荷的能力实现的。

2. 虽然有水电，但水电的调蓄能力较差的电网系统

目前很多电网都有一定比例的水力发电，但是具有年调节及以上能力的水电站的比例仍然较小。这些电网系统虽然可以在枯水期利用水电进行调峰，但是一到汛期就会面临水库满载的情况，从而失去调峰的能力。若要利用水电调峰，只能被迫采用弃水调峰的方式，这样会造成较大的经济损失。在水电调峰能力较差的电网系统配备抽水蓄能电站，可以吸收汛期的基荷电，将其转化为峰荷电，从而减少或避免汛期弃水，提升经济效益并改善水电汛期运行状况，从而改善电网的运行状态。

3. 远距离送电的受电区

一般来说，当输电距离远到一定限度以后，送基荷将比送峰荷更经济，特别是上网峰谷电价较大的情况下，受电区对便宜的低谷电的需求不断上升，但是仍然不能从根本上解决对调峰的需求。在当地建设抽水蓄能电站能很好地实现调峰功能。

4. 风电、光伏电比例较高或风能等可再生资源比较丰富的电网系统

随着我国对能源结构的不断调整，以风能、太阳能为代表的新能源得到迅速发展，但是风电、光伏电存在发电随机、发电质量低、间歇性、反调峰等缺点。在各类蓄能电站中，抽水蓄能电站具有独特的优点：既是发电厂又是用电客户的双重身份，快速响应电网负荷变化，独特的调峰、填谷、调频、调相的工作特点，能量转换效率高。因此，实现抽水蓄能电站和风电或光伏电联用是新能源发展的重要推手。在风力或光伏发电比例较大的电网系统配备抽水蓄能电站，就可以把随机的、质量不高的电量转化为稳定的、高质量的峰荷，既可以增加系统吸收的风力或光伏发电电量，又可以使随机的、不稳定的风力或光伏电能变成可随时调用的可靠电能(图 2.5)。下面针对抽水蓄能电站在风电、光伏电中的应用做进一步介绍。

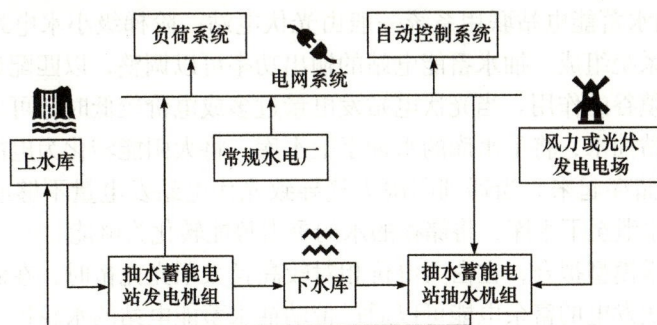

图 2.5　风力或光伏发电-抽水蓄能电站联用系统示意图

1) 抽水蓄能电站在风电中的应用

风力发电的本质是将风的动能转化为机械能，再将机械能转化为电能。根据目前风

力发电的建设情况和经济效益的考量，当风速大于 4.0 m·s⁻¹ 时才适宜发电。以一台额定功率为 55 kW 的风力发电机组为例，当实际风速为 9.5 m·s⁻¹ 时，机组输出的功率为 55 kW；当实际风速为 8 m·s⁻¹ 时，机组输出的额定功率为 38 kW，相当于额定出功的 39%。此外，由于风力发电机组的发电量不稳定，因此其输出电压是在一定范围内波动的交流电，必须经过充电器整流，再对蓄电瓶充电，使风力发电机产生的电能转化为化学能。然后利用有保护电路的逆变电源，将蓄电瓶中的化学能再转变为 220 V 交流电，才能确保稳定的商业化应用。

目前认为风力发电主要存在以下特点：自然风具有随机性、间歇性和季节性；风能地区差异大，时空分布不均匀。目前大型风力发电机都是异步发电机，在并网运行时需要吸收大量无功功率；受异步发电机的影响，在风速发生变化时，会引起电场母场及附近的电网系统波动，影响电网的供电质量和安全性。

针对上述问题，主要有两种解决思路：一种是限制电网中的风电比例或加大风机功率调节，这种方法显然不可取；因此现在主要的思路是利用蓄能系统将风电间接输入电网或储存起来。

风电-抽水蓄能电站联合供电系统原理如下：在已经建成的风力发电系统中增设一个抽水蓄能电站。当风电场的风速较高时，风电系统供电负荷大于用户负荷(供大于求)，此时可以将"多余"的风能带动电动抽水机组(此时水泵处于运行状态)抽水，将下水库的水提升至上水库，将风能转化为电能，再进一步转化为水的重力势能，从而实现蓄能的目的；反之，当风速较小时，风电系统负荷不能满足用户负荷(供小于求)，此时抽水蓄能电站进行发电，将上水库中的水推动可逆式机组(此时水轮机处于运行状态)发电，从而实现平滑稳定的风电输出，提高风能利用率。

2) 抽水蓄能电站在光伏发电中的应用

光伏发电的本质是利用半导体界面的光生伏特效应而将光能直接转化为电能。从目前全球能源利用来看，光伏发电的优点主要是安全可靠，无需消耗燃料和架设输电线路即可就地发电供电，能源质量高；但是也存在发电受四季、昼夜及阴晴等天气条件影响的问题。

光伏发电-抽水蓄能电站联用系统一般由光伏电站、阶梯级小水电站、抽水蓄能电站、负荷和电网系统组成。抽水蓄能电站的输出功率可以调整，以匹配光伏电站的发电需求，达到调峰填谷的作用。当光伏电站发电量过多或电价较低时，可以将多余的电能用于抽水蓄能电站抽水，将下水库的水抽至上水库，将太阳能转化为电能，最后转化为水的重力势能并储存起来。当遇到阴雨天气导致光伏电站发电量不够或电价相对较高时，将上水库的水泄至下水库，将储存的水的重力势能转化为电能。

目前通过数学模型拟合，在白天电价相对较高且太阳光充裕时，在满足当地用电负荷的前提下，光伏发电的富余电能可以通过带动抽水蓄能电站的水轮机运动，将电能转化为水的重力势能储存起来；在当地电价处于较高水平且光伏发电功率较低时，抽水蓄能电站处于工作状态发电。通过这种根据电价变化和时间变化的模型计算可以得知，最终光伏电站的弃光率可以接近 0%，抽水蓄能电站的收益可以提升 106%，光伏电站的收益可以提升 80%。

2.2.7　未来发展前景

结合我国能源资源禀赋条件等，抽水蓄能电站是当前及未来一段时期满足电力系统调节需求的关键方式，对保障电力系统安全、促进新能源大规模发展和消纳利用具有重要意义。

1. 推动抽水蓄能电站智能化、针对性、高质量发展

随着国家"双碳"目标的纵深发展，各种能耗产业加快结构调整的步伐，高能耗企业用电量将逐渐减少，电力系统的峰谷差距将不断加大，同时随着风力发电、光伏发电等一系列新能源发电形式的规模化应用，对电网系统的安全性和智能化提出了更高的要求。抽水蓄能作为智能电网系统的重要一环，可以根据自身的装机容量及其在系统中的作用定位，优先规划建设大容量、有重大影响作用的抽水蓄能电站，进而规划建设较小容量的抽水蓄能电站进行局部甚至配电网的精细化调节，使得不同的抽水蓄能电站有选择性地接入不同的电压等级电力系统中，实现分级优化配置。因此，在抽水蓄能电站的组建下，构建以特高压电网为骨干网架、各级电网协调发展的坚强网架为基础，以通信信息平台为支撑的智能电网系统，实现"电力流、信息流、业务流"的高度一体化融合，充分利用物联网、云计算和大数据等手段，推动抽水蓄能电站工程设计、建造和管理数字化、网络化、智能化。充分发挥科技创新、管理创新、先进建造技术示范推广等引领和支撑作用，建设高质量工程。

对于抽水蓄能电站的发展，不能一味求快求大，要针对性地根据当地的需求，确定功能定位，积极引导各抽水蓄能电站发挥经济、社会效益，因地制宜地进行建设。我国各区域、各省因地质形貌结构和经济发展不同，电力能源结构、负荷特性具有较大的差异，抽水蓄能电站发挥的作用也不尽相同，有的以蓄能为主，如甘肃、新疆等地区建造的抽水蓄能电站；有的以事故备用为主，如山东、山西等地建造的抽水蓄能电站；有的以调峰填谷为主要作用，如华东沿海地区建造的抽水蓄能电站。因此，接下来针对抽水蓄能电站的建设，应当是发挥中小型抽水蓄能电站资源丰富、布局灵活、距离负荷中心近、与分布式新能源紧密结合等优势，在湖北、浙江、江西、广东等资源较好的省份，结合当地电力发展和新能源发展需求，因地制宜规划建设中小型抽水蓄能电站。同时，探索与分布式发电等结合的小微型抽水蓄能的技术研发和示范建设，简化管理，提高效率。

2. 新能源建设引领抽水蓄能电站发展

根据《抽水蓄能中长期发展规划》的预测，我国到 2030 年风电、太阳能发电总装机容量 12 亿 kW 以上，大规模的新能源并网迫切需要大量调节电源提供优质的辅助服务，构建以新能源为主体的新型电力系统对抽水蓄能发展提出更高要求。前文介绍了风力发电、光伏发电与抽水蓄能电站联用。抽水蓄能电站利用水作为载体进行能量转换，可以提高电力系统中风电、光伏电的利用率，从而达到降低成本以提高整个电力系统效益的目的。抽水蓄能电站为电力系统带来的高效、安全、稳定的效益对我国能源长期可持续发展具有积极作用。

3. 新型抽水蓄能电站的设计与制造

尽管抽水蓄能电站具有可以调峰填谷、发电量大、储能潜力大等优点，但是从抽水蓄能电站的选址可以看出，抽水蓄能电站上下水库选址极其依赖天然的地理环境，在水库修建过程中不可避免地会存在人员搬迁等问题，也会对自然生态造成一定程度的损害。同时，抽水蓄能电站存在建设成本大、占地面积大、上下水库水量容易受到自然天气的影响而发生波动等弊端。针对上述问题，一些新型的抽水蓄能电站正在进行设计和研发。

1) 海水抽水蓄能电站

海水抽水蓄能电站从广义上来说就是将高海拔的沿海地区储存海水作为上水库，海洋作为下水库，洋流作为抽水蓄能电站的载能流体。海水抽水蓄能电站具有占地面积小、水源充足、靠近负荷中心等优点，目前已经受到了广泛的关注。随着我国沿海地区核电、海上风电、潮汐能和太阳能的不断开发与利用，在新能源发电站的附近配套建设海水抽水蓄能电站可以满足远离能源基底、对能源资源匮乏的沿海地区和海岛地区的供能需求，对优化电源结构、构建安全高效的能源供应体系具有重要意义。

与一般的抽水蓄能电站相比，海水抽水蓄能电站具有许多鲜明的优点。首先，海水抽水蓄能电站不需要建设下水库，这也从根本上避免了搬迁移民等情况的发生，降低了建设成本；其次，工程上没有水量损失控制的需求；最后，下水库的水位主要受潮汐变化的影响，但是这种潮汐变化对机组运行的影响非常小。海水抽水蓄能电站也存在明显的缺点：装机规模和额定水头比传统抽水蓄能电站小，同时对机组的设计、安装和维护的成本高，这是因为需要对传输系统的各类管道和连接配件做防腐、防渗、防附着处理。

海水抽水蓄能电站目前主要有两种形式：一种是大陆海岸地区的海水抽水蓄能电站，另一种是海岛地区的海水抽水蓄能电站。其中，海岛地区海水抽水蓄能电站的作用尤为突出。我国海域面积广，有常住人口的海岛众多，因此构建安全、稳定、绿色的海岛电网系统非常必要。海岛电网系统一般会用到的能源主要有太阳能、海上风能、核能、潮汐能、波浪能等，这些能源形式的联合运用可以为海岛的国防安全、海洋渔业、远洋中转、海上锚地建设及海岛经济发展提供有力保障，还可以促进海水防腐、防渗等新材料、新工艺技术的发展。海水抽水蓄能电站可以提高负荷端的供电质量，对负荷变化反应迅速、调节灵活、调峰调频调相和事故备用的运行性能较好，且具有能量储存和转换的容量大、效率高、建设技术成熟、运行安全等优点，能够在海岛上充分利用各类能源。

下面针对海岛地区海水抽水蓄能电站目前主要进行的研究内容进行介绍。一般来说，海岛地区都会采取抽水蓄能与风能、太阳能和海洋能等可再生能源联合运行系统的模式。海岛地区建设的海水抽水蓄能电站的位置与传统抽水蓄能电站相比较差，还要考虑防腐蚀和防渗漏等问题，因此初始的建造成本较高。

针对防腐和防渗漏的需要，海水抽水蓄能电站的建筑材料应具有抗海水腐蚀性能强、耐久性和抗渗性好、对周围环境无污染破坏等特点，最重要的是建筑材料要适应上下水库水位发生变化导致传输系统内压力发生变化的特点。另外，万一管道发生渗漏或出现局部破损的情况，应具有快速修复的能力。

除了设计建造的问题外，还需要解决海水抽水蓄能电站与可再生能源联合优化发电调度的难题，通常是新能源发电站和海水抽水蓄能电站并网、脱网时会对电网系统造成巨大的冲击。因此，要充分把握海水抽水蓄能电站优化运行的策略，以适应不同的电网情况和电力需求，实现电网系统在任何工况下都能平稳过渡并运行。

截至目前，仅有日本冲绳在 1999 年建成过海水抽水蓄能电站，但是由于对电网系统调峰填谷功能有限、受每年夏季台风影响等问题，已经在 2016 年关闭运营了。但是了解冲绳的海水抽水蓄能电站对理解海水抽水蓄能电站的开发应用和对我国未来发展具有借鉴意义，下面以冲绳海水抽水蓄能电站为例做简单的介绍。

冲绳海水抽水蓄能电站是一座试验性蓄能电站，其主要目的是验证海水抽水蓄能电站的可行性。最终建成抽水蓄能电站装机容量为 30 MW、最高水头为 152 m、水流的最大流量为 26.0 $m^3 \cdot s^{-1}$ 的可变速抽水蓄能机组，截面图如图 2.6 所示。上水库距离海岸 600 m，有效落差为 136 m。当电站发电时，上水库的水经压力钢管进入水机部件后直接流入太平洋。在试验运行阶段发现，该海水抽水蓄能电站通过改善压力钢管的材质、利用放水防渗涂料等措施，很好地解决了海水浸渗、机械设备腐蚀、海洋生物附着等问题。但是福岛核电站事故的发生，导致海水抽水蓄能电站无法与其他能源电站联用，并且海水抽水蓄能电站的装机容量小，在电网系统中起到的作用小，这些都是冲绳海水抽水蓄能电站关停的原因。

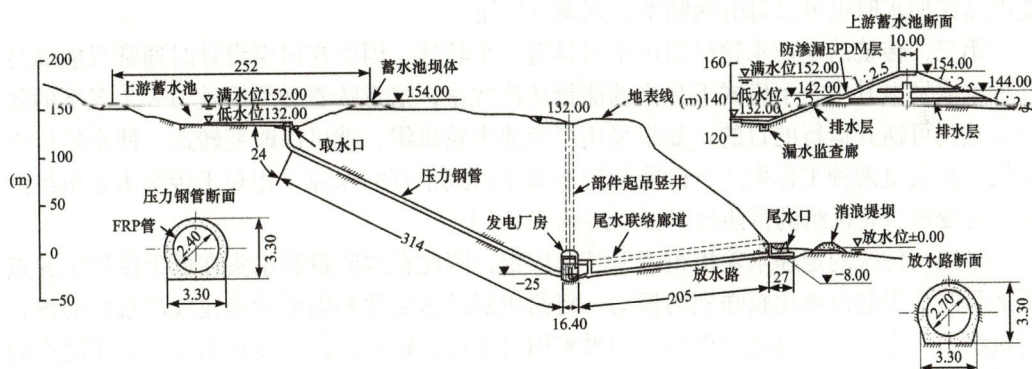

图 2.6　日本冲绳海水抽水蓄能电站截面示意图

综上所述，海水抽水蓄能电站离实现长期稳定、有经济效益地投入运营仍然有一定差距，但是如果能够解决海水抽水蓄能电站的设计建造、与可再生能源联合优化及建设具有高装机容量和高水头电站等问题，海水抽水蓄能电站也一定能够为实现能源结构调整和"双碳"目标做出贡献。

2) 地下抽水蓄能电站

地下抽水蓄能电站就是传统抽水蓄能电站的改良版，最大的区别在于传统抽水蓄能电站的下水库在地表，而地下抽水蓄能电站的下水库是地下洞穴。地下抽水蓄能电站具有几个独特的优点。首先，地下抽水蓄能电站受地形的限制，对原生环境的影响小，从而能够建造高水头的抽水蓄能电站。其次，下水库建在地下，因此更靠近负荷中心，从而降低输电成本，提高对电网变化的响应速度。最后，在设计的过程中也可以尽可能缩小上下水库间的距离，使得水道长度和机组水头之比接近理想值，降低输水系统的建设成本。但是，地下抽水蓄能电站还只是一种概念性构想，目前没有实际投入应用的工程。

3) 可变速抽水蓄能发电机组

抽水蓄能电站在实际运行过程中，水库水位的变化、管道内能量的损失等会造成水头发生变化的情况。在这种情况下，如果采用单一转速的水轮发电机组，就不能满足抽水蓄能电站蓄能和发电的需求。基于这样的考量，设计和制造可变速的抽水蓄能发电机组是接下来的一个重要研究方向。

从目前的研究和应用来说，可变速抽水蓄能发电机组主要从提高负荷运行性能、增强调频调相能力、提高储能效率、延长使用寿命这四个方面改善抽水蓄能电站运行性能。

第一，传统的定速水轮机组由于工作原理等因素，一般情况下都不会在最佳效率点上运行。但是可调速水轮机组在抽水模式下工作时，可以在 60%～100% 的负荷下高速运行。这就表明当可调速水轮机组在抽水模式下运行时，可以更好地通过调节功率的方式实施负荷跟踪，从而降低抽水蓄能电站的运营成本。

第二，传统的定速水轮机组由于只具有一个固定转速，因此只能在发电的情况下才能发挥调频调相的功能。如果采用可变速水轮机组，水泵工况输入功率可以在一定范围内发生改变，对于特定的水头，机组从电网中吸收的功率可以变化约 30%，使得抽水蓄能电站在抽水时也可以对电网频率起到调节作用。

第三，传统的定速水轮机组由于只具有一个转速，因此在机组设计时通常只能满足在抽水或发电其中一个模式下最高的能量转换效率，这意味着必须牺牲另一工况下的效率来达到可逆式运行的目的。如果采用可变速水轮机组，就可以改变转速，使水轮机组在抽水和发电两种工作模式下的能量转换效率得到很好的保障，相对于传统水轮机组而言，可变速水轮机组的蓄能效率可以达到 3% 以上。

第四，传统的定速水轮机组由于转速固定，因此在水流量和水头在低于设计工况点下运行时会引起设备比较强烈的振动，将给机器的密封件和轴承带来比较严重的磨损，对机组的寿命造成不可逆的损伤。如果采用可变速水轮机组，即使在水头低于工况点的情况下，也可以通过调节转速实现机组平稳运行，避免发生汽蚀现象，减少维护维修，延长机组的使用寿命。

日本是最早开始对可变速抽水蓄能机组进行研究的国家。随着抽水蓄能电站的不断发展，世界各国都开始着手进行研究，其中比较有代表性的有葡萄牙的 Frades 抽水蓄能电站，其装机容量为 382 MW，转速范围为 $350\sim382.9$ r·min^{-1}；瑞士的 Nant de Drance SA 抽水蓄能电站，其装机容量为 157 MW，转速范围为 $385\sim458$ r·min^{-1}。

随着我国新能源布局的不断推进，构建风力或光伏发电-抽水蓄能电站联用的新型体系，发展可变速抽水蓄能水轮机组迫在眉睫。这是因为当面对大量间歇和难以预测的可再生能源接入电网系统时，电网系统内必须配备更大比例且反应更为迅速和灵敏的备用电能，才能保证电网系统安全稳定地运行。

4) 超高水头大容量抽水蓄能机组

抽水蓄能电站的开发建设往往面临占地面积大、开发成本高等问题,因此如何在此基础上进一步提高抽水蓄能电站的经济效益成为接下来抽水蓄能电站的发展方向。目前,一批超高水头、超大容量的抽水蓄能电站正在规划,并会在不久的将来成为调峰填谷的主力。

结合式(2.6)可以看出,要实现超高水头的抽水蓄能电站,必须制备高性能的水泵水轮机组。目前针对这方面的研究主要集中在转轮的研发及制造、水力稳定性研究、主轴密封性研究、蜗壳座环等主要结构部件的刚强性设计、机组水力激振力的研究等。转轮是水泵水轮机的核心部件,是建设高水头抽水蓄能电站最重要的一环。目前的研究主要是增加转轮叶栅密度,使水泵水头流量特征曲线的斜率增加,在一定的扬程范围内使对应的水泵的流量减少,引起角度范围变化减小,进而改善水泵的空化性能。同时,提高叶栅密度可以使转轮的高压侧直径设计得更小。减小转轮直径和高压侧叶片安放角可以使水泵水轮机在最佳工作区附近工作,从而达到预期效果。

目前国外(尤其是日本)已经建立起一批超高水头的抽水蓄能电站。例如,日本葛野川抽水蓄能电站的最高水头达到 778 m,单机容量为 412 MW;日本神流川抽水蓄能电站的最高水头为 728 m,单机容量为 480 MW。我国超高水头抽水蓄能电站也在加速发展,其中最具有代表性的是南方电网公司广东阳江抽水蓄能电站(图 2.7),这是世界上第一个水头达到 800 m 的抽水蓄能电站,同时该机组实现了设计制造百分百国产化,表明我国在超高水头大容量抽水蓄能电站方面的设计和制造工作进入了世界前列。

图 2.7　广东阳江抽水蓄能电站鸟瞰图
资料来源:人民日报

2.3　压缩空气储能

2.3.1　概述

抽水蓄能虽然具有技术成熟、效率高、容量大且储存周期长等优点,但抽水蓄能系统需要特殊的地理位置用于建造水坝和水库,选址十分困难且建设周期长(一般长达 7~15

年)，成本高昂。因此，还需研发经济效益高的储能系统。压缩空气储能(compressed-air energy storage，CAES)是经济可行性最高的技术之一，它有助于灵活能源系统的创建，能更好地促进波动的可再生能源的合理利用。

压缩空气储能技术来源于传统的燃气轮机技术，该技术不仅易于获得，而且十分可靠。自 1949 年 Stal Laval 提出并利用地下岩洞成功实现压缩空气储能以来，大量与空气储能系统有关的研究和实践工作已经在国内外学者中广泛开展。到目前为止，全球已经成功建造了两座基于压缩空气储能系统的大型电站并处于商业化应用的状态：一座是位于美国亚拉巴马州的 McIntosh 压缩空气电站，另一座是位于德国洪托夫(Huntorf)的 Huntorf 压缩空气电站，涡轮机容量分别为 110 MW 和 290 MW。另外，日本、加拿大、意大利等国家也有压缩空气储能电站正在建设中。

尽管我国对压缩空气储能系统的研究相比其他国家起步较晚，但随着电力系统负荷峰谷比例持续的快速增长及可再生能源尤其是风力发电的快速发展，迫切地需要研究出除抽水蓄能外其他能够实现大规模且长时间储能的技术。因此，有关压缩空气储能系统的研究受到了相关科研院所、电力企业及政府部门的高度重视，成为目前大规模储能技术的研究热点。尽管如此，目前我国有关压缩空气储能系统的绝大多数工作仍然仅仅集中在理论层面。

目前，基于压缩空气储能的 1.5 MW 示范系统已于 2012 年成功运行。另外，2016 年贵州毕节的 10 MW 系统在效率方面已处于国际领先地位。金坛盐穴压缩空气储能电站于 2022 年正式投产使用，该电站是世界上首个"非补燃"压缩空气储能电站，也是国内首次利用盐穴资源进行发电的项目。金坛盐穴压缩空气储能电站一期工程发电装机容量为 60 MW，储能容量达 300 万 kW·h，预计年发电量 1 亿 kW·h，为江苏电网提供了 6000 kW 的调峰能力，如同一个"充电宝"为用电峰谷差距巨大的江苏送来了"及时雨"。压缩空气储能被公认为是比较适合大容量和长时间电能储存的储能系统之一，该储能系统主要利用电力负荷低谷时剩余的电量，通过压缩空气将多余的电能进行储存，在电力系统发电不足时，将高压空气释放并通过膨胀机做功，从而达到发电的目的(图 2.8)。下面主要从技术原理、性能特点、应用场景、关键技术及应用前景等方面对压缩空气储能技术进行概述。

压缩空气储能技术的本质来源于对简单燃气轮机技术的改进，图 2.9 为简单循环燃气轮机的工作原理。首先，该技术使用低成本的电力通过压缩机将空气压缩并储存在燃烧室中。然后，压缩空气与喷入的燃料在燃烧室中混合并燃烧成为高温高压燃气。最后，高温高压燃气进入透平中膨胀做功，推动涡轮叶轮带着压缩机叶轮旋转；加热后的高温燃气的做功能力显著提高，因而燃气涡轮在带动压缩机的同时，仍然有多余的功作为燃气轮机的输出机械功。通常情况下，燃气轮机中的压缩机本身需要消耗超过一半的透平输出功，因此燃气轮机的净输出功远小于透平的输出功。

在压缩空气储能系统中，压缩机和透平不能同时工作。其工作原理主要分为储能和释能两个模式(图 2.10)。在储能模式中，压缩空气系统中的压缩机利用电能将空气压缩为高压气并储存在压力容器或地下洞穴中，将电能转化为高压空气能。在释能模式中，高压空气从压力容器中释放出来并进入燃烧室，利用燃料燃烧加热升温后转化为高温高压气体,从而驱动透平发电。由于储能和释能过程是分时段运行,在释能阶段,透平的输出功不会因压缩机的运行而被消耗,因此与燃气轮机系统相比,消耗同样量的燃料,压缩空气储能系统产生的电力是燃气轮机系统的两倍甚至更多。

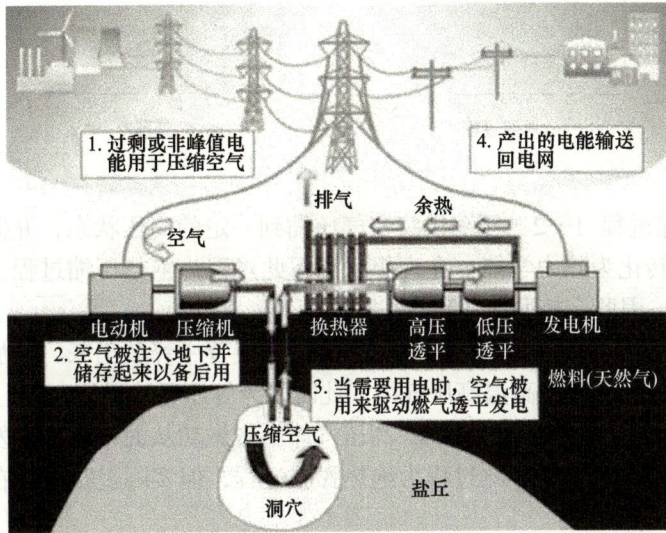

图 2.8　压缩空气储能电站

资料来源:搜狐网

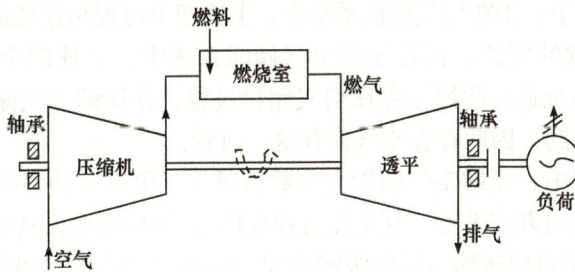

图 2.9　简单循环燃气轮机的工作原理

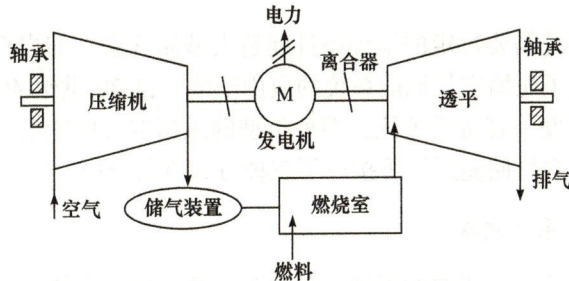

图 2.10　压缩空气储能系统的工作原理

　　压缩空气储能系统的热力学运行过程可详细分为四个过程(假设压缩和膨胀工作过程都为单级过程),其工作过程如图 2.11(a)所示。

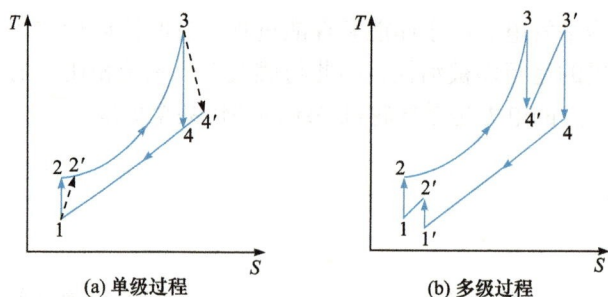

(a) 单级过程　　　　　　　　　(b) 多级过程

图 2.11　压缩空气储能系统的工作过程

(1) 空气压缩过程 1—2：压缩机将空气压缩到一定的高压状态，并储存在高压储气装置中，将电能转化为热力学能。在理想状态下此过程为绝热压缩过程，但实际过程中存在不可逆损失，因此会按照 1—2'过程进行。

(2) 压缩空气加热过程 2—3：高压空气从储气装置中释放出来，与加入的燃料混合燃烧，经加热升温后转变为高温高压气体。此阶段为等压吸热过程。

(3) 高温高压气体膨胀过程 3—4：高压气体膨胀做功从而推动透平发电，将热力学能转化为电能。在理想状态下此过程为绝热膨胀过程，但实际过程中存在不可逆损失，因此会按照 3—4'过程进行。

(4) 冷却过程 4—1：高温高压气体膨胀做功后排入大气，该阶段为冷却过程。

压缩空气储能系统虽然是基于燃气轮机系统改进而来，但它们的工作过程仍然存在较大的差别，主要在于：①在燃气轮机系统中，上述四个过程是连续进行的，即图 2.11(a) 中四个过程构成连续的回路，而在压缩空气储能系统中，上述四个过程是不连续进行的；②在燃气轮机系统运行阶段不存在空气储存过程，在压缩空气储能系统中，由于以上四个过程不是连续的，因此存在空气储存这一过程。

在实际运行过程中，压缩空气储能大多数情况下以更复杂的多级压缩和级间冷却、多级膨胀和级间加热的方式进行，其工作过程如图 2.11(b)所示，其中还包含了 2'—1'和 4'—3'两个过程，分别对应压缩过程的级间冷却和膨胀过程的级间加热。

2.3.2　分类

压缩空气储能系统需要特定的地理条件建造大型储气室，如岩石洞穴、盐洞、废弃矿井等，极大地限制了压缩空气储能系统的应用范围。自 20 世纪 40 年代以来，有关压缩空气储能系统的研发一直备受关注，多种类型的压缩空气储能系统已被报道。根据分类标准的不同，压缩空气储能系统可按以下三种方式进行分类。

1. 压缩空气储能系统热源

压缩空气储能系统按照热源的不同，可分为：基于燃料燃烧的压缩空气储能系统、带有储热的压缩空气储能系统、无热源的压缩空气储能系统。

1) 基于燃料燃烧的压缩空气储能系统

图 2.12 为此系统的详细结构，在压缩过程中包含级间冷却和级后冷却；同时，膨胀过程中包含中间再热结构，压缩过程和膨胀过程结构的改善可以大大提高系统本身的工作

效率，更大程度地减少能量的损耗。已经商业化的 Huntorf 电站采用的就是与图 2.12 类似的系统结构，实际运行的效率达到 42%。另外，在图 2.12 系统的基础上增加带有余热回收的装置，将废热进行再利用，可进一步提高储能系统的热效率。同时，由于余热的回收利用，单位发电消耗的电能大大降低，因此该系统的发电成本也降低。

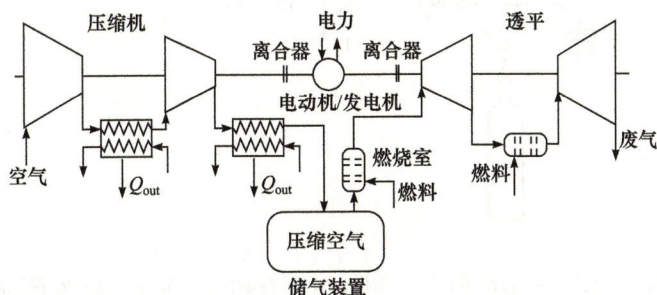

图 2.12　基于燃料燃烧的压缩空气储能系统

2) 带有储热的压缩空气储能系统

带有储热的压缩空气储能系统也称为先进绝热压缩空气储能系统。如图 2.13 所示，先进绝热压缩空气储能系统中的空气压缩过程接近绝热过程，产生大量的压缩热。在理想的条件下，压缩空气达到 10 MPa 时，可以产生高达 650℃ 的温度。与传统的压缩空气储能系统相比，先进绝热压缩空气储能系统回收了空气压缩过程中的压缩热，其系统的储能效率大大提升，理论储能效率高达 70% 以上；另外，由于该系统使用的是压缩热而非传统燃料的燃烧热，因此可实现零排放。尽管先进

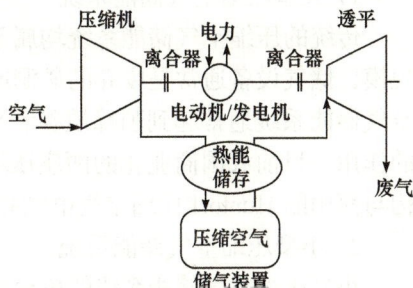

图 2.13　带有储热的压缩空气储能系统

绝热压缩空气储能系统具有高的能量储存效率，但该系统需要配置储热装置，与传统的压缩空气储能系统相比具有初期成本高的特点，通常比传统压缩空气储能装置的成本高 20%~30%。

3) 无热源的压缩空气储能系统

既不依靠燃料燃烧加热，也不依靠其他外来热源产生热的压缩空气储能系统称为无热源的压缩空气储能系统，其详细结构如图 2.14 所示。无热源的压缩空气储能系统具有结构简单等优点，但系统的储能效率和能量密度低。因此，该系统通常只应用于微小型储能系统中，如可作为备用电源、空气马达动力及车用动力等。例如，某微型压缩空气备用电源的储气装置由几十个标准压缩空气储气罐组成，储存压力约为 30 MPa，系统的功率达 2 kW，工作寿命长达 20 年，每年仅需要进行 4 次补气，基本不需要其他维护成本。

2. 压缩空气储能系统规模

压缩空气储能系统按照规模的不同，可分为：大型压缩空气储能系统，其单台机组为 100 MW 级规模；小型压缩空气储能系统，其单台机组为 10 MW 级规模；微型压缩

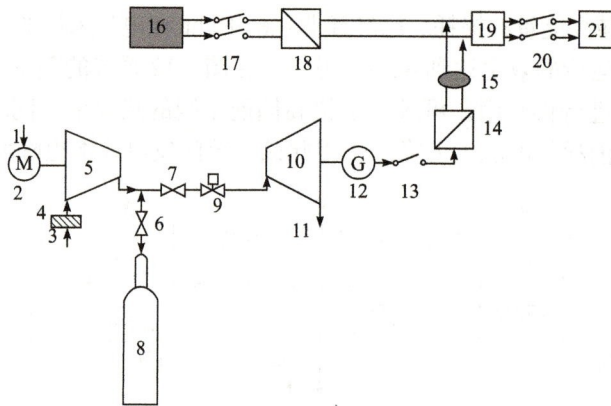

图 2.14　无热源的压缩空气储能系统

1. 电力；2. 电动机；3. 空气；4. 过滤器；5. 压缩机；6、7. 控制阀门；8. 储气罐；9. 降压阀；10. 膨胀机；
11. 尾气；12. 发电机；13、17、20. 电源开关；14、18. 整流器；15. 安全/控制单元；16. 电网；19. 电流转换器；
21. 用电设备

空气储能系统，其单台机组为 10 kW 级规模。

1) 大型压缩空气储能系统

传统的压缩空气储能系统均属于大型压缩空气储能系统，其单台机组为 100 MW 级规模，储气设备通常是废弃的矿洞或岩洞，储气的洞穴体积通常超过 10^5 m³。大型压缩空气储能系统通常起到削峰填谷和平衡电力负荷的作用，也可起到可再生能源发电输出的作用。目前我国商业化的两座压缩空气储能电站均属于大型压缩空气储能系统，其结构与商用的 Huntorf 压缩空气电站和 McIntosh 压缩空气电站类似。

2) 小型压缩空气储能系统

小型压缩空气储能系统的单台机组为 10 MW 级规模，储气设备通常是耐高压的容器。该系统突破了传统压缩空气储能系统对岩洞的依赖，灵活性更好。与大型系统相比，小型压缩空气储能系统更适用于城区居民的功能电站，可作为电力需求侧管理、不间断电源等。不仅如此，小型压缩空气储能系统还可建立在风电场或光电场等可再生能源系统附近，对可再生能源电力系统的供应进行调节。

3) 微型压缩空气储能系统

微型压缩空气储能系统的单台机组为 10 kW 级规模，储气设备也是耐高压的容器。微型压缩空气储能系统主要应用在特殊领域，如控制和通信领域的备用电源、偏远地区的微小型电网等。

3. 压缩空气储能系统是否与其他热力循环系统进行耦合

压缩空气储能系统按照是否与其他热力循环系统进行耦合，可分为：传统压缩空气储能系统、压缩空气储能-燃气轮机耦合系统、压缩空气储能-燃气蒸汽联合循环耦合系统、压缩空气储能-内燃机耦合系统、压缩空气储能-可再生能源耦合系统、压缩空气储能-制冷循环耦合系统。

1) 传统压缩空气储能系统

传统压缩空气储能系统指的是不与其他热力循环系统进行耦合，这里不再赘述。为了提高储能系统的灵活性、提高系统的储能效率及用于特殊的用途等，研究者先后开发了多种压缩空气储能与其他热力循环系统进行耦合的系统。

2) 压缩空气储能-燃气轮机耦合系统

图 2.15 为压缩空气储能-燃气轮机耦合系统示意图。在用电低谷时期，剩余的电力可用于压缩空气并将其储存在地下岩洞或高压储气容器内；在用电高峰时期，压缩空气和燃气轮机联合做功用于发电。当储存空气压力较低(通常为 1～2 MPa)时，压缩空气能够单独或者与燃气轮机压缩空气一起混合进入燃烧室，驱动燃气轮机做功，如图 2.15(a)所示；当储存空气压力较高(通常为 5～10 MPa)时，压缩空气首先与燃气轮机中的废气换热，完成换热后进入高压涡轮机膨胀做功，从高压涡轮中出来的空气再与燃气轮机压缩空气一起混合进入燃烧室，与燃料一起燃烧后驱动燃气轮机涡轮实现做功，如图 2.15(b)所示。由以上可以看出，压缩空气储能-燃气轮机耦合系统的工作模式非常灵活，主要包括以下四种：①燃气轮机独立工作模式，此工作模式下，压缩空气储能系统始终处于

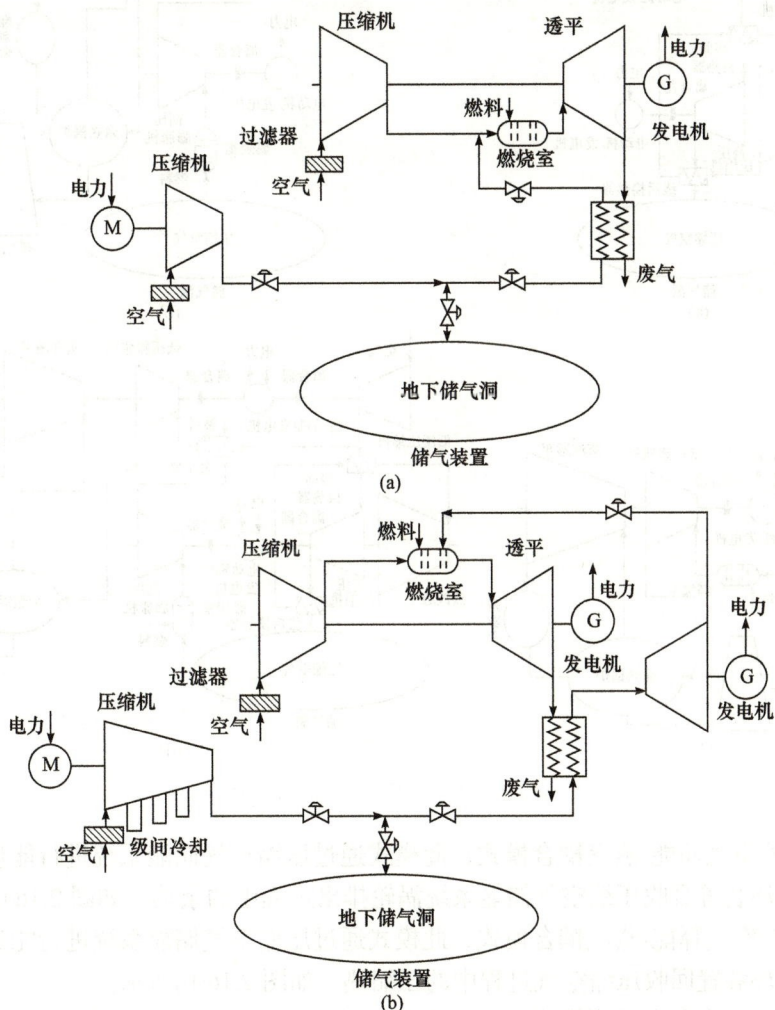

图 2.15　压缩空气储能-燃气轮机耦合系统

关闭的状态；②压缩空气储能独立工作模式，此工作模式下，压缩机消耗剩余电力对空气进行压缩并储存；③压缩空气释能模式，此模式中，压缩空气和燃气轮机中的废气完成换热后进入燃烧室，与燃料一起燃烧后驱动燃气轮机涡轮发电；④压缩空气储能-燃气轮机耦合模式，此模式发生在用电高峰期，此时压缩空气储能系统和燃气轮机一起运行，系统的输出功率和转化效率都大幅提升。

3) 压缩空气储能-燃气蒸汽联合循环耦合系统

图 2.16 为压缩空气储能-燃气蒸汽联合循环耦合系统示意图，该系统的工作模式主要包括以下四种：

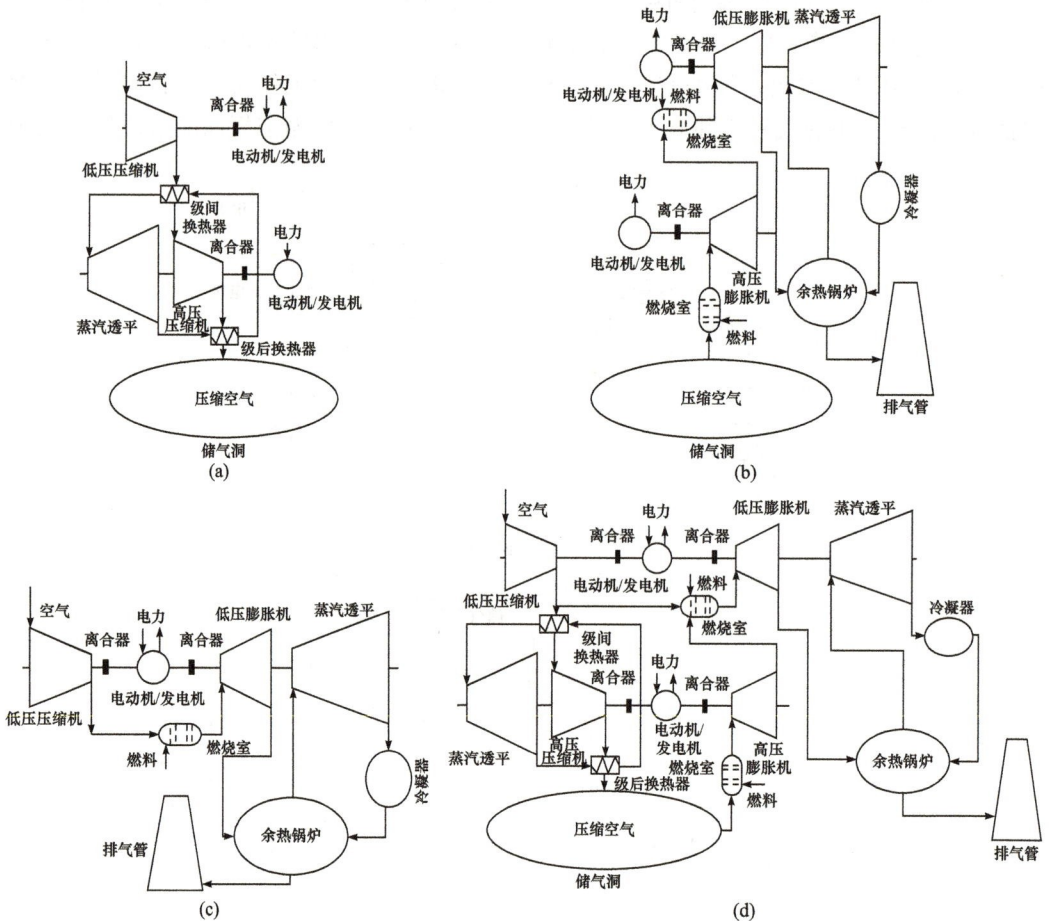

图 2.16　压缩空气储能-燃气蒸汽联合循环耦合系统

(1) 压缩空气储能-蒸汽耦合模式，此模式通过压缩空气储能系统进行能量储存，并耦合蒸汽循环装置吸收压缩空气储能系统涡轮排出过程中的余热，如图 2.16 (a)所示。

(2) 压缩空气释能-蒸汽耦合模式，此模式通过压缩空气储能系统进行能量释放，并耦合蒸汽循环装置回收压缩空气过程中的压缩热，如图 2.16(b)所示。

(3) 燃气-蒸汽联合循环模式，此模式下，压缩空气储能系统关闭，燃气蒸汽联合循环系统独立运行，如图 2.12(c)所示。

(4) 压缩空气释能-燃气蒸汽联合循环模式，此模式发生在用电高峰期，压缩空气释能和燃气蒸汽联合循环一起运行，如图 2.16(d)所示。

由以上可以看出，压缩空气储能-燃气蒸汽联合循环耦合系统耦合了压缩空气储能、燃气轮机及蒸汽轮机三种热力循环，与压缩空气储能-燃气轮机耦合系统相比，其具有工作方式更灵活、系统效率更高及系统运行更稳定等优点。

4) 压缩空气储能-内燃机耦合系统

单独的压缩空气储能汽车动力能量密度低、续航能力有限，这促进了压缩空气储能-内燃机耦合系统的发展。如图 2.17 所示，该系统工作时，压缩空气吸收内燃机的余热后通过气动发动机产生动力，随后气动发动机联合汽车原有发动机共同运行，从而达到提供汽车混合动力的目的。研究表明，在额定条件下，气动发动机能够从内燃机排气和冷却水中分别吸收 26%和 20%的能量，使内燃机的燃料消耗率大幅降低。

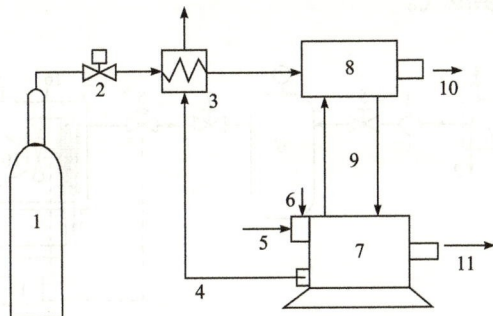

图 2.17　压缩空气储能-内燃机耦合系统

1. 储气罐；2. 降压阀；3. 尾气换热器；4. 尾气；5. 空气；6. 燃油；7. 内燃机；8. 气动发动机；9. 冷却水；10、11. 轴功

5) 压缩空气储能-可再生能源耦合系统

对于间歇式和不稳定的可再生能源如太阳能、风能等能源系统，将它们与压缩空气储能系统进行"拼接"不仅能够有效改善能源供给结构，而且为可再生能源大规模利用提供了有效的解决方案。图 2.18 为压缩空气储能-风能耦合系统示意图。在用电低谷期，风电场产生的剩余电力驱动压缩机运行，压缩空气并储存，实现能量的储存；在用电高峰期，压缩空气释放促使燃气轮机发电，从而起到削峰填谷的作用。压缩空气储能-风能耦合系统能够极大地提升风电在电网供电的占比(最高可达 80%)，远超传统风电所占的比例(40%)。压缩空气储能系统和风力发电系统耦合的方式一般有以下两种：①将压缩空气储能系统建立在电力销售侧，该耦合方式能够参照消耗需求对释放/储能阶段进行调节，产生更大的经济效益；②将压缩空气储能系统建立在风电场侧，该耦合方式能够参照风电场的发电功率对释放/储能阶段进行调节，但经济效益较差。压缩空气储能系统还可以与太阳能发电系统等进行耦合，不仅能够降低燃料成本，还能够提高太阳能发电系统输出的稳定性。

6) 压缩空气储能-制冷循环耦合系统

高压空气在膨胀过程中温度会大幅下降，因此可以利用该过程的制冷作用向用户提供冷源。已研发出一种压缩空气储能-制冷循环耦合系统，如图 2.19 所示。该耦合系统

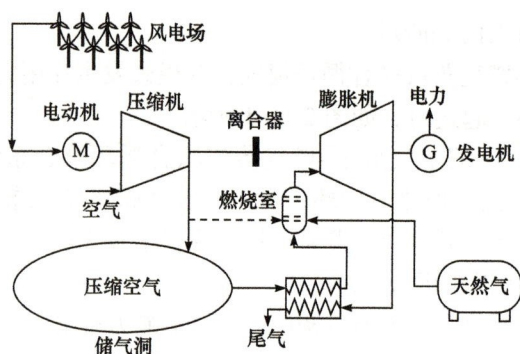

图 2.18　压缩空气储能-风能耦合系统

采用低谷电能压缩空气并储存。在制冷阶段，压缩空气进入涡轮膨胀机做功，涡轮膨胀机的输出功不仅可以驱动其他蒸发制冷循环，而且其后出口空气温度会大幅降低，可以直接作为冷源为用户提供冷气。

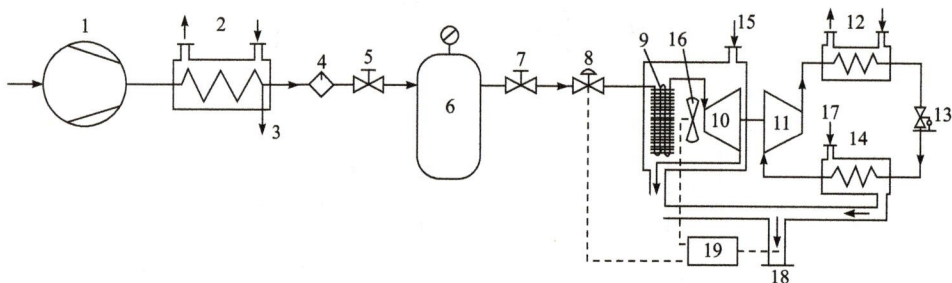

图 2.19　压缩空气储能-制冷循环耦合系统

1. 空气压缩机；2. 换热器 1；3. 排水器；4. 干燥器；5. 控制阀门 1；6. 储气罐；7. 控制阀门 2；8. 降压阀；
9. 换热器 2；10. 膨胀机；11. 压缩机；12. 冷凝器；13. 膨胀阀；14. 蒸发器；15. 进气口 1；16. 风扇；
17. 进气口 2；18. 排气口；19. 控制单元

2.3.3　关键构件

压缩空气储能系统通常包含以下六个主要部件：①压缩机，通常为多级压缩机附带级间冷却设备；②膨胀机，通常为多级透平膨胀机附带级间再热设备；③燃烧室和换热器，主要用于燃料的燃烧和余热的回收等；④储气装置，地下通常是岩洞，地上通常是高压容器；⑤发电机，主要通过离合器分别与压缩机及膨胀机连接；⑥控制系统和其他辅助设备，主要包括控制系统、机械传动系统、燃料罐、管路和其他配件等。由此可知，该系统的关键性技术相应地主要包含以下几个方面，即压缩机、膨胀机、储气装置、燃烧室和储热装置。

1. 压缩机

压缩机作为压缩空气储能系统中的核心部件之一，其性能的优劣决定整个系统的性能。虽然压缩空气储能系统与燃气轮机类似，但是燃气轮机的压缩机压比通常低于 20，而压缩空气储能系统的压缩机压比高达 40～80，甚至更高。因此，大型压缩空气储能系统的压缩机通常使用轴流与离心压缩机组成多级压缩、级间和级后冷却设备。例如，商业化的 Huntorf 压缩空气电站采用的就是这类压缩机,该压缩机的成本约为 170 美元 · kW^{-1}。但是对于带储热装置的压缩空气储能系统,一般情况下其压缩机压比明显高于传统的大型压缩空气储能电站,且配置了储热单元,因而其成本进一步增加,往往高于 170 美元 · kW^{-1}。对于小型压缩空气储能系统,其空间灵活性要求较高,为了缩小储气装置的体积,其压缩空气的储存压力更高;另外,小型压缩空气储能系统具有较小的流量,通常使用单级或多级往复式结构的压缩机。往复式结构的压缩机能够提供高达 10~30 MPa甚至更高的压力,其投资成本为 400~1500 美元 · kW^{-1}。

2. 膨胀机

与压缩机类似,压缩空气储能系统中膨胀机的膨胀比同样高于传统的燃气轮机透平,因此通常使用多级膨胀附加级间再热的结构。例如,Huntorf 压缩空气电站的膨胀机由两级组成,通过第一级从 4.6 MPa 膨胀至 1.1 MPa,随后通过第二级完成完全膨胀过程。由于高压,普通的燃气轮机透平不能作为第一级透平使用,因而 Huntorf 压缩空气电站中第一级透平使用的是经过改造的蒸汽透平。大型压缩空气电站中的透平膨胀机投资成本约为 185 美元 · kW^{-1}。而对于小型的压缩空气储能系统,通常可以使用微型燃气轮机透平、往复式结构的膨胀机或螺杆式结构的空气发动机。例如,Mercury 50 型燃气轮机(大约为 4.5 MW)运行时,其透平处于约 1 MPa、1150℃的条件下。因此,需要在Mercury 50 型燃气轮机透平前端安装一个前置透平,压缩空气通过前置透平,其压力从8 MPa 降至 1 MPa,降压后的压缩空气进入燃烧室。此系统做功装置(包括燃烧室、前置透平、透平和换热器)的成本总共约为 430 美元 · kW^{-1}。螺杆式空气发动机技术已经十分成熟,运行时的压力通常低于 1.3 MPa,但是其效率较低(约 20%),成本高(500~1500 美元 · kW^{-1})。小型高压往复式膨胀机目前仍处于研究阶段,市场上无相关产品。

3. 储气装置

大型压缩空气储能系统对压缩空气容量的要求高,因此通常将压缩空气储存在地下废弃矿洞或岩洞中。已经商业化的 Huntorf 压缩空气电站和 McIntosh 压缩空气电站都使用地下盐矿洞穴作为储气装置(图 2.20),它们的可储存容量分别为 $3.1×10^5$ m³ 和 $5.6×10^5$ m³。使用废弃的矿洞或岩洞能够大大降低其投资成本,如果要使用新的岩洞,其投资成本将大幅增加;通过对已存在的岩洞进行改造,也可降低其投资成本,但在储气过程中会存在漏气的风险。另外,多孔岩洞如盐碱含水层,目前其投资成本被认为是最低的,美国得克萨斯州正在规划的压缩空气电站将采用这种多孔岩洞储存压缩空气。

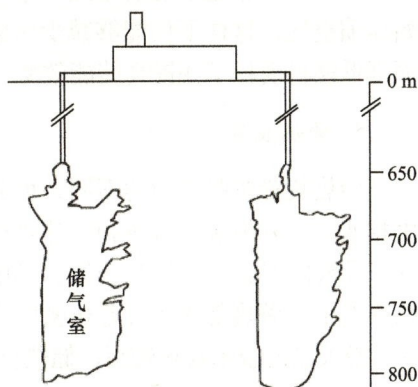

图 2.20　德国 Huntorf 压缩空气电站储气洞穴示意图

微小型压缩空气储能系统对压缩空气容量的要求相对较低,因此可以使用地上储气装置对压缩空气进行储存,从而消除对储气洞穴的依赖性。按照地上储气装置结构的不同，可以将其分为三种类型：储气罐、钢瓶组及储气管道。目前已经商业化的高压储气罐耐压能力可达 30 MPa 甚至更高，完全能够达到压缩空气储能的标准。

对于体积一定的储气装置，如果不采取其他措施，其内部压力将逐渐降低。为了使膨胀机进口压力持续稳定，通常需要采用稳压阀来稳定压力，但这种方法会造成能量大幅度损失。图 2.21 为某种地下储气洞与地上蓄水池相结合的储气系统示意图，该系统能够确保储气装置内压力稳定。

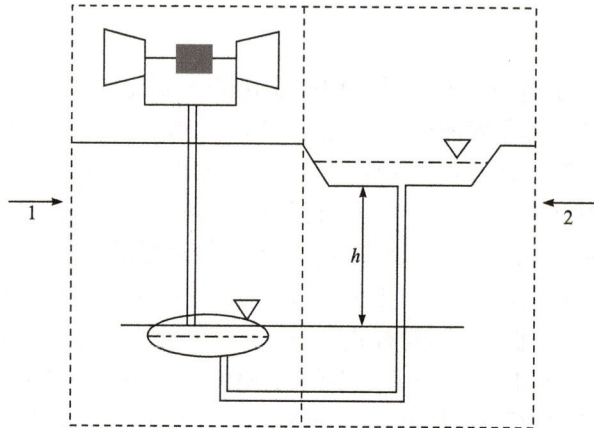

图 2.21　恒压储气系统示意图

1. 压缩空气储能系统；2. 蓄水系统；h. 恒压储气洞(下)与蓄水池(上)之间的垂直距离

4. 燃烧室

传统燃气轮机燃烧室中的压力通常低于 2 MPa，而压缩空气储能系统中的燃烧室压力较大，通常为 4～5 MPa。燃烧过程中温度越高，产生的污染物越多。为了减少污染物的产生，高压燃烧室的温度通常控制在 500℃以下。另外，对于多级膨胀透平，可以选择在第一级膨胀透平之后增加一个燃烧室，还可对回收尾气的余热进行再利用来加热初始压缩空气，这样不仅能够减少污染物的产生，而且能够对尾气余热进行充分利用，从而降低燃料消耗率并提高储能效率。

5. 储热装置

储热装置按照结构的不同，可分为固定式和流动式两种；按照储热装置材料是否发生相变，可分为显热蓄热和潜热蓄热两种；按照储能装置的状态，可分为固态、液态、气态及液固混合、液气混合等。其中，显热蓄热系统结构最简单且蓄热效率高，但是蓄热密度小。潜热蓄热系统蓄热密度大、系统温度变化范围小，但其结构系统十分复杂，对传热设备的技术要求较高。储热材料将在第 4 章"热储能"进行介绍，这里不再赘述。

2.3.4 技术参数

在各种储能系统中，压缩空气储能系统和抽水蓄能都是可以大功率、长时间运行的机械储能技术。压缩空气储能系统的技术特点如下：

(1) 输出功率大(兆瓦级)，持续时间长(数小时)。

(2) 单位建设成本低于抽水蓄能，具有较好的经济性。

(3) 运行寿命长，可循环上万次，寿命可达 40 年。

(4) 环境友好，零碳排。

1. 性能指标

压缩空气储能系统的技术参数总结如表 2.4 所示。

表 2.4　压缩空气储能系统的技术参数

技术参数	内容
效率	40%～55%(非绝热系统)，60%～70%(绝热系统)
能量密度	3 W·h·L^{-1}(100 bar)～6 W·h·L^{-1}(200 bar)
功率密度	0.5～2 W·L^{-1}
循环寿命	不受限制
总寿命	25～40 年
放电深度	35%～50%
自消耗(包括储热器损耗)	0.5%～1%每天
装机成本	5.6～8 元·W^{-1}
功率等级	5～300 MW
响应时间	3～10 min
地理需求	尽可能使用洞穴条件，压力容器会增加成本
主要用途	电压调节，削峰填谷

注：所有技术参数均为参考值，不同系统之间可能存在较大差异。

通常表征压缩空气储能系统性能的指标主要有三个技术参数：效率、系统能量密度及系统功率密度。效率是释放能量与储存能量的比值，这对整个系统及电网运营都至关重要。能量密度等于储存能量除以装置的体积(或质量)，功率密度等于系统额定功率除以装置的体积(或质量)。用公式分别表示为

$$\eta = \frac{E_{释放}}{E_{储存}} \times 100\% \tag{2.16}$$

$$E_\rho = \frac{E_{储存}}{V_{装置}} \text{ 或 } E_\rho = \frac{E_{储存}}{m_{装置}} \ (\text{kJ} \cdot \text{L}^{-1} \text{ 或 kJ} \cdot \text{kg}^{-1}) \tag{2.17}$$

$$P_\rho = \frac{P_{额定}}{V_{装置}} \text{ 或 } P_\rho = \frac{P_{额定}}{m_{装置}} \ (\text{MW} \cdot \text{L}^{-1} \text{ 或 MW} \cdot \text{kg}^{-1}) \tag{2.18}$$

式中，η、E_ρ 和 P_ρ 分别为效率、能量密度和功率密度；$E_{释放}$、$E_{储存}$、$P_{额定}$、$V_{装置}$ 和 $m_{装置}$ 分别为释放能量、储存能量、系统额定功率、装置的体积和装置的质量。

为了更清楚地表达压缩空气储能系统的能量效率，我们采用以下能量传递过程图(图 2.22)来帮助理解。

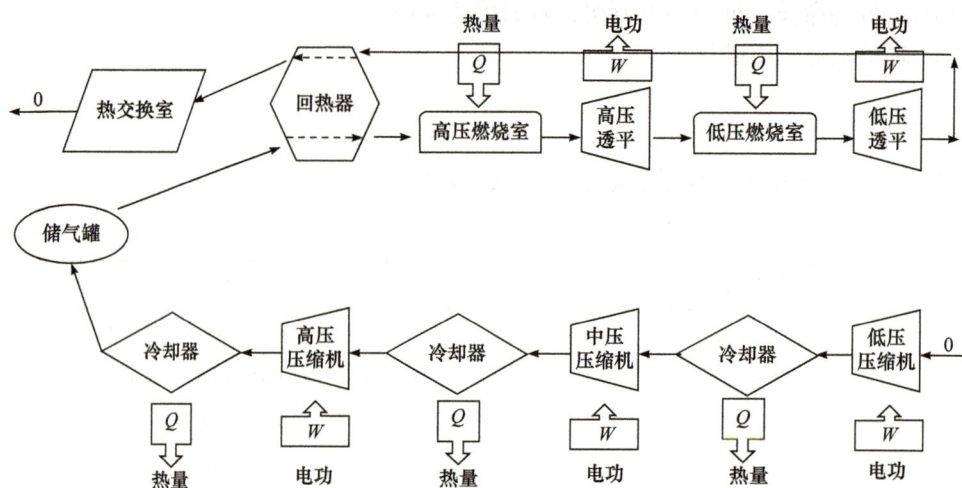

图 2.22　压缩空气储能系统的能量传递过程

图 2.22 中，W 为电功，Q 为热量，箭头向内表示参与到系统中，箭头向外表示系统向外界输出电功或热量。假设压缩机工作消耗的电能来自于电网的电能为 E_1，膨胀做功时向电网输出的电能为 E_2，那么该系统的效率为：$\eta = \dfrac{E_2}{E_1}$。显然，系统用电越少越好，向外输出的电能越多越好。η 数值越大，表明该系统具有更高的能量利用率。

对于能量密度，应首先计算出整个系统的储存能量，然后根据以上公式即可得出整个系统的能量密度：

$$E_1 - E_2 = \int_{V_1}^{V_2} p \mathrm{d}V = \int_{V_1}^{V_2} \frac{mRT}{MV} \mathrm{d}V = \frac{m}{M} RT \ln \frac{V_2}{V_1} = \frac{m}{M} RT \ln \frac{p_1}{p_2} \tag{2.19}$$

所以能量密度为

$$E_\rho = (E_1 - E_2) / V_{\text{装置}} \quad 或 \quad E_\rho = (E_1 - E_2) / m_{\text{装置}} \tag{2.20}$$

式中，$E_1 - E_2$ 为系统释放的总能量(kJ)；p 为绝对压力(kPa)；V 为储气体积(L)；m 为储存空气的总质量(kg)；R 为摩尔气体常量(其值为 8.314 $\mathrm{J \cdot mol^{-1} \cdot K^{-1}}$)；$T$ 为热力学温度(K)；V_1、V_2 分别为压缩前后的空气体积。

除上述计算储存能量的方式外，还可以用以下公式计算储存能量，从而计算能量密度：

$$E = U - U_0 - T_0(S - S_0) \tag{2.21}$$

同样，能量密度为

$$E_\rho = E / V_{\text{装置}} \quad 或 \quad E_\rho = E / m_{\text{装置}} \tag{2.22}$$

式中，U 为热力学能(kJ)；T 为温度(K)；S 为熵($\mathrm{kJ \cdot K^{-1}}$)；下标 0 表示所处环境条件下。温度越高，热力学能 U 越大，熵 S 也越大，但 $U - T_0 S$ 仍是增大的；压力越大，熵 S 越小，但热力学能基本不变，因此温度和压力升高均会使单位质量空气的做功能力增大。当压缩空气压力为 100 atm、温度为环境温度时，1 m³ 空气内部的能量(可释放的电能)为 12.9 kW·h；当压力增至 200 atm 时，1 m³ 空气可释放的电能为 28.3 kW·h，进一步将空气加热至 300℃，可释放的电能变为 54.4 kW·h。根据上述公式，可知温度极低时空气的做功能力也急剧增大，如 1 m³ 常压液态空气内部的能量为 201 kW·h，可见最普通的空气也蕴含巨大的能量。

不同于能量密度，对于特定的压缩空气储能系统，其额定放电功率一定；在一定条件下，功率密度越高越好。但在实际情况中，随着压缩空气储能系统额定放电功率的增加，其放电时长会不断降低，从整个系统来看，同样不利于能量的输出。因此，在系统的设计中权衡放电功率与放电时长两者的关系，有利于提升整个系统的效率。

2. 影响因素

1) 温度

对于压缩机而言，压缩过程温度越低，耗费电能越少；与之相反，对于膨胀机而言，膨胀起始点温度越高，膨胀过程中得到的有用功越多。因此，降低压缩温度或升高膨胀进气温度是提高系统效率的一种重要而有效的手段。

2) 压力

与温度相比，压力的影响更加复杂。压缩阶段，压力越高，相同温度下空气密度越大，相同体积的储罐储存的空气量更多，储能密度更高；膨胀阶段，初始入口压力越高，出口压力越低，有用功输出越多。

3) 容积

压缩空气储能系统的技术痛点在于气体的密度太低，常压下空气密度为 1.25 kg·m⁻³，即使在 10 MPa 高压下密度也只有 100 kg·m⁻³ 左右，只有水的密度(1000 kg·m⁻³)的 1/10，这意味着在相同储存质量下，空气储罐的体积比水的大 9 倍。解决大规模空气储存的方法至少有 3 种。方法 1，就地取材，寻找废弃的矿井，进行密封承压方面的改造，然后将空气压入其中。这种方法既经济又可靠，而且储量惊人，但是受制于地形，灵活性差。方法 2，高压储罐，该方式操作灵活，完全不受地域地形限制，但是储罐属于特种设备范畴，其制造、安装、运行都要经过严格的检查，成本相对较高。方法 3，空气液化，为了进一步减小储罐体积，可以将气体液化，密度将增加上百倍，于是体积可相应减小。设计使膨胀机出口的空气温度低于 78.6 K(-196.5℃)，则空气可被液化。

决定性能指标的因素不仅仅是以上提及的三个因素。在实际运行中，一个系统的优劣评估往往涉及整个系统的各个部分。

2.3.5 优缺点及应用领域

1. 优缺点

压缩空气储能系统具有容量大、使用寿命长、经济效益高等诸多优点。具体体现在以下方面：

(1) 压缩空气储能系统规模大，仅次于抽水蓄能系统，适合建造大型储能电站。

(2) 压缩空气储能系统运行时间长，能够持续工作数小时甚至数天。

(3) 压缩空气储能系统建造和运行成本低，不仅低于抽水蓄能电站，也远低于液流电池，具有良好的经济效益。

(4) 压缩空气的储存已经能够用地面储气装置代替，不受场地约束。

(5) 压缩空气储能系统使用寿命长，为40~50年，能够储能/释能循环上万次；同时其效率最高能够达到70%，与抽水蓄能电站接近。

(6) 压缩空气的储存安全性高，其以空气为原料，不存在爆炸的危险，也不会产生有毒有害气体，具有环境友好的特点。

虽然压缩空气储能系统存在以上诸多优点，但是传统压缩空气储能系统依然存在许多不容忽视的缺点。具体体现在以下方面：

(1) 传统的压缩空气储能系统需要依赖化石燃料的燃烧提供热源，不仅面临化石燃料逐渐枯竭和价格上涨的难题，同时化石燃料的燃烧不可避免地会产生氮化物、硫化物及二氧化碳等气体，造成环境污染。

(2) 压缩空气储能系统压缩空气的储存需要特定的地理条件用来建造大型储气室，极大地限制了其应用范围。

2. 应用领域

压缩空气储能系统应用领域主要包括以下方面。

(1) 常规电力系统：大规模压缩空气储能系统最重要的应用主要体现在对电网进行调峰和调频。用于调峰的压缩空气储能电站通常可分为两类：一类是压缩空气储能电站在整个电网中处于独立运行的状态，另一类是压缩空气储能电站与传统电站匹配运行。压缩空气储能电站也可以起到调频作用，类似于其他燃气轮机电站、抽水蓄能电站或火电站。当其与超级电容器或飞轮储能等其他储能技术相结合时，具有更快的调频响应速度。

(2) 可再生能源系统：对于一些具有间断性不稳定性的可再生能源，可以通过空气压缩储能系统将能量进行储存，在用电高峰期将其释放，能够推进可再生能源的大规模利用，同时在用电高峰期供电。具体体现在与风能、太阳能及生物质能等可再生能源的结合。

(3) 分布式能源系统：压缩空气储能系统能够作为电力负荷平衡装置及备用电源等，以应对分布式能源系统的负荷波动大和系统故障等问题。另外，压缩空气储能系统能够很好地与制冷、制热或冷热电联等系统进行结合，在分布式能源系统中体现出良好的应用前景。

(4) 移动式能源系统：移动式微小型的压缩空气储能系统在汽车动力、不间断电源等其他移动式能源系统展示出巨大的应用前景。

3. 国内外研究现状

传统压缩空气储能技术自提出以来，国际上只有两座大规模传统压缩空气储能电站投入商业运行，分别是德国的290 MW Huntorf压缩空气电站和美国的110 MW McIntosh

压缩空气电站。此外,日本建设了 2 MW 传统压缩空气储能示范电站。我国只进行了传统压缩空气储能技术的相关理论研究。

1) 国外

(1) Huntorf 压缩空气电站是德国 1978 年投入商业运行的电站,目前仍在运行中,是世界上容量最大的压缩空气储能电站。机组的压缩机功率为 60 MW,释能输出功率为 290 MW。系统将压缩空气储存在地下 600 m 的废弃矿洞中,矿洞总容积达 $3.1×10^5$ m³,压缩空气的压力最高可达 10 MPa。机组可连续充气 8 h,连续发电 2 h。该电站在 1979～1991 年期间共启动并网 5000 多次,平均启动可靠性 97.6%。电站采用天然气补燃方案,实际运行效率约为 42%,扣除补燃后的实际效率为 19%。

(2) 美国亚拉巴马州的 McIntosh 压缩空气电站于 1991 年投入商业运行。电站压缩机组功率为 50 MW,发电功率为 110 MW。储气洞穴在地下 450 m,总容积为 $5.6×10^5$ m³,压缩空气储气压力为 7.5 MPa。可以实现连续 41 h 空气压缩和 26 h 发电,机组从启动到满负荷约需 9 min。该电站由亚拉巴马州电力公司能源控制中心进行远距离自动控制。与 Huntorf 压缩空气电站类似,其仍然采用天然气补燃,实际运行效率约为 54%,扣除补燃后的实际效率为 20%。另外还有一些兆瓦级示范系统,包括:瑟斯汀 X(SustainX)公司等温压缩空气储能系统、通用压缩(General Compression)公司蓄热式压缩空气储能系统。

(3) 日本于 2001 年投入运行的上砂川町压缩空气储能示范项目,位于北海道空知郡,输出功率为 2 MW,是日本开发 400 MW 机组的工业试验用中间机组。它将废弃的煤矿坑(约在地下 450 m 处)作为储气洞穴,最大压力为 8 MPa。

2) 国内

我国压缩空气储能行业正处于逐步突破 1～100 MW 级系统关键技术阶段,商业化项目(百兆瓦级以上)正在快速推进。截至 2021 年,国际首套 100 MW 先进压缩空气储能示范项目在张家口顺利并网(主要由中国科学院工程热物理研究所主导),并且从整体来看其性能均处于国际领先水平;截至 2022 年 6 月,国内主要大型空气压缩储能项目包括江西瑞昌 1 GW/6 GW·h 的压缩空气项目、山东泰安 600 MW 级盐穴压缩空气储能创新示范工程、湖北应城 300 MW 级压缩空气储能电站示范工程等。

观研报告网发布的《中国压缩空气储能行业现状深度研究与未来前景调研报告(2023—2030 年)》显示,目前我国已建成/已开工的项目共有 9 个,主要是安徽芜湖 500 kW 压缩空气储能示范项目、贵州毕节 10 MW 压缩空气储能示范项目、同里综合能源服务中心内 500 kW 液态空气储能示范项目等,总装机容量为 682.5 MW,同时正在规划建设的项目共有 19 个,规划总装机容量达到 5.38 GW。

随着压缩空气储能的技术、效率和装机容量持续提升,规模效应使得单位成本明显下降,系统规模每提高一个数量级,单位成本下降可达 30%左右。根据相关资料可知,现阶段,压缩空气储能每千瓦的造价为 5000～6000 元,已接近抽水蓄能的建设成本(约 5500 元·kW⁻¹)。因此,随着系统规模的提升,行业成本下降空间较大。

整体来看,2022～2025 年,我国新增储能装机中压缩空气储能的渗透率或将达 10%,则新增装机容量 6.59 GW,预计 2025 年累计装机容量达到 6.76 GW,并且 2026～2030 年新增储能装机中压缩空气储能的渗透率有望为 23%,则新增装机容量 36.39 GW,

预计 2030 年累计装机容量达到 43.15 GW。

2.3.6 前沿技术及发展前景

压缩空气储能系统作为一种成熟且可行的储能技术，在电力的生产、运输及消耗等领域表现出广泛的应用价值。

削峰填谷：在用电低谷期，发电企业/部门可利用压缩空气储能系统将剩余电量储存起来；在用电高峰期，将储存的电量进行释放并利用，达到削峰填谷的目的。

电力负荷平衡：压缩空气储能系统从启动到全负荷工作状态能够在几分钟内完成，其启动时间远低于传统的燃煤/油电站，更加适合用作电力负荷平衡设备。

需求侧电力管理：对于峰谷时期电价有差别的地区，用户需求侧能够利用压缩空气储能系统对用电低谷期的低价电能进行储存，在用电高峰高价时期将储存的能量释放，从而降低电力成本，获取较大的经济效益。

与可再生能源联合：将压缩空气储能系统与间歇性的可再生能源系统联合起来，能够保证电力供应持续稳定。

作为备用电源使用：可以将压缩空气储能系统建在电站或用户的附近，作为备用电源用于线路检修、故障排除等情况。

尽管压缩空气储能系统具有巨大的应用前景，但该系统的大规模应用仍然面临巨大的挑战。为此，国内外学者开展了大量的研究和开发工作，归纳如下：

(1) 效率：一方面，提高关键部件效率，如通过采用全三维设计与加工技术、多级中间冷却压缩技术、多级再热膨胀技术等提高压缩机和透平的效率，采用强化换热等手段提高换热器的效率，采用高性能蓄热材料、保温材料等提高蓄热效率；另一方面，通过系统的耦合优化提高系统性能，如采用压缩机进气冷却、高效回收利用压缩机间冷热、回收利用透平排气余热、回收工业余热、利用太阳能等。通过这些措施系统效率可以提高到 70%左右。

(2) 储气室：为解决压缩空气储能的储气室的限制问题，可采取的措施包括：①开展全国范围的地质调查和勘探，掌握适合建造压缩空气储能电站岩石洞穴、盐洞、废弃矿井的信息，并进行详细的静态和动态地质学研究；②提高压缩空气储能系统的储气压力、采用液态空气储能、采用恒压储气室等技术均可大幅提高压缩空气储能系统的储能密度，从而减小储气室的体积，摆脱对大型地下储气室的依赖。

(3) 燃料：为解决压缩空气储能对化石燃料的依赖问题，可采取的措施包括：①采用带储热的压缩空气储能系统(绝热压缩空气储能系统)，采用压缩热替代化石燃料；②与可再生能源整合，如用太阳能或生物质燃料代替化石燃料；③采用工业和电厂余热或废热作为热源。

国内外研发机构和企业开发了多种新型的压缩空气储能系统，其中已实现兆瓦级示范的新型压缩空气储能系统如下。

1. 绝热(非补燃)压缩空气储能系统

传统的非绝热压缩空气储能系统也可以认为是压缩空气辅助的燃气轮机循环系统，

存在压缩环节热量损失大、发电环节依赖化石燃料补燃以及由此带来的环境污染和能源危机问题。随着研究的不断深入，研究人员提出一种先进的绝热压缩空气储能系统，这种系统是利用热能储存技术来储存和再利用压缩热，从而摒弃燃料补燃环节(也就是非补燃)，还可以解决传统非绝热压缩空气储能效率低下的问题。

2022 年 5 月 26 日，江苏金坛盐穴压缩空气储能国家试验示范项目正式投入商业运营(图 2.23)。这是世界上首个绝热压缩空气储能电站，电站采用地下盐穴作为储气室，以满足大规模能量储存的需求，目前已经投产的规模为 60 MW/300 MW·h，储气空间超 2000 m³，未来还将分期建成总装机容量达 1000 MW 以上的压缩空气储能电站群，届时能够有效加强华东地区调峰调频的能力，强力支撑中国电网系统安全高效运行。

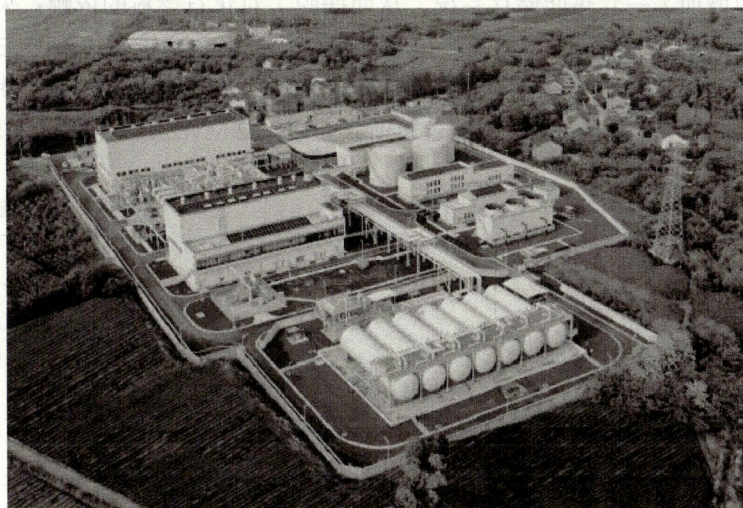

图 2.23　江苏金坛盐穴压缩空气储能电站鸟瞰图

资料来源：中国江苏网

江苏金坛盐穴压缩空气储能电站主要由多级压缩机、多级透平、盐穴储气室、高低温储热罐、换热器、储热工质、电动机、发电机等关键部件及循环油泵、冷却水循环系统等辅助设备构成(图 2.24)。压缩侧采用大压比定速运行的离心压缩机，以便于提取压缩热。按照工况设计，该电站主要为江苏电网提供调峰的功能，采用"低吸高发"的日启停工作模式，负荷低谷时段压缩储能运行 8 h，负荷高峰时段释能发电 5 h。电站的运

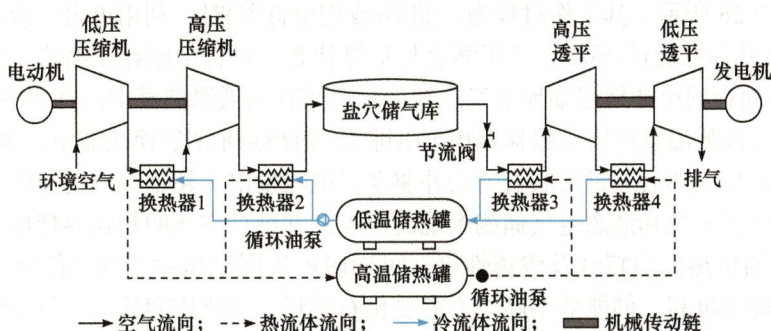

图 2.24　江苏金坛盐穴压缩空气储能电站结构示意图

行工况主要包含压缩储能和释能发电两种最常见的工作模式。压缩储能阶段利用弃风/弃光电、低谷电驱动压缩机，通过盐穴储气室回热利用子系统解耦储存气体的压力势能和压缩热能。释能发电阶段通过回热利用子系统提高透平的进气温度，经绝热膨胀实现高压空气释能和压缩热能的耦合释能发电。

2. 新型蓄热式压缩空气储能系统

新型蓄热式压缩空气储能系统如图 2.25 所示，它综合了多级间冷的压缩空气储能系统和先进绝热压缩空气储能系统的优点，将多级压缩过程包括级间压缩热回收并储存，在压缩空气膨胀过程采用级间再热，加以回收利用。与多级间冷的压缩空气储能系统相比，该系统中增加了一套热能储存系统，从而摆脱了对化石燃料的依赖；采用多级回收压缩热的方式，系统工作温度不太高，成本相对较低，且效率较高。美国 ESPC 公司和 General Compression 公司正在开发这种新型蓄热式压缩空气储能系统，其中 General Compression 公司已经在得克萨斯州的盖恩斯县建成了 2 MW/300 MW·h 的示范项目。

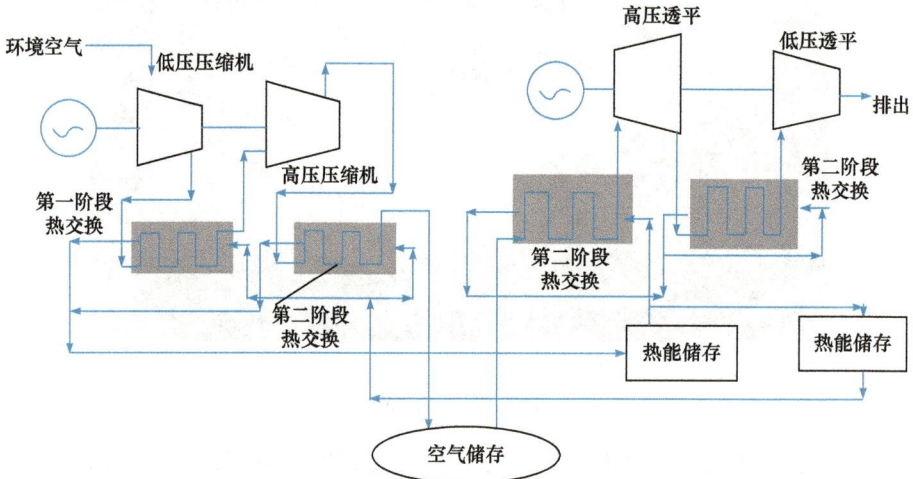

图 2.25　新型蓄热式压缩空气储能系统示意图

3. 超临界空气储能系统

超临界空气储能系统是中国科学院工程热物理研究所提出的一种新型压缩空气储能系统，如图 2.26 所示。其工作过程为：储能(或用电低谷)时，利用可再生能源的间歇性电能(或电站低谷电能)将环境空气压缩至超临界状态，过程中储存压缩热，然后利用蓄冷/换热器中储存的冷能将超临界空气冷却液化后储存到低温储罐中；释能(或用电高峰)时，液态空气经低温泵加压至超临界状态(回收冷能储存到蓄冷/换热器中)，吸收蓄热/换热器中储存的压缩热后通过膨胀机做功并驱动发电机发电。超临界空气储能综合了蓄热式压缩空气储能系统和液态空气储能系统的优点，并结合空气的超临界特性，如较高的密度、较好的传热传质特性及渗透性等，可同时解决限制压缩空气储能应用的技术瓶颈，具有储能密度高、储能效率高、不需要化石燃料、储能周期长、绿色环保及适应性强等优点。

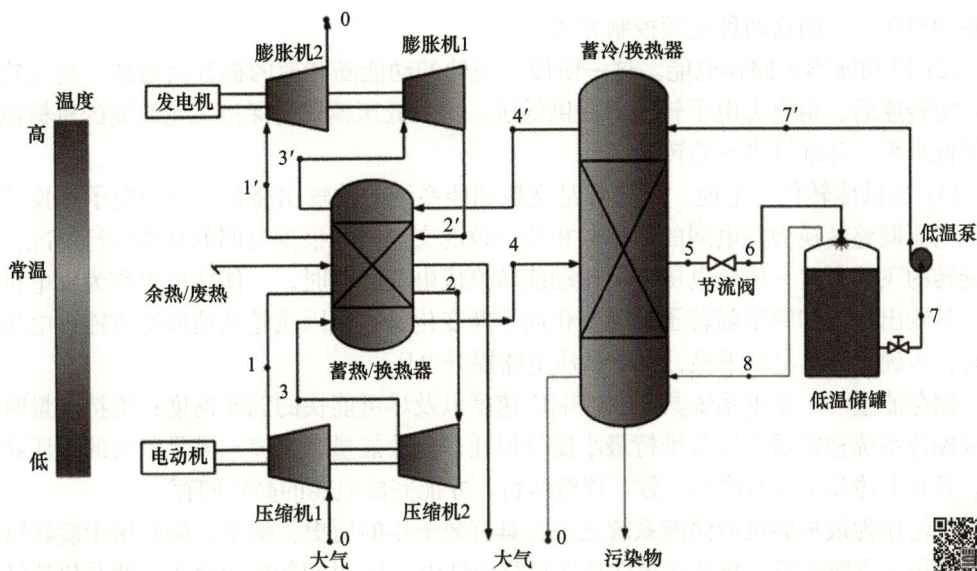

图 2.26 超临界空气储能系统示意图

2.4 飞 轮 储 能

2.4.1 工作原理与发展历史

飞轮储能属于物理储能技术,其基本工作原理是绕定轴旋转的转动刚体在加速或减速的过程中,通过动能的增加或减少,起到储存或释放能量的作用。从古代的陶工转盘到近代发动机的大转动惯量飞轮都是飞轮的实际应用。现代飞轮储能技术一般是由同轴的飞轮转子和一体化电机转子完成电能与动能之间的双向转化。其中,一体化电机既是电动机又是发电机,分别实现飞轮升速储能、降速释能的功能。一类例外情况是飞轮储能在混合动力车辆中的应用,高速飞轮通过变速器与传动系机械连接,进行动能的储存与释放,为车辆驱动提供瞬时较大的功率支撑。能量转换环节决定系统的转换效率,支配飞轮系统的运行情况。

图 2.27 展示了飞轮储能系统的工作流程。从能量转换的角度来看,飞轮储能整个工作流程可分为如下三个阶段。

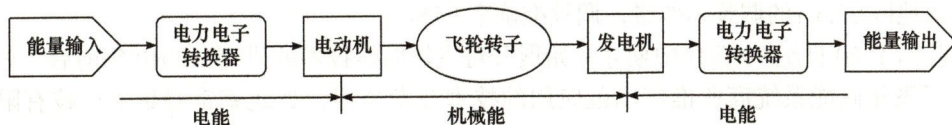

图 2.27 飞轮储能系统的工作流程

(1) 电能转化为机械能。该过程对飞轮储能系统进行能量输入,电力电子转换器将外部电网的交流充电电流调整转换成直流电,驱动具有电动机功能的一体化电机,在加速飞轮旋转的同时,确保飞轮平稳、安全、可靠地运转。其间,电机升速可采用恒转矩控制和恒功率控制这两种变频控制方式。

(2) 以动能形式储存电能。这一阶段，飞轮的动能随转速的提升而增加。当飞轮达到一定转速后，由电力电子转换器提供低压，转入低压模式，保持飞轮储能的机械损耗为最低水平，并维持飞轮的转速。

(3) 机械能转化为电能。该过程是飞轮储能系统向外输出能量，电力电子转换器将输出电流调整转换为与电网的频率和相位一致的交流电。根据电网的具体运行情况，高速旋转的飞轮通过一体化电机将飞轮动能转换成电能。此时，一体化电机作为发电机运行，其输出电压和频率随转子转速变化而不断变化，直至因飞轮减速而造成输出电压降低时，为确保输出电压平稳，需要升压电路提升电压。

储存能量时，要求系统具有快速响应速度以及尽可能快的储能速度；维持能量时，要求保持系统稳定运行以及维持最小能量损耗；释放能量时，要求满足负荷的电压和频率。只有上述几个环节协调一致、连续运行，才能完成电能的高效储存。

飞轮作为最早的机械储能系统之一，具有数千年的历史。例如，陶轮用于旋转物体就是利用了飞轮效应，将其能量保持在自身惯性中。18 世纪的两个重大发明是机器结构中用金属取代木材以及飞轮在蒸汽机中的使用，由金属制造的整件飞轮在相同空间内产生更大的惯性力矩。"飞轮"一词是在 1784 年工业革命初期出现的，当时的飞轮被用作蒸汽机船、火车及工厂中的蓄能器。19 世纪中叶，铸铁和铸钢工业的发展，促使带有弯曲辐条的大飞轮产生。20 世纪初，飞轮的转子形状和旋转应力被彻底分析，并将其视为潜在的能量储存系统。

现代飞轮储能技术自 20 世纪中叶开始发展，飞轮系统用于运输的早期例子是飞轮车 (gyrobus)，由 20 世纪 50 年代在瑞士生产的 1500 kg 飞轮提供动力。20 世纪六七十年代，飞轮系统被提议用于电动汽车、静态备用电源和太空任务，美国国家航空航天局(National Aeronautics and Space Administration，NASA)格伦研究中心首次将飞轮作为蓄能电池应用在卫星上，这也是飞轮储能应用的开始。20 世纪 80 年代，制造出了纤维复合材料转子和低速轴承。通过 30 年的技术积累，20 世纪 90 年代，飞轮储能技术最先进的美国进入产业化发展阶段，首先在不间断供电过渡电源领域提供商业化产品，近年来飞轮储能不间断电源市场稳定发展。例如，美国艾泰沃(Active Power)公司的不间断电源产品已经完成了系列化，累计销量达 9003 MW。此外，飞轮调频电站也是国外飞轮储能技术集中发展的领域，其中具有代表性的有美国灯塔电力(Beacon Power)公司，其运营的飞轮调频电站是国际标杆。例如，纽约 203 MW 飞轮调频电站占该地区调频能力的 3%，却承担了该地区 23.5% 的调频工作量，调频准确率 95%。

我国于 20 世纪 90 年代中期才开始展开对飞轮储能技术的研究，2010 年前后，相继成立了飞轮储能系统商业推广示范应用的技术开发公司，如北京奇峰聚能科技有限公司、苏州菲莱特能源科技有限公司、深圳飞能能源有限公司、上海中以投资发展有限公司、北京泓慧国际能源技术发展有限公司、唐山盾石磁能科技有限责任公司、沈阳微控新能源技术有限公司、贝肯新能源(天津)有限公司、坎德拉(深圳)新能源科技有限公司、华驰动能(北京)科技有限公司、罗特尼克能源科技(北京)有限公司等。

2.4.2 组成结构及工作参数

飞轮储能系统通常由飞轮转子、轴承、电机、真空室、电力电子转换器和控制器等部分组成，图 2.28 分别展示了飞轮系统的立体结构和平面结构示意图。其中，飞轮转子是能量储存的载体，直接决定飞轮系统的储存能量大小；轴承系统的作用是支撑转子安全、稳定地旋转，直接影响飞轮电机的运行效率和使用寿命；电机系统是实现能量转换的核心部件，直接影响飞轮储能系统的性能和效率；电力电子转换器是飞轮系统与外界电源或负荷连接的接口，是实现电能与机械能转换的关键部件；真空室系统为飞轮提供真空低损耗的运行环境，充当防护系统，以避免事故的发生。

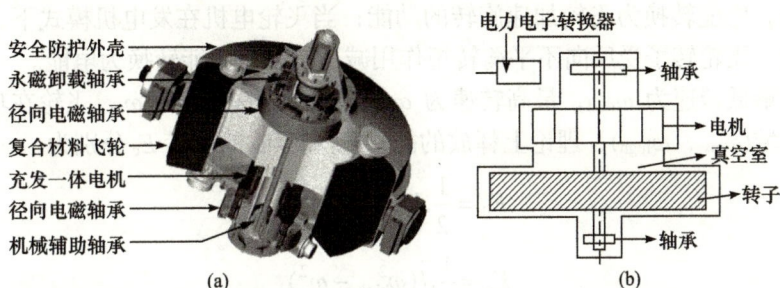

图 2.28 飞轮系统的立体结构(a)和平面结构(b)示意图

1. 飞轮转子

飞轮转子作为飞轮系统能量储存的载体，主要作用是通过高速旋转将能量以机械能的形式储存。

飞轮旋转时，其储存能量的计算公式如下：

$$E = \frac{1}{2} J \omega^2 \tag{2.23}$$

式中，E 为动能(J)；J 为转动惯量($kg \cdot m^2$)；ω 为角速度($rad \cdot s^{-1}$)。在转子既定的情况下，转子质量与储存能量为等比正相关，转子角速度与储存能量为正平方关系。

飞轮转动惯量 J 的计算公式如下：

$$J = \int r^2 dm = \int r^2 \rho dV \tag{2.24}$$

式中，r 为旋转半径(m)；m 为转子质量(kg)；ρ 为转子材料密度($kg \cdot m^{-3}$)；V 为转子体积(m^3)。

常见的飞轮转子是实心圆盘结构，其储存能量可通过如下公式计算：

$$J = \frac{1}{2} mr^2 \tag{2.25}$$

$$E = \frac{1}{4} mr^2 \omega^2 = \frac{1}{4} mv^2 \tag{2.26}$$

式中，m 为实心圆盘的质量(kg)；r 为圆盘旋转半径(m)；v 为圆盘边缘的线速度($m \cdot s^{-1}$)。当转子为既定的实心圆盘结构时，转子质量与储存能量等比正相关，转子边缘线速度与储存能量为正平方关系。

电机输入、输出功率的计算公式为

$$P = TN/9550 \tag{2.27}$$

式中，P 为功率(W)；T 为转矩(N·m)；N 为转速(r·min^{-1})。在电机其他条件既定的情况下，转矩、转速与功率为等比正相关。

转矩 T 的计算公式如下：

$$T = J\frac{d\omega}{dt} \tag{2.28}$$

式中，ω 为角速度(rad·s^{-1})；t 为时间(s)。

当飞轮电机在电动机模式下，转矩与转速方向相同，飞轮转子受正向不平衡转矩作用加速旋转，电能转换为飞轮加速旋转的动能；当飞轮电机在发电机模式下，转矩与转速方向相反，飞轮转子受反向不平衡转矩作用减速旋转，动能转换为电能。

令飞轮最低转速为 ω_{min}，最高转速为 ω_{max}，t 时刻的转速为 ω_t，飞轮在功率稳定输出的转速区域(ω_{low}, ω_{high})，理论上释放的能量 E_d 和吸收的能量 E_c 分别为

$$E_d = \frac{1}{2}J(\omega_t^2 - \omega_{low}^2) \tag{2.29}$$

$$E_c = \frac{1}{2}J(\omega_{high}^2 - \omega_t^2) \tag{2.30}$$

飞轮储能系统与电池一样具有三种工作状态，即充电、放电和浮充。浮充时，飞轮处于充满电的待机状态，此时飞轮处于额定最高转速，为了维持这一状态，通常需要外界给飞轮系统充电。飞轮储能的能量状态可以用电池荷电状态(state of charge，SOC，$0 \leqslant$ SOC $\leqslant 1$)来描述，当 SOC $= 0$ 时，表示飞轮储能系统完全放电；当 SOC $= 1$ 时，表示飞轮储能系统完全充满；t 时刻的 SOC 为

$$SOC = \frac{\omega_t^2 - \omega_{min}^2}{\omega_{max}^2 - \omega_{min}^2} \tag{2.31}$$

由理论公式可知，提升飞轮转子储存能量和功率可以分别通过提高转子的转速和质量来实现。从技术层面来看，提高转速难度大，通常采用复合材料转子，具有小功率、高时长的特点；增大质量容易实现，采用的是合金材料转子，具有大功率、短时长的特点。提高转速对提升储存能量、功率的效果更加显著，与高速电机的特性更加匹配，是最有效的技术路线。然而，转子转速不能无限提升，转速过高，离心力产生的最大应力将超过所用材料的弹性范围，转子发生碎裂。因此，提升转速的关键在于转子材料。

根据轴系的旋转速度，飞轮储能可分为低速(低于 6000 r·min^{-1})和高速(10 000~100 000 r·min^{-1})两类，且转速等级会影响飞轮系统的材料、尺寸和几何形状，以及轴承和电机的选型，具体对比总结在表 2.5 中。低速飞轮储能系统采用金属转子，不以高能量密度及功率密度为目标，其发展优势在于技术成熟、结构坚固、可靠性高、成本低廉，适用于大储能容量应用对象。然而，低速飞轮的转子直径较大，边缘线速度达到 200~300 m·s^{-1}，远高于通用旋转机械，存在结构强度问题。高速飞轮储能系统采用高强度、轻质的复合材料转子，具有更快的响应速度、更高的效率和更长的循环周期，能量密度高，额定功率低，技术门槛较高，受成本(高速飞轮的价格通常为低速飞轮的 5

倍)和冷却设备的限制，适用于低功率级别应用对象。

表 2.5　低速与高速飞轮储能系统对比

项目	飞轮储能系统	
	低速	高速
转子材料	钢	复合材料
电动机	感应电动机、永磁同步电动机、开关磁阻电动机	永磁同步电动机、开关磁阻电动机
轴承	机械轴承或混合轴承	磁浮轴承
主要应用	提升电能质量	提供牵引和航空航天
价格	低	高

储能密度是表征飞轮储能系统性能的一个重要指标，指单位质量储存的能量，用符号 e 表示。对于特定结构与形状的飞轮转子，其最大质量比能量 e_m、体积比能量 e_v 的计算公式分别为

$$e_m = \frac{E}{m} = K\frac{\sigma_{max}}{\rho} \tag{2.32}$$

$$e_v = \frac{E}{V} = K\sigma_{max} \tag{2.33}$$

式中，m 为转子质量(kg)；K 为转子的形状系数，是飞轮材料利用率的测量值；σ_{max} 为转子材料的最大应力(Pa)；ρ 为转子材料密度(kg·m^{-3})；V 为转子体积(m^3)。图 2.29 列举了不同飞轮横截面对应的形状系数。

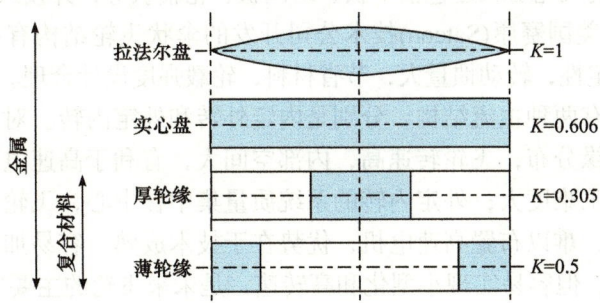

图 2.29　飞轮转子的形状系数

由公式可知，为了尽可能提升飞轮转子的最高转速，应选取高强度密度比(σ/ρ)的材料。表 2.6 列举了飞轮转子常用材料的主要参数。

表 2.6　飞轮转子常用材料的主要参数

转子材料	抗拉强度 σ/MPa	密度 ρ/(kg·m^{-3})	强度密度比 $\frac{\sigma}{\rho}$/(MPa·m^3·kg^{-1})
钢	1300	7830	0.17
铝合金	600	2800	0.21

续表

转子材料	抗拉强度 σ/MPa	密度 ρ/(kg·m^{-3})	强度密度比 $\dfrac{\sigma}{\rho}$/(MPa·m^3·kg^{-1})
钛合金	1200	5100	0.24
高强度铝合金	1300	2700	0.48
E 玻璃纤维/树脂	3500	2540	1.38
S 玻璃纤维/树脂	4800	2520	1.90
碳纤维 T-300/树脂	3500	1780	1.97
碳纤维 T-700/树脂	7000	1780	3.93

与合金材料相比，碳纤维复合材料具有密度低、抗拉强度高的特点，更适合匹配高速电机，实现飞轮的高转速、高功率、高储能。合金飞轮可承受的边缘线速度较低，限制了储存能量的提高。因此，复合材料转子是未来发展的主要方向。无论合金飞轮还是复合材料飞轮，它们的成本临界点储电量都在 5 kW·h 左右，而复合材料制作能量型飞轮的成本更低。我国企业基本掌握了合金飞轮技术，但在结构设计、复合材料转子飞轮等方面与国外有明显的差距。国外的先进高速飞轮储能系统均首选高强度密度比的碳纤维或玻璃纤维复合材料作为转子材料。

由上述讨论可知，飞轮转子最适合使用复合材料制造。鉴于复合材料的本征特点，制备过程主要采用缠绕成型法。其中，湿法缠绕成本低廉、制品气密性良好，常作为复合材料的缠绕工艺。然而，缠绕加工工艺较为复杂，不易制备复杂形状的飞轮转子，因此复合材料转子通常是圆环形状。精心定制转子结构形状，能够提高飞轮的形状系数。除实心圆盘外，已经制造出的飞轮形状还包括伞状、纺锤状、轮辐状等，并投入实际应用系统中，取得了预期成效。美国赛康(Satcon)技术公司开发的伞状飞轮结构有利于电机的位置安放，提高了系统稳定性，转动惯量大，节省材料，轮毂强度设计合理。

飞轮储能系统有两种主流结构，分别是内定外转和外定内转。对于内定外转的系统结构，其质量向边缘分布，飞轮转速高，内部空间大，有利于高速电机的安置，挑战在于技术难点多且加工难度大；外定内转的系统质量集中在中心，飞轮具有中等或低等转速，内部空间较小，难以布置高速电机，优势在于技术成熟、容易加工。虽然内定外转的结构技术要求高，但容易实现小型化和高转速，是未来飞轮的主要发展方向。

2. 轴承系统

轴承起到支撑高速飞轮的作用，是制约飞轮储能效率、寿命的关键因素之一。轴承损耗在飞轮储能系统损耗中占比较高(几十瓦到几千瓦)，适当的轴承设计可以提高可靠性，降低损耗，延长使用寿命。机械轴承是最早的轴承类型，主要有滚动轴承、滑动轴承、陶瓷轴承和挤压油膜阻尼轴承等，其中滚动轴承和滑动轴承通常用作飞轮系统的保护轴承，后两者则应用在特定的飞轮系统中。机械轴承技术成熟、结构紧凑、成本低，但摩擦大、损耗高、高速承载力低，转速通常低于 10 000 r·min^{-1}，适用于短时间充放电的飞轮储能系统。

　　磁浮轴承出现在 20 世纪 80 年代，利用磁力实现无接触的承载飞轮，分为被动磁轴承和主动磁轴承。被动磁轴承包括永磁轴承和超导磁轴承，主动磁轴承又称为电磁轴承。磁浮轴承技术较成熟、损耗低、寿命长、系统复杂、响应速度快、负载能力强，转速范围为 10 000～60 000 r · min^{-1}。复杂的控制系统是磁浮轴承的主要缺陷，为了防止磁浮轴承的故障/过载，仍有必要配备备用的机械轴承。4 种磁浮轴承的类型概述如下：

　　(1) 永磁轴承：是利用永磁体同性相斥的原理实现轴承定、转子之间径向或轴向悬浮。永磁轴承通常由一对或多个永磁磁环在径向或轴向排列而成，最大特点是无需电源的低损耗及低成本。依据恩绍(Earnshaw)定理可知，永磁轴承本质上是不稳定的，需要至少在一个方向上引入外力(如机械力、电磁力等)，因此需要与机械轴承、超导磁轴承等其他类型轴承联合使用。

　　(2) 电磁轴承：主要由转子、位置传感器、控制器和执行器组成，其中执行器包括电磁铁和功率放大器两部分。电磁轴承采用反馈控制技术，通过控制电磁线圈中的电流大小产生电磁力，对主轴在轴向和径向进行定位，使飞轮转子稳定悬浮在平衡位置。与传统机械轴承相比，电磁轴承具有噪声低、刚度高、转子摩擦损耗低、控制能力优、寿命长等优点，因而被广泛使用。但电磁轴承的功率放大器损耗较高，且具有复杂的轴承设计和控制。与机械轴承联合使用可以降低电磁轴承控制的复杂性，并使系统可行、经济，且更趋稳定，但需要对电磁干扰敏感的复杂控制策略。目前，国外采用电磁轴承的有美国 Beacon Power 公司等。

　　(3) 超导磁轴承：超导磁轴承是高温超导飞轮储能系统的核心部件。其基本原理是高温超导体和永磁体间电磁相互作用的轴对称模型，利用超导体的抗磁性和钉扎性实现转子悬浮，一般用高温超导氧化钇钡铜块材作定子，常规永磁体作转子。超导磁轴承具有自稳定、摩擦损耗低、寿命长等优点，但系统对低温制冷机的需求增加了体积和成本。国外研究高温超导飞轮储能系统的单位主要有美国波音公司、日本国际超导技术研究中心(ISTEC)、德国 ATZ 公司等。这些单位的高温超导飞轮储能系统以超导磁轴承为主，并辅助采用永磁轴承或电磁轴承。

　　(4) 组合式磁浮轴承：上述三种单一磁浮轴承各具优缺点(表 2.7)，在实际应用中经常将几种轴承组合使用。

表 2.7　单一磁浮轴承的优缺点

轴承类型	优点	缺点
永磁轴承	无需电源、结构简单	无法单独稳定悬浮
电磁轴承	低噪声、无磨损、无需润滑、可控性强	功率放大器损耗较大、设计和控制复杂
超导磁轴承	自稳定	需要低温制冷机、体积较大、成本高

　　磁浮轴承的组合模式有以下几种情况：

　　(1) 永磁轴承和机械轴承混合：美国 Beacon Power 公司和加拿大 Temporal Power 公司都采用了轴向永磁轴承+径向机械轴承的方案。

　　(2) 电磁轴承和机械轴承混合：美国 Active Power 公司、欧洲 Urenco 公司和德国

Piper公司等都采用了电磁轴承和机械轴承组合技术的飞轮储能系统用以减小间断电源，已经在世界范围内销售。

(3) 永磁轴承和电磁轴承混合：永磁体提供静态偏置磁通，吸力盘在平衡位置时不需要控制电流，仅靠永磁体产生的磁通使转子悬浮于平衡位置，降低了功耗和磁悬浮轴承的质量。

(4) 永磁轴承和超导磁轴承混合：一般用高温超导体作定子，常规永磁体作转子。液氮温度下，高温超导体进入超导混合态后，由于钉扎中心的存在磁通线被其阻滞运动，即被超导体俘获，当超导体俘获了足够的磁通时，便使转子自由悬浮在某一位置上；同时超导体特有的磁通钉扎能力阻止俘获磁通运动，保证侧向稳定性，从而实现了转子稳定地悬浮。

(5) 电磁轴承和超导磁轴承混合：利用超导磁轴承的自稳定性增大磁悬浮轴承的悬浮力体积比，并降低电磁轴承控制器的响应速率，且轴承线圈的发热问题用液氮作为冷却介质来解决。中国科学院电工研究所根据该原理设计出了电磁轴承和超导磁轴承混合形式的磁悬浮轴承结构。

3. 一体化电机/能量转换系统

电机是飞轮储能系统进行机械能与电能转换的接口。现代飞轮储能系统中的电动机/发电机是一个集成部件，充电时作为电动机，放电时作为发电机，有利于减小系统的体积和质量。高速飞轮储能系统对一体化电机的要求主要有：电机适合高速飞轮运行，转子结构牢固、动力稳定性好、可靠性高；电机的输入/输出功率满足飞轮充放电时间的要求；为了提高储能效率，电机要在宽转速范围内保持低损耗、高效率，且易于控制。应用于飞轮储能系统中的电机主要有永磁电机、感应电机和开关磁阻电机。表 2.8 列出了这三种电机的性能参数对比。

表 2.8　三种电机的性能参数对比

性能参数	电机类型		
	永磁电机	感应电机	开关磁阻电机
峰值效率/%	95～97	91～94	90
10%负载效率/%	90～95	93～94	80～87
最高转速/(r·min⁻¹)	>3 000	900～15 000	>15 000
相对成本	1	1～1.5	1.5～4
电机牢固性	良好	优	优

永磁电机包括永磁无刷直流电机和永磁同步电机，具有结构紧凑、尺寸小、调速范围宽、磁密度高、无励磁损耗、效率高、功率密度高、适合高转速运行等优点，缺点是永磁材料价格昂贵、性能受工作温度影响较大，目前在国外飞轮储能系统的研究与应用中被较多采用。永磁无刷直流电机控制方便、效率高，但其波形在高速下受电感的影响增大，电流实际波形偏离理想的方波形状，导致转矩脉动增大，电机振动加剧，效率降低。永磁同

步电机能产生平滑、无脉动的转矩，且功率因数高，所用逆变器容量较小。

感应电机又称异步电机，具有结构简单且牢固、成本低、技术成熟、功率大等优点，在飞轮储能系统中应用广泛。不足之处在于感应电机的非线性、强耦合性等特性使得控制系统较为复杂，调速性能不佳。此外，由于转子中始终存在较大的感应电流，长时间的高速运行造成不可忽视的发热问题。

开关磁阻电机是同步磁阻电机和现代电力电子技术相结合而成的机电一体化产物。开关磁阻电机采用双凸极结构，转子上没有绕组和永磁体，具有结构简单、成本低、可靠性好、耐高温、维修量小、适合高速运行等优点，缺点是转矩脉动大、噪声大、效率较低、转子风磨损耗大。

一般情况下，低速大功率飞轮储能系统的一体化电机多数采用感应电机结构，高速飞轮储能系统大多采用永磁电机结构，特殊场合如高温环境则采用开关磁阻电机。

4. 电力电子转换器

电力电子转换器是飞轮电机和供电系统的连接纽带，功能包括整流、逆变及调频调压等，主要作用表现在两个方面：一是高效驱动一体化电机，将电能转化为机械能，对飞轮系统进行充电。充电阶段，电力电子转换器先将交流电整流成直流电，然后经过逆变器将直流电转换成交流电驱动电动机，使飞轮转子提速。二是对飞轮系统输出的电能进行控制，使输出电能的电压与频率满足用户要求。放电阶段，飞轮系统向外输出能量，转子转速降低，发电机输出的电压和频率随转速不断变化，电力电子转换器将发电机发出的变频电压的交流电转换为恒压恒频的交流电或恒压的直流电，满足并网或不同用户的需求。

高速飞轮储能系统对电力电子转换器的要求主要有：储存能量时，在宽转速范围内具有高效率，对一体化电机的转速进行控制，使飞轮系统具有快的反应速率及储能速率；释放能量时，在宽转速范围内保持高效率，与一体化电机协调工作，使输出电能的频率和电压满足负载的要求；电力电子转换器输出的谐波小，以减少对电网的谐波干扰并降低一体化电机的谐波损耗。

电力电子转换器的基本元件是 IGBT 或 MOSFET，使用脉冲宽度调制或脉冲幅度调制等方式控制功率开关器件的通断，完成电机的驱动及输出电能的控制。若飞轮系统输入/输出为直流电(飞轮与直流母线相连)，电力电子转换器采用直流-交流(DC-AC)结构或 DC-DC-AC 结构；若输入/输出为交流电，电力电子转换器则采用 AC-DC-AC 或 AC-AC 结构。

5. 真空与冷却系统

飞轮在高速旋转过程中的能量损耗主要有：机械损耗、电损耗及风阻损耗。机械损耗为电机与支撑轴承的摩擦损耗，电损耗主要是电机的铜损和铁损，风阻损耗为转子与空气的摩擦损耗。在飞轮维持转速不变的空载运行时，机械损耗和风阻损耗占据飞轮系统损耗的主要地位。真空室系统通过真空泵将室内空气抽出并保持密封状态，为飞轮提供真空环境，尽可能降低风阻，又可以保障装置运行的安全性，提高飞轮的使用寿命。研究表明，低速飞轮在 10 Pa 真空环境下的机械损耗达到较低水平，而高速飞轮的真空条件应达到 0.1 Pa。真空室主要的技术问题在于真空状态持久稳定性的保持，这是真空室系统效率和核心影响参数。

在真空室中，无法依靠空气对流进行散热，冷却系统也尤为重要。先进真空系统的真空度可以稳定到 10^{-5} Pa 数量级，但随着真空度的增加，整个飞轮系统的散热效果下降，其结果是材料性能和系统效率降低。因此，如何在真空度和散热性能之间选取一个最佳状态是真空与冷却系统需要解决的问题。

真空室外壳由钢或复合材料制成，可以降低飞轮损坏造成的二次伤害。对于复合材料飞轮，在转子发生故障的情况下，其通常会破碎成许多小碎片，碎片在外壳内旋转，其能量因摩擦而消散，若外壳破坏导致空气进入，将造成强烈的粉尘性爆炸。对于刚性材料转子，其爆裂产生的碎片对外壳造成的损害更为严重，因此需要非常大的密封系统。坚固的外壳是高速飞轮系统质量的一半，对于低速飞轮系统则增加了 3 倍以上的质量。

6. 飞轮储能阵列系统

单台大容量飞轮储能单元不仅成本更高，且功率和能量仍然有限，还可能受到技术条件的限制。为了获得更大的功率和储存能量，可考虑将多台飞轮储能单元并联组合成飞轮储能阵列系统。

飞轮储能阵列系统根据并联接线形式的不同分为直流母线并联结构[图 2.30(a)]和交流母线并联结构[图 2.30(b)]。

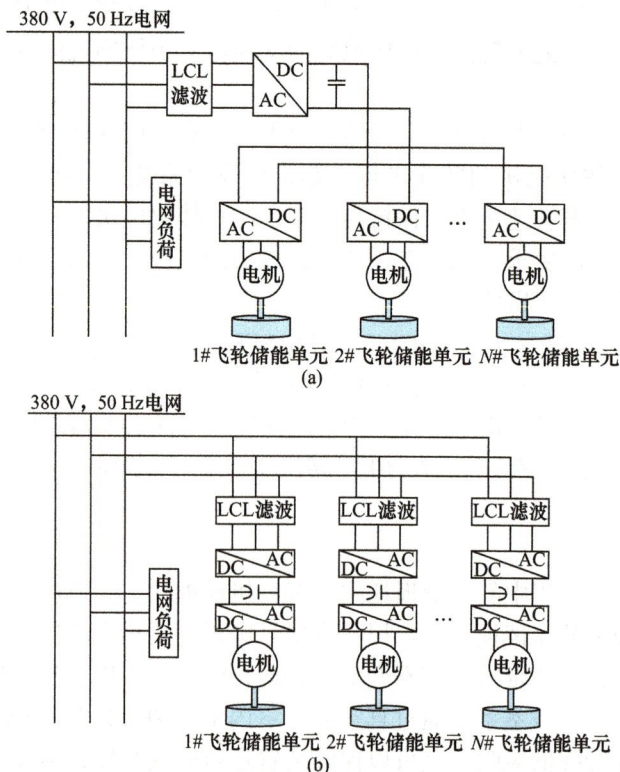

图 2.30　飞轮储能阵列系统：直流母线并联结构(a)和交流母线并联结构(b)

在直流母线并联结构中，飞轮储能单元主要包括机侧逆变器、电机和飞轮转子，单元的接口为直流接口；在交流母线阵列结构中，飞轮储能单元包括滤波电路、交直交变换器、电机和飞轮转子，单元的接口为三相交流接口。

由于各个储能单元的状态、参数不尽相同，需要制定合理的飞轮阵列系统控制策略，优化分配各个单元的功率，目标是在跟踪给定指令的同时保证整个系统中的所有单元 SOC 值趋于一致，从而保证系统长期安全稳定运行。

我国飞轮储能市场还属于开创阶段，尽管飞轮储能装置在国内的应用已经有超过 10 年的历史，但高速、大功率飞轮的应用主要还是国外品牌。国内自主品牌的研发还处于起步阶段，飞轮储能技术研发及应用方面相对滞后，其原因在于缺乏应用场景和研发投入，对技术认知及成果验证经验不足，欠缺规模化生产能力。表 2.9 归纳了国内外主要飞轮储能产品。

表 2.9　国内外主要飞轮储能产品

厂家及型号	功率/kW	电量/(kW·h)	转子材料	轴向轴承	径向轴承	电机	最高转速/(r·min⁻¹)	应用领域
美国 Beacon Power 公司	100	25	复合材料	永磁	机械	永磁直流无刷	16 000	电网调频
加拿大 Temporal Power 公司	500	50	4340 钢	永磁	机械	异步电机	11 500	调频、无功补偿
美国 Amber Kinetics 公司	8	32	钢材	电磁	机械	永磁直流无刷	8 500	电网储能
美国 KTSi 公司 GTR200	200	1.58	复合材料	宝石	永磁	永磁电机	36 000	微电网
美国 KTSI 公司 GTR333	333	1.58	复合材料	宝石	永磁	永磁电机	36 000	轨道交通
美国 VYCON 公司 REGEN200	200	0.83	4640 钢	电磁	电磁	永磁同步	36 750	轨道交通
美国 VYCON 公司 VDC450	450	1.74	4640 钢	电磁	电磁	永磁同步	36 750	不间断电源
美国 Active Power 公司	300	2.9	4340 钢	电磁	机械	开关磁阻电机	7 700	不间断电源
北京泓慧 HHE2503	250	3	钢材	电磁	电磁	永磁同步	10 500	不间断电源
航天 803 所样机	300	1.3	钢材	永磁+电磁	电磁	永磁直流无刷	33 000	不间断电源
二重储能 EP100	100	0.4	钢材	电磁	机械	开关磁阻电机	7 500	不间断电源
清华大学	1000	11.6	34CrNi₃Mo	永磁	机械	永磁同步	2 700	石油钻机

2.4.3　优缺点

飞轮储能技术相较其他储能形式的优势总结如下：

(1) 大功率快速响应和快充快放能力：飞轮储能不仅具有高功率密度和快速响应时间，而且比功率可达 8 kW·kg^{-1} 以上，目前业界飞轮储能产品的单机功率为 100～1000 kW，远高于传统电化学储能技术，额定功率响应时间低于 0.1 s，还能够配置大功率电机，实现能量快速深度充放。此外，飞轮储能类似传统发电机组能够为电网提供旋转惯性。

(2) 超高循环次数和超长使用寿命：飞轮储能满功率充放电循环次数可以超过 10 万次，充放电能力零衰减，使用寿命可达 20 年以上，不受充放电深度的影响，主要取决于飞轮材料的疲劳寿命和系统中电子元器件的寿命，其中储能部件设计寿命超过 25 年。

(3) 荷电状态可实现精确测控：由于转子转速和储存能量呈正平方关系，可以通过精确测量转速，实现储存能量的监测和控制。

(4) 高安全可靠性和环保性能：作为一种物理储能，飞轮储能的方式是通过飞轮转子的高速旋转，不存在燃烧和爆炸的风险，没有危险化学品的处理与回收问题，对环境十分友好。主要失效模式在于超速旋转造成转子内部应力超过材料强度极限，可能导致转子部件产生裂纹损伤，甚至导致转子爆裂。为应对这种情况，飞轮储能系统通过先进设计制造技术，将转子爆裂事故的风险降至极低，并配置监测和安全保护系统对转子裂纹故障进行预警和保护，即使在极端情况下，转子外壳和基础结构也可以对爆裂故障起到安全防护作用，就地消纳能量，有效避免发生严重安全事故。

(5) 强环境适应性和低运行维护成本：飞轮储能系统对运行环境条件要求低，工作温度范围宽，−20～50℃下都能正常工作；运行和维护成本低[19美元·(kW·h)$^{-1}$]，储能系统核心部件全寿命无需更换。

飞轮储能系统的技术劣势主要包括：能量密度较低，相对电力级别的储能能力不高，单体飞轮储能通常储电量为 1～50 kW·h，同体积化学电池的储电量是它的数十倍；自放电率高，待机状况下长期搁置的自身能量消耗不可忽视；无法实现深度放电；转子需要永磁体；冷却装置昂贵且使整体效率降低；无论是轻质型飞轮系统的材料成本还是重量型飞轮系统的磁轴承成本，都将导致高资金成本[5000 美元·(kW·h)$^{-1}$]，是化学电池的 5～10 倍；产业链还未完全形成，飞轮储能的发展处于早期，整体技术难度具有门槛，亟待应用的迫切需求以刺激发展。简言之，飞轮储能是一种分秒级、大功率、高效率、长寿命的功率型储能技术。

目前大规模应用的各种储能形式，旨在解决新能源发电存在的随机性和间歇性问题，保障电力系统的安全稳定运行，提升电力系统的负荷调控能力。其中，只有飞轮储能具有大功率快速充放电、无限循环寿命的独特优势，非常适合电力系统调节指令快速变化的调频任务，具有广阔的发展前景。

2.4.4 应用领域

根据美国能源部全球储能数据库数据资料，截至 2020 年 11 月，全球有 17 个国家宣布、在建或投运了共 53 项飞轮储能调频工程，其中 8 个国家 21 项储能工程达兆瓦级，用于辅助调频、电压支撑、旋转备用等。全球飞轮储能调频工程概况如表 2.10 所示。

表 2.10　全球飞轮储能调频工程概况

状态	计划		在建		投运	
	千瓦级	兆瓦级	千瓦级	兆瓦级	千瓦级	兆瓦级
项目数	1	4	3	2	28	15
	千瓦级	兆瓦级	千瓦级	兆瓦级	千瓦级	兆瓦级
装机容量	25 kW	28 MW	810 kW	13 MW	8633 kW	922.6 MW

在全球现有飞轮储能调频项目中，美国飞轮储能项目占据绝对优势。在全球共53个飞轮项目中，美国拥有27个项目，项目数占比超过50%。在已投运的15个兆瓦级储能项目中，美国有7个，项目数占比接近50%。其中，最具代表性的储能项目为宾夕法尼亚州的20 MW飞轮调频电站及纽约州的20 MW飞轮调频电站，均由美国 Bacon Power 公司建造，采用200个 Bacon Power 系列400飞轮。

飞轮储能在国内外的储能市场是一种小众技术。根据中国化学与物理电源行业协会储能应用分会的《2022年储能产业应用研究报告》，2021年全球储能市场装机规模为205.3 GW，其中飞轮储能占比为0.47%；2021年我国储能市场的装机规模是43.44 GW，压缩空气储能与飞轮储能一共占比0.4%。

目前，飞轮储能系统在新能源消纳、电网调频、不间断电源、微电网支撑、脉冲功率电源及交通应用等领域已经投运或建立了示范性应用。

1. 新能源消纳

电力系统中风力和光伏等新能源发电具有波动性和随机性，采用大容量、高功率的飞轮储能系统可以平抑新能源发电的不稳定性，提高新能源接入电网的友好性。

风力发电的特点是波动性，飞轮储能主要用于解决风电的快速随机波动问题，适合采用功率型飞轮储能。例如，加拿大 Temporal Power 公司于2016年2月投运的位于安大略省的5 MW飞轮储能电站(图2.31)，用于平滑附近20 MW风电场输出功率，同时对风电场提供无功补偿。

光伏发电的特点是间歇性，飞轮储能主要解决其在较长周期内的功率变化问题，能量型飞轮储能更适用。例如，2018年4月美国 Amber Kinetics 公司与西博伊尔斯顿市政照明厂(WBMLP)合作，在马萨诸塞州安装投运的128 kW/512 kW·h飞轮储能系统(图2.32)，辅助 WBMLP 原有的370 kW光伏发电系统，在夜间和天气不利时为电网提供稳定的输出，提高其电力系统的可靠性。

2. 电网调频

安全可靠的电网运行要求在任意时刻平衡电力供应和电力需求。当供过于求时，频率升至50 Hz以上，烧毁用电设备；当供不应求时，频率降至50 Hz以下。为将电网频率保持在合理的范围内，电网运营商使用辅助服务来平衡发电与用电的偏差。电网每年对辅助服务的需求相对比较稳定，在美国大约相当于每日峰值发电量的1%。随着风电和光伏发电占比的快速增长，电网可能产生更大的功率缺额，辅助服务需求的增长将快

图 2.31　加拿大安大略省 5 MW 飞轮
储能电站

图 2.32　美国马萨诸塞州 128 kW/512 kW·h
飞轮储能系统

于总体电力增长。功率型飞轮储能系统响应速度很快(接收调频指令不到 1 s 可达到满功率充电或放电状态)，能够减轻提供辅助服务的火力发电机组的调频压力，并且减少碳排放，提高整体发电效率。大量飞轮储能单元阵列组成独立的大功率大容量调频电站，其调频效果可以达到传统火电机组的 2 倍。

美国 Beacon Power 公司于 2011 年在纽约州投运的 20 MW 调频电站(图 2.33)由 200个飞轮储能单元组成，为纽约州独立系统运营商 NYISO 提供调频服务。2014 年 7 月，同样由 200 个飞轮储能单元组成的调频电站在宾夕法尼亚州投运，为 PJM 提供调频服务。加拿大 Temporal Power 公司于 2014 年在多伦多地区投运的 2 MW 飞轮储能项目，为加拿大东部电网提供调频服务。

图 2.33　美国纽约州 20 MW 调频电站

我国电力系统的规模和复杂程度逐年递增，想要通过传统机组性能优化的方法一劳永逸地解决电网频率稳定性问题是不可能的。燃煤机组本身固有的大惯性、强耦合、非线性等特性，必然带来调节延迟、调节反向和调节偏差的问题，传统调频优化手段难以使其调频性能发生质的飞跃，电网调频必须引入新技术才能有所突破，目前最适合代替燃煤机组调频的是功率型储能技术，调频领域未来的发展方向应当是建立满足电网调频需求的联合调频电站及独立调频电站。

2022 年 3 月，我国山西省政府办公厅发布的《2022 年省级重点工程项目名单》中，屯留县经济开发区鼎轮能源科技(山西)有限公司 30 MW 飞轮储能项目成功入选。该项目由鼎轮能源科技(山西)有限公司和华北电力大学先进飞轮储能技术研究中心合作建设，总投资 3.8 亿元，占地 30 亩(1 亩≈666.7 m²)。主要建设内容是 30 MW 的飞轮储能调频电站及附属配套工程，为电网提供调频服务，年调频里程 300 万 MW。项目建成后，将成为中国最大的独立飞轮储能电站，世界上首个单体规模最大的飞轮储能电站，能大大提高山西乃至华北电网的供电质量及供电可靠性，对新能源并网及促进华北电网的能源结构转型有重要的支撑作用，并对储能参与电力辅助服务市场具有巨大的示范作用。

3. 不间断电源

在电力系统中，存在大量对电能质量要求高的用户，如银行的计算机系统、医院的精密医疗设备、通信系统、半导体制造行业等。为防止外部电网中断或供电质量异常损坏设备、数据和人身安全，通常会配置不间断电源(UPS)，其系统示意图如图 2.34 所示。UPS 作为备用能量储存器，可以弥补电网中断和备用电源启动之间的空缺。一般来说，97%交流电压闪变低于 3 s，备用发电机组的启动时间少于 10 s，因此过渡电源工作时间 20 s 已经足够填补空缺。UPS 应用中最发达和使用最广泛的储存介质是电池，而 UPS 同时也是大功率飞轮系统最成功的应用，可作为电池的替代品或与 UPS 系统的电池组合使用。例如，德国 Piller 公司为 Dresden 半导体工厂安装了 5 MW/7 kW·h 的飞轮储能系统，确保 5 s 电源切换不断电。美国 VYCON 公司推出一款基于 8 MW 飞轮系统的无电池 UPS，以保护美国得克萨斯州的一个熄灯数据中心。美国 Active Power 公司生产的飞轮储能 UPS 产品已经被全球各大数据中心、电信运营商等广泛采用，其 UPS 效率提高至 98%(传统 UPS 电源为 92%～93%)，与传统蓄电池 UPS 系统相比，其出现故障的可能性降低为 1/7；同时因其能耗低、无需更换电池和空调，电源系统总体拥有成本(TCO)降低 60%；占地面积与传统电源相比减少 75%，寿命长达 20 年，年销售额已达 7000 万美元左右。

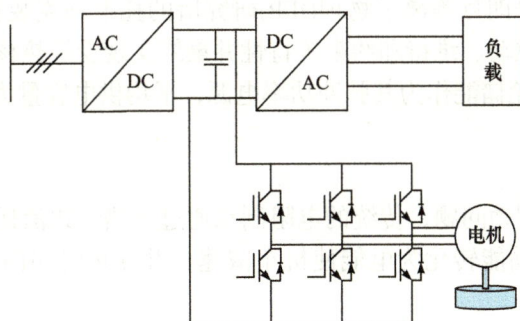

图 2.34　UPS 系统示意图

4. 微电网支撑

微电网是实现分布式电源灵活、高效应用和多种能源形式高可靠供给的有效方式。但独立微网的供电结构易变化，其中发电和用电都有相对大的波动，与常规电力系统相比，其频率变化率较高。因此，微网中一般都配有储能电源或柴油发电系统，以提高其频率响应能力和系统稳定性。

加拿大 Temporal Power 公司为加勒比海阿鲁巴岛设计容量为 5 MW 飞轮储能系统，调节岛上的新能源发电，从而为全岛提供稳定的电力供应。美国 KTSi 公司的 GTR 系列飞轮产品广泛应用于微电网项目，飞轮储能作为分布式发电的高级补充，接入微电网中可以实现多种功能。以加拿大魁北克地区为例，该地区矿藏资源丰富，拥有优质的风力资源，但位于电网末梢自然环境恶劣，带储能的离网型微电网是开发该地区自然资源的最优解。在 2015 年 12 月投运的加拿大拉格伦镍矿项目中，GTR200 型 200 kW 飞轮、3 MW 风电、200 kW 锂电池、备用柴油机、燃料电池与制氢系统共同组成了一个微电网(图 2.35)，飞轮在此项目中的主要作用是平滑风力发电机的频率波动，改善电能质量。该项目在 18 个月的时间里节省了 340 万 L 柴油，减排了 9.11 t 温室气体。

图 2.35　加拿大拉格伦镍矿项目

5. 脉冲功率电源

脉冲功率技术是指先将能量储存起来，再以瞬间脉冲大功率形式释放，主要应用于高科技领域及国防军事。飞轮储能由于具有瞬间高功率的优势，可用作脉冲功率电源。例如，德国马克斯·普朗克等离子物理(IPP)研究所的托卡马克装置(托卡马克是研究高温等离子体的产生、驱动、维持和约束等特性并最终实现受控热核聚变反应的大型电物理实验装置)采用了飞轮储能作为其脉冲功率电源，平均供电容量为数百兆瓦。

6. 交通应用

电力机车都存在制动问题，传统的电阻制动通过发热形式消耗制动能量，再生制动可以在制动时将机车动能转化为电能使机车减速，并在短时间内回馈给电网或储存起来，直到需要时再使用。

在混合动力和电动汽车中，飞轮储能系统与其他能源(如电池)一起作为动力源，不仅结合了飞轮系统的高功率和电池系统的高能量，还提高了电池系统的寿命，减少了污染、排放，节省了能源消耗。在车辆减速期间，再生制动的能量储存在飞轮中；车辆加速或爬坡期间，飞轮回馈储存能量以提供助力。例如，沃尔沃 S60 轿车装有飞轮系统，由于发动机被制动能量切断，飞轮可减少 25%的燃油消耗。

在列车能量回收系统中，飞轮很适合满足这种回收系统对高速率充放电循环的需求，将飞轮安装在车站或变电站，通过再生制动回收能量，并将其供给电力系统，达到牵引目的。此外，飞轮系统允许在不增加铁路的线路容量的情况下，对输配线路进行电压暂降控制。2014 年 4 月，美国 VYCON 公司为洛杉矶大都会交通局 Read line (MRL) 安装了飞轮储能系统，被称为路边储能变电站，可以回收 66%的制动列车能量。MRL 通过配备交流或直流牵引系统的六节车厢列车提供了连接市中心和圣费尔南多谷的铁路地铁服务，在运行六个月后，数据显示飞轮为该列车系统节能 20%(约 541 MW·h)，这足以为加利福尼亚州 100 户普通家庭供电。

2022 年 4 月，我国轨道交通行业也迎来了首台具有完全自主知识产权的兆瓦级飞轮储能装置，由青岛地铁联合湖北东湖实验室攻关制造，打破国外技术垄断，两台兆瓦级飞轮储能装置在青岛地铁 3 号线万年泉路站完成安装调试，并顺利并网应用。飞轮储能装置安装在轨道交通牵引变电所内，当列车进站制动时，飞轮吸收能量，转速可达 20 000 r·min^{-1}；当列车出站加速时，飞轮释放能量供列车使用，具有极佳的节能和稳压效果。两台飞轮储能装置投用后，预计年节电约 50 万 kW·h。同时，其拥有的网压波动抑制功能可显著提高轨道交通牵引供电系统的稳定性，改善供电系统电能质量。

飞轮也被用于过山车发射系统，其在下坡运动期间积累能量，然后利用电磁、液压和摩擦轮快速推进加速列车到达上坡位置。例如，美国佛罗里达州奥兰多主题公园的绿巨人过山车使用了 4500 kg 的飞轮推动系统，飞轮充电功率为 200 kW，放电功率为 8 MW。

船舶网络和陆网差异很大，由于船舶是在多种条件下运行，船网的电能质量在大范围内频繁变化。对于电力船舶，新型大功率脉冲电气设备可能会引起电压下降，飞轮储能系统具有不同的潜在应用以解决这一关键问题。美国福特号航空母舰(USS Gerald R. Ford)的电磁弹射系统通过配备飞轮系统以储存来自船舶发动机的能量，利用飞轮快速释放能量的特点，及时协助飞机上升。该技术的飞轮密度为 28 kJ·kg^{-1}，转速为 64 000 r·min^{-1}，允许在 2~3 s 内释放能量 122 MJ，并在 45 s 内恢复。

2.4.5 未来研究方向和发展前景

虽然飞轮是最早出现的能量储存技术之一，但是当前的飞轮储能系统还未成为广泛采用的储能方案。市场接受度、初投资成本、技术层面及相关标准缺乏等问题制约着飞轮系统的有效使用。我国对飞轮储能技术主要结构和运行方法都已基本明确，目前正处于从小型实验样机迈向大型样机的发展阶段，关键难点集中在飞轮部件的设计，如转子、轴承、电机、保护壳等。只有国家及产业界的强力推动，飞轮技术才能进一步突破，早日走向市场化、商品化。新技术和新应用的研究和实用化也将飞轮储能系统推向新的高度。新技术方面，飞轮储能未来的研发将从阵列化、自动化、智能化、高性能、高稳定性等角度出发，主要包括以下几点。

(1) 新型飞轮转子材料与设计：转子材料强度极大地限制了储能系统的能量密度和转换效率，理想的转子材料应具有高抗拉强度、低成本、低密度、磁渗透、可监测、可回收等特性。一方面，新型的高强度复合材料仍然是研究热点，可获得更大的储能密度；另一方面，新型的高强度钢制飞轮逐步克服传统钢制飞轮的劣势，且具有成熟的加工路线、较低的材料成本及容易回收等优点，有利于批量化高性能飞轮的制备。

提高形状系数 K 有利于获得更高的能量密度，传统飞轮的形状系数只有 0.3，拉法尔盘虽然拥有理想的形状系数，但是其几何轮廓使之难以制造和实现磁悬浮。无轴飞轮可以单件制造，形状系数接近 0.6，其密度为传统飞轮设计的 2 倍，这种类型的飞轮需要专门的磁浮轴承和控制技术。薄轮缘飞轮的形状系数可以达到 0.5 的理论极限，通过与系统部件的集成，获得更加紧凑的结构。

(2) 新型超导磁悬浮轴承：先进的轴承系统能够有效减少飞轮转子旋转过程中的摩擦损耗，提高转子的极限速度，减少自放电损失，提升系统运行的稳定性与安全性。

(3) 新型高速电机技术：飞轮储能系统的电机要满足转速适应力强、极限转速高、损耗率低等要求，在永磁电机现有的基础上，仍需要进行深入优化与设计。

无轴承电机具有体积小、能耗低、轴长短、临界速度高等优点，有望替代传统的飞轮储能轴承。然而，由于无轴承电机的磁场关系错综复杂，要求更高的控制系统。

(4) 大容量飞轮储能阵列式运行与控制技术：将储能系统单元进行模块化，实现多个飞轮储能系统阵列式运行，可以大幅度提升储能的规模，更好地应用于大容量负载需求的情况。优秀的控制系统可以增加系统效率，加快系统响应速度，并可缓解由于控制不当造成的飞轮电机损坏等问题。

未来飞轮储能系统还将进入储能式电动汽车充电桩、工程机械等新兴市场。储能式电动汽车充电桩主要应用于电动汽车大功率、快速充电的场合。由于现有电网框架容量的限制，建设一个电动汽车充电站涉及电网的增容、城市规划调整等一系列问题。带有储能环节的大功率电动汽车快速充电桩系统可减小充电桩对电网增容的压力。以磁悬浮储能飞轮为储能装置，充分利用储能飞轮慢充快放，即小功率充电、大功率输出的典型运行特征，不仅可以满足电动汽车快速充电的要求，还可以规避电网增容的制约。同时，由于储能飞轮功率密度高、体积小、布置灵活、绿色环保无污染，可布置在地下，消除了建设充电站对市容的影响，减小了城建工作的压力。

飞轮储能系统对于未来军事应用的发展表现出吸引力。正在研发将飞轮储能系统应用于下一代作战舰船、车辆、导航和武器，这是因为飞轮储能适用于响应快、大功率、高频次的场景，尤其胜任军事机载电气应用的即时需求。

飞轮储能系统或可在航天领域进一步发挥重要作用。在航空航天领域，由于太阳能作为航天器的动力源，飞轮被认为是蓄电池的一种选择，当航天器驶入黑暗中时，飞轮储能可填补能量差距。与电池相比，飞轮具有更轻的质量和更长的使用寿命，能够降低航天器的生产成本，且提高其耐用性。此外，飞轮还可用于卫星的姿态控制。

飞轮储能技术发展面临电化学储能技术竞争，需要找准用途，解决工程应用中的关键技术，提高技术经济性能，以期获得应有的储能市场份额。国家《能源技术革命创新行动计划(2016—2030 年)》提出在 2030 年前发展 10 MW 级飞轮储能装备制造技术。随着技术的进步，飞轮储能必将在电力系统等领域获得更加广泛的应用，并将在推动构建以新能源为主体的新型电力系统、助推"双碳"目标实现等方面发挥重要作用。

思 考 题

1. 用水泵将下水库的水抽至上水库，已知上水库的压力为 0.2 kgf·m⁻²，一定阀门开度时送水量为每小时 45 m³，管路总长(包括所有局部阻力的当量长度)为 150 m，管路的摩擦系数为 λ = 0.3164/(Re×

0.25)，求泵的扬程和功率。

2. 结合抽水蓄能电站的原理，说明设置调压室的必要性。

3. 简述抽水蓄能电站能与风力发电、光伏发电电站联用的原因。

4. 谈谈对海水抽水蓄能电站可行性的认识。

5. 简述压缩空气储能系统的工作原理。

6. 实现压缩空气储能系统大规模应用，目前面临的技术挑战主要有哪些？克服这些挑战的具体措施体现在哪些方面？

7. 对于空心圆柱飞轮，如图 2.36 所示，外径为 b、内径为 a，高度为 h，密度为 ρ，转速为 ω，求其转动惯量和飞轮储能量。

8. 飞轮为拉法尔盘，计算表 2.11 中各类材料的质量储能密度（$W \cdot h \cdot kg^{-1}$）。

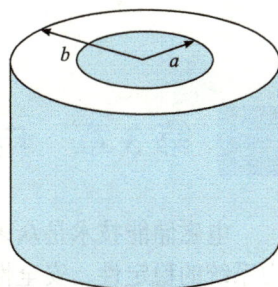

图 2.36　空心圆柱飞轮示意图

表 2.11　飞轮转子常用材料的主要参数

转子材料	抗拉强度 σ/MPa	密度 $\rho/(kg \cdot m^{-3})$	强度密度比 $\dfrac{\sigma}{\rho}/(MPa \cdot m^3 \cdot kg^{-1})$	储能密度 $e_m/(W \cdot h \cdot kg^{-1})$
钢	1300	7830	0.17	
铝合金	600	2800	0.21	
钛合金	1200	5100	0.24	
高强度铝合金	1300	2700	0.48	
E 玻璃纤维/树脂	3500	2540	1.38	
S 玻璃纤维/树脂	4800	2520	1.90	
碳纤维 T-300/树脂	3500	1780	1.97	
碳纤维 T-700/树脂	7000	1780	3.93	

9. 比较低速和高速飞轮储能技术的优劣。

10. 总结飞轮储能相较于其他储能技术的关键优势。

第 3 章 电 磁 储 能

电磁储能技术是众多储能新技术中最具代表性的一种，应用电磁储能技术能够使电力系统的稳定性、安全性及运行效率得到显著的提高，其在电力领域的发展中起到不可替代的作用。电磁储能是直接以电磁能的方式储存电能的技术，主要包括超级电容器储能和超导磁储能。

3.1 超级电容器储能

超级电容器是近几年才批量生产的一种新型电化学储能器件，是一种建立在德国物理学家亥姆霍兹(Helmholtz)提出的界面双电层理论基础上的新型电容器，又称超大容量电容器、黄金电容、储能电容、法拉电容、电化学电容器或双电层电容器。不同于传统电源，超级电容器是利用极化电解质实现电能储存，电能储存过程中不发生化学反应，可以反复充放电数十万次。超级电容器是一种具有传统电容器和蓄电池的双重功能的特殊电源，既具有静电电容器的高放电功率优势，又像电池一样具有较大的电荷储存能力，其容量可达到法拉级甚至数千法拉级，同时具有功率密度大、循环稳定性好、工作范围广和环境友好等优点。

3.1.1 超级电容器的研究进程

超级电容器的发展历史如图 3.1 所示。早在 18 世纪中叶，研究者就发明了利用银箔进行静电储存的莱顿瓶，成为早期电容器的雏形。尽管双电层概念被亥姆霍兹提出，并经其他科学家大量研究，然而直到 1957 年，美国通用电气公司的贝克尔(Becker)才首次为基于多孔碳材料和水系电解质的双电层电容器申请专利，证实了其实际储存电荷的可行性。此后，为解决军事和民用中一些设备的供能问题，人们对双电层电容器的原理和器件进行了深入的探索。1966 年，美国俄亥俄州标准石油公司(SOHIO)的赖特迈尔(Rightmire)和同事布斯(Boos)申请了双电层储能的专利，他们确认了双电层电容器的能量储存实际发生在电极和电解液界面上。随后，SOHIO 尝试将多孔碳成分的糊状电极浸入电解质中并由离子交换膜分隔正负极，生产出首个商业化的双电层电容器器件。尽管他们也使用了非水系电解液，但在商业化市场推广过程遇到困难后，SOHIO 便在 1971 年将双电层电容器的专利和许可证转让给了日本电气公司(NEC)。当时正好处于电子科技蓬勃兴起的阶段，NEC 尝试将电容器的生产销售投向电子设备领域，应用于内存储备的备用电源，结果取得了巨大成功，并于 1979 年正式将这种商业化的双电层电容器命名为"超级电容器"。日本松下(Panasonic)公司也于 1978 年设计了一种包含活性炭(AC)电极和有机电解质的双电层电容器，并将其命名为"黄金电容器"，进行了一系列商业化推广。

由此可见，超级电容器从 20 世纪 50 年代被发明，经历了大量的研究和曲折的发展，直到 70 年代才逐步实现商业化，生产和研发逐渐走向成熟。目前，世界各地的代理商仍在销售以多孔碳为电极材料的高性能双电层电容器，并扩大了超级电容器的影响范围。

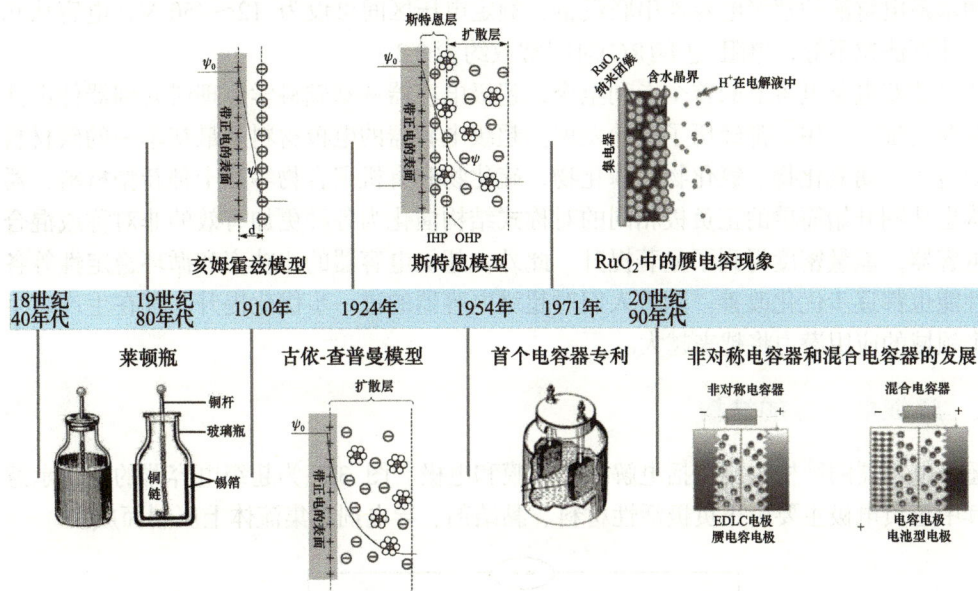

图 3.1　超级电容器的发展历史示意图

　　除了上面介绍的多孔碳材料，1971 年金属氧化物开始应用于超级电容器的电极材料，Transatti 和 Bugganca 发现将氧化钌(RuO₂)电极在水系电解液中进行充放电会出现类似于双电层超级电容器的电化学行为。然而，在后续研究中，研究者普遍认为这种电极和电解液之间的电荷储存机制不同于双电层原理，并把这类材料称为法拉第赝电容材料("赝"表示它们区别于静电电容)。康韦(Conway)和 Continental Group Inc.等从 1985 年开始深入系统地研究了 RuO_2 材料进行电荷储存的电化学原理，并尝试发展出以 RuO_2 为电极材料的可应用化的电容器。1990 年，Giner 公司首次向市场推出了基于 RuO_2 的水系超级电容器，实现了商业化。从 20 世纪 90 年代开始，许多科研机构和商业公司合作，从结构、材料、性能等方面对超级电容器展开了广泛细致的探索，取得了许多革新性的成果。在结构设计方面，1995 年，埃文斯(Evans)等提出了非对称超级电容器的概念，打破了之前超级电容器的正负极均使用同种电极的束缚，将双电层原理和法拉第赝电容机制结合起来同时应用于同一器件的储能过程中。2001 年，Amatucci 首次报道了利用锂离子电池的负极材料钛酸锂($Li_4Ti_5O_{12}$)作为超级电容器的正极，AC 作为负极，制造了新颖的电化学混合超级电容器。在材料方面，1997 年，俄罗斯 ESMA 公司设计了以氢氧化镍为正极材料的非对称超级电容器，并申请了专利，该超级电容器依然践行了双电层机制和法拉第赝电容相结合的储能原理。2002 年，Hong 等也提出了氧化锰(MnO_2)作为超级电容器电极材料的可行性，并组建了相应的水系非对称器件。在性能方面，美国能源部已经对研制全密封超级电容器的发展制定了长短期相结合的目标，对超级电容器的性能标准提出了严格的要求。美国 Maxwell(麦克斯韦)公司设计了一种基于碳布和铝箔复合的有机体系方形超级电容器，额定电压达到 3 V，电容达到 1000~2700 F。日本松下公司设计了基于碳材料的有机体系圆柱形超级电容器，额定电压达到 3 V，电容为 800~3000 F，功率密度达到 1000 W·kg^{-1}。俄罗斯 Econd 和 ELIT 公司推广了一种基于碳复合材料和水系电解液的超级电容器串联设备，额定电压区间可设为 12~450 V，电容从几法拉到几百法拉不等，电阻-电容(RC)时间常数约为 0.3 s。

从申请双电层电容器的首个专利至今，超级电容器从基础科学原理研究到器件设计乃至商业化推广应用，都经历了空前发展。超级电容器的电极材料从最初单一的碳材料衍生为包含金属氧化物、氮化物、磷化物、硫化物和有机聚合物等几十种新型材料，器件结构也从刚开始简单的正负极相同的对称式结构演化为各种更加有效的非对称或混合超级电容器，能量密度得到了显著提升。此外，超级电容器的比功率和循环稳定性等各方面性能也都逐步优化改善。随着人们对超级电容器的进一步优化提升，其在生产、生活各个领域的应用潜力将越来越大。

3.1.2　超级电容器的结构

超级电容器的结构主要包括电解液、隔膜和电极。图 3.2 为超级电容器的结构示意图，其中正负电极主要由正负极活性材料、黏结剂、导电剂在集流体上压制而成。

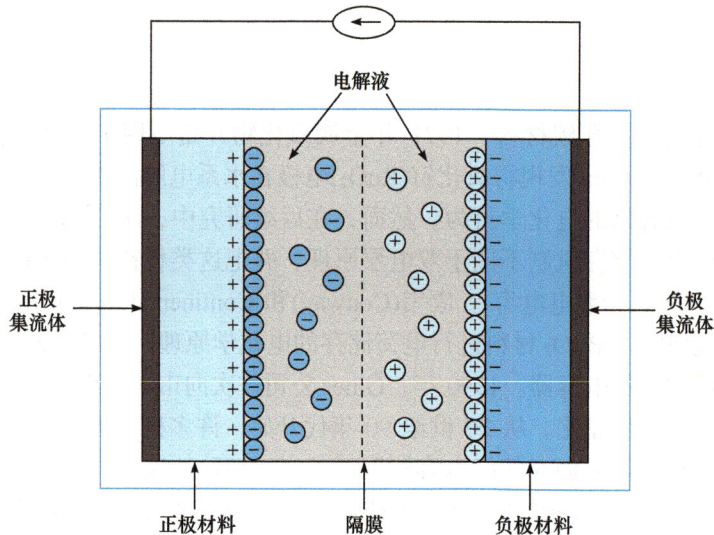

图 3.2　超级电容器结构示意图

1. 电极材料

电极材料是产生双电层电容和赝电容的必备物质，是超级电容器中的重要组成部分。一般来说，电极材料由导电性好、比表面积大和孔隙率高的纳米材料构成，目前广泛研究和应用的有碳基材料、金属氧化物氢氧化物材料、导电聚合物材料等。

1) 碳基材料

碳基材料是最早用于制作超级电容器的材料。碳基材料由于以下独特的物理和化学性质而被广泛地用作超级电容器的材料：①较高的电导率；②较高的比表面积(1000~

$2000\ m^2 \cdot g^{-1}$)；③良好的抗腐蚀性；④高温下较高的稳定性；⑤可控的孔结构；⑥易于处理，与其他材料复合时相容性较好；⑦价格相对较便宜。可用作超级电容器的碳基材料主要有：活性炭粉末、碳纳米管、炭黑、纳米碳纤维及一些有机碳化物等。采用高比表面积的碳基材料一般可以得到较大的比容量。虽然碳基材料具有上述优点，但是其内阻较大，并且正极比容量相对较低，这必将影响电容器的整体性能。

2) 金属氧化物/氢氧化物材料

最初研究的金属氧化物超级电容器主要以 RuO_2 等贵金属为电极材料。RuO_2 的电导率比碳基材料大两个数量级，且电极在硫酸溶液中稳定，因此获得了很高的比容量，制备的电容器比碳电极电容器具有更好的性能。但是贵金属资源有限，并且价格昂贵，极大地限制了这类材料的大规模应用。一些廉价的金属氧化物如 NiO、MnO_2、Co_3O_4、SnO_2 等的性质与 RuO_2 相似，而且资源丰富、价格便宜，受到了国内外研究者的广泛关注。尽管这些氧化物的比容量与 RuO_2 相比还有一定的差距，但是它们的理论比容量都在 $1000\ F \cdot g^{-1}$ 以上，性能还有很大的提升空间。

3) 导电聚合物材料

导电聚合物也是一种常用的电极材料。导电聚合物在充放电过程中发生氧化和还原反应，在聚合物膜上快速产生 n 型或 p 型掺杂，从而使聚合物储存了很高密度的电荷，产生了很大的法拉第赝电容。导电聚合物具有良好的电子导电性，且比容量大，通常比活性炭材料高 2~3 倍。使用导电聚合物作为超级电容器的电极材料，其中最具有代表性的有聚苯胺、聚吡咯、聚噻吩及其相应的衍生物等。

2. 电解液

超级电容器电解液的固有性质将直接影响电容器的性能，如电解液的分解电压、电解液黏度、适应温度、电阻率、离子直径等，一般要求电解液具有以下特点：高电导率、良好的浸润性、低腐蚀性、环境友好等。超级电容器的电解液种类很多，其中水系电解液具有成本低廉、离子电导率较高的优点。此外，水系超级电容器的能量密度普遍较低，这是因为水的分解电压(1.23 V)限制了水系电解液的工作电压范围。在电解液工作电压范围方面，有机电解液具有较大的优势，对于超级电容器能量密度的提升具有较大意义。但有机电解液黏度大，电导率相对较低，使用过程中容易发生燃烧、挥发等现象，限制了它的发展。离子电解液被认为是继水系电解液和有机电解液之后的第三类电解液，具有低黏度、低蒸气压、不可燃性、高热稳定性、高沸点、不挥发等优点。其工作电压窗口较宽，普遍能够达到 2~6 V，通常为 4.5 V 左右。

3. 集流体

集流体的主要作用是负载电化学活性材料并传递电荷。因此，集流体的选择需要满足以下要求：与电极材料有较大的接触面积，接触内阻小，具有良好的耐腐蚀性。另外，集流体在储能过程中不能与电解液发生反应。例如，廉价的铝材料常用于有机电解液中；在碱性和酸性的电解液中，需要分别使用钛材料和镍材料集流体以防止集流体被电解液腐蚀，而在含有氯离子的电解液中不能使用泡沫镍作为集流体。在使用集流体时，一般需要配合使用导电剂和黏结剂使活性材料附着在集流体上。但导电剂和黏结剂的使用往往会导致在长时间的电化学充放电过程中发生脱落现象，降低电容器寿命。因此，基于无黏结剂和导电剂的自支撑电极得到了广泛研究。

4. 隔膜

隔膜是位于正负极之间，避免电极物理接触，确保离子自由传输的重要材料。隔膜必须是电子的绝缘体，且具有化学稳定性良好、浸湿性强、材质均匀、韧性强等特点。无纺布、玻璃纤维、高分子膜等是比较常用的隔膜材料。

3.1.3 超级电容器的类型及原理

超级电容器是利用双电层原理储存电能的电容器，其工作原理如图 3.3 所示。与普通电容器一样，在超级电容器的两个极板上施加电压时，极板的正电极储存正电荷，负极板储存负电荷，在两极板上电荷产生的电场作用下，电解液与电极间的界面处形成极性相反的电荷用以平衡电解液的内电场，这样的正电荷与负电荷在固相和液相的接触面上，以正负电荷之间极短间隙排列在相反的位置上，这个电荷分布层称为双电层。当两极板间电势低于电解液的氧化还原电极电位时，电解液界面上电荷不会脱离电解液，超级电容器为正常工作状态，如电容器两端电压超过电解液的氧化还原电极电位时，电解液将分解，为非正常状态。在超级电容器放电过程中，正负极板上的电荷被外电路释放，电解液的界面上的电荷相应减少。因此，超级电容器的充放电过程始终是物理过程，没有涉及化学反应。

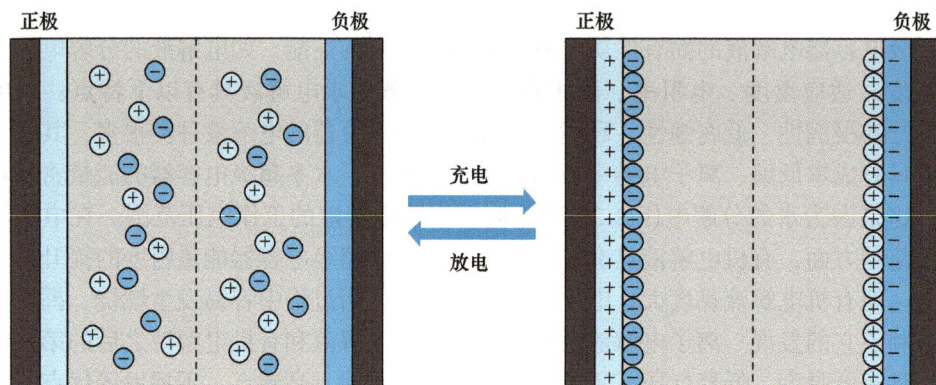

图 3.3　双电层电容原理

根据电化学电容器储存电能的机理不同，可以将超级电容器分为三种：双电层电容器(double electric layer capacitor，EDLC)、赝电容器(pseudocapacitor)和复合型/混合型超级电容器。

1. 双电层电容器

双电层电容器是最简单也是商业化最成功的超级电容器。双电层电容器储存电荷的理论机制是物理学的静电吸附理论。当电极沉浸在离子导电电解液中时，施加的外加电场使外电路电荷和电解液离子自发地在电极和电解液的固/液界面处形成双电层结构。当充电时，正负电极产生稳定的电场，电容器正负极分别吸引电解液中的阴阳离子运动，形成双电层；当放电时，电解液中的阴阳离子重新返回电解液中形成电中性溶液。此类超级电容器的显著特点是在电极和电解质的固/液界面之间没有发生电荷转移，即没有法拉第过程发生，是单纯的物理静电吸附过程。在超级电容器充放电过程中，正负极板上的电荷增加或减少，界面上的电荷相应地增加或减少。

超级电容器的电容(C)计算公式为

$$C = \int \frac{\varepsilon}{4\pi\delta} \mathrm{d}S \tag{3.1}$$

式中，ε 为电解液的介电常数；δ 为双电层厚度；S 为电极表面积。

由此可知，超级电容器的电容与电极表面积成正比，与双电层厚度成反比。由于活性炭材料具有很大的比表面积(不小于 2000 $\mathrm{m^2 \cdot g^{-1}}$，即电极的面积 S 很大)，且电解质与多孔电极间的界面距离非常小(不到 1 nm，即介质厚度 δ 非常小)，因此这种双电层结构的电容器比传统的物理电容器的电容值大很多，比容量可以提高 100 倍以上，大多数超级电容器的电容值可以达到法拉级，通常为 1~5000 F。

超级电容器的导电电极浸于电解质溶液中，在外加电场的作用下电极/电解液界面形成反向电荷层，即界面双电层。原始双电层模型由亥姆霍兹建立，该双电层也称为亥姆霍兹层(图 3.4)。然而，除了近表面的双电层外，在离电极更远的地方发生的一些相互作用，如电解质浓度和其他给定的环境，并没有考虑在模型内。

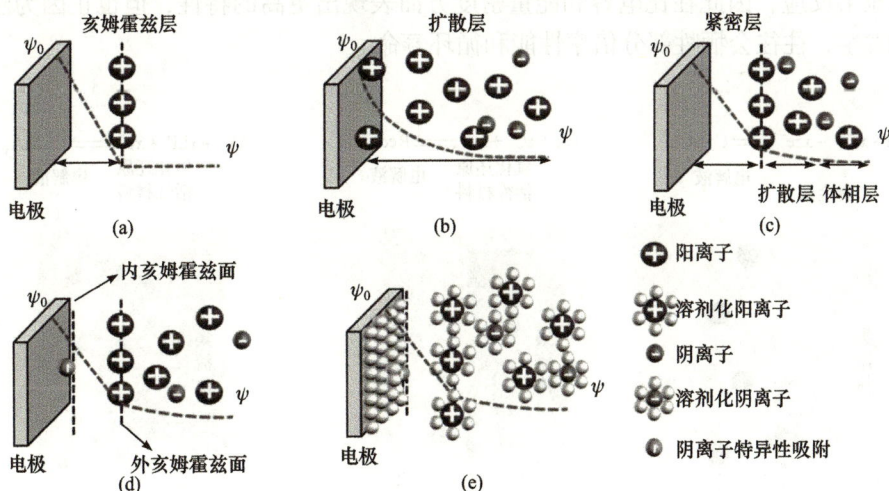

图 3.4 双电层模型的发展：(a) 亥姆霍兹模型；(b) 古依-查普曼模型；(c) 斯特恩模型；(d) 格雷厄姆 (Grahame)模型；(e) Bockris、Devanathan 和 Muller 模型

查普曼(Chapman)在考虑了外加电场和电解质浓度的基础上，优化了双电层理论。紧接着古依(Gouy)提出，离子并不是只出现在表面，而是存在一个基于表面带电离子与相反离子且浓度遵循玻尔兹曼分布的扩散层。但这种模型也存在问题，离子在该理论中被定义为点电荷，并没有考虑离子的具体尺寸。之后，斯特恩对扩散双层进行了修改，

并综合了亥姆霍兹和古依-查普曼的理论，在考虑离子尺寸的条件下，提出了紧密层和扩散层。另外，格雷厄姆创立了基于四个区域的双电层理论，即内亥姆霍兹层(IHP)、外亥姆霍兹层(OHP)、扩散层及斯特恩提出的主体区域，其中以离子是否溶剂化作为内、外亥姆霍兹层分界的条件。此后，Bockris、Devanathan 和 Muller 模型显示了电极界面周围溶剂分子占优势的现象，提出了溶剂化分子、阴阳离子和电极等概念。该模型可用于理解大电流功率的双电层电容器。

2. 赝电容器

赝电容器也是超级电容器的一种，又称为法拉第电容器。赝电容器进行充电时，电解液中的离子在外加电场的作用下扩散至电极/电解液界面，并在界面上进行电化学反应，进而嵌入电活性材料体相中。赝电容电极材料具有较大的比表面积，使得界面上能够发生相当多的电化学反应，这就能确保在电极中储存到足够的电荷，从而提高电容器的充电电压。在放电过程中，储存的电荷通过外接回路以电流的形式释放，进入电活性材料中的电解液离子也会由于失去双电层电场的作用而重新回到电解液中。图 3.5 展示了赝电容电极电荷储存的不同类型：(a)欠电位沉积，离子沉积在二维金属与电解液界面处，从正电位到离子的可逆氧化还原电位将发生欠电位沉积，如 H^+ 在 Pt 上沉积和 Pb^{2+} 在 Au 上沉积；(b)氧化还原型，氧化物的表面发生还原反应(或还原物发生氧化反应)，如 RuO_2、MnO_2 等；(c)离子插入型，在这个过程中离子进入有氧化还原性质的材料中，但是并没有发生晶体的相变，这在一定程度上类似双电层电容，如 Nb_2O_5。由于赝电容发生了法拉第反应，因此在比电容和能量密度方面表现出更高的特性，但也正因为法拉第过程的发生，往往会牺牲部分倍率性能和循环寿命。

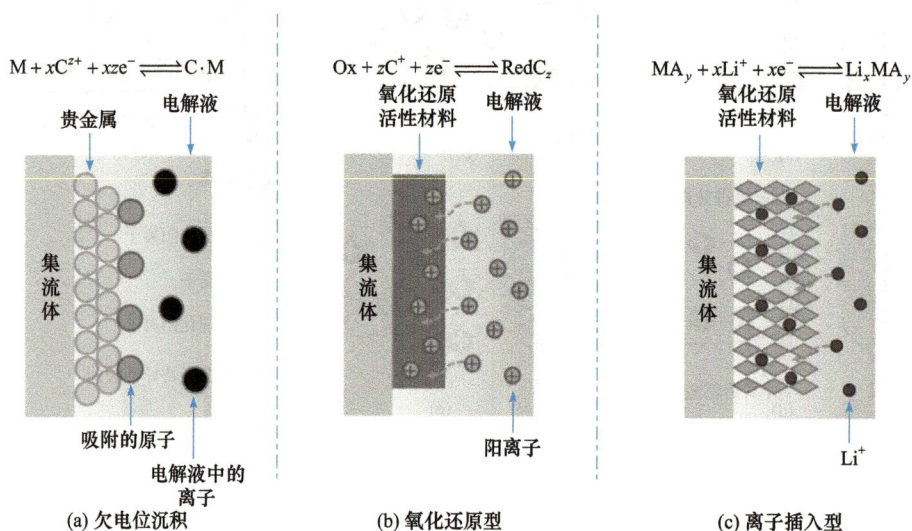

图 3.5　赝电容电极电荷储存的不同类型

3. 复合型/混合型超级电容器

复合型/混合型超级电容器是在双电层电容器和赝电容器的基础上发展起来的一种

新型电容器。复合型/混合型超级电容器分为复合型和混合型两种，其中复合型主要是利用碳基材料与过渡金属氧化物/氢氧化物或导电聚合物在材料层面上进行混合制备，即在碳基材料上吸附金属氧化物/氢氧化物或导电聚合物；混合型则是以碳基材料制备的电极作负极，金属氧化物/氢氧化物或导电聚合物制备的电极作正极，形成非对称超级电容器。两者都同时具备双电层电容和赝电容的特性，前者的电化学反应曲线类似于双电层电容器的曲线，而后者更接近电池的反应曲线。但是复合型具有更高的电容量、比能量和比功率。超级电容器的高比容量是双电层电容和赝电容共同合作的结果，一般是其中一个起主导作用。在碳基材料双电层电容器中，通常由于碳基材料上官能团的存在，电化学反应中存在1%～5%的赝电容效应，而在电池中通常存在5%～10%双电层电容贡献。在双电层电容器中，主要通过提高电极材料的比表面积获得大的比容量，而赝电容器由于反应机理，其比容量是双电层电容器的上百倍。因此，结合两者的优势，制备复合型超级电容器逐渐成为趋势。

3.1.4　超级电容器的特点

1. 优越性

(1) 高功率密度：超级电容器的功率密度一般为普通电池的几十倍，能够在短时间内放出几百至几千安培的电流，这使超级电容器很适合作为瞬时或短时间的功率输出源。

(2) 循环使用寿命长：超级电容器的充放电过程是物理过程，具有高度的可逆性，不存在普通电池中由于化学组成的变化而导致寿命终止的现象，其理论循环使用次数为无穷大，实际次数可达数万次以上。

(3) 充电速度快：超级电容器的充电过程是双电层充电的快速、可逆过程，允许对其进行大电流充电，能够在几十秒至数分钟内完成充电过程，真正做到了快速充电，而普通蓄电池充电需数小时才能完成。

(4) 适用温度范围广：超级电容器的电荷转移大部分在活性物质表面进行，受温度影响很小。其工作温度范围能够达到−40～100℃。

(5) 能量管理简单准确：超级电容器的储存能量与端电压之间具有确定的关系。因为对荷电状态的判断简单、准确，只需要检测端电压，就可以准确确定所储存的能量，方便系统的能量管理。

(6) 环境友好：双电层超级电容器用的材料安全、无毒、环保。电极材料主要由碳组成，不含铅等重金属，不会给环境带来污染，也不会对生产或使用人员造成伤害。此外，超级电容器属于精密储能器件，没有转动的机械部分，在使用中安全可靠，不会带来噪声污染。

2. 局限性

(1) 能量密度较低：与蓄电池相比，超级电容器的能量密度偏低，在相同的能量需求条件下，其体积、质量比蓄电池组大得多，应用范围受到制约，还不适宜大容量的电力储能。

(2) 端电压波动范围大：超级电容器的端电压随着储存能量的变化波动较大，在充放电过程中会不断地上升或下降。负载在工作过程中一般要求端电压稳定，因而需要在超级电容器与负载之间配置一个电压适配器，以达到稳定电压的目的。电压适配器的使用造成了系统的结构复杂、成本上升和能量转换效率下降。

(3) 串联均压问题：超级电容器的单体电压较低、储存能量较小，一般需要进行串并联组合才能达到要求的电压和储能容量。电容量和等效并联内阻等器件参数的差异导致串联单体电容电压在工作过程中不一致。

目前，世界上已有很多公司认识到超级电容器的技术优势和潜在使用价值，拓展超级电容器实践的关键在于突破其自身的局限性，提高其整体性能。

3.1.5　超级电容器的应用

超级电容器自从 20 世纪 70 年代被日本 NEC 公司成功产业化后，凭借其超高功率密度、允许快速充放电、循环使用寿命长、构造线路简易、使用温域范围宽及原材料绿色环保等优势，迅速吸引了世界各国学术界及产业集团的广泛关注，成为储能领域新兴的研究热点。

在超级电容器产业应用方面，目前美国、韩国、日本处于领先地位，几乎占据了全球大部分的超级电容器市场。这些国家的超级电容器产品在功率、容量、价格等方面各有自己的特点与优势。从目前的情况来看，实现产业化的超级电容器基本上都是双电层电容器。美国 Maxwell 公司的产品(图 3.6)普遍体积小、内阻低，具有圆柱体结构，产品一致性好，串并联容易，但价格较高；日本的 NEC 公司、松下公司、Tokin 公司均有系列超级电容器产品，其多为圆柱体形，规格较齐全，使用范围广，在超级电容器领域占有较大的市场份额。

图 3.6　美国 Maxwell 公司的超级电容器产品

近年来，随着市场及应用的快速发展，国内的超级电容器企业在技术上突飞猛进，已占据高比能产品的领先地位。尤其是宁波中车新能源科技有限公司(简称中车新能源)开发的新一代大容量 3 V/12 000 F 产品，其性能远超国际同类产品，达到世界领先水平。目前，国内从事大容量超级电容器研发的厂家共有 60 多家，而能够批量生产并达到实用化水平的厂家只有 10 多家，主要厂商包括中车新能源、上海奥威科技开发有限公司、北京集星联合电子科技有限公司、深圳今朝时代股份有限公司、江苏双登集团有限公司等。随着各种新型产品的推出，超级电容器的应用范围也在不断扩大。当前，超级电容器已经应用于社会生活的各个领域,包括电力能源、国防军事、工业节能、轨道交通等。

1. 电力能源领域

超级电容器凭借其大功率放电、长使用寿命、高可靠性的特点,在风机变桨、智能电网/微电网等电力能源领域展现出优异的应用性能。风机变桨系统需要不断调节桨叶间距,使其符合风机工作原理,确保风机保持恒定功率输出,避免因机械压力过大而导致桨叶断裂,延长其使用寿命。风机用电动变桨系统有两种储能系统:一种采用超级电容器,另一种采用电池。超级电容器应用于风机变桨,充分体现出其功率密度高、使用寿命长、老化周期可预测、质量轻、综合成本低等优势。在智能电网方面,超级电容器储能装置为太阳能/风力发电等可再生能源发电及传统燃料发电等独立发电厂和电力公司带来多重优势。由于太阳能发电和风力发电均属于可调节的间歇性发电,云层遮盖太阳能发电场及风电场风速变化都会造成电力输出的上下波动。超级电容器能够稳定电力输出,抑制波动,控制输出电力波动的速度,防止电力输出快速摆动,在可再生能源能量调节、频率调整、稳压等方面提供了好的解决方案。美国 Maxwell 超级电容器模块被中国国电集团公司的子公司——北京华电天仁电力控制技术有限公司选为风电场储能示范项目的主要核心元件,并成功通过系统调试,成为第一个应用于中国风电场中的兆瓦级超级电容器储能系统。

2. 国防军事领域

随着国防与军事建设的现代化,各种高科技设备和仪器陆续得到开发和应用,而这些设备或仪器的工作条件往往比较严苛,因此对储能电源的要求也比较高,如功率高、工作温度范围宽、循环使用寿命长等。超级电容器凭借其自身的优点,在国防军事领域也具有很好的应用前景。超级电容器可以为航空航天的各种电子设备提供电能,如美国 Tecate 集团生产的 PC 超级电容器可用作各种航空电子控制的短期电源,并且无需维护;HA 系列超级电容器可用于航空电子设备存储驱动器中的数据备份。Tecate 集团还制造了许多军用超级电容系统。超级电容器可作为军工产品的紧急电源,如用作军用机器人的数据备份紧急电源,用作坦克和装甲车中失去主电源的消防系统的紧急电源等。现代军事衍生出的武器大多需要电源提供电力,超级电容器是为这些武器提供短期和瞬时峰值功率的理想选择,如使用 GPS 导航的导弹、炮弹、鱼雷等的短期电源,用作坦克火炮炮塔的辅助电源,用于提供陆基发射系统的脉冲功率等。超级电容器可提高无线系统的射频性能和安全性,可用作飞行员发送无线电求救信号的最后紧急电源等。超级电容器也用于军用车辆,如用作防地雷反伏击车的车门紧急电源、各种军用车辆平台中灭火系统的电源和军用车辆的冷启动等。

3. 工业节能领域

超级电容器在工程机械、智能仪表、港口码头等工业节能领域的应用不断扩大。在工程机械方面,配备超级电容储能装置,将工程机械运行过程中负重下行所释放的势能转化为电能后，由超级电容系统吸收储存，在负载或上行的过程中释放，实现了能量的回收利用与节约。尤其对并网机械，超级电容器系统减少了负重上下行过程中对电网的冲击，保护了电网及其他用电负载，可用于港口机械、石油机械、矿山机械、建筑机械、电梯等。2016年，中国首台侧钻井超级储能钻机投入工业试验，该钻机将势能回收技术、超级电容储能技术和直流微电网供电技术同时应用于石油设备。在智能仪表方面，超级电容器可用于多种工业、商业和住宅(计量仪表)，能减少用电，提高可靠性，从而避免电网失效发生时的限制用电和断电造成的破坏性后果。

4. 轨道交通领域

超级电容器在轨道交通(新能源车、乘用车、卡车等)领域展现出优异的应用性能。列车和有轨电车等重型交通运输车辆对储能装置有特别的需求，要求储能装置必须极为牢固可靠，使用寿命长，维护要求低。此外，储能装置还必须在恶劣环境中能够高效地工作。超级电容器系统模块可用作此类要求严苛的储能装置。当今许多轨道交通应用中，超级电容器可以用作制动能量回收、稳定电源和电网电压、发动机的启动和辅助启动(电池与超级电容器的组合系统)等系统。Maxwell 超级电容器已被全球铁道车辆和设备制造商西班牙 CAF 电力与自动化公司选中，用作为轻轨车辆供电的储能系统 ACR(快充蓄电池组)的标准组件。2012年9月，CAF 公司的有轨电车在西班牙萨拉戈萨商业运营。该有轨电车装载了 8.2 kW·h 超级电容组/30 kW·h 锂电池组的混合储能系统，可保障 2~5 km 的无触网区段供电牵引。2016年8月1日，中国首列完全自主化全线无接触网"超级电容"现代有轨电车在中车株洲电力机车有限公司下线。该有轨电车可在站台区 30 s 内快速完成充电，一次充电可运行 3~5 km，制动时能将 85% 以上的制动能量回收。在汽车领域，超级电容器在制动能量回收/能源回收、启停系统、动力辅助混合动力车辆、短时后备电源、高功率性能的峰值功率辅助等方面已有应用。

3.1.6 超级电容器面临的问题

超级电容器优点突出，在能源、军事、工业、交通等领域应用越来越广泛，但是作为新兴的储能器件，其应用时间短，在产品技术积累、知识产权、技术标准及应用领域拓展等方面还有很多问题需要解决。

1. 技术问题

超级电容器的额定电压低，这是其能量密度低的一个重要原因，如何提高超级电容器的能量密度是目前研究的重点和难点。一方面可以通过制造工艺与技术的改进来提升；另一方面，超级电容器的核心组成材料，如电极材料、电解液，这些材料需要持久创新和更新换代，以满足超级电容器高电压的需求，进而提高能量密度。

此外，超级电容器单体的额定电压较低，使用时通过电容的串并联技术，得到超级电容器成组模块。但应用中需要大电流充放电，过充对电容的寿命有严重的影响，进而影响成组模块的使用寿命。因此，与锂离子电池成组技术类似，超级电容器单体电容的批次一致性及成组模块中电容管理系统尤为重要。

2. 标准问题

超级电容器发展时间短，速度快，从事超级电容器产业的企业水平参差不齐。而超级电容器作为新兴储能器件，其健康发展离不开行业及市场监管。制定切实可行的行业标准、国家标准乃至国际标准，是促进产业健康发展的必要手段。2016 年以来，中国电子工业标准化技术协会超级电容器标准工作组组织了多项行业标准审定会，规范了部分超级电容器及原材料的行业标准，并且还在不断完善。

3.1.7　超级电容器的发展趋势及展望

近年来，超级电容器作为一种性能优异的能量储存与转换装置，在新能源、节能环保等战略性新兴产业及特种电源领域发挥的作用日益显著，成为世界各国在材料、物理、化学、电子、机械、电气、电力多学科交叉领域研究的热点储能技术之一。新技术的突破往往在学科交叉的位置，未来超级电容器技术的进一步发展依托的是不断融合新学科，多学科相结合。

首先，超级电容器储能体系从双电层物理储能机制逐渐向双电层与锂电池协同储能机制的混合型电容器储能发展，未来涉及的电化学学科在超级电容器发展中的作用日益显著；其次，在超级电容器研发方法方面，涉及仿真模拟的计算机学科将得到广泛的应用，特别是在超级电容器安全性评估与全寿命周期失效机制分析等方面的应用更加突出；再次，随着我国“2025 智能制造”发展规划的稳步推进，“互联网+”及人工智能技术的发展使得超级电容器产业的发展更加精细化，产业链上下游逐渐呈现快捷、高效信息交互有机联合体，超级电容器产业向高端化、绿色化、智能化、服务化发展，超级电容器未来涉及的学科主要有信息、自动化、智能、网络+等。

未来超级电容器储能技术的发展可分为两个阶段，具体见图 3.7。

超级电容器	2025年	2050年
双电层电容器体系	3 V >30 W·h·kg^{-1} >20 kW·kg^{-1} 100万次循环	3.5 V >60 W·h·kg^{-1} >60 kW·kg^{-1} 150万次循环
电池电容体系	>70 W·h·kg^{-1} >5 kW·kg^{-1} 10万次循环	>120 W·h·kg^{-1} >10 kW·kg^{-1} 20万次循环
锂离子电容器体系	>40 W·h·kg^{-1} >15 kW·kg^{-1} 50万次循环	>90 W·h·kg^{-1} >20 kW·kg^{-1} 100万次循环

图 3.7　超级电容器储能技术规划路线

第一阶段：至 2025 年，研发出双电层电容器用的高储能碳基材料，即开发出高密度、高比表面积、高导电、耐高压、低表面含氧官能团含量的纳米碳材料，尤其是高密度、高比表面积石墨烯粉体的开发，同时研制出耐高低温、耐高压、高流动性离子液体电解液，高强度、高电子绝缘、低漏电流的超薄隔膜，实现电压为 3 V、能量密度达到 30 W·h·kg^{-1}、功率密度大于 20 kW·kg^{-1}、循环寿命大于 100 万次的双电层电容器研制；结合双电层电容器和锂离子电池储能特性，研制电池电容新体系，实现能量密度大于 70 W·h·kg^{-1}、功率密度大于 5 kW·kg^{-1}、循环寿命大于 10 万次的电池电容研制；研究金属锂表面钝化技术和钝化金属锂与碳负极复合技术，实现能量密度大于 40 W·h·kg^{-1}、功率密度大于 15 kW·kg^{-1}、循环寿命大于 50 万次的锂离子电容器研制。

面临的问题及解决方案：在第一阶段面临的关键问题是实现高储能碳材料的开发及低成本规模化制备。具有代表性的石墨烯纳米碳材料已经在实验室和产业界得到验证，是一种高性能储能材料。但目前，满足超级电容器需求的石墨烯材料还没有量产，传统的制备工艺难以实现石墨烯超级电容器的加工。石墨烯等新型储能材料的开发及应用涉及全石墨烯产业链的各要素，单凭超级电容器或石墨烯生产企业无法解决上述问题。未来几年，政府从宏观层面积极介入，通过政策引导和资金的支持，有效整合技术链和产业链中的各创新要素与资源，保证石墨烯材料的规模化制备及应用。

第二阶段：至 2050 年，突破单层石墨烯粉体制备技术，开发性能优良的离子液体电解液，实现电压为 3.5 V、能量密度达到 60 W·h·kg^{-1}、功率密度大于 60 kW·kg^{-1}、循环寿命大于 150 万次的双电层电容器研制；研究高比特性正极材料，解决界面副反应，实现能量密度高于 120 W·h·kg^{-1}、功率密度大于 10 kW·kg^{-1}、循环寿命大于 20 万次的电池电容体系研制；研究正极多孔石墨烯与富锂材料复合技术，实现能量密度大于 90 W·h·kg^{-1}、功率密度大于 20 kW·kg^{-1}、循环寿命大于 100 万次的锂离子电容器研制。

面临的问题及解决方案：在第二阶段要实现超级电容器性能大幅提升，最终获得具有"颠覆性"的先进超级电容器储能技术。主要措施是依托新型储能体系创新，基于下一代纳米碳材料，提出"多相储能机制"，研发新型高电压电解液，全面优化设计器件结构，实现高比能量、高功率、长寿命的超级电容器的研发及制造。

3.2 超导磁储能

超导磁储能(superconducting magnetic energy storage，SMES)系统将电磁能储存在超导储能线圈中，具有反应速率快、转换效率高、快速进行功率补偿等优点，在提高电能品质、改善供电可靠性及提高大电网的动态稳定性方面具有重要价值。

由于发电资源和负荷资源地理分布不匹配、要求资源互补和综合高效利用等原因，现代电网逐渐形成了跨区互联大电网。在这个大电网中，除了配置少量抽水蓄能外，几乎没有其他储能系统，特别是高功率、快速响应的灵活储能系统。这一方面导致电网峰谷调节困难，使电网的灵活性受到限制；另一方面引起电网的安全可靠性问题：当电网出现瞬态功率不平衡时，必须由电网自身的惯性和控制系统来实现平衡，一旦出现大的瞬态扰动,将导致电网稳定性事故的发生,瞬态扰动还会导致电压和频率的波动,从而引起电能质量问题。在电网中配置具有不同功率特性和响应特性的储能系统是解决上述问题的根本出路,特别是在可再生能源大量接入的情况下更是如此。与其他储能方式相比,SMES 具有响应速度快、储能效率高及有功和无功功率输出可灵活控制等优点,有望在未来电网建设中发挥作用。

3.2.1 超导磁储能的研究进程

自 1911 年昂内斯(Onnes)发现低温超导现象(汞在 4.2 K 附近电阻突然下降为 0 Ω)后,人们就已经认识到超导体可以作为储能装置应用。SMES 在电力系统中的应用最早是由费里尔(Ferrier)在 1969 年提出的,最初的设想是将 SMES 用于调节和平衡法国电力系统的日负荷变化。由于当时人们预计核电将大量用于电力系统,而其特点是要求功率输出在数月乃至数年内保持恒定,因此理论上高效的 SMES 受到关注。但随着研究的深入,人们逐渐认识到调节现代大型电力系统的日负荷曲线需要庞大的线圈,而这在技术和经济上存在较大困难,因此相关应用的进展一直较为缓慢。1973 年,莫汉(Mohan)提出了一种构思:采用 SMES 作为一个稳定器来调节电力系统中的波动。这一构思引起了美国洛斯阿拉莫斯国家实验室的注意,他们于 1982 研制了一台储存能量 30 MJ、线圈电感 2.5 H、最大功率 10 MW 的超导磁储能磁体,1983 年将该储能装置安装在美国加利福尼亚州和西北地区两条并联的 500 kV 高压输电线上进行实验,并有效验证了超导磁体通过阻尼交互区域的振动来调控电网波动,在抑制输电线路的低频振荡和无功功率补偿方面起到了良好的作用。此外,2000 年美国建造了一套 SMES 用于改善阿拉斯加电网的供电可靠性,该套装置具有 1.8 GJ 的储存能量,磁体线圈内径 6.7 m,外径 8.44 m,高 2.44 m,总重 250 t。之后,SMES 引起了各个国家的高度关注与重视,并取得非常理想的应用效果。SMES 成为电力领域未来发展的重要趋势,具有十分重要的经济战略意义。

3.2.2 超导磁储能的典型结构

SMES 主要由超导磁体、低温系统、磁体失超保护系统、变流器、变压器、控制系统等部件组成(图 3.8)。其中,超导磁体作为 SMES 的核心之一,可以利用功率调节系统

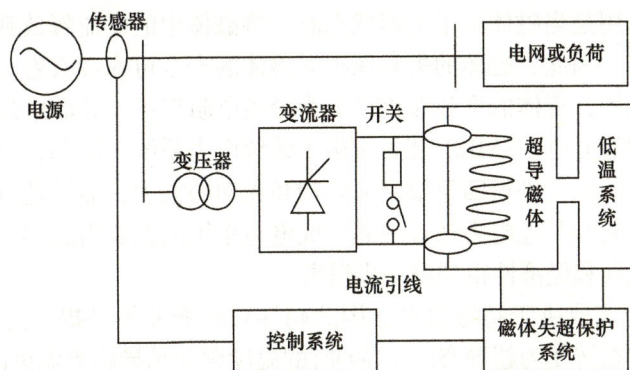

图 3.8 SMES 结构示意图

中的变流器将储存在磁体内的电磁能转化为电能，从而实现能量的转化。超导磁体按线圈结构大致可分为三类：螺管磁体、环形磁体和多极磁体。其中，多极磁体多应用于需要特殊磁场位形的特殊装置中。用于储存能量的多为环形磁体和螺管磁体。螺管磁体按照螺管数量可以分为单螺管型和多螺管型。单螺管型磁体虽然具有材料利用率高、储能密度大等优点，但是杂散磁场较大；多螺管型磁体可以降低杂散磁场，但是储能效率较低；环形磁体外部杂散磁体较小，适合制作大型磁体。

超导磁体只有在足够低的温度下才能在超导状态运行。对于高温超导磁体，虽然高温超导的临界温度高于 77 K(−196℃)，但由于超导导体在磁场的作用下临界电流会衰减，而为提高储能密度需尽可能地提高磁场强度，因此高温超导磁体用于储能时，一般需将温度冷却到远低于 77 K，如 30 K 以下。现在比较成熟的制冷技术有低温液体浸泡冷却和通过制冷机直接传导冷却。直接冷却不需要低温液体，靠制冷机与超导磁体的固体接触实现热传导。随着低温技术的进步，采用大功率制冷机直接冷却超导磁体将成为一种可行的方案，但目前的技术水平还难以实现大型超导磁体的冷却。

功率调节系统和控制系统控制超导磁体与电网之间的能量转换，是储能元件与系统之间进行功率交换的桥梁。目前，功率调节系统一般采用基于全控型开关器件的 PWM(脉冲宽度调节)变流器，它能够在四象限快速、独立地控制有功和无功功率，具有谐波含量低、动态响应速度快等特点。根据电路拓扑结构，功率调节系统所用的变流器可分为电流源型(CSC)和电压源型(VSC)两种基本结构。CSC 的直流侧可以与超导磁体直接连接，而 VSC 用于 SMES 时在其直流侧必须通过斩波器与超导磁体相连。此外，控制系统是 SMES 中不可或缺的组成部分，它由信号采集器和控制器组成。信号采集器从系统中提取系统与 SMES 之间吸收与释放功率、电压、电流等信息；控制器根据信号采集器得到的信息判断并控制电力系统的运行状况，通过变流器与斩波器的控制环节对超导磁体的充放电进行控制。

磁体失超保护系统，磁体的失超是指超导磁体由于某些因素的影响从超导态变为正常态。由于超导磁体具有临界温度、临界磁场和临界电流密度三种临界值，当其中任意一种的数值超过了临界值，超导磁体都会失超。当超导磁体发生失超现象时，超导磁体的内阻增大，电流及电压都会发生非常大的变化，磁体甚至可能发生绕组的绝缘击穿。在失超的过程中，磁体所释放出的能量会使磁体部分温度升高，破坏内部的结构。磁体失超保护系统的作用是当磁体处于失超状态时，将磁体中的电流释放到外界消耗掉，防止对磁体造成损害。因此，磁体的失超保护对磁体的安全可靠性有着非常重要的作用。按照不同的磁体结构，磁体的失超保护可分为分段电阻保护、并联电阻保护、谐振电路保护和变压器保护等方法。SMES 装置突破了传统电力系统的限制，具有高效、快速响应的特性及能与系统独立进行四象限交换有功和无功的能力，能够适应电网及电力用户不断提高的需求，它与其他电力装置一起构成电力系统的重要组成部分，使电力系统的容量、质量、稳定性和经济性得到进一步提高。

超导线圈的性能取决于超导材料，因此超导材料的发展是提升超导储能技术的前提。超导体从正常态转变为超导态(零电阻)时的温度称为超导临界温度(T_c)。对于转变温度范围较宽的超导体(如高温超导体)，临界温度可分为起始转变温度、中转变温度和零电阻温度。超导材料大致可分为低温超导材料、高温超导材料和室温超导材料。具有低临界温度($T_c < 30$ K)、在液氮温度条件下工作的超导材料称为低温超导材料，分为金属、合金和化合物 3 类，如铌($T_c = 9.3$ K)、钛化铌合金(NbTi，$T_c > 9$ K)、氮化铌(NbN，$T_c = 16$ K)、锡化铌(Nb$_3$Sn，$T_c = 18.1$ K)和镓化钒(V$_3$Ga，$T_c = 16.8$ K)等。

目前低温超导材料已基本达到了可以在中小型 SMES 上使用的水平，但必须在液氮温区才能维持超导状态，因此成本高昂，应用受到很大限制。人们迫切希望找到能降低使用成本的高温超导材料。1986 年，贝德诺尔茨(Bednorz)和米勒(Müller)发现他们研制的 La-Ba-CuO 混合金属氧化物具有超导电性，临界温度为 35 K。接着，中、美科学家发现 Y-Ba-CuO 混合金属氧化物在 90 K 具有超导电性，这类超导氧化物的临界温度已高于液氮温度(77 K)。高温超导材料研究取得重大进展，一连串激动人心的发现在世界上掀起了"超导热"。已发现的高温超导材料按成分可分为含铜的和不含铜的。含铜超导材料有镧钡铜氧体系(T_c 为 35~40 K)、钇钡铜氧体系(按钇含量不同，T_c 发生变化，最低为 20 K，最高可超过 90 K)、铋锶钙铜氧体系(T_c 为 10~110 K)、铊钡钙铜氧体系($T_c = 125$ K)、铅锶钇铜氧体系(T_c 约 70 K)；不含铜超导体主要是钡钾铋氧体系(T_c 约 30 K)。目前已制备出的高温超导材料有单晶及多晶块材、金属复合材料和薄膜。现阶段，采用包套管法制备长 1.0~2.0 km 的银基铋系多芯复合超导带的技术已比较成熟。工程电流密度达到 100 A·mm^{-2}(77 K、自场)、长度为 100~1000 m 的铋系多芯复合导线已实现商品化。美国超导公司已建成年生产能力为 900 km 的铋系高超导带材生产线。

超导临界电流是指当超导体中的电流超过某临界电流值 J_c 时，即转变为正常态时的电流。通过的电流在超导体表面产生磁场，当电流较大，使得表面磁场超过超导临界磁场时，超导体即转变为正常导体。J_c 称为超导体的临界电流，它是破坏超导态的最小电流。若同时还有外磁场，则临界电流将降低；并且临界电流的大小与物质种类和温度有关。在集成电路中采用超导体制作电极连线是比较理想的，因其损耗小、速度快。但是超导临界电流的存在限制了超导体作为集成电路电极布线的应用。目前，已出现的高温超导材料通常分为两代。第一代为铋系高温超导材料，其临界电流密度易受磁场的影响，在较低的磁场强度下，临界电流密度急剧下降，这将给除电缆以外的应用带来严重的问题。当超导体表面的磁场强度达到某值 H_c 时，超导态即转变为正常态；当磁场降低到 H_c 以下时又进入超导态，此 H_c 称为临界磁场强度。H_c 与物质和温度有关，一般有：$H_c(T) = H_c(0)[1-(T/T_c)^2]$，其中 $H_c(0)$ 是温度为 0 K 时的临界磁场强度(约为 5000 A·m^{-1})，T_c 是超导体的临界温度。此外，受原材料成本的限制，铋系高温超导材料价格降低到 50 美元·kA^{-1}·m^{-1} 以下十分困难。在这种情况下，第二代高温超导材料氧化钇钡铜或钕钡铜氧涂层导体的开发被美日等国提上日程。较之第一代，第二代高温超导带材具有一系列明显的优势：物理特性上电流密度更高，发生超导的临界温度有进一步提高的潜能；交流损耗低，较容易通过一定形式来限制故障电流；原材料省去了贵金属银，理论成本远低于第一代。目前第二代高温超导带材已经实现商业化应用，只是成本较高，并未实现理论上的成本优势。

3.2.3 超导磁储能的储能机理

20 世纪 60 年代，随着 NbTi 线圈的问世和大规模产业化，采用不同超导材料、不同构型、容量和用途的超导磁储能线圈相继问世。将一个超导体圆环置于磁场中，将温度降至圆环材料的临界温度以下，撤去磁场，由于电磁感应，圆环中有感应电流产生，只要温度保持在临界温度以下，电流便会持续下去，这种电流的衰减时间不低于 10 万年。因为在直流电流下超导体电阻为零，其通流能力比铜导线高一两个数量级，用超导导线制作储能电感(一般称为超导磁体)能获得远高于常规电感的储能密度和功率密度。SMES是利用超导磁体将电磁能直接储存起来，需要时再将电磁能回馈电网或其他负载，并对电网的电压凹陷、谐波等进行灵活处理，或者提供瞬态大功率有功支撑的一种电力设施。其工作原理是：正常运行时，电网电流通过整流向超导电感充电，然后保持恒流运行。SMES 的超导磁体在储能状态下不会产生焦耳热损耗，储能效率高达 95%，可以长时间无损耗地储存能量。由于 SMES 的储能与释能是电磁能量的直接转换，能量转换速度和效率高于电能-化学能、电能-机械能等能量转换形式，因此 SMES 具有响应速度快、功率密度高、反复充放电次数无限制等优点。当电网发生瞬态电压跌落或骤升、瞬态有功不平衡时，可从超导电感提取能量，经逆变器转换为交流，并向电网输出可灵活调节的有功或无功，从而保障电网的瞬态电压稳定和有功平衡，其原理如图 3.9 所示。

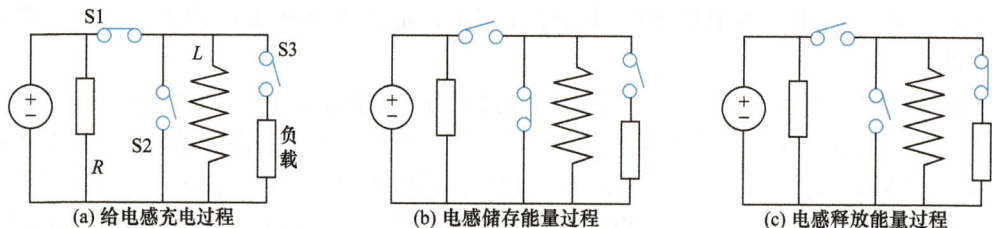

图 3.9　超导磁储能的原理

充电时，开关 S2 和 S3 处于断开状态，闭合开关 S1，电源对储能电感充电；闭合开关 S2、断开开关 S1，S2 与电感 L 形成闭合回路，此时电感中储存的能量如下：

$$E = \frac{1}{2}LI^2 \tag{3.2}$$

式中，E 为电感中储存的能量；L 为电感值；I 为电感中的电流。放电时，闭合开关 S3、断开开关 S2，电感对负载放电而释放能量。

3.2.4 超导磁储能的特点

在未来智能电网的发展过程中，一方面为了完成充足的能源储备，迫切需要容纳更多的新能源发电系统；另一方面为了满足电力用户的各种用电需求，还需要改善电能质量并提高供电的可靠性。SMES 具有以下优点：①转换效率高，SMES 通过变流器控制超导磁体与电网直接以电磁能的形式进行能量交换，转换效率稳定在 97%～98%；②响应速度快，SMES 通过变流器与电网连接，响应速度最快可达到毫秒级；③大功率、大容量、低损耗，与常规的电感线圈相比，超导线圈有更高的平均电流密度，可以有很高的能量密度，运行在超导状态下没有直流的焦耳热损耗；④可持续发展条件容易满足，建造地点可以任意选择，维护成本低，对环境的污染很小。

SMES 在电力系统中的应用主要有以下几方面：①改善电网电能质量；②提高电力系统稳定性，抑制电网低频振荡；③提供静止无功补偿，迅速降低电压波动和改善系统的暂态稳定性；④用于分散不间断电源，功率平滑输出和电压稳定。由于现有超导材料的局限性，SMES 目前还不具备大规模工业应用的条件。使用低温超导材料制作的超导磁储能装置需要在液氦温区(4.2 K)附近工作，与之配套的制冷成本很高，虽然在可再生能源领域具有重要的应用价值，但是目前还未达到商业化应用的水平。要实现 SMES 在可再生能源领域的商业应用，除了超导带材制造工艺有待提高、制造成本亟须降低外，SMES 系统自身尚需要突破关键核心技术。

3.2.5　超导磁储能的研发及应用领域

自从超导材料实用化以来，世界各国政府高度重视超导电力应用研究，SMES 作为超导电力应用研究的重要内容也受到了广泛关注。随着技术的发展，SMES 已不仅是储能装置，而且可以主动对电力系统的功率进行四象限的补偿和调节，从而提高电力系统的稳定性和功率传输能力，改善电能质量，因而也可视为电网中的能量管理系统。表 3.1 以美国、法国、英国、日本、韩国和中国为代表，总结了国际上主要 SMES 项目的进展。

表 3.1　国际代表性 SMES 项目

国家	主要研发装置	研究状况
美国	超导电感线圈和三相 AC/DC 格雷茨桥路组成 SMES	试验完成
	100 MJ SMES 演示系统	试验完成
法国	800 kJ 的 SMES	试验完成
英国	72 J/1 kW B-SMES 混合型储能系统	模拟实验
日本	100 kJ 的 SMES	试验完成
	6.22 J/1 kW H-SMES 融合型储能系统	模拟实验
韩国	20 MJ 小容量 SMES	试验完成
	600 kJ HTS-SMES	试验完成
中国	25 kJ(300 A/220 V)微型 SMES	完成样机
	10 kV/1 MJ/1 MV·A^{-1} 超限流-储能系统	并网运行

美国是最早研究 SMES 的国家之一，目前小型 SMES 已达到商业化水平。20 世纪 70 年代初，威斯康星(Wisconsin)大学应用超导中心利用一个由超导电感线圈和三相 AC/DC 格雷茨(Graetz)桥路组成的电能储存系统，对格雷茨桥在能量储存单元与电力

系统相互影响中的作用进行了详细的分析和研究，开创了超导储能在电力系统应用的先河。

1983年，美国洛斯阿拉莫斯国家实验室和邦纳维尔电力管理局合作研制了1台30 MJ/10 MW的SMES，并将其安装于华盛顿州塔科马变电站进行系统试验，成功用于抑制美国西部一条500 kV交流输电线路上0.35 Hz的低频功率振荡，有效地改善了电网的稳定性。其磁体设计参照核反应堆中采用的脉冲超导磁体技术。为了降低磁体损耗，绕制超导磁体的导线由两级子导线组成。超导磁体由20个双饼绕组组成单螺管结构。磁体绕组的尺寸为：内径2.73 m，外径3.38 m，高度1.21 m。磁体设计储能30 MJ，额定工作电流5 kA，中心最大磁场3.92 T，自感2.4 H。超导磁体在液氦中浸泡冷却，运行温度为4.5 K，为了降低常规不锈钢杜瓦瓶上感应的涡流损耗，杜瓦瓶采用绝缘材料制作。功率调节系统是由两个六脉冲变流器串联组成的12脉冲晶闸管变流器，作为超导磁体与交流系统连接的界面，控制有功功率在两个方向流动。为了抑制现有系统的功率振荡，变流器要在0.35 Hz的条件下处理10 MW的功率流动，因此变流器的电流在4～4.8 kA变动，变流器最大输出电压为2.2 kV。1983年2月，该SMES系统安装于塔科马变电站，通过变压器与13.8 kV的BPA母线相连，进行抑制太平洋交流互联网低频振荡的实验。实验结果显示SMES系统的响应特性很好，抑制交流系统功率振荡时与系统进行功率交换达到4 MW。该SMES系统的成功试验是超导技术在美国第一次大规模的电力应用试验。

2002～2004年，美国超导公司在田纳西州500 kV输电线路上安装了8台3 MJ/8 MV·A^{-1}的SMES进行输电试验，大幅度改善了电网电压的稳定性。其最大有功功率输出可以持续0.5 s，最大无功功率输出可以持续1 s。在SMES有力的有功和无功支持作用下，该输电网电压崩溃的问题得到有效解决。与此同时，佛罗里达大学完成了100 MJ SMES系统设计与样机组装测试，图3.10为该系统的储能线圈模块。

图3.10　美国100 MJ SMES线圈模块

日本和韩国在SMES研究方面也位于世界前列。早在1988年，日本就研制了一台5 MJ的SMES。为解决电网电压暂降的问题，日本对5 MV·A^{-1} SMES进行了现场测试，测试结果表明该SMES完成了对电网电压暂降的补偿，从而实现了对关键负载的保护。20世纪90年代，日本东京电力公司与日立公司合作，对275 kV系统进行了含1 MJ

SMES 的全面系统动模试验，达到了提高电网动态稳定性的效果。

　　与其他国家相比，我国在 SMES 方面的研究虽然起步晚，但已经取得一些重要进展。1999 年中国科学院电工研究所成功研制出我国第一台 25 kJ 微型超导储能样机，2004 年又研制出一台 100 kJ/25 kW 超导限流-储能装置(SFCL-MES)并进行了实验研究[图 3.11(a)]。我国完全自主研制的世界首座超导变电站于 2011 年在甘肃省白银市建成，运行电压等级为 10.5 kV，变电站内集成了 1 MJ/0.5 MV · A^{-1} 的高温超导磁储能系统[图 3.11(b)]。

图 3.11　中国科学院电工研究所研制的 SFCL-MES(a)和超导变电站中的 1 MJ/0.5 MV · A^{-1} SMES(b)

资料来源：中国科学院电工研究所

　　除中国科学院电工研究所外，清华大学、华中科技大学等也在开展超导装置的研究。2015 年，华中科技大学联合中国科学院等离子体物理研究所、国家电网湖北电力公司研制了一台 600 V/150 kJ/100 kW 的可移动 HTS SMES 系统，并将其安装在一个小水电站进行测试。测试结果表明该 SMES 有效地阻尼了水力发电机的功率振荡，并稳定了负载电压。

　　SMES 系统最重要的应用就是在电力系统中。现代电力系统在安全稳定运行方面存在明显缺陷，原因在于系统中缺乏能够大量快速存取电能的器件，其致稳保护措施主要依赖于机组的惯性储能、继电保护和其他自动控制装置，基本属于被动致稳。SMES 作为一个可灵活调控的有功功率源，可以主动参与系统的动态行为，既能调节系统阻尼力矩又能调节同步力矩，因而对解决系统滑行失步和振荡失步均有作用，并能在扰动消除后缩短暂态过渡过程，使系统迅速恢复稳定状态。

　　在改善电能质量方面，由于 SMES 发出或吸收一定的功率，可用来减小负荷波动或发电机出力变化对电网的冲击。SMES 可作为敏感负载和重要设备的不间断电源，同时解决配电网中发生异常或因主网受干扰而引起的配电网向用户供电中产生异常的问题，改善供电品质。预计到 2030 年，基于智能控制芯片用电设备(如高精密的制造设备等)的用电量将占社会总用电量的 30%~50%，SMES 可以作为此方面的不间断电源。

　　SMES 可用于解决风电、光伏发电系统的并网问题。SMES 响应速度快，可以根据电源放电状况快速收/放电能，能够最大限度地减少不稳定电力对电网的冲击。另外，SMES 还可以为电力系统提供备用容量。备用容量的存在及其大小，既是一个经济问题，又涉及电网安全的技术问题，对于保障电网的安全度及事故后快速恢复供电具有重要作用。当前我国部分地区供电形势紧张，电网运行处于备用不足的状态，SMES 高效储能特性可用来储存应急备用电力。以目前的技术水平，SMES 还不足以作为大型电网的备用容量，但在局部区域、微网孤岛运行状态，特别是对于个别重要负荷，SMES 可以作为备用容量，以提高电网的安全稳定运行水平。

一般来说，超导磁储能系统根据其规模可分为小型、中型和大型 3 种，不同规模的超导磁储能系统的适用领域、目的和作用见表 3.2。

表 3.2　不同规模超导磁储能系统的应用情况

类型	规模	应用场所	应用目的
小型	0.1 MW·h 等级	负载端：长距离输电线 电源端：小容量电厂，风、光发电系统	改善稳定性，小波段负载调平，电压波动调节，校正功率因数，间断性电源调平输出
中型	10 MW·h 等级	配电站，中型发电厂	大波段负载调平，电压波动调节，减少无功调节和频率调节及瞬时备用功率装置，改善电源可靠性
大型	1 GW·h 等级	大型发电厂，适用大型 SMES 的其他场所	负载调平后减少峰值功率电源装置，减少传输容量和电站建设，减少传输损失，减少无功调节和频率调节及瞬时备用功率装置，改善电源可靠性

3.2.6　超导磁储能的发展趋势及展望

兆焦/兆瓦级超导磁储能系统在输/配电系统的动态管理、电能质量管理及提高电网暂态稳定性和紧急电力事故应变等方面具有极大的应用价值。特别是在改善电能质量方面，超导磁储能系统能够对配电系统进行有功功率的快速调节，这是以往任何常规设备所不能胜任的。采用超导磁储能技术将有效改善供电质量，从而减少和避免因电能质量问题给电力用户带来巨大的经济损失和负面社会效应。

随着分布式发电和大型电网平行发展格局的形成，迫切需要快速功率补偿系统，进行能量管理和应对瞬态电能质量事故。超导磁储能系统将在这方面发挥重要的作用。

此外，利用超导磁储能系统的断流和限流的功能，还可以解决超导限流器能解决的问题，而且与系统内的其他元件可以实现最优化的运行和控制。这样，既简化了电网的结构，又降低了超导装置的总体造价，还实现了系统的升级。这些功能和特点使其具有广阔的应用前景，可以广泛地应用于发电厂、变电站和重要用户。

超导磁储能系统可以广泛用于电能质量的改善、能量管理、提高大电网的稳定性，从而带来巨大的经济效益和社会效益。因此，超导磁储能系统在我国将有极好的市场前景。

兆焦/兆瓦级超导磁储能系统的应用定位是提高供电质量，保护大功率用电设备如生产线和核心负载免受电能质量故障的干扰。引入兆焦/兆瓦级超导磁储能系统，通过提高配电系统的供电质量来保障电力用户生产和运行具有重大的应用价值。

思　考　题

1. 超级电容器与电池能量储存的差异有哪些？

2. 双电层电容器与赝电容器在电荷储能上的差别和各自的特点是什么?

3. 超导磁储能的基本原理是什么?

4. 超导磁储能在电化学储能中有哪些优势? 有哪些实际应用?

5. 单片机应用系统中，应用超级电容器作为后备电源，在掉电后需要用超级电容器维持 100 mA 的电流，持续时间为 10 s，单片机系统截止工作电压为 4.2 V，需要多大容量的超级电容器才能保证系统正常工作?

第4章 热 储 能

4.1 热交换的基本方式

热交换是由温差引起的两个物体或同一物体各部分之间的热量传递过程，在热储能技术领域具有重要的地位。根据传热机理不同，热交换有 3 种基本方式：热传导、热对流和热辐射。传热可依靠其中的一种方式进行或几种方式同时进行。

4.1.1 热传导

1. 基本概念

若物体各部分之间不发生相对位移，仅靠分子、原子和自由电子等微观粒子的热运动而引起的热量传递称为热传导。热传导的条件是系统两部分之间存在温度差，使能量从物体的高温部分传至低温部分，或者由高温物体传给低温物体。在金属固体中，热传导起因于自由电子的运动，所以一般的电导体也是热的良导体；在不良导体的固体中，热传导主要是通过晶格结构(声子)的振动来实现的；在液体中，由于液体分子之间存在相互作用，热运动的能量逐渐向周围层层传递，引起了热传导现象；在气体中，热传导则是由分子不规则运动引起的。

2. 傅里叶定律

傅里叶定律是热传导的基本定律，表示通过等温表面的导热速率与温度梯度及传热面积成正比，即

$$dQ \propto -dS \frac{\partial t}{\partial n} \tag{4.1}$$

或

$$dQ \propto -\lambda dS \frac{\partial t}{\partial n} \tag{4.2}$$

式中，Q 为导热速率(W)；S 为等温表面的面积(m^2)；λ 为导热系数($W \cdot m^{-1} \cdot K^{-1}$)；$\partial t/\partial n$ 为温度梯度，即温度为$(t + \Delta t)$与 t 两相邻等温面之间的温度差 Δt 与两面间的垂直距离 Δn 的比值的极限；负号表示热流方向总是与温度梯度的方向相反。

3. 导热系数

导热系数又称热导率，定义为单位截面、长度的材料在单位温差下与单位时间内直接传导的热量，即单位温度梯度下的热通量。导热系数表征物质导热能力的大小，是物

质的物理性质之一，其数值与物质的组成、结构、密度、温度及压力有关。

式(4.2)变换后可以得到导热系数的定义式，即

$$\lambda = \frac{-dQ}{dS\dfrac{\partial t}{\partial n}} \tag{4.3}$$

各种物质的导热系数通常用实验方法测定。导热系数数值的变化范围很大。一般来说，金属的导热系数最大，非金属固体次之，液体较小，气体最小。

对于大多数固体，导热系数与温度大致呈线性关系，即

$$\lambda = \lambda_0(1+a't) \tag{4.4}$$

式中，λ 和 λ_0 分别为固体在 t℃ 和 0℃ 时的导热系数(W·m^{-1}·K^{-1})；a' 为温度常数(K^{-1})。

有机化合物水溶液的导热系数估算式为

$$\lambda_m = 0.9\sum a_i\lambda_i \tag{4.5}$$

有机化合物互溶混合溶液的导热系数估算式为

$$\lambda_m = \sum a_i\lambda_i \tag{4.6}$$

式中，下标 m 表示混合溶液，i 表示组分序号；a 为组分的质量分数。

常压下气体混合物的导热系数估算式为

$$\lambda_m = \frac{\sum \lambda_i y_i M_i^{1/3}}{\sum y_i M_i^{1/3}} \tag{4.7}$$

式中，下标 m 表示气体混合物，i 表示组分序号；y 为组分的摩尔分数；M 为组分的摩尔质量(kg·mol^{-1})。

4.1.2 热对流

1. 基本概念

热对流是指热量通过流动介质，由空间的一处传播到另一处的现象。流体各部分之间发生相对位移所引起的热传递过程称为热对流(简称对流)。热对流仅发生在流体中，对流可分为自然对流和强迫对流两种：前者因流体中各处的温度不同而引起密度的差别，使轻者上浮、重者下沉，流体质点产生相对位移；后者是因泵(风机)或搅拌等外力所致的质点强制运动。

2. 对流传热速率方程

根据传递过程速率的普遍关系，壁面与流体间的对流传热速率也应该等于推动力与阻力之比，即

$$对流传热速率 = \frac{对流传热推动力}{对流传热阻力} = 系数 \times 推动力 \tag{4.8}$$

式中，推动力是指壁面和流体间的温度差。

在换热器中，沿流体流动方向，流体和壁面的温度一般是变化的，在换热器不同位

置上的对流传热速率也随之而异，因此对流传热速率方程应该用微分形式表示。以热流体和壁面间的对流传热为例，对流传热速率方程可以表示为

$$dQ = \frac{T - T_w}{\dfrac{1}{\alpha dS}} = \alpha(T - T_w)dS \tag{4.9}$$

式中，dQ 为局部对流传热速率(W)；dS 为微分传热面积(m^2)；T 为换热器任一截面上热流体平均温度(K)；T_w 为换热器任一截面上与热流体相接触一侧的壁面温度(K)；α 为局部对流传热系数($W \cdot m^{-2} \cdot K^{-1}$)。

在工程计算中，为了简化计算，常使用平均对流传热系数(也用 α 表示)，此时方程可简化为

$$Q = \alpha S \Delta t = \frac{\Delta t}{1/\alpha S} \tag{4.10}$$

式中，α 为平均对流传热系数($W \cdot m^{-2} \cdot K^{-1}$)；$S$ 为总传热面积(m^2)；Δt 为流体与壁面间温差平均值(K)；$1/\alpha S$ 为对流传热热阻($K \cdot W^{-1}$)。

4.1.3 热辐射

1. 基本概念

热辐射是指物体由于具有温度而辐射电磁波的现象。热辐射不需要任何介质，可以在真空中传播。辐射传热过程同时涉及能量传递和能量形式的转移，即热能转变为辐射能，以电磁波的形式向空间传递；当遇到另一个能吸收辐射能的物体时，被其部分或全部吸收而转变为热能。只有在物体温度较高时，热辐射才能成为主要的传热方式。

2. 物体辐射能力

物体的辐射能力(E)是指物体在一定的温度下，单位表面积、单位时间内所发射的全部波长的总能量，可用于表征物体发射辐射能的本领。此外，物体发射特定波长的能力称为单色辐射能力。在 Λ 与 $\Lambda + \Delta\Lambda$ 之间的波长范围内的辐射能力 ΔE 可通过以下公式计算：

$$\lim_{\Lambda \to 0} \frac{\Delta E}{\Delta \Lambda} = \frac{dE}{d\Lambda} = E_\Lambda \tag{4.11}$$

$$E = \int_0^\Lambda E_\Lambda d\Lambda \tag{4.12}$$

式中，Λ 为波长(m)；E_Λ 为单色辐射能力($W \cdot m^{-3}$)。

4.2 热储能技术分类及主要应用形式

4.2.1 热储能技术分类

热储能技术，即储热技术。与传统的电气、电化学储能不同，储热技术是以储热材料为媒介将太阳能光热、地热、工业余热、低品位废热等热能储存起来，在需要的时候

释放，不仅从技术上和经济上可以实现规模化，而且具有能量密度大、寿命长、利用方式多样、综合热利用效率高的优点。目前，主要有三种储热方式，包括显热储热、相变储热和化学储热。其中，显热储热主要是依靠温度的升高与降低进行热量的储存和释放；相变储热基于材料从一种物理状态到另一种物理状态的相变时吸收或释放的热量；化学储热系统利用反应物和产物之间的可逆反应，吸收和释放热量以达到蓄热的目的。其对应特性如表 4.1 所示。

表 4.1 储热技术特性对比

特性	显热储热	相变储热	化学储热
储热密度/(GJ·m^{-3})	~0.2	0.3~0.5	0.5~3.0
工作温度/℃	<150	<100	100~1000
传输距离	短距离	短距离	理论上无限远
优点	成本低，技术成熟	系统体积小，储热密度较大	储热密度大，热损失小
缺点	热损失大，装置大	热导率低，热损失大，材料易腐蚀	成本高，技术复杂

显热储热是许多家庭和商业应用中最常用的储热技术，因为投资成本相对较低，技术成熟程度很高。通过改变储存介质的温度来储存显热，如水、油、岩石或混凝土。在相变储热中，热量可以通过相变材料进行储存和释放，系统体积小，储热密度较大，适合短距离传输。而在化学储热中，通过可逆化学反应，利用反应过程中的反应焓热进行储热，储热密度大，但成本高、技术复杂。

4.2.2 储热技术主要应用形式

热能储存系统通过减少对燃料燃烧的需求，为人们提供环境和经济效益。几乎在每一项人类活动中，都会产生热量。例如，人们在厨房做饭、开车等活动均会产生大量的热量，这些热量通常被浪费掉。考虑到收集、储存和利用来自如此大量的小热源废热所需的材料成本和工作量，在每个热源上都安装热能储存系统是不切实际的。然而，对于太阳能热能、地热能、化石燃料发电厂、核电厂、工业余热等大型热源，可以以经济的方式安装热能储存系统。目前储热技术在工业上的主要应用形式有：智能移动供热车、太阳能/风能热能储存、电力调峰热能储存、工业余热间歇式储存器等。

1. 智能移动供热车

智能移动供热车是指将各类工业废余热通过回收装置的储热元件进行热能转化储存，再用牵引车将储热装置运送至用热企业，其核心技术为高储能储热材料和高效储热工艺。这种技术打破了管道运输的传统模式(图 4.1)，在分散式用户、应急热源等需求场景下具有较大的市场潜力。

2. 太阳能/风能热能储存

太阳能/风能热能储存是将太阳能/风能产生的多余能量转化为热能储存于储热材料

图 4.1　智能移动供热系统

中。如图 4.2 所示，利用该技术和高效动力循环可实现经济型的长期电力储存，将使可再生能源技术在未来更加可靠。

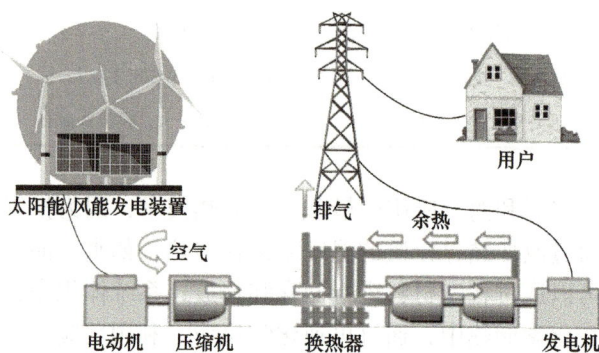

图 4.2　太阳能/风能热能储存系统

3. 电力调峰热能储存

为实现"双碳"目标，电力系统加快低碳化转型，新能源发电占比逐渐提高，但由于风电、光电的不稳定性，目前面临的最突出问题是调峰电源严重不足。这不仅制约新能源大发展，还有可能带来新一轮的弃光、弃风问题。电力调峰热能储存是指用于储存的热能来源包括利用非高峰、低成本电力的热泵产生的热量或冷量(图 4.3)。该技术被认为可以廉价地平衡可变可再生电力生产的高份额以及几乎或完全由可再生能源供电的能源系统中电力和供热部门一体化的重要手段。

图 4.3　电力调峰储热罐

资料来源：中国储能网新闻中心

4. 工业余热间歇式储存器

工业余热资源由于载体多样、分布分散、衰变快、不可储存、稳定性差等原因，一直未得到大量应用。工业生产过程排出的余热一般波动很大，而且与用热负荷的波动并不同步，因此实现工业余热的回收利用时，通过储热技术来平衡用热负荷是余热回收的重点。工业余热间歇式储存器主要用于蒸汽余热回收，烟气、热风热能回收。蒸汽余热回收储热装置是在余热高峰时储存对外排空的蒸汽热能，满足其余时间段的热力需求，同时回收的大量冷凝水可以再次利用，在余热产量少于用热需求时将所存热能取出以填补差额。烟气、热风热能回收储热装置主要采用热管传热、间壁式换热原理，烟气流经换热器式蓄热系统的流体通道，将热量传递到另一侧的蓄热材料，将热能储存起来。需要热水或热风时，间歇式加热设备重新工作通过水或空气将热能置换出来，达到预热的目的。

4.3 显热储热技术

显热储热材料的研究始于 20 世纪 70 年代。如今，超过 15 万种液态或固态商业材料可用于工程目的。目前国际上大规模可操作的热储能系统仍以显热储热为主。显热储热材料的应用领域和储存性能可能因其物理、机械和化学特性而异。由于性能不同，每种储热材料都有其优缺点。显热储热要求材料在单位质量或单位体积内具有大的储热密度、良好的物理稳定性和化学性质稳定、优秀的热传输性能。目前，显热储热材料主要以液体和固体两种形式存在。液体显热储热材料主要有水、导热油和熔融盐等。固体显热储热材料通常由岩石、金属、混凝土、沙子、砖块等组成。

4.3.1 显热储热原理

显热储热主要是依靠温度的升高与降低进行热量储存和释放的一种储热形式，储存热量的多少与储存材料的密度、比热容、体积随温度的变化量成正比。储存的显热可通过以下方程式计算：

$$Q = m \times C_p \times \Delta T \tag{4.13}$$

式中，m 为显热储热材料的质量(kg)；C_p 为比热容($kJ \cdot kg^{-1} \cdot K^{-1}$)；$\Delta T$ 为其温度变化(K)。

显热储热过程中，材料所储存的热量随温度的升高而升高。由于材料的比热容受温度影响较小，因此单位质量的显热储热材料，其热量变化与温度呈线性关系。

4.3.2 液体介质

1. 水介质

液体显热储热介质中应用最为广泛的是水。水具有高比热容、无毒、成本低廉且易于获得等优点，单位质量的水储热量相对较高。由于水的密度小、导热系数低，并且其应用温度范围窄(0～100℃)，因此多应用于家庭空间供暖、食品冷藏和热水供应等场景。太阳能热水器、电热水器均采用水箱作为储热装置，将太阳能或电能以热能形式储存。

2. 导热油介质

硅油、植物油、矿物油、合成油等导热油是中温段(100～400℃)热利用常用的有机流体。由于导热油温度上限低，在高于其工作范围的高温下，热油会因空气氧化等反应而降解，这可能会产生酸物质，加速容器和管道的腐蚀。经过长时间的高温暴露和重复的热循环后，导热油会随着老化而缓慢降解。热油蒸气与空气混合时有火灾危险。导热油难以满足更高的运行温度，这限制了兰金(Rankine)循环发电效率。除此之外，导热油价格高昂不适合大规模使用，含有芳香族有机化合物的导热油具有低级毒性，可以在生物体内进行生物浓缩，因此逐渐被熔融盐介质取代。

3. 熔融盐介质

熔融盐在太阳能热发电中得到广泛应用，主要由于它具有很多优越的特性：高体积热容量、高沸点、高温稳定性，以及它们的蒸气压接近于零。此外，它们相对便宜、容易获得，既无毒也不易燃。熔融盐相变储热介质的评判标准体现在以下几方面。首先，熔融盐需要在使用温度范围具有相对稳定性，且使用过程中没有明显的过冷和相分离问题。测定熔融盐体系相图，对于理解涉及固-固、液-固相间转化的规律以及判断熔融盐体系作为储热材料的使用温度范围有重要的意义。如图 4.4 所示，纯净的 KNO_3 和 $NaNO_3$ 分别在130℃和277℃发生由斜方晶系向三方晶系的转变。形成二元熔融盐体系后，其晶系转变温度降低至109℃附近，随后的升温过程伴随复杂的固相转变融合过程，在 233℃以上开始部分熔融，直至达到液相温度。二元熔融盐体系 $NaNO_3$-KNO_3，当组成为 60% $NaNO_3$-40% KNO_3 时，其温度下限为240℃，考虑到 565℃时熔融盐将发生分解，故其使用温度范围为240～565℃。其次，熔融盐的储热密度大，蒸气压较低，安全性较好，易于操作和管理。目前最常见的熔融盐是商用硝酸盐基材料，其次是氯化物材料、氟化物和碳酸盐基材料，下面对这几种熔融盐分别进行介绍。

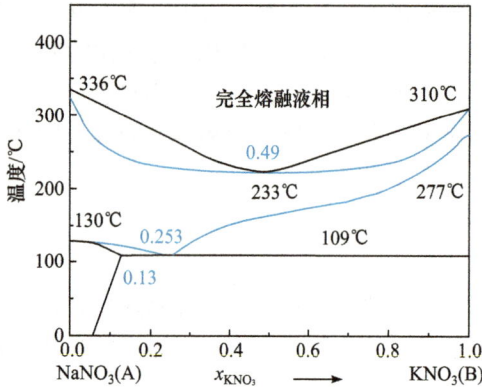

图 4.4　二元熔融盐体系 $NaNO_3$-KNO_3 液-固平衡相图

1) 硝酸盐基材料

太阳能储热中最常用的储热材料是硝酸盐基材料，20 世纪 80 年代，一种 60% $NaNO_3$-40% KNO_3 的非共晶混合物便被人们广泛研究。其受欢迎的主要原因是相对较低的成本、良好的化学安全性(既无毒也不易燃)，以及合理的材料相容性，使得标准不锈钢可以在不产生高腐蚀率的情况下使用。然而，其工作温度范围受到约 240℃的结晶温度和约 565℃的最高工作温度的限制，之后发生分解和盐降解反应。此外，使用非碱金属阳离子会导致热稳定性降低。为了解决这一问题，一些研究人员提出将熔融盐限制在受控大气中，通过增加氧分压，降低相同温度下的亚硝酸盐浓度。尽管如此，目前对这些材料的研究主要集中在降低混合物的结晶点，并添加其他碱金属或碱土金属阳离子，或者其他阴离子(亚硝酸盐)。

2) 氯化物材料

氯化物的熔融混合物被认为是核反应堆设计中的冷却剂，其中流体在大约 525℃下运行，并且在 800℃以上的温度下稳定。由于其成本低、分解温度高和天然丰度大，熔融氯化物被认为是良好的储热材料候选者，即使它们的熔化温度通常高于硝酸盐，但通常低于氟化物和碳酸盐基储热材料。近年来，研究集中在锂、钠、钾、镁、钙和锌的氯化物多组分混合物的开发。尽管氯化锂和氯化锌混合物的熔点最低，但它们的高成本是一个主要缺点。

3) 氟化物和碳酸盐基材料

目前氟化物熔融盐已被用作核冷却液，因为它们比其他熔融盐具有相对较高的比热容、导热性和热稳定性。同时，碳酸盐基材料广泛用于燃料电池，工作温度为 600～700℃，并用于核电工业中含铀合金的清洁和加工。一般来说，氟化物往往比氯化物和碳酸盐具有更好的导热性，并且在 700℃以上具有优异的热稳定性。碳酸盐基储热材料通常更稳定；据报道，空气下的极限分解温度为 670℃，氩气下为 700℃，并且在 CO_2气氛下甚至在 1000℃下也没有分解迹象。氟化物基熔融盐的主要缺点是具有腐蚀性，它们往往会迅速溶解许多氧化物保护层，这限制了其应用范围。相比之下，碳酸盐的腐蚀性比氟化物弱，商业不锈钢即可满足大多数实际情况。然而，黏度大是碳酸盐的主要问题，因为过高的黏度会导致难以解决的泵送问题。

4.3.3 固体介质

固体介质广泛用于低温和高温储存。它们通常由岩石、金属、混凝土、沙子、砖块等组成。与液体介质相比，其优点是：可以承受更高的温度；密封性较好；商业储热材料具有良好的导电性。岩石是常用的储热材料，即使它具有较低的体积热容量，也可以在高于 100℃的温度下工作。各种固体介质的特性如表 4.2 所示，它们的工作温度范围很广，如混凝土或岩石的工作温度为 40～70℃，金属的工作温度为 160℃以上，并且其导热系数通常比液体大，一般接近甚至大于 $1\ W\cdot m^{-1}\cdot K^{-1}$。使用固体作为储热材料的主要缺点是其比热容低，这导致能量密度相对较低，升高相同的温度，在相同体积中储存的能量不到水的 1/3。另外，其储热密度低，导致整体储热系统体积较为庞大。与液态或气态材料相比，固态材料的优点是：耐热性能好，材料价格便宜，无毒无害，循环性好，可常压运行，储热成本低。

表 4.2 用于显热储存的固体介质特性

固体介质	温度范围/℃	密度/ $(kg\cdot m^{-3})$	比热容/ $(kJ\cdot kg^{-1}\cdot K^{-1})$	导热系数/ $(W\cdot m^{-1}\cdot K^{-1})$
砖	20～70	1600	0.84	1.20
水泥板	20～70	700	1.05	0.36

固体介质	温度范围/℃	密度/ (kg · m⁻³)	比热容/ (kJ · kg⁻¹ · K⁻¹)	导热系数/ (W · m⁻¹ · K⁻¹)
花岗岩	20～70	2650	0.9	2.90
大理石	20～70	2500	0.88	2.00
砂岩	20～70	2200	0.712	1.83
钢板	20～70	7800	0.502	50.00
铝	>160	2707	0.896	204.00
氧化铝	>160	3900	0.84	36.00
铸铁	>160	7900	0.837	440.16
铜	>160	8954	0.383	1149.05

4.3.4 显热储热装置

1. 家用小规模储热装置

水箱是常见的家用储热装置。水箱的设计取决于可用的热/冷源需求和空间可用性的要求。水箱可以使用由钢、混凝土或塑料制成的罐，罐内安装热交换器、电加热器、分层增强结构等设备。由于水的密度随着温度的升高而降低，导致热水在垂直水箱中上升，而较冷的水沉到底部。这种分层效应能够形成温跃层，可用于水箱热能的储存。在较高温度下水的运动黏度较大，使水运动得更快。热导率也随着温度的升高而增加，这导致罐中温度更快稳定。对于显热储热，典型的温差通常为 5～10℃。空间供暖和生活热水的温标通常为 25～80℃。如图 4.5 所示，集热器直接将热量传递到水箱，无需任何中间热交换器，传热流体是水。冷水从热水箱底部进入，然后通过太阳能集热器加热并在热水箱顶部输送热量。

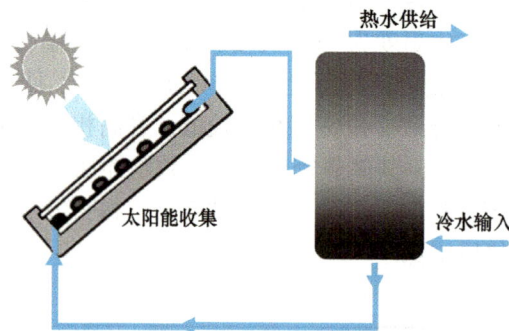

图 4.5　太阳能热水箱生活热水系统

2. 工业大型储热装置

显热储热材料的研究始于 20 世纪 70 年代。如今，已有超过 15 万种液态或固态商业材料可用于工程目的。如表 4.3 所示，国际上大规模可操作的热储能系统仍以显热储热为主。

表 4.3 大规模可操作的热储能系统

地点	能量源		热储能系统	
	首要	次要	储存介质	年产能/(MW·h)
腓特烈港，德国	太阳能	天然气	水	4106
马斯塔尔，丹麦	太阳能	生物质能	水，含水层	4107
孔艾尔夫，瑞典	工业余热	垃圾焚烧	水	90000
开姆尼茨，德国	太阳能	天然气、石油	砾石/水	573
罗斯托克，德国	太阳能	—	含水层	497
内华达，美国	太阳能		硝酸盐	105
安达索尔，西班牙	槽式太阳能抛物面集热器	—	熔融盐	1010
Extresol Torre de Miguel Sesmero，西班牙	槽式太阳能抛物面集热器	—	熔融盐	1010
圣何塞德尔瓦列，西班牙	槽式太阳能抛物面集热器	—	熔融盐	1010
巴达霍斯，西班牙	槽式太阳能抛物面集热器	—	熔融盐	1010
La Dehesa La Garrovilla，西班牙	槽式太阳能抛物面集热器	—	熔融盐	1010
Fuentes de Andalucía，西班牙	太阳能发电塔	—	熔融盐	600
内蒙古乌拉特中旗，中国	槽式太阳能抛物面集热器	—	熔融盐	1000

如图 4.6 所示，熔融盐储热系统由以下部分组成：①硝酸盐库存；②冷热储罐；③熔融盐循环泵。在熔融盐塔中使用相同的熔融盐混合物。由于盐在高温下会降解，因此接收器出口的温度限制通常为 565℃。储罐是按照美国石油学会(API)标准 650 设计的。冷储

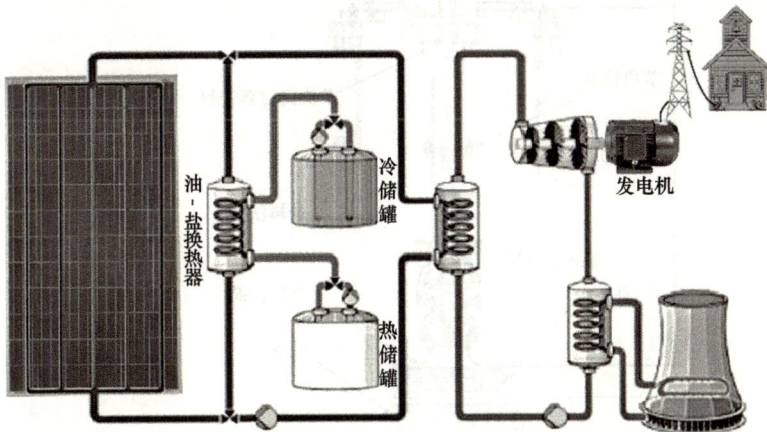

图 4.6 导热油传热+双罐熔融盐显热储热系统

罐通常采用 ASTM A-516 Gr.70 碳钢制造，热储罐则采用不锈钢制造，主要是 ASTM A-347H 或 ASTM A-321H。由于热储罐的工作温度较高，因此需要特殊的设计来限制由热效应产生的负载和应力，这意味着对热储罐壁的材料质量要求更高。

油-盐换热器中采用沉浸式蛇管换热器，蛇管多用金属管弯制而成，或者制成适合容器要求的形状沉浸在容器中。两种流体分别在蛇管内、外流动，进行热量交换。几种常用的蛇管换热器形状如图 4.7 所示。蛇管换热器的优点是结构简单，价格低廉，便于防腐蚀，能承受高压。主要缺点是容器的体积比蛇管的体积大得多，故管外流体的流速较小，因而总传热系数也较小。若在容器内增设搅拌器或减小管外空间，则可提高传热系数。

图 4.7 几种常用的蛇管换热器形状

冷热储罐内设有熔融盐循环泵(图 4.8)。盐泵采用长轴垂直设计，支撑在储罐上方的平台上。盐泵从水箱底部抽吸，而电机位于水箱上方。盐泵用于输送从最低温度到最高温度范围内的流体，而不会产生可能导致翘曲、屈曲、错位、摩擦或其他不良影响的热应力。此外，盐泵应设计成能够在最大和最小流量之间连续运行。这些立式泵由电动机驱动，并具有变频驱动。

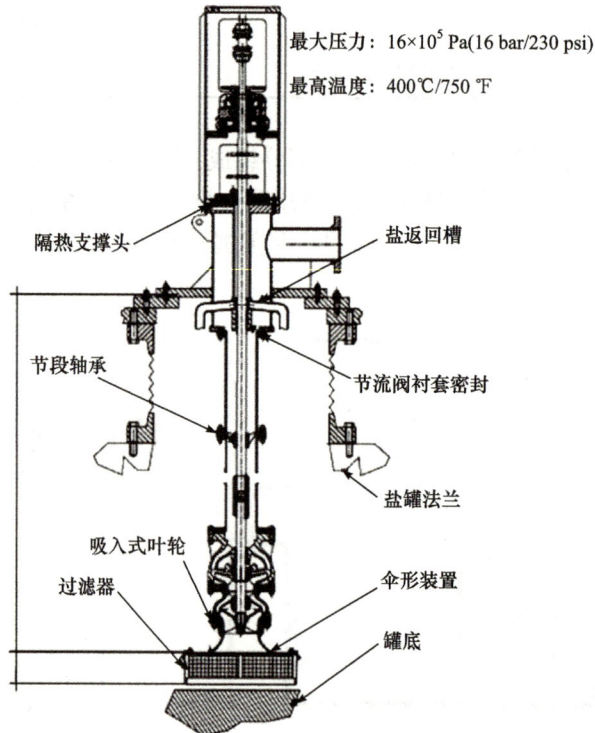

最大压力：16×10^5 Pa(16 bar/230 psi)

最高温度：400℃/750 ℉

隔热支撑头　　盐返回槽

节段轴承　　节流阀衬套密封

盐罐法兰

吸入式叶轮　　伞形装置

过滤器　　罐底

图 4.8 熔融盐循环泵结构

4.4 相变储热技术

相变储热又称潜热储能，相变储热技术主要用于清洁供暖、电力调峰、余热利用和太阳能低温光热利用等领域。近年来，随着清洁采暖、电力系统调峰等的需要，相变储热技术开始越来越多地应用在发电侧和用户端。相变包括固-固相变、固-液相变、固-气相变和液-气相变。在固-固相变过程中，材料从一种结晶形式转变为另一种结晶形式，热量被储存起来。由于只有晶体结构发生变化，因此与固-液相变相比，固-固相变的相变焓和体积变化通常较小。因此，固-固相变材料具有对反应容器要求不严苛、设计灵活性更大的优点。在过去的几十年中，已经确定了几种适合工业应用的固-固相变材料，其中最有希望的是五甘氨酸(熔化温度 81℃，熔化潜热 263 MJ·m^{-3})。固-气相变和液-气相变具有较高的潜热值，然而其巨大的体积变化是一个问题，因此一般不使用。固-液相变材料可以在较窄的温度范围内储存和释放相对较多的热量，而不会发生较大的体积变化。尽管在相变过程中释放的热量小于固-气相变或液-气相变材料，但固-液相变材料凭借材料来源广泛、价格低廉、相变潜热较高等优点逐渐成为研究的热点。因此，一般情况下相变材料特指固-液相变材料。

4.4.1 相变储热原理

相变储热基于材料从一种物理状态到另一种物理状态的相变时吸收或释放的热量。单位质量相变材料储存的焓值 H 可以通过下式计算：

$$H = h + \Delta H \tag{4.14}$$

$$h = C_p \times \Delta T \tag{4.15}$$

$$\Delta H = \beta \gamma \tag{4.16}$$

式中，h 为相变材料的显热(J)；ΔH 为已熔化相变材料的潜热(J)；C_p 为相变材料的比热容(J·kg^{-1}·K^{-1})；T 为温度(K)；β 为已熔化相变材料的质量分数；γ 为相变焓(J·kg^{-1})。

相变储热过程中相变材料的焓值随温度的变化如图 4.9 所示，在温度上升至相变温度 T_p 前，材料以显热的形式储存热量，其温度快速升高，该区域的热能为材料的显热储热量 h。当温度上升至 T_p 时，相变材料开始熔化，材料开始以潜热的形式储存热量。在

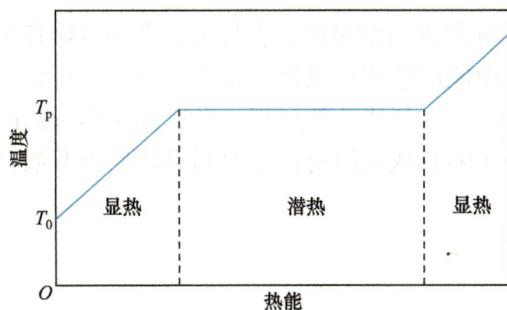

图 4.9 相变储热过程中温度与热能的关系

完全熔化之前，材料的温度几乎维持不变。当相变材料完全熔化后，相变储热过程结束，材料又以显热的形式继续储热，温度再次快速升高。相变储热材料的放热过程为储热过程的逆过程。

4.4.2　相变材料关键物性参数

1. 相变温度

相变温度(T_p)是指物质在不同相之间转变时的临界温度，每种相变材料都有其特定的相变温度，如冰变成水的相变温度为 0℃。相变材料的相变温度范围非常广，从零下几十摄氏度到上千摄氏度都有相应的相变材料。相变温度决定了相变材料的工作温度区间，选择合适的相变温度是相变材料应用的关键。

2. 相变焓

相变焓(γ)是指单位质量的相变材料在恒定温度 T 及该温度的平衡压力下完全发生相变时对应的焓变。

(1) 因为定义中相变过程是恒压且无体积功，所以相变焓与相变热相等。

(2) 对于纯物质两相平衡系统，温度 T 一旦确定，则该温度下的平衡压力也就确定，故相变焓仅与温度有关。

(3) 由焓的状态函数性质可知，同一物质、相同条件下互为相反的两种相变过程，其相变焓互为相反数。

相变焓越大，相变材料的储热密度越高。焓值过小，储热密度低，导致整体储热系统体积较为庞大且笨重。相变材料的相变焓通常为 $100\sim250$ kJ·kg^{-1}，部分相变材料相变焓较高，可达到 300 kJ·kg^{-1} 以上。

3. 比热容

比热容(C_p)是衡量相变材料显热储热密度的一个指标。相变材料的储热过程以固-液相变过程中的潜热为主，不同相变材料的比热容各不相同，但一般都低于水，通常为 $1.5\sim3.8$ kJ·kg^{-1}·K^{-1}。

4. 导热系数

导热系数(λ)是物质导热能力的量度，直接关系到热量储存与释放过程的速率。导热系数高，在储热过程中能够快速从热源中收集热量，缩短储热时间，在放热过程中快速将储存的热量传递出去，加快放热过程。具有低导热系数的相变材料也具有应用价值，如当相变材料用于隔热或保温时，需要利用低导热系数材料以阻隔热量在内、外部传输。

5. 材料选择原则

用于储热系统设计的相变储热材料应具有理想的热特性、动力学特性、物理化学性质和经济性，如图 4.10 所示。为特定应用选择相变储热材料，加热或冷却的工作温度应与相变储热材料的转变温度相匹配；相变焓应尽可能高，使储热系统的体积尺寸最小化；高导热系数将有助于系统快速储热放热。相稳定性将有助于控制储热，并且需要高密度以使储热系统的体积尺寸最小化；相变体积变化小，工作温度下蒸气压低，可减少密封问题。过冷一直是相变储热材料开发的一个难题，超过几摄氏度的过冷便会影响放热，特别是对于盐水合物。应避免相变储热材料因失去水合水、化学分解或与建筑材料不相容而降解。为了安全起见，相变储热材料应无毒、不易燃和不易爆炸。相变材料的低成本和大规模可用性也非常重要。

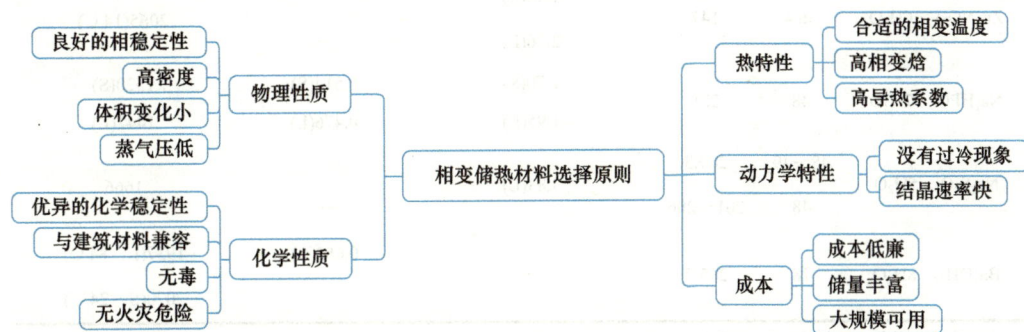

图 4.10　相变储热材料选择原则

4.4.3　无机相变储热材料

无机相变材料主要应用于低温和高温环境中，包括结晶水合盐类、熔融盐类(硝酸盐、碳酸盐、卤化物等)和金属类。其中，水合盐相变过程容易因各组分密度不一致发生相分离，从而限制其应用；熔融盐一般用于工业余热的回收和航天领域；金属类一般由低熔点金属及其合金组成，它们具有很高的相变焓值、良好的热稳定性及高导热能力，可以用于发电厂回收余热或储存热量。

1. 结晶水合盐类

结晶水合盐用通式"无水盐·nH$_2$O"表示。它们的相变实际上可以视为盐的脱水或水合。表 4.4 列举了目前常用的结晶水合盐及其系列参数。结晶水合盐作为相变材料，成本低廉，相变焓和密度大，体积储热密度较高。而且结晶水合盐相变材料的导热系数较高，普遍大于 0.6 W·m^{-1}·K^{-1}，传热速率可以得到一定程度的加快。无机水合盐是 100℃以下最具有应用前景的无机相变材料之一。结晶水合盐通常会吸收热量并进行如下部分或完全脱水，形成含有较少结晶水的结晶水合盐或其无水盐形式，其相变机理可以表示为

完全脱水：　　　　　无水盐·nH$_2$O $\longrightarrow$ 无水盐$+ n$H$_2$O

部分脱水：　　　无水盐·nH$_2$O $\longrightarrow$ 无水盐·mH$_2$O $+ (n - m)$H$_2$O

表 4.4　结晶水合盐类相变储热材料特性

结晶水合盐	熔点/℃	相变焓/$(kJ \cdot kg^{-1})$	比热容/$(kJ \cdot kg^{-1} \cdot K^{-1})$	导热系数/$(W \cdot m^{-1} \cdot K^{-1})$	密度/$(kg \cdot m^{-3})$
$CaCl_2 \cdot 6H_2O$	29	188.34	1.43(S)	1.09(S)	156(L，32℃)
			2.31(L)	0.54(L)	—
$LiNO_3 \cdot 3H_2O$	30	296	—	0.58(L)	1780(L)
				1.37(S)	2140(S)
$Na_2SO_4 \cdot 10H_2O$	32.4	251	1.44(S)	0.5~0.7	1420
$Zn(NO_3)_2 \cdot 6H_2O$	36.4	147	1.34(S)	—	2065(14℃)
			2.26(L)	—	
$Na_2HPO_4 \cdot 7H_2O$	48	281	1.70(S)	0.514(S)	1520(S)
			1.95(L)	0.476(L)	1442(L)
$Na_2S_2O_3 \cdot 5H_2O$	48~49	209.3		—	
	48	201~206	3.83(L)	—	1666
$Ba(OH)_2 \cdot 8H_2O$	78	265.7	—	0.653(L)	1937(L，84℃)
				—	2070(S，24℃)

注：S 表示固态，L 表示液态，下同。

　　完全脱水后，如果无水盐完全溶于释放的结晶水中，则是全等熔化；如果无水盐部分溶于结晶水中，则是非全等熔化。在部分脱水的情况下，水合物分解成低级水合物，该水合物保持在固相中，这种情况称为半全等熔化。由于部分水合盐的相变温度较高，因此其在相变过程易失去结晶水。为了解决这一问题，将其与其他的水合无机盐进行复配，有望获得熔点较低的新型水合无机盐相变材料。图 4.11 为 $MgCl_2 \cdot 6H_2O$、$NH_4Al(SO_4)_2 \cdot 12H_2O$ 及 30% $MgCl_2 \cdot 6H_2O$-$NH_4Al(SO_4)_2 \cdot 12H_2O$ 混合盐的 DSC 曲线。可以看出，$MgCl_2 \cdot 6H_2O$、$NH_4Al(SO_4)_2 \cdot 12H_2O$ 及其混合盐对应的相变温度分别为 116.74℃、93.86℃和 64.15℃，混合盐的相变温度有了较大降低，远低于水的沸腾温度，可有效避免相变过程中结晶水的蒸发，使其适合于热泵、热水器等领域的应用。

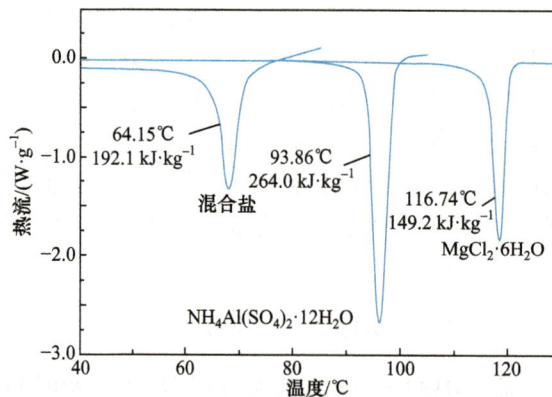

图 4.11　$MgCl_2 \cdot 6H_2O$、$NH_4Al(SO_4)_2 \cdot 12H_2O$ 及其混合盐的 DSC 曲线

　　另外，在非全等熔化或半全等熔化过程中，水与水合物的盐成分之间的密度差异会导致分离，并且随着热循环的增加，结晶水合盐将逐渐失去其潜热能力。

　　目前，研究人员开发了几种解决该问题的方案：

　　(1) 使用过量的水，这将防止溶液的堵塞和无水盐的形成，但会降低系统的储热密度。

　　(2) 添加增稠剂(如膨润土、硼砂)，通过将晶体保持在悬浮液中来防止晶体沉积。但是，这种解决方案将导致混合物的热导率降低，从而降低热传递和结晶速率。

　　(3) 对相变材料进行封装以减少相分离。

　　(4) 对混合物进行机械搅拌。

2. 熔融盐类

　　无机熔融盐与水合盐基本组分相近，只是结构中去掉了结晶水，是成本较低的储热材料之一。盐具有高熔点，因此适用于高温热能储存。选择合适熔点的盐在储热系统工作温度范围内可以大大提高体积热能储存能力。例如，在 300～500℃的工作范围内，选择 $LiNO_3$(熔点 250℃)，只有显热可用于热能储存，其体积储存容量约为 440 MJ·m^{-3}。但是当选择 KNO_3(熔点 335℃)时，显热和潜热都可用于热能储存，其体积储存容量约为 935 MJ·m^{-3}。因此，当需要用熔融盐实现储热目的时，利用潜热是一个不错的选择。由于无机熔融盐温度较高，为了获得更大温度范围的材料，一般将两种或多种无机熔融盐进行混合以降低其相变温度。盐有不同的类型，如硝酸盐、氢氧化物、氯化物、碳酸盐、硫酸盐和氟化物等。在这些盐中，硝酸盐熔点最低，是目前聚光型太阳能热电站中使用最多的盐。氢氧化物具有 250～600℃的中等熔点范围。氯化物、碳酸盐、硫酸盐和氟化物等具有高于 600℃的高熔点。表 4.5 提供了系列熔融盐的详细特性。

表 4.5　熔融盐类相变储热材料特性

种类	储热材料	熔点/℃	相变熔/(kJ·kg^{-1})	密度/(kg·m^{-3})	导热系数/(W·m^{-1}·K^{-1})	工业级成本/(美元·kg^{-1})
硝酸盐	$NaNO_3$	306	172	2261(S)	0.5	6
	KNO_3	335	266	2109(S)	0.5	7
	$Ca(NO_3)_2$	560	145	2113(S)	—	—
碳酸盐	Na_2CO_3	854	276	1972(L)	2.0	3
	K_2CO_3	897	236	2290(S)	2.0	7
	$CaCO_3$	1330	142	2930(S)	—	8
氯化物	$ZnCl_2$	280	75	2907(S)	0.5	14
	$AlCl_3$	192	280	—	—	—
	$NaCl$	802	420	2160(S)	5.0	2.8
硫酸盐	Na_2SO_4	884	165	2680(S)	—	3.4
	Li_2SO_4	858	84	2220(S) 2003(L)	—	180
	K_2SO_4	1069	212	2660(S)	—	8.25

续表

种类	储热材料	熔点/℃	相变焓/ (kJ·kg⁻¹)	密度/ (kg·m⁻³)	导热系数/ (W·m⁻¹·K⁻¹)	工业级成本/ (美元·kg⁻¹)
氟化物	LiF-CaF$_2$ (80.5 : 19.5)	767	816	2390	1.70 (L) 3.8 (S)	220
	NaF-MgF$_2$ (75 : 25)	650	860	2820	1.15	7.6
	KF	858	468	2370(S) 1910(L)	—	203
氢氧化物	NaOH	318	165	2100(S)	0.92	4.1
	KOH	380	150	2040(S)	0.5	5
	LiOH	462	873	1460(S)	—	165

基于熔融盐类相变材料的太阳能热储存技术具有更大的容量、更小的体积、更高的储热密度和更广泛的应用范围。然而，当前熔融盐储热材料的导热系数不够高，严重限制了储能系统内的热传递，储能速率低且容易造成局部过热。在熔融盐中加入一些高导热系数的填料可以在一定程度上解决该问题，但又会带来其他麻烦，如反复加热-冷却循环中的相分离问题，以及加入填料将造成潜热储存容量的损失。因此，目前的趋势是模块化热能储存系统单元的级联。传统的热能储存系统是在一个模块中制造的。新型系统由几个模块组成，以减少系统的热惯性并轻松控制传热流体通过的温度。级联潜热储热系统的主要缺点是它们的设计比单个单元更复杂，并且使用多个热交换器、罐和调节系统将导致成本更高。级联潜热储热系统使用具有不同相变温度(306～380℃)的不同相变材料(图 4.12)，因此可以在较宽的温度范围内储存能量或在恒定温度下放热。

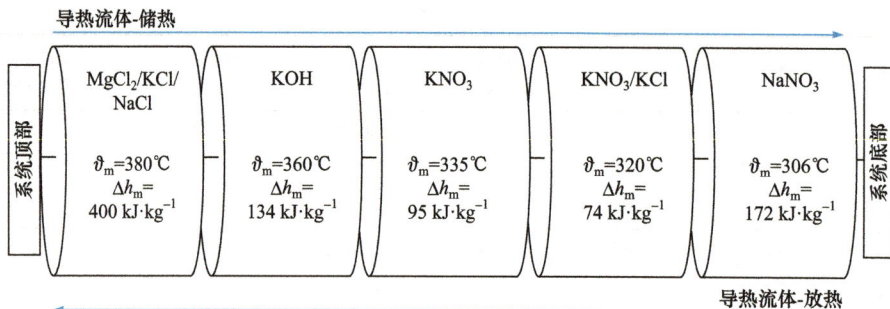

图 4.12 级联潜热储热系统

3. 金属类

金属类相变材料是利用金属材料的熔化、凝固过程实现热量储存与释放的储热材料。表 4.6 显示了作为相变储热材料的金属及合金的特性。金属及其合金作为相变储热材料的优点包括：①极高的导热系数，基本高于 50 W·m⁻¹·K⁻¹；②较高的单位质量和单位体积的储热密度；③良好的热稳定性和较小的过冷度等；④在相变过程中体积变化较小。

表 4.6　金属类相变储热材料特性

储热材料	相变温度/℃	相变焓/ (kJ·kg⁻¹)	密度/ (kg·m⁻³)	潜热储热容量/ (MJ·m⁻³)
Cu	1084	208	8960(S) 8020(L)	1863.7
Zn	419	113	7140(S)	806.8
Al	660	397	2707(S) 2375(L)	1074.7
Zn/Mg (53.7/46.3)	340	185	4600(S)	851
Zn/Al (96/4)	381	138	6630(S)	914.9
Al/Mg/Zn (59/33/8)	443	310	2380(S)	737.8
Mg/Cu/Zn (60/25/15)	452	254	2800(S)	711.2
Al/Mg (65.35/34.65)	497	285	2155(S)	614.2
Al/Cu/Mg (60.8/33.2/6)	506	365	3050(S)	1113.3
Al/Cu/Sb (64.3/34/1.7)	545	331	4000(S)	1324
Al/Cu (66.92/33.08)	548	372	3600(S)	1339.2
Cu/Al/Si (49.1/46.3/4.6)	571	406	5560(S)	2257.4
Zn/Cu/Mg (49/45/6)	703	176	8670(S)	1525.9
Cu/P (91/9)	715	134	5600(S)	750.4
Cu/Zn/P (69/17/14)	720	368	7000(S)	2576
Cu/Zn/Si(74/19/7)	765	125	7170(S)	896.3

　　瑞典长时热储能初创厂商 Azelio 公司 TES POD 储能系统采用回收的铝合金作为相变材料储存热量，然后将热量转化为电能。该热储能系统是一个装机容量为 13 kW 的模块化热储能系统。将能量转换为热量储存在相变材料中，相变材料由可以加热到 600℃ 的铝合金制成，然后使用斯特林发动机将其转换为电能。其热储能技术可实现 13 h 持续放电，并按需提供热量。该储能系统在炎热或寒冷的气候中均可有效运行，预期系统使用寿命为 30 年。

　　虽然金属和合金作为高温相变储热材料具有很大的潜力，但也有很多问题需要考虑：

　　(1) 金属和合金经过反复热循环后，其微观结构会因沉淀、氧化、偏析等发生变化，从而改变它们的某些性质，如相变温度和潜热容量。研究人员利用惰性气体防止其氧化，但这些惰性气体在熔化和凝固循环过程中本身可能被金属吸收，从而影响金属和合金的热物理性质。

　　(2) 金属和合金相变储热材料使用时需要装在容器内，热膨胀系数的差异会导致容器变形或破裂。为了解决这个问题，可以使用金属容器或氧化物涂层的宏观封装技术。

　　(3) 过冷也是金属类相变材料的一个问题，为了实现 Mg 和 Al 金属的均匀成核，温度需要达到 100℃。因此，基于金属和合金的热能储存系统操作复杂，需要对冶金学有透彻的了解。

4.4.4　有机相变储热材料

　　许多有机材料具有独特的性质，其固-液相变温度为 18～30℃或接近人体热舒适范围。此外,有机相变材料物理化学性质稳定,可以在不发生相分离的情况下多次熔化和凝固,在结晶时的过冷度很小或者没有过冷度,且通常不具有腐蚀性。有机相变材料一般分为石蜡类(烷烃类及其混合物)和非石蜡类(脂肪酸、醇类、酯类等及其衍生物)。

1. 石蜡类

石蜡是商业应用中最常用的有机相变储热材料。石蜡的主要组分为直链烷烃,用通式 $CH_3—(CH_2)_{n-2}CH_3$ 表示,其中 n 是碳原子数。它们的熔点随着主链中碳原子数的增加而升高。对于相变储热装置,通常考虑从正十五烷($n = 15$,熔点 10℃)到正三十烷($n = 30$,熔点 65℃)。室温下,$n = 16$ 以下的直链烷烃通常以液相存在,而 $n > 16$ 的直链烷烃则以蜡状固相存在。正十八烷($n = 18$)是研究工作中使用最多的石蜡。它的熔点为 28℃,是人体感觉最舒适的温度。表 4.7 列出了石蜡类相变储热材料的系列特性。然而,纯石蜡需要高度精制且价格昂贵,取而代之的是一种更便宜的工业级石蜡,它是炼油的副产品。在实际应用中,考虑到成本问题,大多采用工业级石蜡。工业级石蜡是石蜡的混合物,具有不同的碳原子数。它们的熔化温度范围为 $-5 \sim 100$℃。例如,Rubitherm RT-5 是德国汉堡 Schumann Sasol Gmbh 的商业石蜡产品,由 C_{14}(33.4%,质量分数,下同)、C_{15}(47.3%)、C_{16}(16.3%)、C_{17}(2.6%)和 C_{18}(0.4%)的直链烷烃组成。工业级石蜡在一定温度范围内熔化,而不是在单一温度下熔化。Rubitherm RT-5 的凝固点为 5℃,材料的熔化范围为 $4 \sim 6$℃,具有过冷度低、无味、与金属容器相容、化学稳定性好、不发生相分离等优点;缺点是相变过程中体积变化大(≈10%)、密度小、热导率低等。

表 4.7 石蜡类相变储热材料特性

储热材料	相变温度/℃	相变焓/(kJ·kg⁻¹)	密度/(kg·m⁻³)	导热系数/(W·m⁻³·K⁻¹)	潜热储热容量/(MJ·m⁻³)
正十五烷	10	206	770(L)	—	—
正十六烷	20	236	773(L)	0.21(S)	182.4
正十七烷	22.6	214	778(L)	—	166.5
正十八烷	28.4	244	776(L) 814(S)	0.148(L) 0.358(S)	189.3
正十九烷	32	222	785(L)	—	174.3
正二十烷	36.6	247	788(L)	—	194.6
Rubitherm RT-5	～5	180	880(S) 770(L)		158.4
Rubitherm RT-25	～25	148	—	—	—
Rubitherm RT-50	～50	168	—	—	—
Rubitherm RT-82	～82	178	—	—	—

注:Rubitherm RT-x 系列产品是德国汉堡 Schumann Sasol Gmbh 的商业石蜡产品,x 代表相变温度。

2. 非石蜡类

1) 脂肪酸

脂肪酸是脂肪链上含有一个羧基官能团，通式为 R—COOH，其中 R 代表烷基。脂肪酸可以从天然产物中获得，具有成本低、过冷度小、化学稳定性高和不发生相分离等优点。月桂酸存在于椰子油等农产品中，因此可以以较低的成本从此类可再生资源中提取。然而，它们也有一些缺点，如气味重、密度小、热导率低、相变过程中体积变化大(≈10%)等。脂肪酸的熔点随着主链中碳原子数的增加而升高。8～18 个碳原子的饱和脂肪酸在低温热应用范围内具有合适的相变温度。通常从辛酸($n = 8$，熔点 16℃)到硬脂酸($n = 18$，熔点 69℃)的饱和脂肪酸可用于热能储存。

2) 醇类

在有机相变储热材料中，糖醇具有最高的熔点和潜热。其相变温度使它们成为适合中温(90～250℃)应用的储热介质，如用于太阳能加热器或废热回收。除此之外，由于多羟基之间能生成较强的氢键，因而有机糖醇具有较高的相变潜热。糖醇还具有无毒且易于获取等特性，在储热系统方面具有很大的应用潜力。

然而，糖醇作为相变材料最大的缺点是其在相变过程中会出现严重的过冷现象。每种物质都有其平衡结晶温度或者称为理论结晶温度，但是在实际结晶过程中，实际结晶温度总是低于理论结晶温度，这种现象称为过冷现象，两者的温度差值称为过冷度。

$$\Delta T = T_p - T_s \tag{4.17}$$

式中，T_p 为理论结晶温度；T_s 为实际结晶温度。

如图 4.13 所示，相变材料在储热过程中当温度为 T_p 时熔化，而在放热过程中由于存在过冷现象，材料只能当温度降至 T_s 时才有足够的动力激发凝固。过冷现象的出现说明材料需要在低于其相变温度的环境下放热凝固，即储热过程储存的高品位热能只能以低品位热源输出，造成有效能的损失。因此，具有过冷特性的相变材料严重影响其传热性能。

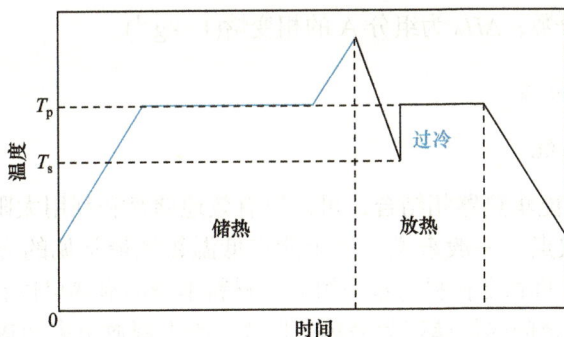

图 4.13 糖醇作为相变材料在储热、放热过程中温度随时间的变化

4.4.5 共晶相变储热材料

共晶相变材料一般是具有相似或一致熔点和凝固点的材料组合，包括无机-无机、有机-有机或无机-有机相变材料的二元或多元共晶体系，通过混合多种相变材料克服单

一相变材料的缺点，使其更好地应用于实际情况。它们具有单一的熔化温度，通常低于任何组成化合物的熔化温度。共晶在结晶时形成单一的普通晶体。共晶最重要的特征之一是它们能够一致地熔化/冻结而不会发生相偏析。表 4.8 列举了几种共晶相变储热材料特性。

表 4.8　共晶相变储热材料特性

共晶类型	组分	摩尔分数/%	相变温度/℃	相变熔/ (kJ·kg⁻¹)
无机-无机	$CaCl_2 \cdot 6H_2O + CaBr_2 \cdot 6H_2O$	45 : 55	14.7	140
	$Ca(NO_3)_2 \cdot 4H_2O + Mg(NO_3)_2 \cdot 6H_2O$	47 : 53	30	136
	$Mg(NO_3)_2 \cdot 6H_2O + NH_4NO_3$	61.5 : 38.5	52	126
有机-有机	$C_{14}H_{28}O_2 + C_{10}H_{20}O_2$	34 : 66	24	148
	$CH_3CONH_2 +$尿素	50 : 50	27	163
	三乙基乙烷+尿素	62.5 : 37.5	29.8	218
无机-有机	$CH_3COONa \cdot 3H_2O +$尿素	40 : 60	30	200.5
	$NH_2CONH_2 + NH_4Br$	66.6 : 33.4	76	151
	$Mg(NO_3)_2 \cdot 6H_2O +$戊二酸	60 : 40	66.7	189

由于共晶过程可以将材料的相变温度降低，因此制备共晶相变材料的目的主要是调节不同材料的组分使其形成共晶，获得具有新的相变温度的相变材料。对于二元组分的共晶相变材料，其相变温度 T_p 可通过下式估算：

$$T_p = \left(\frac{1}{T_{p,A}} - \frac{R \ln x_A}{\Delta H_A} \right)^{-1} \tag{4.18}$$

式中，$T_{p,A}$ 为组分 A 的相变温度(K)；R 为摩尔气体常量，其值为 $8.314\ J \cdot mol^{-1} \cdot K^{-1}$；$x_A$ 为组分 A 的摩尔分数；ΔH_A 为组分 A 的相变熔($J \cdot kg^{-1}$)。

4.4.6　相变储热装置

1. 太阳能热水系统

相变材料与太阳能集热器相结合，可以更有效地储存和利用太阳能，克服能源场景不连续和不稳定的缺点。一般来说，太阳能在低温领域最常见的应用就是太阳能热水器。如图 4.14 所示，将相变材料与水箱组合，材料本身的显热可以在阳光充足时用来加热室温下的水，而多余的热量储存为潜热的形式，晚上释放出来加热冷水。

储热器可在夜晚低谷电时对热泵加热，将能量进行储存，在白天释放能量用于居民用水，达到电力削峰填谷的效果。储热器的具体结构如图 4.15 所示，相变材料填充于环形间隙中，水作为工作流体流经管程及壳程。内管按正三角形方式排布，壳程安装弓形隔板支撑管束，同时引导流体流动。工作流体在管程及壳程中的流线如图 4.15 所示。在管程中，流体垂直流过管束并在管箱中折返流动。壳程弓形隔板可保证流体进行横向流动。

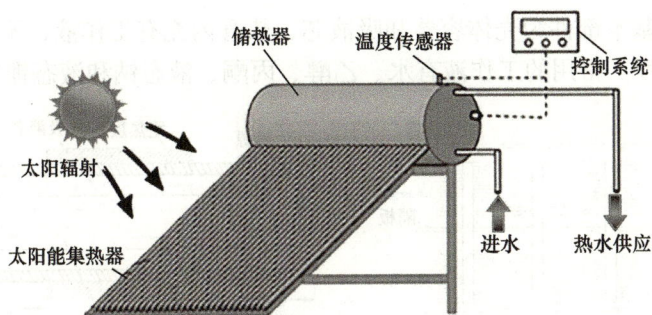

图 4.14 基于结晶水合盐储热材料的太阳能热水系统

换热器设计成两个工作流道的结构,将加热与放热流体进行分离,避免了能量的损失浪费,同时提高了实际操作的灵活性。

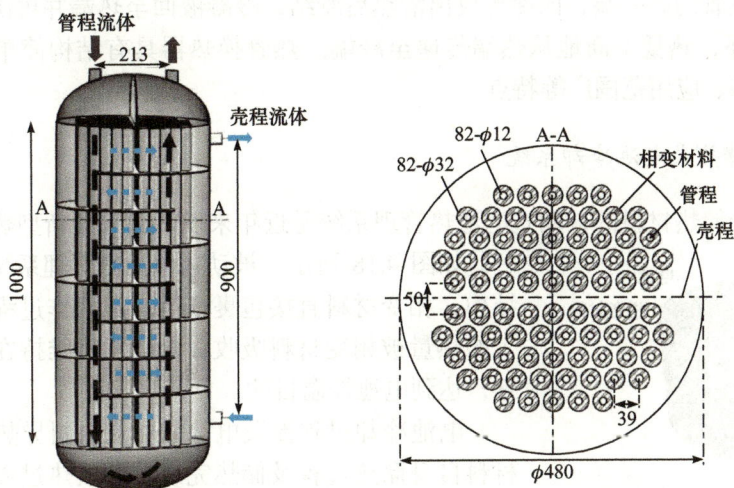

图 4.15 管壳式储热器结构示意图(单位:mm)

100℃以下的烟气余热可直接通过充有水合盐的储热系统储存,用于住宅供暖。如图 4.16 所示,可以将热源散发的余热回收并储存起来,然后将储存的热能分配给终端热用户,以替代传统的自备供暖锅炉。

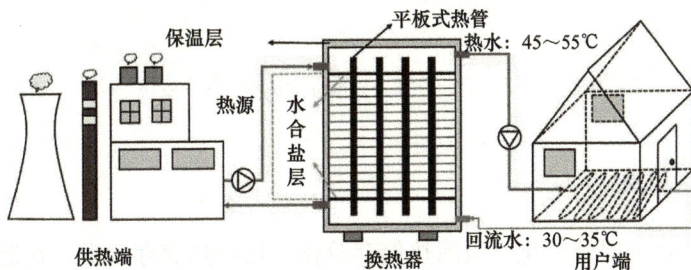

图 4.16 基于结晶水合盐储热材料的烟气余热回收系统

以热管为基本传热单元的热管换热器是一种新型的高效换热器,其结构示意图如图 4.17 所示。热管换热器由热管束、壳体和隔板构成,冷、热流体被隔板隔开。热管是一种真空容器，基本部件为壳体容器和吸液芯，热管内充有工作液，不同的工作液适用于不同的工作温度。常用的工作液有水、乙醇、丙酮、液态钠和液态锂等。

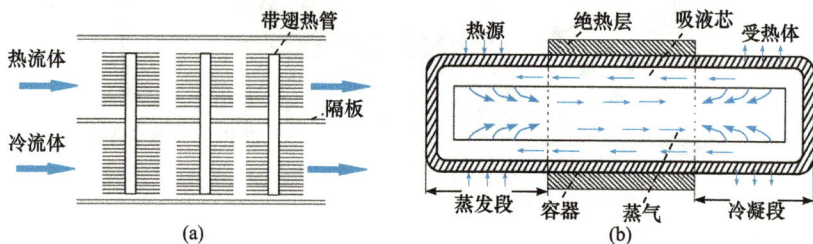

图 4.17 热管换热器(a)与热管(b)示意图

当热源对热管一端供热时，工作液自热源吸收热量而蒸发汽化，蒸气在压差作用下高速流动至热管的另一端，向冷源放出潜热后凝结，冷凝液回至热端并再次沸腾汽化。过程反复循环，热量不断地从热端传递至冷端。热管换热器具有结构简单、使用寿命长、工作可靠、应用范围广等特点。

2. 相变储热式电池冷却系统

基于相变储热材料的被动式电池热管理系统是近年来发展起来的新型热管理系统之一。如图 4.18 所示，被动式电池热管理系统具有简单的结构，相变材料直接包裹电池。在工作过程中，电池产生的热量被相变材料吸收，电池温度维持在相变温度附近，达到电池控温目的。

图 4.18 基于相变储热材料的被动式电池热管理系统结构示意图

电池冷却过程涉及电池向相变材料导热过程、相变材料自身储热过程及储热完成后的放热过程。这些热量的传递、储存过程与材料的热物性有紧密关系。为了设计可靠的电池热管理系统，掌握相变材料热物性与其温控性能之间的关系至关重要。研究表明，材料相变温度决定了电池的主要工作温度区间。电池最佳工作温度范围为 20～50℃，因此相变温度为 40～50℃ 的相变材料更适合应用于被动式电池热管理系统。

4.5 化学储热技术

4.5.1 化学储热类型

化学储热技术可以分为化学吸附热储存及化学反应热储存两类，在储存和传输能量的过程中具有非常高的能量储存密度和非常低的热损失。这些特性使该过程在低温和高温下都具有有利的长期能量储存能力。化学储热系统利用反应物和产物之间的可逆反应吸收和释放热量，从而达到储热的目的。它们的工作温度为 200～400℃。

1. 化学吸附热储存

化学吸附热储存是利用吸附剂与吸附质在解吸/吸附过程中伴随的大量热能的吸收/释放进行能量的储存与释放。其储热原理如图 4.19 所示。

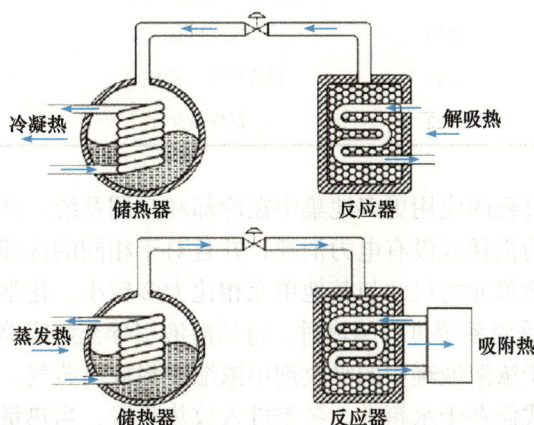

图 4.19 化学吸附热储存工作原理

吸附阶段有效的释热量 Q_{re} 为

$$Q_{re} = X n_b \Delta H_b - \left\{ \int_{T_{in}}^{T_{ad}} C_{p\text{-}a} m_a \mathrm{d}T + \int_{T_{ad}}^{T_{out}} C_{p\text{-}a} (X m_a) \mathrm{d}T \right.$$

$$\left. + \int_{T_{ad}}^{T_{out}} C_{p\text{-}a} [(1-X) m_a] \mathrm{d}T \right\} - \int_{T_{in}}^{T_{out}} C_{p\text{-}c} m_c \mathrm{d}T \tag{4.19}$$

式中，X 为反应掉的物质的量占参与反应的原物质总量的摩尔分数；n_b 为吸附质的物质的量；ΔH_b 为吸附质的摩尔吸收焓；T_{ad} 为吸附平衡温度，T_{in} 为外界热源的输入温度；T_{out} 为对外界供应热的温度；$C_{p\text{-}a}$ 为吸附剂的比热容；m_a 为吸附剂的质量；$C_{p\text{-}c}$ 为反应器金属的比热容；m_c 为反应器金属的质量。总的来说，第一项代表吸附反应的化学反应热，第二项(被大括号括起来的)代表反应盐显热，第三项代表反应器金属显热。

可用作吸附质的介质很多，常用的主要有三种：水、甲醇和氨。水安全无毒、无污染，与材料的兼容性好，通常情况下是一种理想的工作气体。水合盐是无机盐与水在氢键等化学键的作用下形成的。水合盐吸收热量分解成水和无机盐，当无机盐与水结合成水合盐形成化学键的同时放出热量，上述过程是可逆的，因而可以利用这个原理进行热能的储存及释放。可用于化学吸附热储存的水合盐通常有水合硫化钠、水合硫酸镁、水合氯化镁、水合氯化钙等，其热力学性能如表 4.9 所示。除了水作为吸附质的水合盐，氨为吸附质的材料体系也被人们广泛研究，常见的体系有 $CoCl_2/NH_3$、$MnCl_2/NH_3$、$CaCl_2/NH_3$ 等。

表 4.9 常用水合盐热化学吸附材料的热力学性能

无机盐种类	吸附/脱附温度 /℃	最高能量密度 /(GJ·m⁻³)	优势	劣势
$CaCl_2$	32/71	2.58	反应热高，成本低	易潮解
$MgSO_4$	25/130	2.27	反应热高，不易潮解	反应速率慢

无机盐种类	吸附/脱附温度 /℃	最高能量密度 /(GJ·m⁻³)	优势	劣势
SrBr₂	48/122	2.49	反应热高，吸附可逆性好	价格昂贵
Na₂S	66/82	2.79	反应热高	有腐蚀性
MgCl₂	61/127	2.48	反应热高，成本低	易潮解
LiCl	17/72	2.22	反应热高	价格昂贵，易潮解

化学吸附热储存过程的应用更多地集中在冷却和空调系统。开发的化学吸附热储存技术具有非常低的电力消耗或没有电力消耗，并且对于相同的冷却能力，由于大量的传热和传质，吸收式制冷单元的尺寸与其他单元相比大多较小。化学吸附热储存系统示意图如图4.20所示。夏季对系统进行储热时，将稀溶液引导至解吸器中。在太阳能集热器作用下，溶液在储存于浓溶液罐中的吸收剂中浓缩并释放出蒸气。释放的蒸气通过冷凝器冷凝后以液体的形式储存于水箱中。冬季进入放热阶段，当热量向较低温度的蒸发器传递时，释放出蒸气。蒸气进入吸收器，被从储存罐流出的浓缩溶液吸收并释放热量，可用于建筑供暖或其他方面。尽管该系统已经成熟，但仍面临许多挑战，如储存寿命、材料回收、交换柱中的结晶问题以及材料的寿命等。

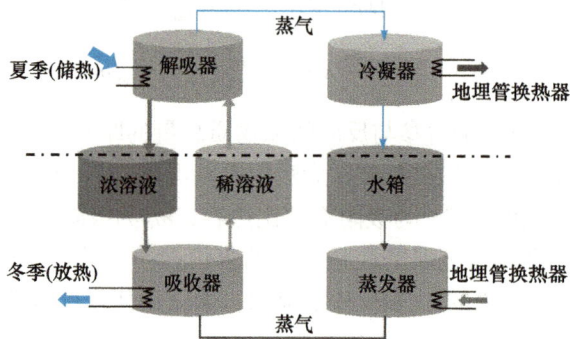

图 4.20　化学吸附热储存系统示意图

2. 化学反应热储存

对于需要高工作温度和高反应焓的发电应用，优先选择化学反应热储存。化学反应的特征在于反应过程中涉及的化合物的分子构型发生变化(解离和重组)。储存的能量可以通过逆反应回收，有时通过添加催化剂。在热化学储热中，通常涉及可以发生反应的固体和气体。反应的方向取决于压力和温度。利用吉布斯自由能变化的热力学平衡条件为零，得到以下转变温度 T^* 的方程。

$$\Delta G(T) = 0 \tag{4.20}$$

$$\Delta G(T) = \Delta H(T^*) - \Delta S(T^*) \times T^* \tag{4.21}$$

$$T^* = \frac{\Delta H(T^*)}{\Delta S(T^*)} \tag{4.22}$$

当 $T > T^*$ 时，解离占主导地位并发生储热。当 $T < T^*$ 时，重组占主导地位并发生放热。目前较为成熟的化学反应热储存体系有：甲烷重整的化学储热体系，氨分解/合成的化学储热体系，异丙醇分解/合成的化学储热体系，金属氢化物的化学储热体系，碳酸盐分解/合成的化学储热体系，金属氧化物分解/合成的化学储热体系，氢氧化物分解/合成的化学储热体系。化学反应热储存具有以下优点：能量密度分别高于吸附和吸收热储存系统；对于特定应用，温度可升至 1000℃；热量可以在恒定温度下恢复；由于产品是在环境温度下储存的，因此试剂的储存时间和运输距离理论上不受限制。该过程是最适合季节性储热的储热过程，即夏季储存能量，冬季长期释放。但是，该技术的复杂性、热源和散热器之间的不良集成，以及系统中受传质时间限制的长负载仍然是主要挑战。

4.5.2　化学储热装置

1. 异丙醇-丙酮-氢气化学热泵技术验证示范平台

中国科学院工程热物理研究所传热传质研究中心超强换热团队设计研发的我国首座"异丙醇-丙酮-氢气化学热泵技术验证示范平台"(图 4.21)在江苏省高邮市江苏扬钢特钢有限公司建成。目前，平台已完成调试，各部件和系统性能均达到预期目标。该平台是国际首个规模化有机工质化学热泵系统，填补了相关试验测试平台的空白。在有催化剂存在的条件下，异丙醇吸热分解的液气反应发生在 80～90℃，放热的合成反应发生在 150～210℃。其反应方程式如下：

$$(CH_3)_2CHOH \longrightarrow (CH_3)_2CO + H_2$$
$$(CH_3)_2CO + H_2 \longrightarrow (CH_3)_2CHOH$$

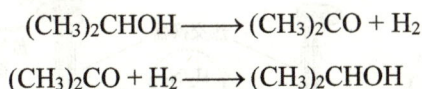

图 4.21　异丙醇-丙酮-氢气化学热泵技术验证示范平台
资料来源：中化新网

异丙醇-丙酮-氢气化学热泵技术验证示范平台包括催化吸热反应器、精馏塔、催化放热反应器、回热器等部件，吸热功率最大达 300 kW，放热功率最大可达 100 kW。该系统利用炼钢加热炉产生的蒸汽经汽轮机发电后排放的压力为 1～2 MPa 的中高压蒸汽，可获得 160℃以上的过热蒸汽。

2. 氨分解/合成的化学储热系统

澳大利亚国立大学利用氨分解/合成的可逆化学反应建造了氨化学储热系统,以此实现了太阳热能的储存并将其与蒸气动力循环相结合进行发电。其反应方程式如下:

$$2NH_3 \longrightarrow N_2 + 3H_2$$

$$N_2 + 3H_2 \longrightarrow 2NH_3$$

如图 4.22 所示,腔体吸收器由 20 根装有铁基催化剂的管道组成,工作时反应器内压力为 20 MPa,管壁表面温度为 750℃,反应平衡时氨容器内压力为 15 MPa,温度为593℃。采用 400 个单碟 400 m² 的集热技术,用氨化学反应储热系统,投资 1.57 亿澳元建成一座全天候负荷为 10 MW 的太阳能电站,日合成氨 1500 t,热电转换效率为 18%,平均每千瓦时电价低于 0.24 澳元。此系统的主要优点是反应的可逆性好、无副反应、反应物为流体便于输送,并且合成氨工业已经相当完善,因而此热化学储热系统操作过程及很多部件的设计准则都可借鉴合成氨工业的现有规范。同时,催化剂便宜易得,系统相对简单、便于小型化,而且储热密度高。由于此反应体系生成气体,因此必须考虑气体的储存和系统的严密性以及材料的腐蚀等问题。此系统效率高、供热连续性强、结构紧凑,在太阳能中高温热利用中具有广阔的应用前景。

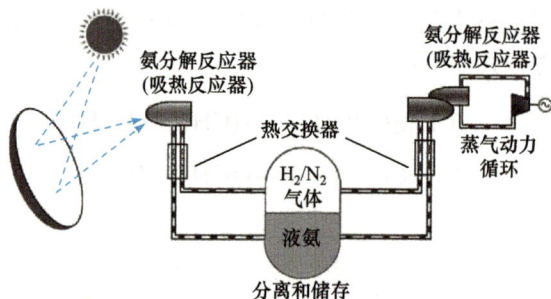

图 4.22　氨分解/合成的化学储热系统

4.5.3　化学储热的优缺点

化学热能储存具有热能储存密度(单位质量和单位体积)高、热能储存时间长、热损失低等优点。然而,化学热能储存面临的技术挑战很多。在储热过程中,当储热材料分解时,可能会发生烧结和晶粒长大,从而导致孔隙率降低。另外,需要将相应的化学物质隔离,因而系统复杂、体积大,投资较高,整体效率仍较低。反应过程复杂,有些反应的动力学特性尚不完全清楚,而且部分反应需要催化剂,有一定的安全性要求。化学热能储存仍处于实验室阶段,商业应用需要通过研究经验进一步完善该技术。

思 考 题

1. 分别阐述显热储热、相变储热及化学储热各自的优缺点。
2. 详细说明显热储热介质导热油逐步被熔融盐介质取代的原因。

3. 计算 1 t 花岗岩从 30℃升至 50℃这一过程理论上可储存的显热。

4. 计算 1 kg Na_2CO_3 由固态转变为液态这一过程理论上可储存的显热。

5. 熔融盐类相变储热材料中，技术最成熟的是哪种材料？

6. 试总结有机相变储热材料相对于无机相变储热材料的优点。

7. 展望化学储热未来的研究方向。

8. 查阅资料，举例介绍基于甲烷重整的化学储热体系。

第 5 章　化 学 储 能

5.1　概　　述

能量储存是解决能量供求在时间和空间上不匹配的矛盾、提高能源利用率的有效手段(图 5.1)。其中，化学储能是将光、热、电能等低能物质转化为高能物质储存，基于氢气与煤、石油、甲醇、天然气及其衍生物等储能物质，通过光、电、热等能量与化学能之间相互转化，以实现能量储存的技术。目前常见的化学物质储能主要包括氢气储能、合成燃料(甲烷、甲醇等)储能及化石燃料(煤炭、石油和天然气等)等。

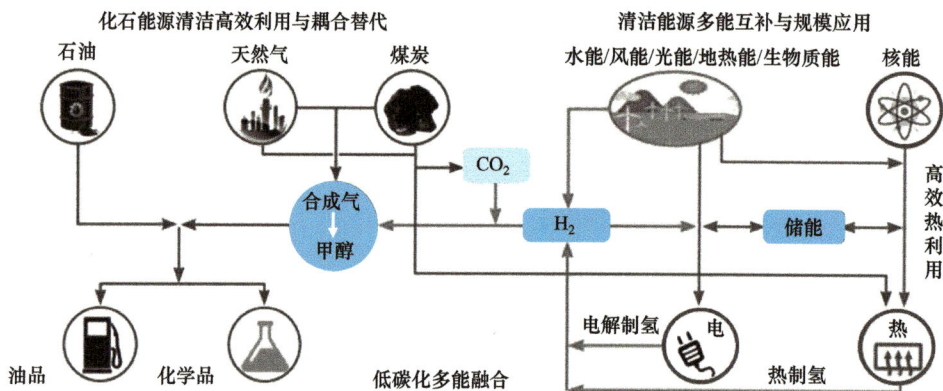

图 5.1　构建化石能源、可再生能源、核能低碳化多能融合的新型能源体系

化学储能不受地理、气候条件的限制，规模可大可小，特别是其能量转换效率高达 80%甚至 90%以上，且伴随技术进步，价格不断下降，在未来能源体系中占有十分重要的地位。因此，基于氢气和煤、石油、甲醇、天然气及其衍生物的化学储能应用广泛，可以实现能源、化工、交通等多领域互联，保障社会各行各业经济安全运行。

本章分别从固态、液态和气态三个方面对化学储能进行详细的介绍，主要有以煤炭为代表的固态储能物质，以甲醇和石油为代表的液态储能物质和以天然气和氢气为代表的气态储能物质。虽然电化学储能也属于化学储能，但由于储能电池的体系众多，且电化学储能在未来储能体系中占比将越来越大，故在本书中单独作为第 6 章进行详细介绍。

5.2　固态物质储能

5.2.1　概述

固态物质储能是以固态物质为载体进行能量的储存，由于其储存运输方便而得到广泛利用，成为一种常见的储能方式。天然的有煤炭、木材等，经过加工而成的有木炭、焦炭、煤砖、煤球等。此外，还有一些特殊品种，如固体酒精、固体火箭燃料等。煤炭作为我国重要的工业资源，其开发利用和能量储存仍是当前工作的重点。随着科技的发展和进步，煤炭因蕴藏丰富以及先进洁净煤技术的改善，其总消耗量仍保持上升的趋势。煤炭作为最古老的能源之一，在我国汉朝时就已经普遍使用，直至现在，煤炭依然是我国的第一能源，支撑国民经济持续、稳定地发展。据统计，煤炭在我国一次能源生产和消费结构中占比分别为 76% 和 69%，在发电能源中占比 86%，民用能源商品中占比 60%，工业燃料和动力中占比 70%，化工原料中占比 70%。因此，煤炭被人们誉为"黑色的金子""工业的粮食"。

5.2.2 煤炭的成因、性质和分类

煤炭是植物遗体埋藏在地下经过生物化学作用和物理化学作用等复杂的变化过程形成的有机矿产，是由多种有机化合物和矿物质组成的混合物。具体来说，在地表常温常压下，堆积于水中的植物遗体经泥炭作用或腐泥化作用，转变为泥炭或腐泥；泥炭或腐泥埋藏在地下深部，经成岩作用转变成褐煤；再伴随着温度升高和压力增大，经变质作用最终转变成烟煤至无烟煤。构成其有机成分的元素主要有碳、氢、氧，占有机质主体的95%以上，此外还含有氮、硫以及少量的磷、氟、氯和砷等元素。在煤炭燃烧过程中，碳、氢元素产生热量；氧元素主要助燃；氮元素在高温下转变成氮氧化合物和氨，以游离状态析出；硫、磷、氟、氯、砷等元素是有害元素，燃烧过程中会产生二氧化硫、一氧化碳等有害气体，污染环境，危害人类健康。煤中的无机物质主要是指水分和矿物质，其中矿物质是主要杂质，如硫酸盐、碳酸盐等，它们影响了煤的质量和利用价值。

煤是含多种矿物杂质的有机物，其性质主要包括以下两方面：一是了解煤中的固有成分——有机/无机元素的组成；二是针对煤的不同用途，测定其在人为规定条件下经转化生成的物质或其某些性质，如水分、灰分、挥发分、固定碳含量、发热量、黏结指数、热稳定性等。

水分：煤的水分分为两种，一种是植物变成煤时所含的水分，又称内在水分；另一种是在开采、运输等过程中吸附在煤表面和缝隙中的水分，又称外在水分。内在水分和外在水分的总和是煤的全水分。一般来说，煤的变质程度越大，内在水分的含量越低，即贫煤和无烟煤的内在水分低于褐煤和长焰煤。水分的存在对煤的利用不利，其在燃烧时会变成蒸汽，消耗热量；此外，精煤的水分对炼焦影响较大，一般水分每增加 2% 将消耗 $100 \ kcal \cdot kg^{-1}$ ($1 \ cal = 4.184 \ J$) 的热量，结焦时间延长 5~10 min。

灰分：指煤在彻底燃烧后剩下的残渣，也分为内在灰分和外在灰分。内在灰分是成煤原始植物本身含有的无机物，其含量越高，煤的可选择性越差。外在灰分来自顶板和夹矸中的岩石碎块，它与采煤的方法有很大关系。灰分属于有害物质，动力煤中灰分增加，其发热量降低，排渣量增加，煤易结渣；一般灰分增加 2% 将消耗 $100 \ kcal \cdot kg^{-1}$ 的热量。冶炼精煤中灰分每增加 1%，焦炭强度下降 2%，高炉生成能下降 3%，石灰石用量增加 4%。

挥发分：指煤在高温环境和隔绝空气条件下加热时释放出的气体和液体状态的产物，主要包括甲烷、氢及其他碳氢化合物等。一般来说，煤炭的挥发分随着其变质程度的增大而降低。

固定碳含量：指除去水分、灰分和挥发分的残留物，是确定煤炭应用的重要指标。固定碳含量随着煤变质程度的增大而增大。

发热量：指单位质量的煤完全燃烧所释放的能量。发热量是供热用煤的一个主要指标。燃煤工艺的耗煤量、热平衡、热效率等都以煤的发热量为主要依据。

黏结指数：指烟煤加热后黏结专用无烟煤的能力，是冶炼精煤的重要指标。黏结指数越高，结焦性越强。

2009 年 6 月 1 日，中华人民共和国国家质量监督检验检疫总局、中国国家标准化管理委员会发布国家标准《中国煤炭分类》(GB/T 5751—2009)，2010 年 1 月 1 日起施行。标准规定了基于应用的中国煤炭分类体系，适用于中华人民共和国境内勘查、生产、加工利用和销售的煤炭，本分类体系中，先根据干燥无灰基挥发分等指标，将煤炭分为无烟煤、烟煤和褐煤；再根据干燥无灰基挥发分及黏结指数等指标，将烟煤划分为贫煤、贫瘦煤、瘦煤、焦煤、肥煤、1/3 焦煤、气肥煤、气煤、1/2 中黏煤、弱黏煤、不黏煤及长焰煤。各类煤的分类简表见表 5.1。

表 5.1　中国煤炭分类简表

类别	代号	编码	分类指标					
			V_{daf}/%	G	Y/mm	b/%	P_M/%[b]	$Q_{gr,maf}$[c]/(MJ·kg^{-1})
无烟煤	WY	01,02,03	≤10.0					
贫煤	PM	11	>10.0~20.0	≤5				
贫瘦煤	PS	12	>10.0~20.0	>5~20				
瘦煤	SM	13,14	>10.0~20.0	>20~65				
焦煤	JM	24 15,25	>20.0~28.0 >10.0~28.0	>50~65 >65[a]	≤25.0	≤150		
肥煤	FM	16,26,36	>10.0~37.0	(>85)[a]	>25.0			
1/3 焦煤	1/3JM	35	>28.0~37.0	>65[a]	≤25.0	≤220		
气肥煤	QF	46	>37.0	(>85)[a]	>25.0	>220		
气煤	QM	34 43,44,45	>28.0~37.0 >37.0	>50~65 >35	≤25.0	≤220		
1/2 中黏煤	1/2ZN	23,33	>20.0~37.0	>30~50				
弱黏煤	RN	22,32	>20.0~37.0	>5~30				
不黏煤	BN	21,31	>20.0~37.0	≤5				
长焰煤	CY	41,42	>37.0	≤35			>50	
褐煤	HM	51 52	>37.0 >37.0				≤30 30~50	<24

注：表中，V_{daf} 为干燥无灰基挥发分(质量分数)；G 为烟煤的黏结指数；Y 为烟煤的胶质层最大厚度；b 为烟煤的奥阿膨胀度；P_M 为低煤阶煤透光率；$Q_{gr,maf}$ 为恒湿无灰基高位发热量。

a. 在 G > 85 的情况下，用 Y 值或 b 值来区分肥煤、气肥煤与其他煤类，当 Y > 25.0 mm 时，根据 V_{daf} 的大小可划分为肥煤或气肥煤；当 Y≤25.0 mm，则根据 V_{daf} 的大小可划分为焦煤、1/3 焦煤或气煤。按 b 值划分类别时，当 V_{daf}≤28.0%时，b > 150%的为肥煤；当 V_{daf} > 28.0%时，b > 220%的为肥煤或气肥煤。如按 b 值和 Y 值划分的类别有矛盾时，以 Y 值划分的类别为准。

b. 对 V_{daf} > 37.0%、G≤5 的煤，再以透光率 P_M 来区分其为长焰煤或褐煤。

c. 对 V_{daf} > 37.0%、P_M > 30%~50%的煤，再测 $Q_{gr,maf}$，如其值大于 24 MJ·kg^{-1}，应划分为长焰煤，否则为褐煤。

近年来，大气中的二氧化碳含量已经达到 300 万年来的最高值。减少对煤和化石燃料的依赖，由化石燃料转向可再生能源是应对气候变化的必要途径。人造煤炭具有与传统煤炭类似的作用机制，并且具有清洁高效的优势，引起了人们的广泛关注。一般来说，人造煤是将垃圾和污泥进行处理后得到的产品。其原料除了城市中的粪便污泥，还有秸秆和牛粪。牛粪的热值燃烧性较好，将其与粪便污泥掺在一起，不仅能降低污泥中的水分，还能提高人造煤的可燃性。

美国明尼苏达大学德卢斯分校自然资源研究所的科学家研发出一种人造煤炭，其使用木材边角料和农业废弃物混合制成，可取代化石能源，成为可再生的新能源。这种开创性的"即时煤"生物燃料拥有更高的燃烧效率，却没有类似于深层采矿、释放硫化物等杂质的副作用。并且它不需要在地下经过数百万年形成，仅由木材和植物等农业废弃物制成。实验室将新生物燃料的能量数据与来自蒙大拿州和怀俄明州的粉河盆地煤田的煤炭进行对比，结果发现，每千克煤炭能产生 18 000～22 000 kJ 能量，每千克人造煤炭却能产生约 23 000 kJ 能量。若在制造时将人造煤炭稍微变形，加工成为"能量泥"的形态，将进一步提高供能效率。

这些生物燃料"煤饼"类似于咖啡焙烧的工艺生产，首先需要对工业和农业废料进行干燥处理，然后在低氧环境下高温加热至 249℃，最后进行高压压缩处理。为了生产能源泥浆，研究者开发了一道名为"热液碳化"的制作工序，利用类似压力锅的系统取代原始方案中的干燥处理，让碳化木质素直接从废料黑液中析出，无需经过机械脱水。目前，该可再生能源实验室每天可生产 4～6 t 这样的生物燃料。

人造煤炭的制作工艺具有良好的商业发展潜力，能在减少人们对化石燃料依赖的同时将树木等植物的废弃物再利用，是处理垃圾的高级方式。在"双碳"目标的驱动下，人造煤炭将备受关注。

5.2.3 煤炭的加工和利用

煤炭作为我国的第一能源，在给人们带来便利的同时，其生产和使用所带来的生态破坏、环境污染的问题也不容忽视，因此煤炭的合理开发和利用对实现可持续发展至关重要。目前，世界各国为了减少环境污染，合理利用煤炭资源，在煤炭成型、炼焦、气化、液化和煤炭化工等方面投入了大量的人力物力，积极探索煤炭转换技术，以提高煤的利用率。

世界各国使用煤炭大多是直接燃烧将其作为燃料，因此研究锅炉设备、改进燃烧技术、提高煤炭的热能利用率成为节约煤炭的主要措施；并且把利用沸腾燃烧工艺、强化燃烧与传热、缩小锅炉体积、提高锅炉效率、充分利用劣质燃料等列为重点研究课题。目前我国生产的煤炭大多用于直接燃烧，但是燃烧设备陈旧、效率低下、耗能高，导致煤炭资源利用率低下，并且对环境污染严重。当前煤炭燃烧面临两个突出的问题亟待解决。一是环境污染问题，20 世纪 60 年代末至 70 年代初，各国政府相继成立了环境保护监督机构，并颁布了相关的法律，对煤炭燃烧排放等相关问题提出了严格的要求；二是如何扩大劣质煤的使用范围，我国虽然煤炭蕴藏量丰富，产量较高，但仍无法满足国民经济的发展需要，因此开发利用劣质煤迫在眉睫。然而，劣质煤使用过程中还有很多问题需要进一步解决，如传统煤粉悬浮燃烧过程的燃烧特性、炉前燃料制备、燃烧稳定性、多种燃料变换和混烧等技术问题，同时对沸腾燃烧的燃烧和传热机理、残留物的脱硫及处理也需要进一步研究。

1. 粉煤成型

粉煤成型是通过适当的工艺将粉煤加工成具有一定形状、大小和特定理化性质"型煤"的过程，通过改变煤炭原有的性质以实现不同的用途。例如，通过热压成型技术可以使弱黏结煤获得良好的黏结性，成为结焦性较好的炼焦原料；通过适当的工艺可以将块煤加工成锅炉型煤，提高其燃烧性能。根据成型工艺的不同，可以将粉煤成型进行分类，如图 5.2 所示。

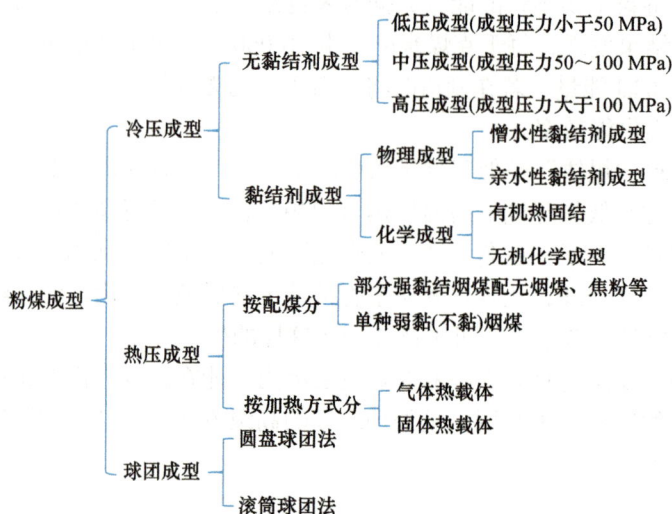

```
                                                    ┌─ 低压成型(成型压力小于50 MPa)
                                   ┌─ 无黏结剂成型 ─┼─ 中压成型(成型压力50~100 MPa)
                                   │                └─ 高压成型(成型压力大于100 MPa)
                  ┌─ 冷压成型 ─────┤
                  │                │                ┌─ 物理成型 ─┬─ 憎水性黏结剂成型
                  │                └─ 黏结剂成型 ───┤            └─ 亲水性黏结剂成型
                  │                                 └─ 化学成型 ─┬─ 有机热固结
  粉煤成型 ───────┤                                              └─ 无机化学成型
                  │                ┌─ 按配煤分 ─┬─ 部分强黏结烟煤配无烟煤、焦粉等
                  ├─ 热压成型 ─────┤            └─ 单种弱黏(不黏)烟煤
                  │                └─ 按加热方式分 ─┬─ 气体热载体
                  │                                 └─ 固体热载体
                  └─ 球团成型 ─────┬─ 圆盘球团法
                                   └─ 滚筒球团法
```

图 5.2　粉煤成型工艺分类

型煤主要用作工业原料和燃料，根据用途的不同对其进行分类，如图 5.3 所示。型煤的用途不同，其工艺指标不一样，而且型煤的形状和大小也有各自的规格。根据型煤的外形可分为煤砖、煤球、蜂窝煤、煤棒等。成型过程大致可以分为五个阶段：装料、压实、成型、压溃、反弹。在实际过程中以上五个阶段不是完全分开的，可能某几个阶段同时发生。

2. 煤炭焦化

煤炭焦化是早期煤炭加工利用的一种方式，其历史悠久，工艺完善成熟。炼焦是将煤进行高温干馏的过程，即在隔绝空气的条件下将具有黏结性的煤加热到1000℃干馏得到的多孔固体产物。这些焦化产品是钢铁、铸造和化工等部门的重要原料。炼焦过程中产生的炼焦煤气可作为城市民用煤气，一些煤炼焦的副产品——焦油和芳香烃等可作为农药、医药、炸药、塑料、橡胶、化肥等生产行业的原料。焦炭是炼焦工业的主要产品，用于高炉炼铁、铸造、造气、金属冶炼、电石生产等领域。全球每年85%以上的焦

```
                                        ┌─ 炼焦原料配的型煤
                                        ├─ 化肥造气型煤
                              ┌─ 原料型煤 ├─ 高炉炼铁、钙、镁、磷肥型煤
                              │          ├─ 冲天炉铸造用型煤
                              │          ├─ 电石生产用型煤
                    ┌─ 工业型煤 ┤          └─ 炼钢用增碳剂
                    │          │
                    │          │          ┌─ 机车、锅炉用型煤
                    │          └─ 燃料型煤 ┤
                    │                     └─ 发生炉气化用型煤
              型煤 ─┤
                    │                     ┌─ 普通蜂窝煤(无烟煤、烟煤)
                    │          ┌─ 蜂窝煤  ├─ 着火蜂窝煤
                    │          │          ├─ 无烟煤上点火蜂窝煤
                    │          │          ├─ 烟煤上点火蜂窝煤
                    └─ 民用型煤 ┤          └─ 页岩上点火蜂窝煤
                               │          ┌─ 普通炊事煤球
                               └─ 煤球    ├─ 火柴点火引燃用煤球
                                          └─ 火柴点火暖炉煤球
```

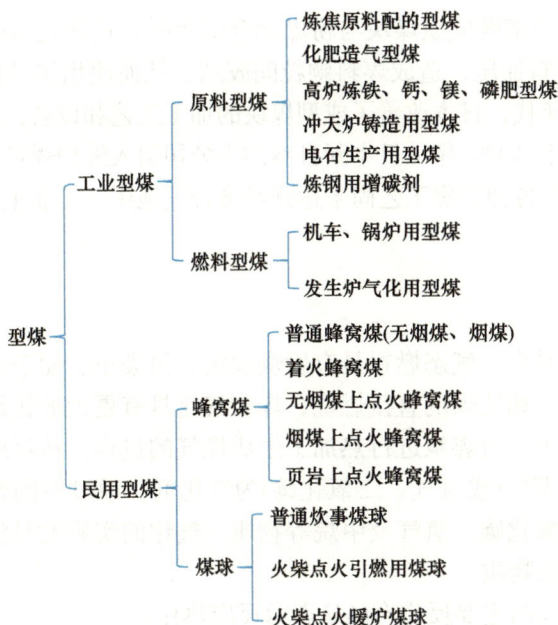

图 5.3 型煤按用途分类

炭用于高炉炼铁,这些炭称为冶金炭或高炉焦,其质量对产品有至关重要的影响。随着经济的发展,对能源的需求越来越大,有效地对煤炭焦化得到的产品进行回收和加工利用,能够显著提高我国的煤炭利用水平。

高炉炼铁对焦炭的机械强度和化学成分有很高的要求,因此炼焦使用的原料煤也要保证一定的质量。当前,我国主要采用湿煤顶装式炼焦工艺,要求原料煤具有较低的灰分和硫分,并具有足够的黏结性和结焦性。但是满足要求的煤炭资源含量较少,分布不均,全球的炼焦煤储量仅占煤炭总储量的 10%,供不应求。解决优质炼焦煤资源短缺问题的主要技术途径有两个,一是充分利用现有炼焦煤资源,即在炼焦配煤过程中,降低黏性优质煤的比例,增加储量丰富的弱黏结性高挥发分气煤的比例;二是不断扩大炼焦煤原材料,即通过适当的工艺途径将不满足炼焦煤要求的非炼焦煤炼成机械强度和化学成分都满足质量要求的合格的炼焦煤。因此,如何扩大炼焦煤煤源是当前焦化工业亟待解决的问题。我国炼焦一般是将几种不同牌号的烟煤按固定的比例搭配,在现有的炼焦工艺下得到质量合格的焦炭。目前,在现有的室内炼焦炉的基础上,引入选择性破碎、捣固、预热、配加型煤和配加黏结剂等新工艺,提高了炼焦配煤中弱黏结煤的配比,充分利用了煤炭资源并节约了优质炼焦煤。

另一种国内外正在研制的炼焦新工艺是型焦生产工艺。型焦是针对弱黏结煤和不黏结煤在现有模式下不能结焦的问题,工艺上通过不同的方法先将其挤压成型,再经过焦化处理,进而得到具有一定机械强度、形状和尺寸均一的焦炭。该技术的基本原理是:引入成型煤块后提高了装炉煤料的密度,降低炭化时半焦的收缩,从而减少了焦炭的裂纹,提高焦炭强度;型煤中配有黏结剂可以改善煤料的黏结性能,对提高焦炭质量有利;成型煤块的密度大于一般装炉煤料,导致成型煤块中煤粒接触紧密,显著提高了成

型煤块的结焦性能。高密度成型煤块与粉煤配合炼焦时，在软化熔融阶段，成型煤块本体产生膨胀对周围煤料加压，造成煤料颗粒间胶结，从而使焦炭结构更加致密，焦炭质量更优。20 世纪 70 年代，日本改善了成型煤块的加工工艺和设备，使成型煤块炼焦得到了较大的发展。我国于 1980 年从日本新日本制铁公司引入配型煤炼焦技术和设备，并投入生产使用。但是目前各种型焦工艺尚未达到经济合理地用于工业生产的程度，短期内还无法大规模应用。

3. 煤炭气化

在现有的能源体系中，气态燃料具有燃烧稳定、污染小、便于输送和净化、设备简单方便的优势。因此，相比煤的直接燃烧，煤炭气化具有更大的优越性。煤炭气化是指在某种气化剂的作用下，对煤炭进行热加工生成煤气的过程。从反应工艺来看，其以煤为原料，以氧气和水蒸气(或氢气、二氧化碳)为气化剂，通过不同程度的氧化将煤中的碳、氢成分转化为一氧化碳、氢气及甲烷等物质。气化的实质就是将煤由固态的高分子物质转化为低分子气态物质。

煤气化过程中涉及的主要反应有(ΔH 表示反应热)：

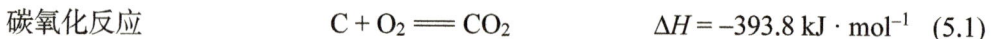

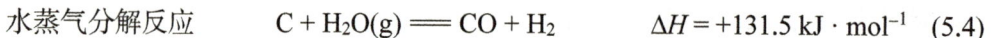

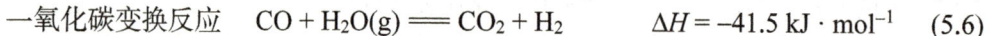

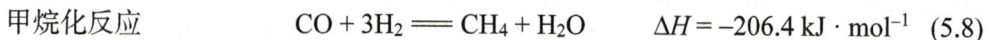

碳氧化反应 $\qquad C + O_2 = CO_2 \qquad \Delta H = -393.8 \text{ kJ} \cdot \text{mol}^{-1}$ (5.1)

碳部分氧化反应 $\qquad 2C + O_2 = 2CO \qquad \Delta H = -231.4 \text{ kJ} \cdot \text{mol}^{-1}$ (5.2)

二氧化碳还原反应 $\qquad C + CO_2 = 2CO \qquad \Delta H = +162.4 \text{ kJ} \cdot \text{mol}^{-1}$ (5.3)

水蒸气分解反应 $\qquad C + H_2O(g) = CO + H_2 \qquad \Delta H = +131.5 \text{ kJ} \cdot \text{mol}^{-1}$ (5.4)

$\qquad C + 2H_2O(g) = CO_2 + 2H_2 \qquad \Delta H = +90.0 \text{ kJ} \cdot \text{mol}^{-1}$ (5.5)

一氧化碳变换反应 $\qquad CO + H_2O(g) = CO_2 + H_2 \qquad \Delta H = -41.5 \text{ kJ} \cdot \text{mol}^{-1}$ (5.6)

碳的加氢反应 $\qquad C + 2H_2 = CH_4 \qquad \Delta H = -74.0 \text{ kJ} \cdot \text{mol}^{-1}$ (5.7)

甲烷化反应 $\qquad CO + 3H_2 = CH_4 + H_2O \qquad \Delta H = -206.4 \text{ kJ} \cdot \text{mol}^{-1}$ (5.8)

$\qquad 2CO + 2H_2 = CH_4 + CO_2 \qquad \Delta H = -247.4 \text{ kJ} \cdot \text{mol}^{-1}$ (5.9)

$\qquad CO_2 + 4H_2 = CH_4 + 2H_2O \qquad \Delta H = -165.4 \text{ kJ} \cdot \text{mol}^{-1}$ (5.10)

图 5.4 从实用角度对气化工艺进行了分类。

目前世界各国都在研究和发展煤炭气化的方法，虽然气化方法有区别，但总的发展趋势是提高制气压力，增大炉的直径及容量，扩大原料煤的适用范围，提高产气量从而降低煤气成本，从而达到代替石油和天然气的目的。城市居民使用煤气的热能利用率比燃烧提高 15%～20%，故实现城市煤气化是煤炭气化的一个主要目标，其不仅可以节约燃料，还可以减少污染，提高人们的生活水平。

煤炭气化的产物应用范围十分广泛，如合成气、工业燃气、联合循环发电用燃气及冶金工业还原气等。合成气作为化工原料气，主要是利用煤气中的 CO 和 H_2，通过各种途径合成一些化工产品，如氨类、烃类、醇类和酸类等。其中，生成的甲醇是一种重要的二次能源，其还可以作为化工原料进一步合成二甲醚、聚甲醛等化工产品。煤气作为一种工业燃气，广泛应用于钢铁、化工、食品、机械、建材等领域，用于各种高炉加热或直接加热的产品。用作工业燃气的一般是热值为 5024～10 048 kJ·m^{-3} 的低热值煤气。

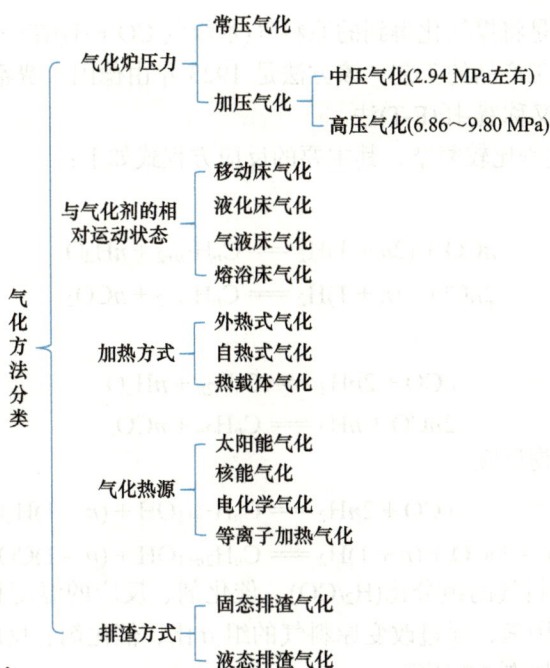

图 5.4 气化方法的分类

用于联合循环发电的煤气必须达到特定的净化水平以满足燃气轮机的使用要求,其热值普遍为 4000~6000 kJ·m⁻³。这种低热值煤气比常压煤气更经济。相比湿洗涤流程,净化工艺采用热态干法净化更加合理,并且该过程中要选择性脱除 H_2S,保留 CO_2。煤气中含有的 CO 和 H_2 具有较强的还原作用,可直接用于还原铁矿石,生产海绵铁,简化了传统冶金工艺流程。同时,在有色金属产业中,煤气可用于还原镍、铜、钨等金属的氧化物。

4. 煤炭液化

煤的液化是指在一定条件(温度、压力、催化剂、溶剂等)下,通过特殊的方法和设备将固体煤炭转变为液体燃料的过程。相比于煤炭固体颗粒,液化后的煤炭更容易运输和储存,并且减少了煤尘和煤灰渣对环境的污染,因此许多国家都在积极地研发和探索煤炭液化代替石油燃料,煤的液化产品还可用于碳素材料、电极材料、碳素纤维和黏结剂等。煤炭液化为发展 C_1 化学,改变有机化工结构,扩大煤炭综合利用范围开辟了新途径。

根据转化过程的不同,煤的液化方法大致分为三类:①直接加氢液化法,如高压加氢法、溶剂精炼法等;②间接液化法,即水煤气合成法;③部分液化法——低温干馏。

煤的直接加氢液化是指在高温高压的氢气或混合气($CO + H_2$,$CO + H_2O$)下,通过催化剂和溶剂的相互作用,煤发生裂解、加氢等反应转化为小分子燃料的过程。其实质是破坏煤分子结构中的化学键,同时氢弥补断键位置。实验证明煤大分子结构中的醚键、硫醚键等易断裂。但是该反应过程中键的断裂应适度,断裂过多会造成气体产生太多,过少会导致液化产品生成较少。

煤的间接液化法是将煤气化得到的原料气(水煤气 $CO + H_2$)在一定温度和压力下经催化合成石油及其他化工产品的工艺。该方法是 1923 年由德国人费希尔(Fischer)和托普斯(Tropsch)创造的,故又称费-托(F-T)法。

费-托合成反应过程比较复杂,其主要的反应方程式如下:

合成烷烃反应

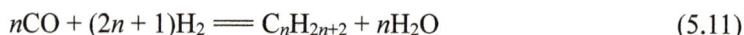

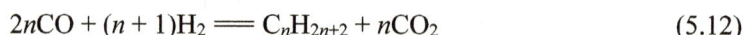

$$nCO + (2n + 1)H_2 =\!= C_nH_{2n+2} + nH_2O \tag{5.11}$$

$$2nCO + (n + 1)H_2 =\!= C_nH_{2n+2} + nCO_2 \tag{5.12}$$

合成烯烃反应

$$nCO + 2nH_2 =\!= C_nH_{2n} + nH_2O \tag{5.13}$$

$$2nCO + nH_2 =\!= C_nH_{2n} + nCO_2 \tag{5.14}$$

合成醇类等氧化物反应

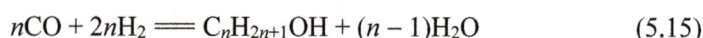

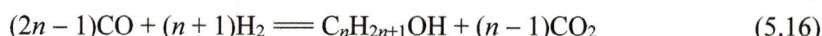

$$nCO + 2nH_2 =\!= C_nH_{2n+1}OH + (n - 1)H_2O \tag{5.15}$$

$$(2n - 1)CO + (n + 1)H_2 =\!= C_nH_{2n+1}OH + (n - 1)CO_2 \tag{5.16}$$

研究发现合成原料气的组分比(H_2/CO)、催化剂、反应的温度和压力等都是影响煤间接液化合成效果的因素,通过改变原料气的组分比、催化剂、反应温度和压力可以得到不同的合成产物,如表 5.2 所示。

表 5.2 $CO + H_2$ 合成的操作条件和产物

合成产物	催化剂	温度/℃	压力/MPa	组分比 H_2/CO
甲烷	Co 或 Ni	230~300	常压	3/1
液体燃料(烷烃、烯烃)	Co、Ni 或 Fe	170~340	0~8	2/1 或 1/1
高熔点石蜡	Ru	180~200	10~15	2/1
芳香烃与环烷烃	$Cr_2O_3 \cdot ThO_2$	475~500	3	1/1
异丁烷、异戊烷	$ThO_2 \cdot Al_2O_3$	420~450	30	1/1
甲醇	$ZnO_2 \cdot Cr_2O_3$ Cu-Zn	250~300 250 左右	10~30	2/1
高级醇	$ZnO \cdot Cr_2O_3 + KOH$	250~425	>10	1/1
醇(醇、醛、酸等混合物)	Fe(+ KOH)	400~450	10~15	1.5/1~1.2/1

由于煤的低温干馏产率较低,且煤的间接液化即 $CO + H_2$ 的合成工艺复杂,热效率较低,因此工业生产中较少采用这两种方法。相比之下,煤的直接加氢液化操作简便、效率高,可将煤中 90%的有机质转化为液体燃料,优势明显,故很多国家对其进行了大量的研发。其发展的主要方向是由煤炭制成运输燃料油,提高其产油率、质量和氢的利用率,通过降低生产成本改善煤炭直接液化的经济性。然而,与天然石油相比,煤炭液化技术比较复杂,并且成本高、难度大,因此目前还处于研究试验阶段。由于天然石油的储量有限,因此许多国家都投入了大量人力、物力进行煤炭液化技术的研究。煤炭是我国主要能源之一,为了掌握煤炭液化技术,拓宽煤炭应用领域,国家应进行统筹规划,加强研发投入,开展国际合作,以使我国煤炭液化技术尽快达到世界先进水平,为

社会主义现代化建设提供坚实的能源保障。

5.2.4 煤炭的储存和运输

1. 煤炭的储存

早在 20 世纪初，煤炭采用露天堆放的储存方式。这种方式虽然简便高效，但极易受环境的影响，一方面污染环境，另一方面露天堆放的煤炭受风、雨雪等侵蚀而造成损失，影响其质量。随着工业化进程的发展和环境保护的要求，煤炭储存系统取得了较大的进步和发展，由露天堆放逐步向环保型封闭式储存发展，如环保型的条形仓煤炭堆场、钢筋混凝土筒仓结构、圆形料场储煤系统等。

1) 煤炭露天堆场

煤炭露天堆场是指煤炭堆场为露天模式，仅设有堆/取料机行走的轨道及相应的基础设施等。堆场地面一般要经过吹填、换土、夯实、碾压等表面硬化处理，才能满足煤堆及堆场设备的要求。该煤炭储存方式的优点是堆场布置简单，地基操控简便，投资金额小，堆场和道床地基处理简易，对工业化进程的发展起到了推动作用。然而，这种露天堆放的方式极易受气候环境的影响，造成损失并污染周边环境，在如今绿色运营环保理念的前提下，这种储存方式受到限制。

2) 露天+防风抑尘网

这种堆场方式是在露天堆场的基础上加设防风抑尘网结构，可抑制粉尘污染。露天堆场+防风抑尘网的布局如图 5.5 所示。其主体采用组合钢管桁架结构，基部采用现浇钢筋混凝土结构，防风网主体采用镀铝锌钢板网。

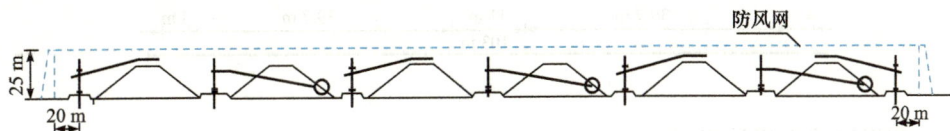

图 5.5 露天堆场+防风抑尘网断面示意图

试验结果表明，当防风抑尘网的高度是料堆高度的 1.1～1.5 倍时，其抑尘效果最佳。有关统计表明建设防风网可使粉尘排放量减少62.36%。防风网的使用改变和削弱了堆场区的风速和风向，可将堆场 5 km 范围内的影响减小50%。

3) 钢筋混凝土筒仓

随着筒仓技术的发展，钢筋混凝土筒仓在港口煤炭行业得到了广泛的应用。例如，神华黄骅港煤码头三、四期工程共建设了 48 座钢筋混凝土筒仓，其筒仓数量远超过全国电力行业筒仓总量。筒仓内部及外部都设有料位检测、温度检测及明火检测等安全设施。筒仓底部使用给料机出料，可进行自动混配煤，以提高系统供料的稳定性。为保证煤炭品质并消除煤炭储存过程中的安全隐患，需要对筒仓进行定期的清仓作业。目前，筒仓清仓还没有可靠的设备，需要进一步探讨和解决。

4) 干煤棚

干煤棚由堆取料机、大跨距网壳、土建基础和料场组成，也称条形煤场。其机械化程度高，可全天候工作。干煤棚结构已广泛应用于各行各业，用于储存煤炭、矿石等多种物料；其形状有抛物线形、半圆形、多点圆形、拱形、锥形等；密封材料使用膜结构，可大幅度降低结构荷载，结构跨度也越来越大。随着技术的发展和进步，以及新材料的开发，近年来港口也开始使用干煤棚进行煤炭储存。干煤棚两侧设有除尘喷头和消防喷头，可用于喷雾抑尘和消防。此外，两侧设有进气窗孔，顶部设风帽，用于保持空气流通。库内和顶棚还设有照明设施和采光带用于照明。当前干煤棚一般采用堆取料机系统，流程简便，易于操作。

5) 圆形料场

圆形料场系统主要由中部堆取料系统、土建基础、配套的供电、控制、给排水、消防工程及辅助设施等组成。料场中的堆取料机可设计为门架式或悬臂式，如图 5.6 所示。圆形料场有单座圆形料场和群仓布置料场两种模式，适合多种物料的储存，在煤炭、石油化工产品、建筑原材料及冶金行业等都有广泛使用。圆形料场环保性能较好，技术先进，使输煤系统的市场效率和可靠性有很大提高，但该种方式依靠机械堆取料，能耗大，维护工程量大。

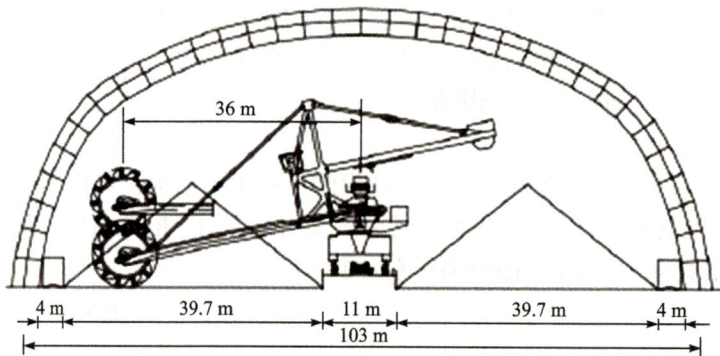

图 5.6　圆形料场结构示意图

6) 落煤塔式楔形储煤场

该储煤方式采用半地下仓式储存，保温效果优异，环保性能突出，安全性好，可避免恶劣天气的影响，并且具有能耗少、运行成本低的优势。但是其占地面积较大，地下部分较深，一旦地下水位较高时，需要使用抗浮设计，导致该储煤方式施工成本大大增加。同时，长时间使用会由于地基的不均匀沉降导致裂缝产生，对储煤场破坏性较大。

煤的储存量按照 300 万 t 计算，各种储煤形式的比较见表 5.3。

表 5.3　煤储存形式的综合比较

形式	占地面积/万 m²	物料流失/%	气候影响	自动化程度	设备可靠性	辅助作业	施工期
露天堆场+防风抑尘网	1.32	3～5	恶劣天气(六级以上强风、暴雨、暴雪等)不能作业	全自动化	各组分独立作业，生产效率高，设备可靠性高	余煤清洁量大	工期短
圆形料场	0.47	0	无	手动或自动控制	各组分独立作业，生产效率高，设备可靠性高	余煤清洁量少	工期短

形式	占地面积/万 m²	物料流失/%	气候影响	自动化程度	设备可靠性	辅助作业	施工期
筒仓	0.28	0	无	大仓和出仓设备可实现远程控制	生产效率中等，设备可靠性高，成本高	余煤清洁量少	工期长
干煤棚	1.75	0	无	全自动化	设备可靠性一般	余煤清洁量大	工期短

　　圆形料场、筒仓和落煤塔式楔形储煤场是常见的三种封闭式储煤方式，表 5.4 对其技术经济性进行了比较。

表 5.4　三种封闭式储煤方式技术经济性比较

储煤形式	圆形料场	筒仓	落煤塔式楔形储煤场
主要设备	门架式单刮板圆形料场堆取料机	输送机+卸料小车	输送机+犁式卸料器
占地面积	较大	小	较大
环保性能	好	好	好
装机功率(同比)	多(+450 kW)	较多(+175 kW)	少(±0)
维护量	大	较少	较少
保温效果	较好	好	较好
地下水处理	局部处理	容易	困难、投资大
基础工程量	小	较大	大
煤炭自燃防治	容易	治理困难	较容易
煤尘爆炸危险性	小	具有爆炸危险性	较小
仓的清理	简单	困难	较困难
防冻措施	机械除冻	仓壁附着层减少仓容	机械除冻
施工周期	短	长	较长
运行可靠性	好	较差	较好
运行费用(同比万元/年)	多(57.6)	较多(32.5)	最少(±0)
投资(万元)	较低	较高	高

　　由于煤炭自燃的性质，其大量存放过程中有发生火灾的隐患，故应采用规范合理的预防措施。针对露天和半露天煤炭储存的场所，应选址在地势高、干燥和平坦的地点。堆址应选黄泥和白灰混合地面。不同煤种应进行分区储存，且标明堆放信息。长期储存的煤炭应分层压实，并且新煤和旧煤不能混堆。煤炭以长方形堆存为宜，且煤堆坡面倾角为40°~45°。针对室内储煤场所，其建筑物的耐火等级应在一、二级之内，采用三级建筑时应采取相关措施。室内储煤场所应保持通风良好，且堆顶距顶棚应大于 1.9 m，到可燃墙壁的距离应大于 1.5 m。同时要加强室内温度监测，保证温度不超过40℃。

2. 煤炭的主要运输方式和载运工具

1) 铁路煤炭运输

铁路作为煤炭运输的主要方式，其在大通道(包括煤炭外运通道)运输方面能力较弱，在很大程度上抑制了煤炭的生产和消费，"以运定产""以运定销"的现象非常严重。随着近几年煤炭产品连续呈买方市场状态，铁路煤炭运量受煤炭市场需求的影响也呈现出跌宕起伏的局面。电煤市场需求变动是导致铁路煤炭运量波动的根本因素。

2) 水路煤炭运输

在煤炭市场资源供大于求的前提下，装卸港口存煤居高不下，煤炭运力损失严重。目前交通运输部通过加强宏观调控，已基本缓和了煤炭运输矛盾。

3) 公路运输

公路网具有分布广、中转环节少的优势，并且汽车运输更为机动灵活，可以实现"门到门"输送。由于汽车单车运量较小，可以实现单位运量能源基地内部煤炭运输或铁路、港口煤炭集疏运输。随着各地区公路网的发展，特别是高等级和汽车专用公路的发展，公路煤炭运输将继续发挥其重要的作用。

在以上三种运输方式中，铁路是我国煤炭外运的主要方式，2010~2020 年，铁路煤炭发运量由 20.00 亿 t 增加到 23.6 亿 t，铁路煤炭发运量占铁路货物发运量的比例始终保持在 50%以上，表明我国铁路运输任务繁重。水路由于受到自然条件的限制，灵活性较差，仅适用于沿海及内河附近区域。公路的运输量较小，仅适合小范围内的运输。我国曾在"十五"期间投资 3500 亿元用于铁路建设，随着国家对铁路的大力投资，我国煤炭储运系统更加完善，这对我国煤炭资源的充分利用及社会发展具有较大的经济效益和社会价值。目前国内的煤炭储运系统较多，但规模大多较小，通过汽车装运或者较为陈旧的装车系统，它们都存在不同程度的可运输范围小、储存量小、经济性差及环保性差的缺陷。国家在山西、内蒙古、新疆等产煤大省(区)建造了许多新型大型煤炭储运装中心，其相比原有小规模煤炭储运装系统在装车环节有了较大的提升。

5.2.5 煤炭的应用范围

煤炭的用途非常广泛，根据其使用目的主要分为两大类：动力煤和炼焦煤。

1. 动力煤

(1) 发电用煤：2020 年我国动力煤消费量为 34.37 亿 t，其中用于火力发电行业的动力煤最多，占比超 60%，电厂将煤燃烧释放的热量转变为电能。

(2) 蒸汽机车用煤：约占动力煤的 3%，蒸汽机车锅炉平均耗煤约为 $100 \text{ kg} \cdot$ 万 $t^{-1} \cdot km^{-1}$。

(3) 建材用煤：占动力煤的 13%以上，水泥用煤的量最大，其次是玻璃、砖、瓦等。

(4) 工业锅炉用煤：约占动力煤的 26%，主要包括热电厂、大型供热锅炉及一些取暖用的工业锅炉等。

(5) 生活用煤：数量较大，约占燃料用煤的 23%。

(6) 冶金用煤：主要为烧结和高炉喷吹用无烟煤，其用量较少，不足动力煤的 1%。

2. 炼焦煤

我国虽然具有丰富的煤炭资源，但炼焦煤资源相对较少，仅占煤炭总量的 27.65%。炼焦煤主要有气煤(占 13.75%)、肥煤(占 3.53%)、主焦煤(占 5.81%)、瘦煤(占 4.01%)，其他未分牌号的煤占 0.55%；非炼焦煤占煤炭总量的72.35%，主要包括无烟煤(占 10.93%)、贫煤(占 5.55%)、弱黏煤(占 1.74%)、不黏煤(占 13.8%)、长焰煤(占 12.52%)、褐煤(占 12.76%)、天然焦(占 0.19%)、未分牌号的煤(占 13.8%)和牌号不清的煤(占 1.06%)。

炼焦煤主要用于炼焦炭，焦炭是由炼焦煤或混合煤经高温冶炼形成，一般炼制1t焦炭需要 1.3 t 左右的炼焦煤。焦炭常用于炼钢，是钢铁等行业的主要生产原料，被誉为钢铁工业领域的"基本粮食"。煤气化、液化后的产品及副产品可作清洁燃料、化工原料及制造碳素材料的原料，有些煤还可用来提取稀有元素。煤燃烧后的煤灰用途也很广泛，可作为水泥添加剂、铺路和作煤矿井下的填充材料，磷和钾含量高的煤灰可用作肥料。煤的综合利用系统如图 5.7 所示。

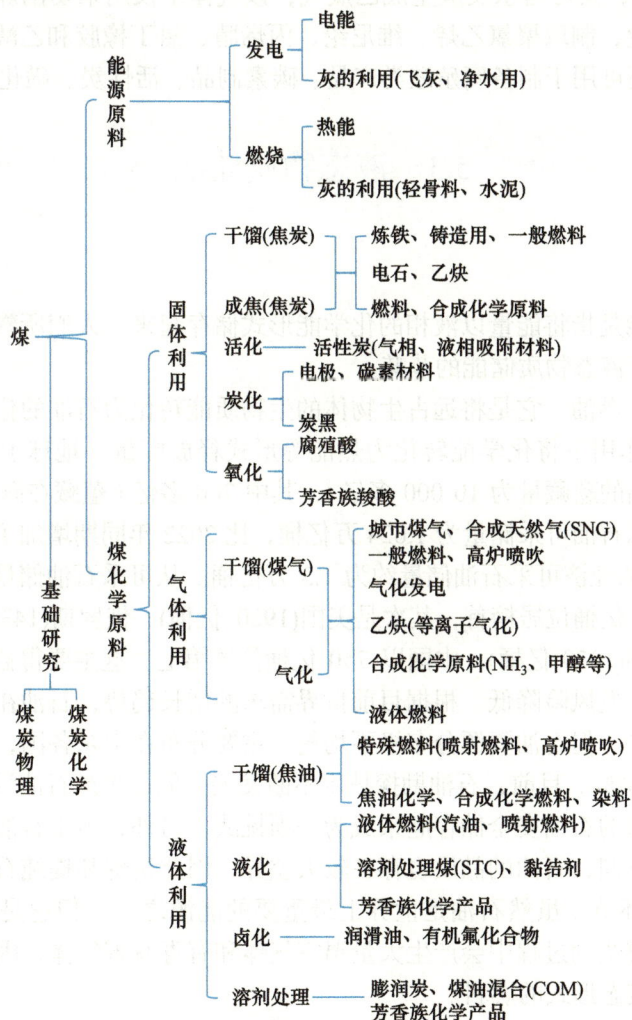

图 5.7　煤的综合利用系统

煤在炼焦过程中还会产生大量煤气和煤焦油等副产品。这些副产品经过加工后可以得到大量化学产品。目前，国外从煤焦油中提纯并鉴定出的化合物近 500 种。尤其是苯、甲苯、甲酚、吡啶、萘、蒽、喹啉和咔唑等物质只能从煤中提取。此外，还有一些合成气，是指供化学合成用的氢和一氧化碳的混合气。氨、甲醇等都是以煤制合成气为基础的化工产品。煤气化后低热值煤气的主要成分是一氧化碳和氢。若气化以合成气为目的，则应降低煤气中甲烷的含量；若气化以制取燃料气为目的，则应增加煤气中的甲烷含量。气化炉出来的煤气一般为粗煤气，要经过净化(脱硫、除尘等)和变换等过程才能得到理想的混合气。合成气制氨时，要将一氧化碳全部替换为氢，并把氮气和氢气的体积比调节到 1∶3。我国得到的氨 80%用于氮肥的生产，其余的主要用于生产硝酸、铵盐、炸药和化工产品等。甲醇是将合成气中一氧化碳的体积分数调节到 9%～12%，然后在催化剂的作用下于一定温度和压力下制成。甲醇是重要的化工原料，其进一步加工可得到乙酸、乙烯等低级烯烃和芳烃等产品。焦炭或无烟煤与石灰在高温下可熔融形成电石(又称碳化钙)，其可与水反应生成乙炔气，该气体不仅用来切割焊接金属，还可以用于有机合成工业，制取聚氯乙烯、维尼纶、丙烯腈、氯丁橡胶和乙酸等。另外，由煤制得的化工产品还可用于制备腐殖酸类产品、碳素制品、活性炭、磺化煤和褐煤蜡等。

5.3 液态物质储能

5.3.1 概述

液态物质储能是指将能量以液相的化学能形式储存起来，人们所熟知的石油、水、甲醇燃料等都属于液态物质储能的范畴。

石油主要用作燃油，它是将远古生物体的生物质能转化为石油的化学能储存起来，在燃烧等方式的作用下将化学能转化为热能等形式释放能量。地球上蕴藏着丰富的石油，据估计，石油的蕴藏量为 10 000 多亿 t，其中 700 多亿 t 蕴藏在海洋中。截至 2023 年 9 月底，全球总石油可采储量为 1.624 万亿桶，比 2022 年同期增加了 520 亿桶；预计 2100 年前，全球的经济可采石油储量约为 1.3 万亿桶。从可采石油储量的分布来看，沙特阿拉伯以 2710 亿桶位居榜首，其次是美国(1920 亿桶)、俄罗斯(1430 亿桶)、加拿大(1270 亿桶)和伊朗(1070 亿桶)；中国以 750 亿桶位居第七，这主要得益于技术快速发展推动页岩油资源开发风险降低。根据目前世界需求的增长趋势，石油在 35～40 年可保持较高的供应水平。但石油资源分布极不均衡，主要分布在中东各国，约占世界总探明剩余开采储量的 68%。目前，石油勘探技术不断发展，但是大量石油没有得到合理的利用，如何将已勘探的石油安全储存起来成为一项挑战。另外，由于石油的形成机制、地理环境等因素的不同，石油的品质也存在较大差异，因此精炼和提纯石油是实现能量利用最大化的重要环节。虽然石油是世界上最重要的能源之一，但它是一种不可再生能源，并且石油在燃烧的过程中会产生大量温室气体和有毒有害气体，因此人们开始探索其他绿色清洁的液态形式的燃料。

相较于石油在勘探和储存中的困难，甲醇是一种经济效益高的新型液态燃料，其优点主要包括可以通过空气中的 CO_2 实现甲醇的绿色合成，将太阳能等可再生能源转化为甲醇的化学能。另外，甲醇作为燃料电池，既可以将储存的化学能转化为电能，又能有效解决传统燃料电池效率低下、成本高昂等问题。

5.3.2 石油

1. 石油的形成

石油的形成本质就是将生物质能转化为化学能储存起来。在至少 200 万年以前，海洋中大量死亡的浮游生物以及由于河流和风力而携带至海洋的陆上生物遗骸不断地沉降到海洋底部，成为沉积有机质。这些沉积有机质在一定温度和压力的作用下，由松散的状态转变为沉积岩，这个过程就是成岩作用，这也是生物质转化为石油的第一步。图 5.8 为石油的形成示意图。

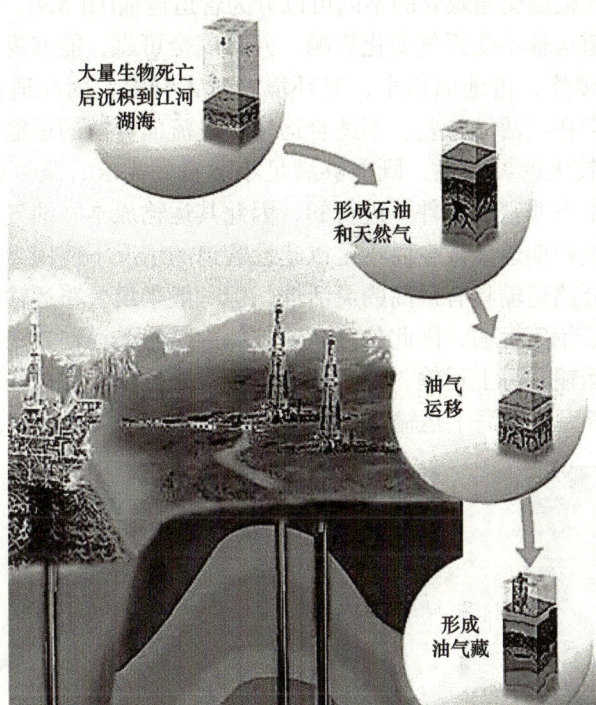

大量生物死亡后沉积到江河湖海

形成石油和天然气

油气运移

形成油气藏

图 5.8 石油的形成

石油生成的主要阶段是退化作用。在细菌频繁活动和温度持续升高下，沉积有机质中的纤维素、蛋白质和多糖大分子被降解。在退化过程发生的总的转变相当于一个分解过程。在这个过程中，由于细菌的发酵作用而形成的有机物干酪根是形成石油的核心前驱体。大多数有机质在这一阶段聚合成不溶于有机溶剂的有机物，称为干酪根。干酪根是指一切能生成油气或煤炭的有机质，是地球上有机碳最重要的存在形式，地壳中干酪根总量约为 3000 万亿 t，相当于全球煤炭总储量的 1000 倍、石油总储量的 16 000 倍。

大部分可分解的有机物经过退化作用消失以后，在干酪根中发生了结构重组，生成较高程度的有序排列，这个阶段就是交替作用。在这个过程中干酪根受到地热和压力的影响逐渐形成石油。由于石油生成于压实的黏土和页岩中，而这种岩石本身基本不具有渗流能力，所以烃类物质从烃源岩中生成后要运移到孔渗性的储集岩(具有储存石油能力的岩石)中，该过程称为石油运移。一般油气在生油岩产出后，需要经过一定时间、一定距离的运移才能到达储集岩层，并在此聚集。

2. 石油的运输

石油的勘探和开采使得人们使用石油成为可能，随着世界工业化进程的加速，将石油运输到储存地点或需要应用的场所成为石油应用的重要环节。早在 19 世纪中期，人们就已经开始摸索石油运输的方式，受限于科技水平，当时主要以马力运输木桶装的石油为主。这种运输方法不仅效率低，而且极其危险。1895 年出现了钢制管道以后，管道运输石油逐渐得到发展，并成为主流的石油运输方式。

石油的运输方式根据交通媒介的不同可以分为管道运输(图 5.9)、铁路运输、公路运输和水路运输。管道运输不受天气变化影响，并且安全可靠，能够避免因电火花和自然灾害等因素造成的爆炸，占地面积小，对环境的危害有限，因此适合石油的大规模运输。但管道运输也存在灵活性较差。不适合运量小且流向分散的运输需求等弊端。铁路运输在运量上具有较大的灵活性，既能够满足小运量的需求，又可以承担大运量的运输。但是铁路运输是在非密闭条件下进行的，因此其运输成本、油气损耗均高于管道运输，适合在油田开发初期运量较少尚不足以建设管道的情况下使用，且受铁路运力的限制运量不宜过大。公路运输具有最高的灵活性，但一般来说公路运输的运量偏小、运输成本高，只适用于短距离运输，因此公路运输被认为是各类运输方法的辅助方式。水路运输可细分为江河运输和海上运输，与其他运输方式相比，水路运输更具经济性，从别国购买的石油一般都是选择海上运输，但该运输方式受地理条件限制，流向不够灵活。

图 5.9　石油的管道运输

由于管道运输是目前最主流的运输方式之一，因此下面对管道运输进行详细介绍。

1) 石油管道的类型

石油管道运输是陆上石油运输的最主要方式，根据输送目的和服务对象的不同可以分为集输管道和长输管道。

集输管道针对油田内部的石油输送，主要包括从单个油井到计量站或处理厂，以及处理厂到长输管道外输首站的管线。输送介质既包括未经处理的混合原油(含水、气及杂质)，也包括处理(脱水、脱气、脱除挥发性强的轻组分及杂质)后的洁净商品原油。集输管道管径小、输送压力低、运距较短、输量较小。

长输管道主要是将油田所产原油输送至炼厂加工或码头外运，输送介质一般是经过处理的商品原油。长输管道的管径大、输量大、输送压力高、运距长、沿途地形条件复杂、建设难度大，更能代表原油管道的技术发展水平。

2) 输油管道发展

在石油管道运输的建设和发展方面，美国是世界上最早开始建设管道运输的国家，也是目前建造水平最高、管道设计最发达的国家。其中，比较具有代表性的管道包括阿拉斯加输油管道和全美输油管道。

(1) 阿拉斯加输油管道。该管道的起点位于北冰洋普拉德霍湾，贯穿阿拉斯加南北，最终到达瓦尔迪兹港，全长 1288 km，管径 1219 mm，设计压力 8.3 MPa，设计输量约 $10\ 000 \times 10^4\ t \cdot a^{-1}$，管材选用 API5LX60、API5LX65 及 API5LX70 低温钢，施工历时3 年，于 1977 年 6 月建成投产。阿拉斯加输油管道的设计中有 322 km 的管道需要通过北极圈，这也是该管道设计和制造中最具挑战性的地方。图 5.10 为呈锯齿形敷设的阿拉斯加输油管道。北极圈全年有 320 天气温低于 0℃，最低气温仅-49℃。不仅如此，还有644 km 的管道需要通过永冻土区，永冻土厚度 91～305 m，为了克服永冻土厚度大的问题，管道采用架空敷设的方式，使用低温锚固法防止管桩因季节温变而上下移动；规划和建设期间完成了大量科技研究，通过环道实验、永冻土带阴极保护实验等，克服了沿线恶劣条件造成的一系列施工、环保和运行难关，开创了永冻土地带管道建设的先河。

图 5.10　呈锯齿形敷设的阿拉斯加输油管道

(2) 全美输油管道。该管道的起点是西海岸的加利福尼亚州南部的 Los Floers 港，经过亚利桑那州、新墨西哥州，到达东海岸的得克萨斯州的韦伯斯特(Webster)港，贯穿美国南部大陆，全长 2715 km，干线管径 762 mm，输送压力 6.3 MPa，设计输量 50 000 m³·d⁻¹ (约 1600 × 10⁴ t·a⁻¹)，采用 API5LX65 及 API5LX70 钢管，沿线经过了沙漠、荒漠、农庄、高原、沙丘、美国最大的山体断层、大型河流等复杂地形，1987 年年底建成投产，是当时世界上技术水平最先进的热输原油管道。

我国的石油管道运输起步较晚，我国第一条原油管道是 1945 年建成的玉门油田—四台子炼厂(玉门炼厂前身)的供油管道，管径 114.3 mm，长度只有 4 km，输量约 10 × 10⁴ t·a⁻¹。在我国建造的石油管道中，东北输油管网、中俄原油管道和甬沪宁原油管道是最具代表性的三个管道系统。

(1) 东北输油管网。东北输油管网于 1970 年筹建，该管网设计建造的目的是配合大庆油田开发、满足大庆原油外输。其建设的第一条管道是庆抚线(大庆—抚顺)，该管道1970 年 9 月开工，1971 年 10 月正式输油，全长 559 km，管径 720 mm，设计压力 6.4 MPa，输油能力 2000 × 10⁴ t·a⁻¹，是我国第一条大口径长输原油管道。该输油管道无论是管径、运距还是输油能力，均代表当时国内管道建造的最高水平。根据大庆油田原油高凝、高黏、高含蜡的基本特征，在设计时采用加热输油工艺，这也是我国第一条大口径热输原油管道。在此后的 5 年中，又相继建成铁秦线、庆铁复线、铁大线等输油大干线，以及抚鞍线、中朝线等短距离原油管道。到 2012 年，东北管网主要干线管道长度已达 3500 km左右，又补充了向吉林石化、哈尔滨石化供油的长吉线、庆哈线等向炼厂的供油干线，以及中俄原油进口管道国内段漠大线，形成了连通国内外资源、直供东北各大炼化企业并向华北部分炼厂补充油源的更趋完善的输油管网。东北输油管网的建设彻底改变了油田以运定产的被动局面，优化了原油运输方式(由铁路运输为主转为管道运输为主)，腾出更多的铁路运力支持其他行业建设。

(2) 中俄原油管道。该管道总长 1030 km，其中俄罗斯境内长约 65 km，我国境内长约 965 km，管径 813 mm，设计压力 8 MPa，设计输量 1500 × 10⁴ t·a⁻¹，采用常温密闭输油工艺。管道起自俄罗斯东西伯利亚-太平洋输油管道的斯科沃罗季诺输油站，从我国漠河兴安镇入境，自北向南沿大兴安岭东坡延伸，穿越嫩江平原，止于大庆林源输油站。我国境内分两期建设；一线和二线先后于 2011 年 1 月和 2018 年 1 月正式运营，每年进口俄罗斯原油 3000 万 t，承担我国 58% 的陆上原油进口重任。截至 2021 年 1 月 1日，中俄原油管道累计输送原油近 2 亿 t，在保障国家能源安全、优化油品供输格局、深化中俄战略合作和促进经济社会发展等方面都做出了重要贡献。

在建设这条管道的过程中遇到了很多难题，最严重的灾害风险为冻土融沉灾害，即管道需穿越漠河—加格达奇约 441 km 的不连续多年冻土区和加格达奇—大庆约 512 km 的深季节冻土区(冻深>1.5 m)，其中在多年冻土区段，高温高含冰量冻土区为 119 km，冻土沼泽湿地区为 50 km。科研人员通过综合考虑管道沿线气候条件、冻土工程地质条件、生态环境、水文系统及经济效益、工程实效等因素，科学、合理地控制管道权利范围内的冻土环境和油温，研发新的冷却和散热装置，增加管基承载力，提高管材强度和柔韧性，形成一整套管道冻土灾害防控对策，以保障管道安全稳定运营。这条管道建设为我国石油管道运输的设计和制造提供了宝贵的经验。图 5.11 为中俄原油管道沿线冻土融沉灾害示意图。

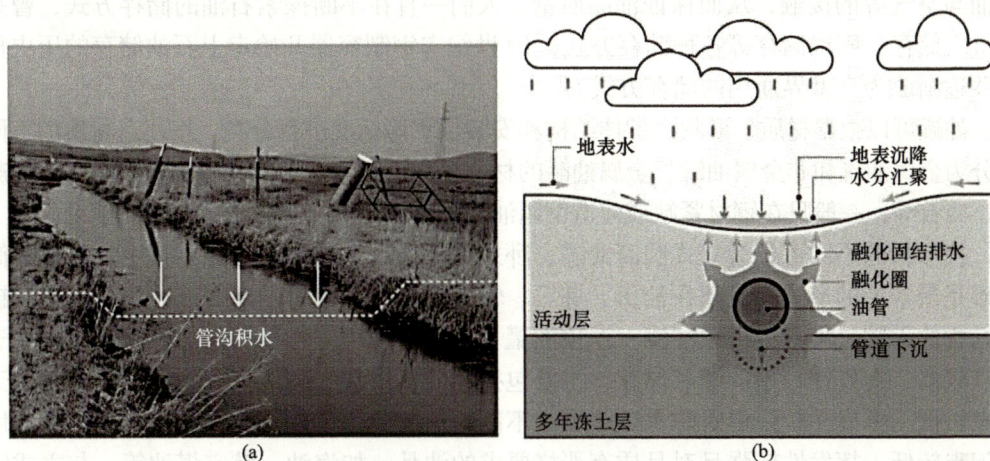

图 5.11　中俄原油管道沿线冻土融沉灾害示意图

(3) 甬沪宁原油管道。该管道的起点是浙江省宁波大榭岛油港，途经上海最终到达南京，是我国第一条输送海上进口原油的管道。该管道自 2002 年 8 月开工，2004 年 6 月建成投产。工程包括主线和复线两部分，主线最大管径 762 mm，最高设计压力 10 MPa，输油能力 2000×10^4 t·a^{-1}，沿途向镇海石化总厂、上海石化总厂、上海高桥石化总厂、南京金陵石化和扬子石化等炼化企业供油，全长 645 km；复线起自舟山群岛的岙山油港，到达镇海岚山油库后与主线并行至上海石化总厂的白沙湾分输站，全长 184 km，管径 762 mm。

该管道所输原油主要有沙特阿拉伯轻质原油、沙特阿拉伯中质原油和阿曼原油等，由于原油性质差异较大，需将部分原油混合以实现常温输送。甬沪宁管道的建成创造了当时原油管道建设的几项国内之最——设计压力最高、管径最大、分输站最多，同时杭州湾穿越段是国内压力最高、管径最大的海底原油管道。该管道建成后与输送胜利油田原油的鲁宁线以及后来修建的沿江管道相连，使华东原油管网进一步扩展，资源调配更为灵活。

随着科学技术的不断进步，管道输送的设计和制造也快速发展。首先，管道输送的设计和建造更趋向于国际化合作，大型跨国石油管道输送网络的设计和建造有利于降低两国石油运输的成本，对石油储备具有重要意义；其次，管道的设计更加注重经济效益，提高管道压力等级可以在相同管径的条件下运输更多的石油，降低单位石油的运输成本，减小运输管道管壁的厚度可以降低钢耗材。除此之外，目前的石油运输管道往往具有较强的针对性。例如，原油管道不适用于运输成品油，因此开发设计建设混合油品的管道不仅可以最大限度地降低建造成本，还可以提高运输效率。

3. 石油的储存

石油的储存贯穿于石油开采、运输、提炼等各个环节。由于石油的化学性质较为活泼，因此在油品储存过程中，要保证油品的质量，必须注意降低温度、空气与水分、阳光、金属对油品的影响。通常情况下，石油采取密封的方式进行储存，最大限度地减少石油与空气等的接触，从而保证油品质量。人们一直在不断探索石油的储存方式，曾采用坑穴储存、陶罐储存等各种储存方式，19世纪末钢制容器开始走上石油储存的历史舞台并逐渐成为全世界通用的储存方式。

油罐可以根据材质、形状、护体结构和安装位置等标准进行分类。按建造材质的不同可分为金属油罐和非金属油罐。金属油罐的材质多为钢材。非金属油罐的材质有钢筋混凝土、砖石等，一般只在钢材紧缺或建造钢制油罐有困难的情况下才建造非金属油罐。

按形状的不同可分为立式圆筒油罐、卧式圆筒油罐、球形油罐等。其中，立式圆筒油罐是最常见的形式，可建在油田、炼厂、管道首末站和销售油库等多种场合，按其罐顶结构的不同又可分为拱顶油罐、浮顶油罐、内浮顶油罐等常用类型。拱顶油罐常用于闪点较高、挥发性较差的油品储存，主要包括柴油、重油、润滑油等。浮顶油罐常用于闪点较低、挥发性较强但对防水性能要求不高的油品储存，如原油等。内浮顶油罐常用于闪点较低、挥发性较强且对品质有严格要求的油品，如汽油、航空煤油等。与立式圆筒油罐相比，卧式圆筒油罐体积较小，多用于加油站或生产中使用小型油罐的环节，按其结构不同又可分为平顶油罐、拱顶油罐和锥顶油罐。

中国石油化工集团有限公司(以下简称"中石化")承担了我国绝大多数油罐的设计和制造项目。中石化与上海方面密切配合，建设目前中国最大规模的石油仓储基地——上海洋山港巨型石油仓储基地。洋山港巨型石油仓储基地是一个纯商业的石油基地，主要用于储存燃料油。

石油及其产品多具有易燃、易爆、易挥发等特点，油罐改造、施工、作业等过程中存在一定的火灾隐患。单个油罐的泄漏、火灾、爆炸事故可能造成区域内连锁性灾难后果，不仅对人员、设施安全造成严重威胁，而且可能引发大面积环境污染等次生灾害事故。研究项目表明，大型石油储罐火灾事故每年发生15~20起。因此，必须加强石油储罐火灾防控措施，提高对罐区重特大火灾事故预警、防范和应急救援能力，提升罐区消防安全管理水平。然而，近年来石油库规模不断扩大，单罐容量不断增加，多种储罐形式并存，呈现出大型化、综合化的特点，由此导致的火灾爆炸事故风险呈不断上升的趋势，给火灾预防和扑救带来新的挑战。因此，原油的储存一般要与其他的仓储库容分隔，并且远离居民区，与周围的建筑物也要有一定的防护距离，而且要处于下风处。不仅如此，石油仓储地一般要设置完善的消防设施来预防意外事件。如果石油的凝固点较高，当气温过低时，原油就会发生凝固，造成运输和使用不便。因此，原油仓储地区的气温不宜过低。当原油发生凝结时，需要对罐体进行加热。同时，石油具有一定的膨胀性，当气温升高或降低会出现体积膨胀或缩小的现象。油品的膨胀与体积、温度有关，一般来说，油品越轻，膨胀系数越大。因此，在储存原油时要给原油的容器预留一定的剩余空间，从而适应石油的膨胀特性。由于油品火灾危险性和爆炸危险性较大，故必须降低油品的爆炸敏感性，并应用阻燃性能好的材料。原油还具有一定的毒性，当气温较高时，原油挥发可能会产生有毒物质，因此工作人员也需要采取一些必要的防护措施。

4. 石油的化工产品

尽管石油的工业研究和开发不过短短两百多年的历史，但是石油的勘探和利用却突飞猛进，是目前开发速度最快的矿质资源之一。这主要是因为石油本身是非常优秀的储能载体。首先，石油的热值(每立方米石油燃烧时放出的热量)高、比重(标准状况下单位体积石油与单位体积空气的比值)低，石油的比重仅为煤炭的 50%～60%，但是石油的热值却是煤炭的 150%～200%(表 5.5)。根据实验测定，一辆装有 4 t 货物的卡车行驶100 km 需要消耗 20 kg 左右的汽油，也就是说只要 200 mL 的汽油就可以将一辆卡车连同 4 t 的货物开到 1 km 外的地方，这充分说明了石油作为燃料具有巨大的热值。其次，石油易引燃且燃烧充分，因此有效利用率高。再次，石油具有流动性，因此可以通过管道等方式进行运输，从而降低运输成本。最后，石油用途广泛，既是重要的能源又是珍贵的化工原料，还是不可或缺的工业辅助材料。

表 5.5　几种常见燃料的燃烧热值($\times 4.19$ J·kg^{-1})

木柴	泥炭	褐煤	烟煤	石油	汽油	天然气
2 000～2 500	2 000～3 500	2 000	5 000	10 000	11 000	7 000～12 000

将石油进行分馏和裂解可以得到上千种不同的化工原料，主要产品包括燃料(汽油、柴油、喷气燃料、重质燃料等，燃料占石油产品总量的 3/4，其中 80%主要用于发动机燃料)、润滑油(内燃机油、机械油等，主要用于降低机件之间的摩擦和防止磨损，以减少能耗和延长机械寿命，润滑油的产量不多，仅占石油产品总量的 2%左右，但品种丰富)，石油的其他产品还有农业肥料硫铵和轻工业、化学工业的重要原料炭黑、洗涤剂原料、石蜡、沥青等。

汽油主要用于汽化器式发动机(汽油机)，是汽车和螺旋桨式飞机的燃料。汽油质量的好坏不仅对行驶(飞行)里程有很大影响，而且直接关系到发动机的使用寿命。汽油质量标准涉及许多方面，其中最重要的是蒸发性、抗爆性和安定性。评价汽油蒸发性的指标是馏分组成和蒸气压。蒸气压过大，说明其中的轻组分太多，在输油管中挥发产生气泡，使管路发生气阻，中断供油，并迫使发动机停止运转。汽油的抗爆性是指汽油发动机的汽缸燃烧时抵抗爆炸的能力，可用辛烷值度量。汽油的辛烷值越高，其抗爆性越好。汽油的安定性是指汽油在常温和液相条件下抵抗氧化的能力。安定性不好的汽油在储存和运输过程中容易发生氧化和聚合反应，生成酸性物质和胶状物，致使油的颜色变深，辛烷值降低。

柴油也是从石油中提炼出的液体燃料，但是它的馏出温度比汽油高、闪点高、比重大、安定性较好，因此在运输和储存中不易起火，安全性能较高。此外，柴油的黏度也较高，因此在储存中渗漏的损失较小。评定柴油性能的一个指标是十六烷值，即柴油的十六烷值越高，滞燃期越短，柴油的压力增长越均匀，柴油的爆震性小，工作情况比较缓和。柴油发动机具有压缩比大、燃料转化为功的效率高、耗油少等优点。对柴油质量的要求最主要的是有良好的燃烧性能，燃烧性能越差的柴油，燃烧时滞燃期越长，压力增加越激烈，爆震也越严重，因此要求柴油具有较好的自动氧化链式反应能力，这一点正好与汽油相反。柴油机与汽油机不同的地方主要是柴油机并不用电火花点燃可燃气体，而是用柴油泵的压力使燃料喷射到燃烧室室内，与空气混合成可燃气体，利用汽缸中的高温高压，使柴油自行燃烧。因此，也有人将柴油机称为压燃式发动机。

在机械工业中，广泛使用以石油为原料制得的润滑油和润滑脂作为润滑材料，尤其是润滑油的用量最大。润滑油一般是指在各种发动机和机器设备上使用的石油液体，润滑油的主要作用是减少机械设备运转时的摩擦，同时还可以带走摩擦产生的热量，冲洗磨损产生的金属碎屑，并有隔绝腐蚀性流体保护金属面的密封作用，因此人们常把润滑油称为"机器的血液"。最主要的三类润滑油为内燃机油、齿轮油和液压油，它们的消耗量占润滑油总耗量的 60%左右。其他品种的润滑油有全损耗系统用油(包括机械油、缝纫机油、织布机油等)、压缩机油、金属加工油、汽轮机油和电气绝缘用油等。各种润滑油都有各自的特殊质量要求，如汽轮机油应有良好的抗乳化性能，而变压器油应有良好的电绝缘性和导热性。润滑油通常是从常压塔底流出的重油经过减压蒸馏制取，精制的方法主要有溶剂精制酮苯脱蜡、尿素脱蜡、丙烷脱沥青和加氢精制。近年来，加氢精制发展较快，多用于生产高级润滑油。

5. 石油的加工工艺

原油经过勘探和钻井开采后，因其是一种多组分的复杂混合物，直接利用的途径很少。为了使石油中的各种组分都能发挥效能，必须要通过炼制过程将它们一一提取出来。

常规上进行的第一步化工处理是常减压蒸馏，称为石油的一次加工，即将石油中不同沸点的组分进行常压或减压蒸馏从而实现初步分离。常减压蒸馏后，得到沸点低于200℃的汽油馏分、200～350℃的煤油和柴油馏分、350～500℃的润滑油馏分和高于500℃的渣油馏分。图 5.12 为常减压蒸馏工艺流程。然而，经过第一步的常减压蒸馏后，只能得到化工半成品。为了得到纯度更高的各组分，需要进行二次或三次加工。

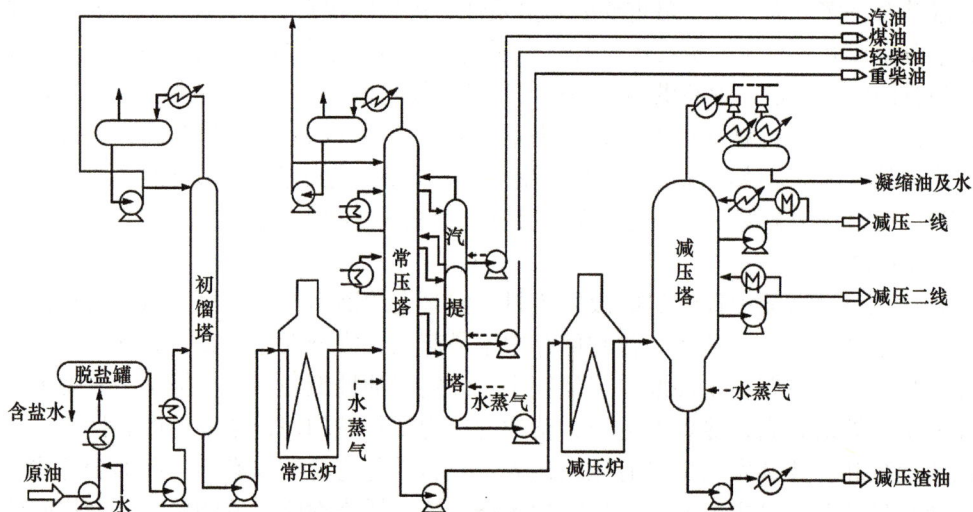

图 5.12　常减压蒸馏工艺流程

1) 催化裂化工艺

催化裂化是炼油工业中重要的二次加工过程，在炼油工业中占有十分重要的地位。石油加工的目的是提高原油加工深度，得到尽可能多的轻质油品，增加产品品种，提高产品质量。而原油经过一次加工(常减压蒸馏)后只能得到 10%～40%的汽油、煤油及柴油等轻质馏分油，其余的是重质馏分和渣油。催化裂化技术不断提高，目前已成为原油二次加工中最重要的炼油技术之一。我国 70%以上的商品汽油、近 30%的商品柴油产量来自催化裂化工艺。因此，催化裂化工艺在炼化企业石油加工的总流程中占有十分重要的经济地位。

催化裂化的原料一般是重质馏分油，它主要来源于原油蒸馏装置、延迟焦化装置、溶剂脱沥青装置及重油加氢等，如减压馏分油(减压蜡油)、焦化蜡油、脱沥青油、加氢尾油等。催化裂化的产品有气体(包括干气和液化气)、汽油、轻柴油，中间产品有回炼油，有的装置还出产油浆或澄清油等。

(1) 汽油是催化裂化的主要产品，汽油产率为 30%～60%(质量分数)。催化裂化汽油是车用汽油的主要组分，目前我国催化裂化汽油占车用汽油的 60%～80%。催化裂化汽油的组成与原料油的组成有关，石蜡基原料生产的汽油芳烃较少，烯烃和烷烃较多，故辛烷值较低，而环烷基原料则相反。此外，催化剂性质对汽油的组成也有很大影响，氢转移活性强的催化剂会使汽油中的芳烃增加，烯烃下降；异构化活性高的催化剂会使汽油中的异构烷烃和异构烯烃增加，辛烷值增大。

(2) 轻柴油的产率一般为 20%～40%(质量分数)。但催化裂化柴油中含硫、氮量高，稳定性差且芳烃含量高达 50%以上，十六烷值低。因此，催化裂化柴油往往需要加氢精制或经加氢改制与其他加氢柴油调和后，才可作为商品柴油。

(3) 回炼油一般是指产品中 342～350℃的馏分油(一般占进料质量的 5%～8%)。回炼油中的芳烃含量远高于原料油，是催化裂化反应中难以裂化组分浓缩的结果。

(4) 油浆是催化裂化分馏塔塔底出来的馏分油，一般将其送至油浆沉降器进行沉降分离，从沉降器上部排出的清洁产品称为澄清油。此外，油浆可作为后续加工(如延迟焦化)装置原料，也可供各种工业炉或锅炉作为燃料使用。

基于我国原油资源的特点和催化裂化在二次加工中占有的重要地位，未来的催化裂化工艺在我国炼油工业中仍将发挥不可替代的作用，不仅成为重油轻质化的主导技术，还是提高企业经济效益的重要手段。

2) 加氢裂化工艺

加氢裂化工艺是重质油轻质化的重要工艺过程之一，是在较高反应温度(350～410℃)和较高反应压力(8.0～18.0 MPa)以及氢气和催化剂存在的条件下，使重质馏分油发生裂化反应，转化为气体、石脑油、喷气燃料、柴油等，同时将原料油中的硫、氮、氧和金属等杂原子加氢脱除的过程。其最大特点是可以根据加工原料油类型的不同和市场对各类产品需求的变化，调整工艺条件和催化剂类型使重油发生裂化反应，转化为气体、汽油、煤油、柴油等各种清洁燃料。加氢裂化作为石油加工的一个重要过程，对于提高原油加工深度、合理利用石油资源、改善产品质量、提高轻质油收率、提供化工原料及减少大气污染等都具有重要意义。

加氢裂化所用原料包括粗汽油、粗柴油、减压蜡油、重油及脱沥青油等。我国加氢裂化装置按加工原料的不同,可分为馏分油加氢裂化和渣油加氢裂化。馏分油加氢裂化的原料主要有减压蜡油、焦化蜡油、催化裂化循环油及脱沥青油等,目的产物主要是重整原料油、航空煤油、优质柴油和乙烯裂解原料。渣油加氢裂化与馏分油加氢裂化有本质的不同,由于渣油中富集了大量含硫氮化合物、胶质、沥青质大分子及金属化合物,其目的产物主要是中间馏分油,如催化裂化原料等,使催化剂的作用大大降低。因此,热裂解反应在渣油加氢裂化过程中有重要作用。

加氢裂化装置基本上按两种流程操作:一段加氢裂化和两段加氢裂化。一段加氢裂化流程中包括两个反应器串联在一起的串联法加氢裂化流程,主要用于由减压蜡油、脱沥青油生产航空煤油和柴油。二段加氢裂化是将一段加氢裂化的产物作为原料进行裂化反应和异构化反应,适合处理一段加氢裂化难处理或不能处理的原料。

(1) 一段加氢裂化工艺。原料油经泵升压至 16.0 MPa 后与新氢及循环氢混合,再与 420℃左右的加氢成油换热至 320~360℃进入加热炉,原料在 380~440℃反应,为了控制反应温度,向反应器分层注入冷氢。反应产物与原料换热后温度降至 200℃,再冷却至 30~40℃后进入高压分离器。自高压分离器顶部分出循环气,经循环氢压缩机升压后,返回反应系统循环使用。自高压分离器底部分出生成油,经减压系统减压至 0.5 MPa,进入低压分离器。生成油经加热送入稳定塔,在 1.0~1.2 MPa 下蒸出液化气,塔底液体经加热炉加热至 320℃后送入分馏塔,最后得到轻汽油、航空煤油、低凝柴油和塔底油(尾油),尾油可部分或全部作循环油,重复利用。图 5.13 为一段加氢裂化工艺流程。

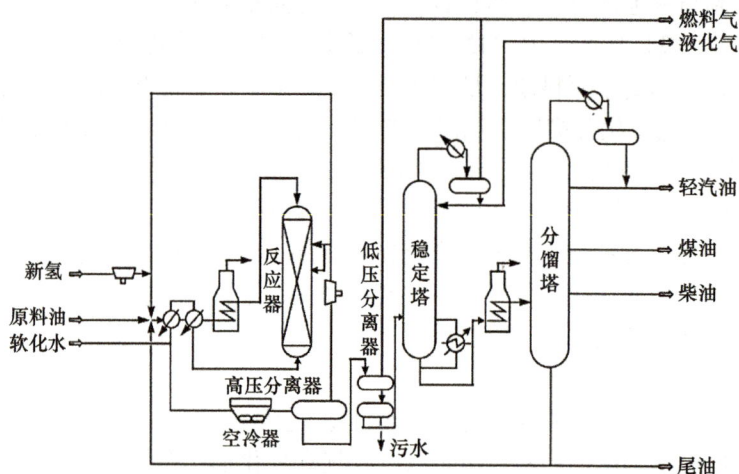

图 5.13 一段加氢裂化工艺流程

(2) 两段加氢裂化工艺。经过第一段进料,第二段进料与循环氢混合后,进入第二段加热炉,加热至反应温度,在装有高酸性催化剂的第二段加氢裂化反应器内进行裂化反应。生成物经换热、冷却、分离,分出溶解气和循环氢后送至稳定分馏系统。图 5.14 为两段加氢裂化工艺流程。

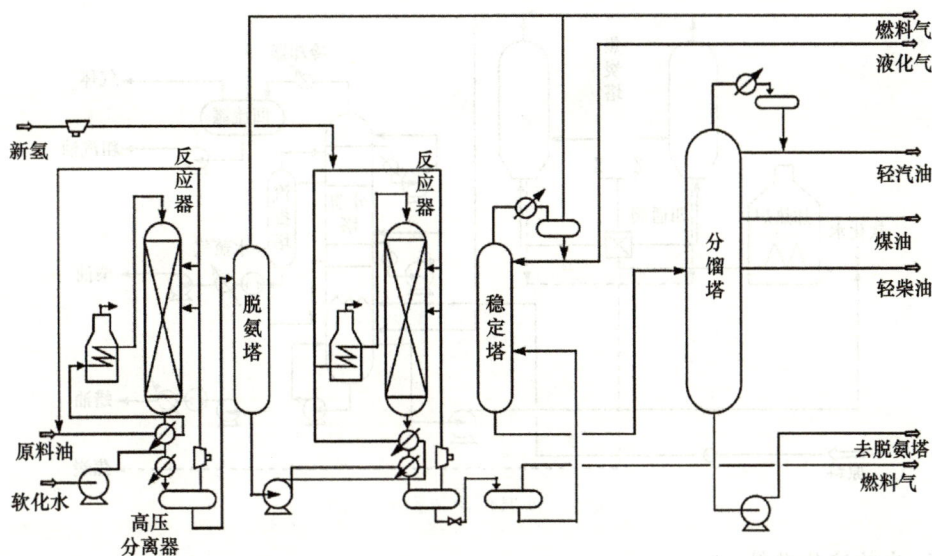

图 5.14 两段加氢裂化工艺流程

3) 延迟焦化工艺

延迟焦化工艺是一种渣油轻质化过程，在石油化工工业中起着非常重要的作用。该工艺可以加工残炭值及重金属含量很高的各种劣质渣油，而且过程比较简单，投资和操作费用也较低。它的主要缺点是焦炭产率高，附加值低，液体产物的质量差，需要进一步加氢精制。延迟焦化工艺尽管还存在这些缺点，但仍然是目前加工高金属、高残炭劣质渣油的最有效手段，并为催化裂化、加氢裂化和乙烯生产提供原料。在现代炼油工业中，它是重要的提高轻质油收率的途径。

延迟焦化工艺是以渣油为原料，在高温(480～550℃)下进行深度热裂化反应的一种热加工过程。延迟焦化可以处理多种原料，如原油、常压重油、减压渣油、沥青等含硫量较高及残炭值较高的残渣焦。炭化过程产品的产率及其性质在很大程度上取决于原料的性质。减压渣油经焦化过程可以得到 70%～80%的馏分油，而且柴汽比高。但焦化汽油和焦化柴油中不饱和烃含量高，而且含硫、氮等非烃类化合物的含量也高，它们的安定性很差，因此必须经过加氢精制等精制过程加工后才能作为发动机燃料。

延迟焦化装置的工艺流程有不同的类型，就生产规模而言，有一炉两塔(焦炭塔)流程、两炉四塔流程等。图 5.15 为延迟焦化装置工艺流程。

原料油(减压渣油)经换热及加热炉对流管加热到 340～350℃，进入分馏塔下部，与来自焦炭塔顶部的高温油气(420～440℃)换热，把原料油中的轻质油蒸发出来，同时加热了原料(约 380℃)及淋洗下高温油气中夹带的焦末。原料油和循环油一起从分馏塔塔底抽出，用热油泵送进加热炉辐射室炉管，快速升温至约 500℃后，分别经过两个四通阀进入焦炭塔底部。热渣油在焦炭塔内进行裂解、缩合等反应，最后生产出焦炭，焦炭聚结在焦炭塔内，而反应产生的油气自焦炭塔塔顶逸出，进入分馏塔，与原料油换热后，经过分馏得到气体、汽油、柴油、蜡油和循环油。焦炭化所产生的气体经压缩后与粗汽油一起送去吸收-稳定部分，经分离得到干气、液化气和稳定汽油。

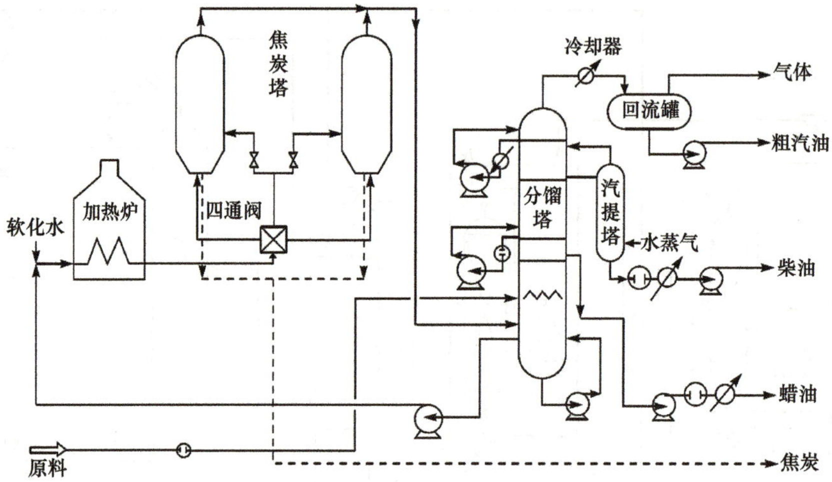

图 5.15 延迟焦化装置工艺流程

6. 生物液体燃料

生物液体燃料是指以可再生的生物质资源为原料生产的液体燃料，主要用作交通燃料以补充替代石油燃料，包括技术成熟的生物乙醇和生物柴油、处于推广阶段的生物航空燃料以及正在研发的生物丁醇等。世界能源消费快速增长和国际油价的持续高企，不断推动着生物液体燃料技术的开发与应用。随着未来能源需求不断增加、化石能源供应日益紧张、二氧化碳减排及环境保护法规日趋严格，生物液体燃料开发将得到进一步发展，尤其是原料来源广泛、生产成本低、适合规模化生产的生物液体燃料的开发越来越受到世界各国的重视。

1) 生物乙醇

生物乙醇是发展最为成熟的生物液体燃料品种之一，其发展目前主要经历了两个阶段。第一阶段是以玉米、甘蔗和甜菜等作物或者非主粮中的淀粉或糖类物质为原料，通过发酵等生物工艺进行生产，淀粉一般先经过酶催化水解，产生含糖溶液，然后通过微生物发酵阶段生产生物乙醇，而糖料可以直接发酵生产乙醇。目前世界上的生物乙醇基本都是第一阶段生物乙醇，其中美国以玉米为主要原料，巴西以甘蔗为主要原料。但是第一阶段生物乙醇的生产方式成本高昂，对减少二氧化碳的排放能力有限，因此催生了生物乙醇的第二阶段的发展。

第二阶段生物乙醇主要采用生物化学或热化学转化技术。生物化学转化法主要有预处理、水解和发酵 3 个关键步骤。其中，预处理技术的开发方向是能耗低、半纤维素水解率高、物料损失小并且有利于纤维素水解；纤维素水解酶是生产纤维素乙醇的关键因素，开发价格低廉、高效的纤维素水解酶是纤维素乙醇技术商业应用的关键；发酵工序的重点是开发糖转化率高、发酵酒精度高的 C_5/C_6 共发酵菌株。热化学转化技术首先将纤维素原料利用气化技术转化为合成气，然后通过传统催化剂或微生物的作用生产生物乙醇，工艺的关键是开发高效生物质气化技术和高转化率的微生物或催化剂。

2) 生物柴油

生物柴油也是一种重要且相对成熟的生物液体燃料。生物柴油的发展同样主要经历了两个阶段。第一阶段主要采用食用动植物油脂与甲醇进行酯交换生产的常规生物柴油，即脂肪酸甲酯，已经实现工业化生产多年，技术很成熟，也是目前世界上主流的生物柴油生产方式。但在生产的过程中不可避免地产生大量的含酸、碱、油工业废水，并且由于酯交换反应生成的脂肪酸甲酯中含有氧和各种杂质，热值相对较低，同时脂肪酸甲酯的化学组成不同于石油、柴油，不能长期储存。

针对上述问题，研究人员将研究重点放在改变油脂的分子结构，将其转变成脂肪烃类，以便与石油基柴油的分子结构更接近、使用更方便，这就是生物柴油发展的第二阶段。该阶段生物柴油生产技术是基于催化加氢过程的生物柴油合成技术路线，即动植物油脂通过加氢脱氧、异构化等反应得到与柴油组分相同的异构烷烃，生产的非脂肪酸甲酯生物柴油也称为绿色柴油或可再生柴油。通过这种方式生产得到的生物柴油具有调和产品密度低、冷流动性质极好、十六烷值高、调和比例没有限制、能量密度高、运输和储存方便可行等优点。

3) 生物航空燃料

生物航空煤油是生物液体燃料的一种。生物航空燃料以动植物油脂或农林废弃物等生物质为原料，采用催化加氢技术生产，具有原料来源广泛、环境友好及可再生的特点，其性质与传统石油基燃料相当，部分指标甚至优于传统航空燃油，可以部分甚至全部替代航空燃油，且无需制造商重新设计引擎或飞机，航空公司和机场也无需开发新的燃料运输系统。近年来，以麻风树油、菜籽油、棕榈油、亚麻籽油、蓖麻油等为原料制备生物航空煤油的研究取得了一定的成果。南开大学化学学院李伟教授率课题组攻克核心技术难关，在全球首创"以蓖麻油为原料制备航空煤油"专有技术，通过适当的催化反应技术实现"蓖麻油加氢"，成功制备出高选择性生物航空煤油。在产业化方面，李伟团队已完成原料供给设计、"产学研用"团队建设，打通了技术流程，通过国家 30 多项航空煤油检验和中试环节，正在致力于推动原料规模化生产，并与工厂对接组织开展生物航空煤油和催化剂生产放大工作，预计可以实现万吨级生产。生物航空煤油不仅可以减少航空业对石油资源的依赖，而且为解决航空业温室气体排放难题提供了一条现实的途径。

5.3.3 液态阳光与甲醇燃料

甲醇是一种重要的燃料，直接甲醇燃料电池(DMFC)就是直接使用甲醇水溶液或甲醇蒸气为燃料供给来源，而不需要通过甲醇、汽油及天然气的重整制氢以供发电。相较于质子交换膜燃料电池(PEMFC)，直接甲醇燃料电池具有低温快速启动、燃料洁净环保、理论能量比高，能量转化率高(一般为 40%~50%)以及电池结构简单、燃料储运相对安全等特性。因此，直接甲醇燃料电池被认为是高效且环保的未来主要发电技术之一。尽管直接甲醇燃料电池的应用前景广阔，但要解决的问题还有很多，首先就是如何绿色高效地将可再生能源转化为甲醇的化学能储存起来，其次直接甲醇燃料电池现有催化剂存在易 CO 中毒、效率低下、价格高昂等问题，导致甲醇及甲醇燃料电池难以工业化生产和大规模应用。

基于上述背景，由液态阳光研究院提出的"液态阳光"是利用太阳能等可再生能源产生的电力将二氧化碳加氢转化为"绿色"甲醇液体燃料，实现了甲醇的绿色高效储能；而甲醇燃料电池也在催化剂等方面不断完善，为实现可再生能源-化学能-电能的绿色储能放能循环体系注入新的动力。

1. 液态阳光——二氧化碳制甲醇

利用太阳能等可再生能源产生的电力，通过电解水生产"绿色"氢能，并将二氧化碳加氢转化为"绿色"甲醇等液体燃料，将可再生能源转化、储存在液体燃料中的技术称为"液态阳光"。目前最成熟的"液态阳光"是利用太阳能生产"清洁甲醇"和"绿色甲醇"。

甲醇按其来源不同可划分为五代，分别是煤制甲醇(第一代)、煤气或页岩气制甲醇(第二代)、以极低排放或零排放技术用煤或气制甲醇(第三代)、生物质制甲醇(第四代)、以二氧化碳和水通过人工光合作用合成甲醇(第五代)。其中，后三代制成的甲醇统称为"清洁甲醇"，后两代制成的甲醇统称为"绿色甲醇"。目前，甲醇正由第二代向第三代过渡。在天然气暂时还无法被完全替代的实际情况下，大幅降低生产甲醇带来的碳排放成为现今退而求其次的研究方向。第二代与第三代甲醇构成的混合体系很可能将在一段时间内作为工业甲醇的主要生产方式。在液态阳光储能中，可以实现二氧化碳加氢制甲醇。

将二氧化碳选择性加氢制备甲醇，不仅能有效减少二氧化碳的排放，还能生产高附加值的化学品和燃料，这也是液态阳光储能的关键步骤。二氧化碳加氢合成甲醇，一方面可以利用二氧化碳合成化工原料，实现碳氢源的循环利用；另一方面可以与新能源电解制氢、氯碱工业衔接，实现氢资源的储存。二氧化碳直接合成甲醇的工业技术主要分为二氧化碳直接加氢为甲醇，以及通过逆水煤气反应和合成气加氢两步合成甲醇。

1993 年 3 月，Lurgi 向全世界展示了二氧化碳制甲醇的过程。此过程采用的催化剂为 $Cu/ZnO/Al_2O_3$ 催化剂(最常见的二氧化碳制甲醇催化剂)。1996 年，日本 NIRE 和 RITE(现为日本国家先进工业科学技术研究所，AIST)建立了第一座工厂，日产 50 kg 甲醇，采用的催化剂为 $Cu/ZnO/ZrO_2/Al_2O_3/SiO_2$，250℃和 5 MPa 下，得到的粗甲醇纯度为99.9%，明显高于合成气制得的甲醇纯度。2008 年，日本三井(Mitsui)化学公司在大阪建立了一座工厂，通过二氧化碳加氢，每年生产约 100 t 甲醇，采用的催化剂同样为 $Cu/ZnO/ZrO_2/Al_2O_3/SiO_2$，只是原料来源不一样，二氧化碳来自于工厂的排放气，氢气来源于电解水，得到的甲醇用于生产芳烃和烯烃。2018 年，兰州新区石化产业投资集团有限公司、苏州高迈新能源有限公司和中国科学院大连化学物理研究所签署了以《液体太阳能：CO_2 加氢甲醇合成技术的发展》为框架的合作协议，旨在建立 1000 t 的示范工厂。2018 年，中国科学院上海高等研究院与上海华谊(集团)公司合作开展二氧化碳加氢制甲醇工业化技术的研发，在完成了近 1200 h 连续运转的单管试验的基础上，近期研发团队与设计部门完成了 10 万～30 万 $t \cdot a^{-1}$ 二氧化碳制甲醇技术工艺包的编制。2019 年，中国石油天然气集团有限公司(简称"中石油")与中国科学院大连化学物理研究所合作建立了中试工厂测试二氧化碳加氢制甲醇，单程转化率超过 20%，甲醇选择性为 70%，提纯后为 99.9%，所采用的催化剂满足稳定性要求。

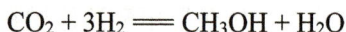

$$CO_2 + 3H_2 = CH_3OH + H_2O$$

　　与二氧化碳直接加氢制甲醇相比，两步法明显提升了甲醇的产率，因为原位去除水有利于平衡向甲醇生成方向移动。但是使用温度高，通常超过 800℃，因为高温有利于逆水煤气反应的进行。2001 年，韩国科学技术研究院(KIST)建立了一座日产 100 kg 甲醇的工厂，首先通过逆水煤气反应产生一氧化碳和水，然后去除水，将含有二氧化碳的合成气转化为甲醇。逆水煤气过程采用 $ZnAl_2O_4$ 催化剂，甲醇合成采用 $Cu/ZnO/ZrO_2/Ga_2O_3$ 催化剂，甲醇产率超过 66%。无论哪种二氧化碳加氢制甲醇方法，都需要高效的催化剂，而合适的催化剂是加氢制甲醇的关键。除此之外，如何富集捕获二氧化碳也是此工艺需要考虑的问题。综上所述，液态阳光储能是一项前景广阔但道路曲折的工作，需要更多的人从事基础研究以及工业化发展。

2. 甲醇燃料电池

　　直接甲醇燃料电池是质子交换膜燃料电池的变种，它直接使用甲醇而无需预先重整。甲醇在阳极转换成二氧化碳、质子和电子，与标准的质子交换膜燃料电池一样，质子透过质子交换膜在阴极与氧反应，电子通过外电路到达阴极并做功。其反应方程式如下：

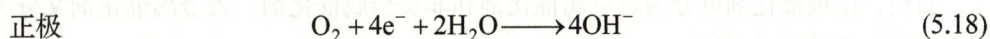

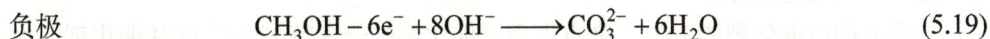

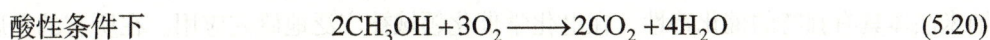

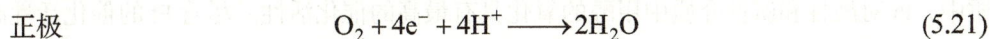

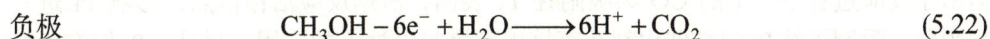

碱性条件下　　　　　　$2CH_3OH + 3O_2 + 4OH^- \Longrightarrow 2CO_3^{2-} + 6H_2O$　　　　　(5.17)

正极　　　　　　　　　　$O_2 + 4e^- + 2H_2O \longrightarrow 4OH^-$　　　　　(5.18)

负极　　　　$CH_3OH - 6e^- + 8OH^- \longrightarrow CO_3^{2-} + 6H_2O$　　　　　(5.19)

酸性条件下　　　　　　　$2CH_3OH + 3O_2 \longrightarrow 2CO_2 + 4H_2O$　　　　　(5.20)

正极　　　　　　　　　　$O_2 + 4e^- + 4H^+ \longrightarrow 2H_2O$　　　　　(5.21)

负极　　　　　　$CH_3OH - 6e^- + H_2O \longrightarrow 6H^+ + CO_2$　　　　　(5.22)

　　如图 5.16 所示，在直接甲醇燃料电池的工作过程中，一定浓度的甲醇溶液从电池的阳极流场结构中通过，在液体的流动过程中，甲醇溶液经过阳极扩散层，至阳极催化剂

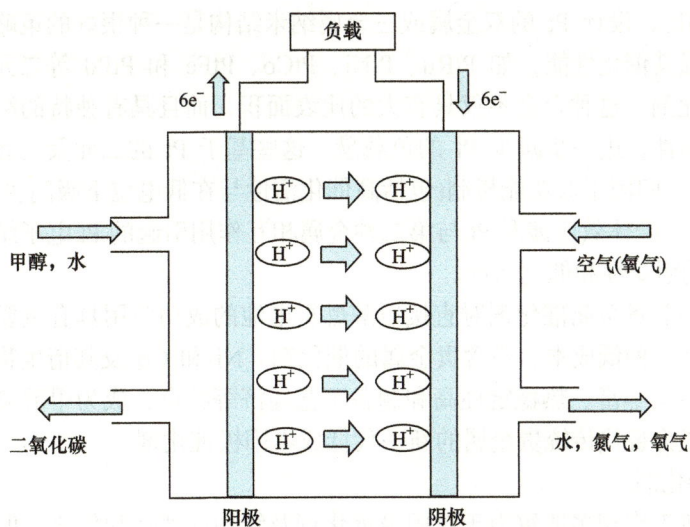

图 5.16　直接甲醇燃料电池工作原理示意图

层处被氧化。透过质子交换膜，作为反应产物的质子迁移到阴极一侧，电子则通过外电路由阳极向阴极传递，并在此过程中对外做功。同时，在阳极膜电极(MEA)中电解质的作用下，二氧化碳气体以气泡的形式在阳极流场内随甲醇溶液排出。在电池的阴极一侧，阴极集流板流场结构均匀分配后的空气或氧气扩散进入阴极催化剂层，被来自阳极的质子电化学还原，生成的水蒸气以液态形式的水与反应尾气一起离开电池的阴极流场。

1) 催化剂

(1) 阳极催化剂。

目前应用最广泛的阳极催化剂是 Pt 基催化剂，Pt 催化甲醇氧化动力学过程主要包括：CH_3OH 吸附、CH_3OH 分解(C—H 键活化)、H_2O 吸附、H_2O 活化及 CO 氧化等五个部分。对于纯 Pt 来说，催化 H_2O 的活化需要较高电位，而且甲醇氧化中间产物如 CO 等容易使 Pt "中毒"，降低催化效率。为了提高 Pt 基催化剂的活性，需要对 Pt 进行改性，如引入其他组分元素等。在此基础上，人们开发出二元甚至多元(三元、四元)催化剂。但是 Pt 价格昂贵，而且地球上 Pt 资源有限，因此开发高效、低成本的非 Pt 基催化剂也是人们研究的重要方向。

目前，阳极催化剂可分为贵金属催化剂和非贵金属催化剂。贵金属催化剂又分为 Pt 基单质类和 Pt 基合金类。

在现有的电催化剂体系中，单质类金属催化剂中研究较多的是 Pt 基催化剂。由于 Pt 纳米晶体具有独特的催化特性，在电化学催化领域被广泛地研究应用。在所有的金属单质中，Pt 对酸性和碱性介质中甲醇的氧化具有最高的催化活性。尽管 Pt 的催化活性高，但由于反应过程中产生的 CO 易吸附在 Pt 表面，占据反应活性位点，影响 Pt 进一步催化脱氢，限制了纯 Pt 阳极催化剂在直接甲醇燃料电池上的应用。另外，Pt 拥有优异的低温脱氢性能，从阳极催化剂中完全排除 Pt 成分不太可能，因此开展能在低电位下高效氧化 CO 的 Pt 基合金催化剂研究势在必行。

与纯 Pt 相比，设计 Pt 的双金属或三金属纳米结构是一种很好的策略，其独特的结构和组成将增强其催化性能，如 PtRu、PtNi、PtCo、PtFe 和 PtPd 等二元及三元合金催化剂作为电催化剂。这种合金不仅具有大的比表面积，而且具有独特的结构性质，可以增加催化剂的活性，进一步减少 Pt 的负载量。这些基于 Pt 的二元及三元催化剂活性优于纯 Pt 催化剂，归因于双功能机制(包括高催化活性与在低电位下吸附含氧物种)和配体效应(电子效应)。配体效应涉及 Pt 与第二种金属相互作用引起的 Pt 电子结构的变化，从而提高了 CO 的耐受性和催化活性。

高性价比的非贵金属催化剂对直接甲醇燃料电池的成功应用具有重要意义，研究者一直在努力设计一种低成本、不含贵金属的催化剂。Ni 和 Co 及其衍生物具有催化活性高、成本低、性质丰富、热稳定性高和制备工艺经济等特点，成为甲醇氧化催化剂的研究热点，有望成为替代传统贵金属的新一代低成本阳极催化剂。

(2) 阴极催化剂。

现在的科研工作较多地致力于对阳极催化剂及结构的评估和优化，但对于改善阴极来提高直接甲醇燃料电池的性能和稳定性的研究相对较少。

阴极催化剂按类别也可分为三类，分别是 Pt 基单质类催化剂、Pt 基合金类催化剂和非贵金属类催化剂。

与阳极催化剂相同的是，在纯金属催化剂中，依然是以 Pt 为主导。尽管 Pt 的资源有限、价格昂贵，不耐甲醇氧化，但由于其较高的本征氧还原反应(ORR)催化活性和稳定性，Pt 电催化剂仍被认为是最有效的催化剂。

在阴极的 Pt 基催化剂上，氧气直接通过四电子途径电化学还原过程分步进行如下：

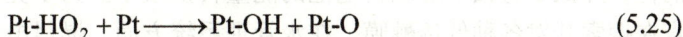

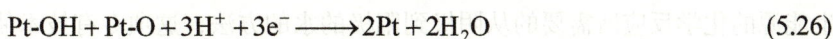

$$Pt + O_2 \longrightarrow Pt\text{-}O_2 \tag{5.23}$$

$$Pt\text{-}O_2 + H^+ + e^- \longrightarrow Pt\text{-}HO_2 \tag{5.24}$$

$$Pt\text{-}HO_2 + Pt \longrightarrow Pt\text{-}OH + Pt\text{-}O \tag{5.25}$$

$$Pt\text{-}OH + Pt\text{-}O + 3H^+ + 3e^- \longrightarrow 2Pt + 2H_2O \tag{5.26}$$

Pt 基合金不仅能减少 Pt 的消耗量，降低催化剂中毒，还能进一步提高 ORR 催化性能。因此，Pt 基合金催化剂已成为氧还原反应领域最热门的研究方向之一。为了在提高活性的同时降低贵金属 Pt 的用量，过渡金属如 Fe、Co、Ni 等常被引入制备 Pt 过渡金属合金催化剂。

由于 Pt 基阴极催化剂价格昂贵以及反应中存在的一些问题，人们研究了许多非贵金属基催化剂，但其中大多会产生 H_2O_2，H_2O_2 对阴极和质子交换膜有腐蚀性，从而降低了燃料电池的性能。

(3) 膜电极工艺。

膜电极(MEA)作为直接甲醇燃料电池的核心部件，其结构功能的高效性与稳定性至关重要。膜电极的结构包括阳极扩散层、阳极催化剂层、电解质膜、阴极扩散层、阴极催化剂层，其中催化剂层是电化学反应发生的主要场所。经过科研人员的不断试验，目前的质子交换膜大多使用美国杜邦(Dupont)公司生产的 Nafion 膜。

在现有研究中，MEA 按其制备过程可以分为两类，即 GDE 膜和 CCM-GDL 膜。前者是将催化剂层制备到气体扩散层(GDL)形成气体扩散电极(GDE)，然后将 GDE 与电解质膜热压在一起形成 MEA，这种方法的优点在于容易放大与批量生产，而且 GDE/MEA 的结构或尺寸都可以非常灵活地变化。后者是将催化剂层制备到电解质膜上得到催化剂涂覆膜(CCM)，然后将 CCM 和 GDL 压在一起形成 MEA。其优点在于能够分别对催化剂层和扩散层进行结构优化，而且在制备过程中催化剂或 Nafion 聚合物不会渗透到扩散层中造成传质阻力。无论采用哪种方法，MEA 的制备过程大多包括以下工序。首先将催化剂制成浆状或"墨水"状，再将其涂到扩散层表面，干燥后，用热压的方法将电极与膜压合，增加催化剂与膜的紧密接触，扩展三相区(气、固、液三相)的面积。这种电极制作方法的缺点是操作工序多，所以影响因素也多。每一步都要控制达到最优化条件，最后制成的膜电极才会理想。对于膜电极，影响直接甲醇燃料电池性能的因素有很多，如材料参数、组装工艺及活化方法等。膜电极活化工艺过程主要是 Nafion 膜和电极中的 Nafion 树脂恢复水平衡，以及电极结构优化的过程。

2) 甲醇燃料电池的应用和发展

未来电极催化剂的探索方向将是合金催化剂与非贵金属催化剂其更加低廉的成本与

双功能效应的协调，可能实现直接甲醇燃料电池的大规模商用。要继续进行高电催化活性催化剂的合成与制备研究，拓宽电极催化剂的可选范围；继续开发研究新的非贵金属催化剂的制备方法，并逐步开展放大实验，逐步实现高性能催化剂的规模化、产业化制备。利用共同催化作用，制备双组分或多组分非贵金属催化剂，提高催化剂的催化活性、稳定性、抗毒性和耐久性。

在质子交换膜方面，直接甲醇燃料电池采用的质子交换膜为全氟磺酸膜，该膜用于直接甲醇燃料电池的主要缺点是醇类经电迁移和扩散由膜的阳极侧迁移至阴极侧，导致在阴极产生混合电位，降低了直接甲醇燃料电池的开路电压，增加了阴极极化和燃料的消耗，降低了直接甲醇燃料电池的能量转换效率。为了克服上述缺点，国内外科学家一直在探索开发各种低透醇膜。在水管理系统方面，燃料电池充电器技术简化了传统的产生能源的化学反应所需要的从阴极到阳极的水的方法，这项专有技术使得水能满足在水的产生到甲醇燃料电池的空气的内部转让的燃烧过程中的需求，而内部水的流动不需要任何复杂的再循环线路或其他工具。燃料电池充电器技术可减少在甲醇燃料电池中甲醇的用量，使甲醇的使用效率达到100%。

目前，甲醇燃料电池在市场上也已经得到广泛生产和应用。2019年6月24日，无锡先导智能装备股份有限公司(简称"先导智能")与欧洲燃料电池研发与生产公司蓝界科技(Blue World Technologies)签署战略合作协议。作为Blue World Technologies的主要设备供应商，先导智能将帮助其建设年产能5万组燃料电池系统的生产基地项目。该公司燃料电池生产基地建成后将是欧洲最大的甲醇重整燃料电池工厂。Blue World Technologies公司研发的高效甲醇重整燃料电池系统可以实现多领域应用。目前，该公司集中精力实现甲醇燃料电池在汽车上的应用。燃料电池系统相当于汽车的增程器。Blue World Technologies公司研发的甲醇燃料电池系统将一个较小的电池模组与甲醇燃料电池系统相结合，在保持电动车现有优势的同时，更能帮助电动汽车获得传统内燃机汽车所拥有的优势，如超过1000 km的续航里程和实现快速加注燃料等。Blue World Technologies公司的燃料电池系统使用纯甲醇作为燃料。甲醇是一种液体燃料，可以通过可再生资源生产，并且可以在世界各地便捷地储存和运输。由于甲醇在常压下以液态方式存在，只需要小规模改造和低成本投资，当前用于柴油和汽油等化石燃料的全球储存和加注基础设施即可转化用于甲醇的储存和加注。与内燃机不同，燃料电池系统的有害气体排放为零，它的应用将为全球目前正在努力解决的大规模空气污染问题提供切实可行的绿色方案。

5.4　气态物质储能

5.4.1　概述

顾名思义，气态物质储能是指以气态物质为载体进行能量的储存，是一种常见的储能方式，主要包括天然气、氢气及氨气等。天然气作为具有代表性的气态储能物质之一，具有经济、方便、热值高、污染少等优点，是一种大家公认的清洁燃料。采用天然气作为能源，可减少煤和石油的用量，减少二氧化硫和粉尘排放量近 100%，减少 60% 二氧化碳排放量和 50%氮氧化合物排放量，并有助于减少酸雨形成，减缓地球温室效应，从根本上改善环境质量。

天然气是指在一定压力下，由自然生成的储存于地下缝隙或岩层的混合气体。天然气的主要成分为甲烷，少量的乙烷、丙烷、丁烷、戊烷及以上的烃类气体，还包括氮气、氢气、二氧化碳、硫化氢和水蒸气等非烃类气体及少量的氦气、氩气等稀有气体。天然气的烃类一般以甲烷为主，重烃气为次。重烃气以 C_2H_6 和 C_3H_8 最为常见，含量较高，碳原子数大于 4 的烃类较少，在大多数情况下，随着碳原子数的增加，其所占比例越来越低。重烃气中除正、异构烷烃外，还含有少量的环烷烃和芳烃。常见的非烃类气体有氮气、二氧化碳、硫化氢、氢气、一氧化碳、二氧化硫、汞蒸气和稀有气体，有时含有少量的氮、硫、氧化合物。非烃类气体的含量一般小于10%，但也有少量天然气的非烃类气体含量超过 10%。

天然气工业由开采净化、输送储存和分配应用三大部分构成，俗称天然气工业的上、中、下游。天然气深埋于地下，经过长期的地壳运动，形成不同沉积物特征，积累成不同的地层，产生各种不同的地质构造形态，因而天然气的储集具有纷繁复杂的形态和环境。从天然气的开发到利用，通常需要经过长距离的输送才能到达使用者的地区，因此天然气的储存成为天然气工业中的重要环节。储存天然气，一是为了解决消费者使用不均衡的问题，二是为了保证用气的可靠性。天然气的消费量随时间呈周期性变化，存在用量的高低峰期。然而，天然气的供应既不能以高峰期的用量来供应，也不能以低峰期的用量来供应，只能以其平均值来计算。因此，必须在供应与消费之间建立储气库，在低峰期把多余的天然气储存起来，在高峰期及时地补充用量，以满足不同消费量时天然气的充足提供，这就是调峰。工业的调峰量很小，可忽略不计，但是民用的调峰量很大。因此，储气库要有足够的储存能力以满足调峰的需求。保证供气的可靠性是指有足够的储存能力来满足调峰的需要，或者当设备必须维修而使供气来源暂时中断或供气量减少时，为保持继续供应，除调峰储备之外还需要增加额外的储存能力。另外，如果天然气是由管道以外的其他运输工具(如轮船)向消费点运送，由于供气是阶段性的，而消费却是连续性的，那么就需要一定的储存能力进行供应与消费之间的协调。综上所述，在天然气的生产-消费链中储存是一个必不可少的环节，随着民用消费量的增长，这个环节的重要性也日益突出。

天然气有多种分类方法，按在地下储层中的分布状态可分为聚集型气(气藏气、油藏气、凝析气)和分散型气(水溶气、油溶气、煤层气、气水合物等)；按烃类组成可分为干气、湿气、贫气和富气。干气是指在地层中呈气态，采出后在一般地面设备和管线中不析出液态烃的天然气。干气按 C_5 界定法是指在 1 Sm³(基方)井口流出物中 C_5 以上烃液含量低于 13.5 cm³ 的天然气。湿气是指在地层中呈现气态，采出后在一般地面设备的温度、压力下即有液态烃析出的天然气。湿气按 C_5 界定法是指在 1 Sm³ 井口流出物中 C_5 以上烃液含量高于 13.5 cm³ 的天然气。天然气中除含有甲烷这一主要成分外，还含有一定量的汽油蒸气。贫气是指缺乏汽油蒸气的气，指丙烷及以上烃类含量低于 100 cm³·m⁻³ 的天然气。富气是指富集汽油蒸气的气，指丙烷及以上烃类含量高于 100 cm³·m⁻³ 的天然气。天然气按成因可分为宇宙气、火山气、生物成因气、页岩气。值得一提的是，页岩气是一种以游离和吸附为主要赋存方式而蕴藏于页岩层中的非常规天然气，我国的页岩气可采储量较大。与常规天然气相比，页岩气开发具有开采寿命长和生产周期长的优点，大部分页岩气分布范围广、厚度大，且普遍含气，这使得页岩气井能够长期以稳定的速率产气。页岩气生产过程中一般无需排水，生产周期长，一般为 30～50 年，勘探开发成功率高，具有较高的工业经济价值。根据预测，我国的主要盆地和地区天然气资源量约 36 万亿 m³，经济价值巨大，应用前景广阔。

5.4.2　天然气

1. 气态天然气

1) 储气库储存

自 1915 年加拿大在 Welland 气田首次开展储气实验以来，世界储气库发展已历经百余年。根据国际燃气联盟(IGU)2018 年的统计数据，全球共有地下储气库近 700 座；总工作气量达 4.165×10^8 m³，约占全球天然气消费量的 11.8%，主要分布在北美和欧盟，北美占 37%，欧盟占 26%，独联体国家占 28%。我国地下储气库的发展始于 20 世纪 90 年代初。1999 年，随着陕京天然气管道的建设，我国开始筹建国内第一座调峰储气库——大张坨储气库，以保障京津冀地区冬季调峰及安全平稳供气。2005 年，我国第一座盐穴储气库——金坛盐穴储气库开工建设，开创了我国利用已有盐穴改建地下储气库的先河，为长江三角洲地区调峰保供发挥了重要作用。经过 20 多年的发展，地下储气库在平衡天然气管网的压力和输气量及调节区域平衡供气方面发挥了重要的作用。截至 2020 年年底，我国已建成地下储气库(群)17 座，总计 30 座储气库，形成工作气量约 134×10^8 m³，占消费量的 4.3%左右，其中中国石油天然气集团有限公司建成地下储气库 12 座(群)，形成调峰能力 127×10^8 m³；中国石油化工集团有限公司建成地下储气库 3 座，形成工作气量 6.4×10^8 m³。除大型石油公司建设地下储气库外，城市燃气企业和地方燃气企业也在积极自行筹建，如金坛盐穴储气库。图 5.17 为中国石化东北地区储气库。

地下储气库是利用适合储气的地下构造，如枯竭油气田、地下含水层、岩盐洞穴和废煤矿，为解决天然气供销不平衡而建设的一种地下储气设施。地下储气库调节天然气供销不平衡的作用表现在以下三方面：①平衡气井产量和管网输送量；②调节寒冷季节的高峰用气量；③满足应急用气和国家对燃料能源和战略储备的需要。因此，地下储气库是一个国家和某一地区燃料储备中不可缺少的重要标志。地下储气库的工艺水平与现代科学技术的发展紧密联系。为了解决城市居民和工商业用户的用气不平衡和其他应急用气问题，需要建设输气管网，将天然气管输至销售市场，并在其附近建设地下储气库。在夏季用气量少时将天然气注入库内，待冬季用气量大时再从库内采出使用。由此产生了选库、建库、储库设施(注气井布置、压气站/抽气站、气体处理及计量、调节控制设施等)有效库容量、气体注入/回采等一系列工艺问题。

图 5.17　中国石化东北地区储气库

资料来源：中国石化

　　地下储气库的容量大，一个储气库可储存几亿到几十亿立方米天然气，储气压力高，储气成本最低，是当今世界上主要的天然气储存方式。在世界天然气储存设施总容量中，地下储气库的容量占 90%以上。前面已经指出，地下储气库的类型一般包括枯竭油气田、地下含水层、岩盐洞穴和废煤矿四种。利用枯竭气田作为地下储气库是最理想的。因为它具备适用于地下储气的构造、地质和岩性等固有条件(圈闭的构造，上下层均为致密的泥岩，而储气层为孔隙度较高的砂岩等)，从而被广泛利用，其优点是库容大、埋藏浅、储层物性好、建库技术成熟、成本低，缺点是储气率低。枯竭油田也具备类似的储气条件，但因油藏中残存一定量的无法采光的"死油"，而且回采出的气体中势必携带一定量的原油，需要特殊处理，不如枯竭气田理想，故其利用受到限制。地下含水层作为储气结构也是较好的自然场所，一般采用以气驱水的方式建造，其优点是构造简单、储层物性好、规模大，缺点是建库成本高。岩盐洞穴储气库是利用本身具有天然溶洞或借助人工溶解含盐沉积层的方法建造的，其优点是注采率高、垫底气少、调峰能力及灵活性强，缺点是造价高、建库周期长。封闭情况良好的废煤洞也是较理想的储气构造，利用废弃、新建岩洞或地下坑道，经过密封处理后储存天然气，其优点是灵活性强，缺点是规模小、安全风险高。

　　2) 管道输送

　　管道输送是天然气运输的主要方式，一般采用埋地敷设，具有建设快、运输成本低、工作安全可靠等优点。据统计，2005～2015 年，世界各地建造原油、成品油和天然气管道约 9.6×10^6 km，其中 62%是天然气管道。近年来，天然气管道输送在世界范围内得到了飞速发展。目前世界已建成管道超过 200 万 km，随着管道规模的扩大和管道科技水平的提高，天然气管道输送在世界经济和大部分工业发达国家经济中起着越来越重要的作用。天然气管道建设朝着大口径、高强度、高压、薄壁厚、长距离的方向发展。随着电子计算机、仪器自动化技术的发展。目前国外广泛采用监控与数字系统完成对天然气管道输送的自动监控和自动保护，已经成为管道自动控制系统的基本模式。国外新建管线的输送压力比过去高，俄罗斯输气管道的压力一般为 10 MPa 左右，美国阿拉斯加州输气管线压力高达 11.8 MPa。近年来，欧美各国投入了大量资金建设了一大批长距离、大口径输气管线。美国为开发利用阿拉斯加州的天然气资源，于 1980～1986 年建设了横贯阿拉斯加州的输气管线系统，该系统贯穿美国阿拉斯加州和加拿大境内，总长度为 7763 km，向美国本土 48 个州输送天然气。我国的管道输送有"地下能源大动脉"之称，已经覆盖 16 个省(区、市)，四通八达，建设总里程突破 20 000 km，管道输送已经位居我国运输行业的第四位。图 5.18 为中俄天然气管道工程图。

图 5.18　中俄天然气管道工程图
资料来源：新华社

天然气管道输送是天然气生产和应用过程的重要环节，其工程建设技术水平、运行管理水平直接关系到生产安全、环境保护及用户的切身利益。天然气管道输送具有以下特点：

(1) 天然气生产、储运、销售系统一体化。天然气管道输送系统由气田集输管道、气体净化与加工装置、输气干线、输气支线、配气管网、储气系统和各种用途的站场组成，包括采气、净气、输气、储气和供气五大环节，它们紧密联系、相互制约、互相影响，是一个统一的、密闭的水动力系统。天然气的开发、储运和销售构成了天然气工业上、中、下游一体化，三者相互联系、相互影响。因此，在天然气管道输送系统建设和调度管理过程中，必须综合各种因素进行统筹考虑。

(2) 管道系统具有调峰功能。在不同时刻、不同季节用户的用气量是有区别的，有高峰也有低谷，但天然气的生产过程是相对稳定的，因此管道输送长期处于一种不稳定状态。当用户用气处于低谷时，需要管道或其他储气设施储存多余的气体；而当用户用气处于高峰时，需要管道或其他储气设施释放储存的气体。

(3) 距离长、压力高、流量大。从生产基地到用户之间的距离决定了管道输送距离，一般较长，如西气东输管线从新疆到上海输送距离长达 4000 km。由于在高压下输送可以提高运量、降低运费，同时管道和设备生产水平、管理水平的提高保证了管道在高压下正常运行，因此管道输送压力一般都较高。由于管道连续输送，与压缩天然气、液化天然气(liquified natural gas，LNG)的车船等其他输送方式相比，其运量大得多。

(4) 密闭安全。管道一般都埋在地下，无噪声、泄漏少，对环境污染很小。

3) 压缩天然气

天然气通过过滤、计量、调压后进入净化装置，脱除超标的水、硫化氢、二氧化碳，净化后的天然气经压缩机(图 5.19)加压至 20～25 MPa，再通过灌装设备充装至压缩天然气钢瓶中。将压缩天然气钢瓶组通过汽车运输到使用地(中小城镇、用户)。目前用于此输送过程的压缩天然气钢瓶组主要有两种形式，即管束式和集装箱型，单位运送能力为 3000～5000 m³。根据用户或城镇燃气管网的压力级制，将钢瓶内的压缩天然气经过换热器加热(防止天然气减压时温度降低过大)，调压器减压至城镇管网运行压力，经计量，加臭后进入城镇输配管网。减压工艺流程还应设置超压放散、紧急切断、低压切换等控制措施，根据用户使用压力、储气装置的不同需要，减压输配工艺略有不同。

图 5.19　天然气压缩机
资料来源：上海国厦压缩机

国外压缩天然气首先用于汽车燃料。第一次世界大战期间，由于油料短缺，使用常压胶囊装载天然气作为汽车燃料。美国自 1970 年开始尝试以压缩天然气作为汽车燃料，仅限用于一些政府部门专用车、出租车、学校专用车、邮政车及公共汽车。我国 20 世纪 50 年代开始试用天然气汽车，当时由重庆市率先使用低压气囊供气代替汽油，后因各种原因而停用。而后四川石油系统从苏联引进一套压缩天然气(compressed natural gas，CNG)加气装置，在四川省泸州市建设了一座 CNG 加气站，并安排了 20 辆汽车改装为天然气汽车做实验，后因加气站太少、汽油价格偏低而停止实验。1998 年四川石油管理局从新西兰引进了 CNG 加气装置和 50 辆天然气汽车改装部件，在四川省南充市兴建了 CNG 加气站，改装了第一台 CNG 汽车，同年四川石油管理局还在内江市威远县兴建了一座国产设备的 CNG 加气站，有力地推动了我国天然气汽车的发展，加快了四川省和全国天然气汽车的应用。随后，大庆、北京、上海、哈尔滨、深圳、海口等地相继开展此项工作，并得到了飞速发展。

压缩天然气的优势主要表现在以下方面：

(1) 环境污染小。天然气作为气体燃料，比固体或液体燃料燃烧更完全、更彻底。由于天然气含碳量相对较低，燃烧时单位热值产生的 CO 比石油低约 30%，比煤炭低约 43%，废气排放总量约是汽油燃料的 15 倍，说明 CNG 技术能减轻大气污染和温室效应，有利于环境保护。特别是随着全球温室效应、酸雨和光化学烟雾危害的加剧，应用 CNG 替代石油、煤炭燃料具有越来越重要的意义。

(2) 延长汽车使用寿命。CNG 技术以气代油，对设备腐蚀小，燃烧后结炭少，可降低机械摩擦的耗损，减少发动机维修，从而延长汽车使用寿命。且发动机噪声小，操作方便，经济效益好。CNG 技术的应用大大降低了燃料和机车维护的成本，经济效益可观。根据统计数据，CNG 汽车的燃料费仅为普通燃油汽车燃料费的 1/13，维护维修费用下降 40%，发动机寿命延长 2～3 倍，大修间隔里程延长 2 万～2.5 万 km，可减少 50% 的机油用量，经济效益非常明显，实用性好。

(3) 我国石油资源严重不足而天然气资源相对丰富，CNG 技术的应用可在一定程度上缓解石油紧缺的困境。

(4) CNG 热值高、挥发性好，冷热起动驾驶性能好，尤其在冬季寒冷地区的起动性能好。

(5) 安全性好。CNG 的压缩、储运、减压、燃烧过程都是在密闭状态下进行的，不易发生泄漏。且天然气比空气轻，即使有泄漏，在高压下也会迅速扩散，不易着火。天然气燃点为 650～700℃，不易发生燃烧。CNG 储气瓶和相关汽车配件的加工、制造、安装有严格的规范和标准，可确保安全。

4) 吸附天然气储存

吸附天然气(adsorbed natural gas，ANG)储存是在储罐中装入高比表面积的天然气专用吸附剂，利用其巨大的比表面积和丰富的微孔结构，在常温、中压(3～5 MPa)下使 ANG 达到与 CNG 接近的储存容量的储运技术。当外界压力高于储罐压力时，气体发生吸附，天然气吸附在含有大量微孔的吸附剂表面；当储罐压力高于外界压力时，气体发生解吸，天然气从吸附剂溢出，从而供给外界。ANG 储运技术的开发可分为两个阶段。第一阶段是研发和建设阶段，包括：高性能吸附剂的研发、制备、成型、干燥，储罐工艺的设计、附加装置的设计，ANG 储罐的组装成型、性能试验和后续 ANG 加气站等基础设施的建设。第二阶段是投产和运行阶段，主要包括：来源气的提纯和增压，ANG 储罐的充装、运输，终端用户的脱附用气，空罐的回收再利用等。

ANG 储运技术发展的关键是 ANG 专用的高性能吸附剂的开发，包括对原有的常用吸附剂进行改进和开发全新的专用吸附剂这两个研究方向。炭质吸附剂是目前研究得最多也是最有希望成为 ANG 最佳专用吸附剂的物质之一，以多孔碳质吸附剂为典型代表。目前的研究中，以活性炭纤维(activated carbon fiber，ACF)的吸附效果最好，其比表面积高达 3000 $m^2 \cdot g^{-1}$，微孔数量极多，且孔径分布范围很小，主要集中在微孔段，对甲烷的吸附容量最高为 166 cm^3。研究表明，当吸附剂的孔径为吸附质平均分子直径的 3～5 倍时吸附效果最佳，而 CH_4 的分子直径为 0.414 nm，即 1.10～1.50 nm 的微孔最适

合 CH_4 的吸附，这就是以微孔为主要结构的多孔碳质吸附剂对 CH_4 吸附性能如此卓越的主要原因。金属有机骨架(metal-organic framework，MOF)化合物属于多孔晶体材料，也是 ANG 吸附剂重点研究对象之一。法国国家科学研究中心拉瓦锡研究所制作的新型金属有机骨架化合物是通过硝酸铬和对苯二甲酸反应得到的。这种材料骨架轻，具有高达 $4230\ m^2 \cdot g^{-1}$ 的比表面积，骨架中存在大量的不饱和金属活性位，并具有相当的物理和化学稳定性，具有非常可观的应用潜力。Thornton 等设计了一种新型的 MOF 材料，他们在 MOF 系列材料中添加 Mg-C_{60} 合成新的吸附剂。这种吸附剂的 MOF 孔内的储存空间全部是吸附空间，而没有低密度的自由气体空间。在 298 K、3.50 MPa 下，模拟的 MgC_{60}@IRMOF8 材料对 CH_4 的体积吸附容量达到了破纪录的 $265\ cm^3$。

吸附剂是 ANG 储运技术的关键，也是国内外从事 ANG 技术开发研究的核心。其中，碳质吸附剂是所有 ANG 项目的核心研究对象。实验表明，活性炭的比表面积越大，对甲烷的吸附能力越强。美国于 1980 年首先开始研究吸附法储存天然气的吸附剂技术，并获得了多方面的成果：优越吸附特性的天然气吸附剂的研究和制备；粉状吸附剂形态化技术的研究；以及吸附热效应分析及处理研究等。国内对吸附剂的研究起步稍晚，最早是由北京石油大学于 1990 年开始的 ANG 吸附剂的研究，并成功地将天然气吸附剂投入工业应用生产。后来，华南理工大学、中国科学院化学研究所、中国科学院山西煤炭化学研究所等科研单位先后开展了对 ANG 吸附剂技术的开发与基础研究工作，ANG 储运技术已经取得了较大的进步，并成为现在国内一项热门的研究技术。目前国内外已商业化的普通活性炭比表面积达 $1200\ m^2 \cdot g^{-1}$ 左右，碳孔分布较宽，在 298 kPa～3.4 MPa 下储存的甲烷量只相当于 20 MPa 下压缩储存甲烷量的 1/2，吸附剂操作更加便捷和安全，成本明显降低。

2. 液化天然气

天然气液化一般包括天然气净化(也称预处理)过程和天然气液化过程两部分，后者是其核心。通常，先将原料天然气经过预处理，脱除液化过程的不利组分(酸性组分、水分、较重烃类及汞等)，再进入制冷系统的高效换热器不断降温，并将丁烷、丙烷、乙烷等逐级冷凝分离，最后在常压下将温度降低到-162℃左右，即可得到液化天然气(LNG)产品。将 LNG 送入保冷良好的绝热容器，可以在常压下储存、运输和使用。现代 LNG 工业包括 LNG 生产、储运与利用的全过程，即天然气液化(含预处理、深冷液化、LNG 储存)、LNG 运输(船运、车运)、LNG 接收终端、LNG 卫星站及 LNG 利用等。

LNG 的体积约为液化前气体体积的 1/600，有利于储存和输送。随着 LNG 运输船及储罐制造技术的进步，将天然气液化几乎是目前跨洋运输天然气的主要方法。LNG 不仅可作为汽油、柴油的清洁替代燃料，也可用来生产甲醇、氨及其他化工产品。在一些国家和地区 LNG 还用于民用燃气调峰。LNG 再气化时的蒸发潜热(-161.5℃时约为 $511\ kJ \cdot kg^{-1}$)还可供制冷、冷藏等行业利用。

国外 LNG 工业化生产、储运及利用始于 20 世纪四五十年代，到六七十年代已形成包括 LNG 生产、储存、海运、接收、再气化、冷量利用与调峰等一系列完整环节的 LNG 工业链，并且在数量和规模上以很快的速度不断增长。近年来，LNG 的生产与贸易日趋活跃，成为世界上增长最快的一次能源。我国自 20 世纪 90 年代以来陆续建成了几套中小型 LNG 生产及调峰装置。特别是近年来我国对 LNG 工业的发展日益重视，为解决我国沿海一带能源短缺问题，又开展了在这些地区建设 LNG 接收站的规划工作，并先后启动了广东、福建、浙江、上海、山东及河北等沿海地区的 LNG 工程项目。

1) 原料的预处理

即使已符合管道输送或民用燃料要求的商品天然气，如果直接作为 LNG 装置的原料仍是不够纯净的，还必须深度脱除 H_2O、CO_2、H_2S，并逐级冷凝分离出丙烷以上的烃类，以防在低温下形成固体堵塞管线和设备。为了减少 LNG 的蒸发损失，还应控制原料气中 N_2、He 等惰性气体含量。另外，天然气中微量汞对铝制换热器有腐蚀作用，也应加以脱除。COS 虽本身无腐蚀性，但它与极少量的水反应可形成 H_2S 和 CO_2，从而产生腐蚀。通常，原料气中的 CO_2、H_2S、COS 采用醇胺法或其他方法脱除；水采用分子筛吸附法(主要用 4A 分子筛)脱除；汞采用可再生的 Hg SIV 吸附剂脱除(该吸附剂几乎可以脱除所有的汞，同时还可以脱水)；N_2 采用闪蒸分离法脱除。

2) 天然气液化的原理及工艺流程

天然气液化的实质就是通过换热不断从天然气中取走热量最后实现液化的过程。因此，天然气液化过程的核心是制冷系统。通常，天然气液化过程根据制冷方法不同又可分为两类：一是原料气通过压缩制冷循环的冷剂换热取走热量，合理地选择不同温度等级的冷剂，通过几个冷却阶，即可使天然气液化；二是原料气先与膨胀制冷后的气体(原料气本身或氮气)换热，再自身膨胀制冷达到液化温度。目前，工业上采用的天然气液化过程大多是以上两类过程的综合。因此，LNG 装置实质上是压缩机、换热器、膨胀机(或节流阀)等的组合体。LNG 装置工艺流程采用的制冷循环可分为以下几种。

(1) 节流制冷循环。依据焦耳-汤姆孙效应，压力气体通过节流阀膨胀而得以冷却并液化。这种循环的典型代表是林德(Linde)循环。节流制冷循环的优点是设备简单、投资少，缺点是能耗高、效率低，一般液化率仅为 1%～2%，主要用于 LNG 需要量少、同时气体有压差可供利用的小型 LNG 装置。这类制冷循环的关键设备是天然气压缩机、高效换热器及节流阀等。

(2) 膨胀机制冷循环。将高压天然气通过膨胀机膨胀，对外输出轴功，同时使气体自身冷却和液化。此循环的优点是流程简单，调节灵活，工作可靠，省去了使用其他冷剂所需的生产、运输、储存等费用；缺点是能耗大。为了降低能耗，减少主要由换热器的传热温差过大而引起的损失，可采用的改进工艺方案是：使用冷剂预冷；提高膨胀机入口气体的压力，并降低其温度；将膨胀机制冷与其他制冷联合使用。从节能的观点考虑，膨胀机制冷循环的最佳参数为：进入膨胀机的压力为 7～8 MPa，温度为 -63～-43℃，膨胀比为 5～7。在上述参数下，当膨胀机入口气体中重烃含量不多时，膨胀机出口带液量可达 20%～25%。目前，高效膨胀机制冷循环的能耗已与经典的阶式制冷循环的能耗处于同一水平。

膨胀机制冷循环操作比较简单、投资适中，特别适用于液化能力较小的调峰型 LNG 装置。这类制冷循环的关键设备是压缩机、透平膨胀机及换热器等。

(3) 阶式制冷循环。这种循环是使天然气在多个温度等级的制冷阶中分别与相应的冷剂换热，从而使其冷却和液化。1964 年由法国设计、在阿尔及利亚 Arzew 投产的第一座大型 LNG 装置及 1965 年美国建成的第一个调峰型 LNG 装置均采用此循环。经典的阶式制冷循环一般由丙烷、乙烯和甲烷(蒸发温度分别为-38℃、-85℃和-160℃)三个制冷阶的制冷循环串接而成。为了使各级制冷温度与原料气的冷却曲线接近，以减少熵增及提高效率，又出现了采用 3 种冷剂、9 个制冷温度等级(丙烷、乙烯、甲烷各 3 个温度等级)的标准阶式制冷循环。

阶式制冷循环的优点是能耗低，液化率高(达 90%)，技术成熟，制冷循环与天然气液化系统各自独立，操作稳定；缺点是机组多，流程复杂，冷剂用量大，需要专门生产和储存各种冷剂的设备，管道和控制系统复杂，维修不便。因此，这种循环在 20 世纪 70 年代曾广泛使用，但现在新建的 LNG 装置已基本不再采用。阶式制冷循环的关键设备是各种冷剂用的压缩机组、复杂的换热系统，以及可靠的监测与控制设施等。

(4) 混合冷剂制冷循环(MRC)。这种循环采用 N_2、$C_1 \sim C_5$ 混合物作冷剂，利用混合物部分冷凝(或部分汽化)的特点与原料气换热，使其冷却和液化。在换热过程中混合冷剂的制冷温度与原料气的冷却曲线接近一致。混合冷剂制冷的天然气液化工艺流程是混合冷剂先经压缩机加压，再依次进行冷却、部分冷凝及气液分离，最后节流到较低的压力，经回收冷量后在气态下进入压缩机入口。其中，对混合冷剂采取多级气液分离和节流可以降低能耗。与阶式制冷循环相比，混合冷剂制冷循环的优点是只需一台混合冷剂压缩机，工艺流程大为简化，投资减少 15%～20%，管理方便；缺点是能耗约高 20%，混合冷剂组分的合理配比较困难。

混合冷剂制冷一般采用闭式制冷循环，若用天然气本身作制冷工质，也可采用开式制冷循环。混合冷剂的组成及冷剂在冷凝端与蒸发端的压力应通过热力学计算选定。所选压力应能保证在全部制冷温度范围内的传热温差最小。

一般混合冷剂中各组分的摩尔分数为：CH_4 0.2～0.32，C_2H_6 0.34～0.44，C_3H_8 0.12～0.20，C_4H_{10} 0.08～0.15，C_5H_{12} 0.03～0.08，N_2 0～0.03。

混合冷剂的平均分子量随天然气的平均分子量增加而变化，一般为 24～28，以便简化压缩机的设计。冷剂中的氮含量由天然气液化所需的过冷度决定，并应随天然气中氮含量增大而变化。

(5) 有冷剂预冷的混合冷剂制冷循环。通过调整混合冷剂的组成使整个液化过程按冷却曲线提供所需的冷量比较困难，因此可采取折中的分段方法提供冷量，通常分两段提供。"热"段用丙烷或乙烯，或者丙烷及丁烷的混合物，或者氨来预冷原料气；"冷"段则用混合冷剂将原料气进一步冷却和液化。采用丙烷预冷时，"热"段按 3 个制冷温度等级将原料气预冷至 233 K(-40℃)；冷段换热采用两种方式，即高压的混合冷剂与温度较高的原料气换热，低压的混合冷剂与温度较低的原料气换热，从而使液化过程中换热器的传热温差大大降低，冷却效率得以最大程度地提高。这种由丙烷预冷的混合冷剂制冷循环是目前广泛采用的一种方法，其效率几乎接近阶式制冷循环，且流程简单，20 世纪 80 年代后期新建和扩建的装置几乎均采用此方法(占现有 LNG 装置的一半)。有冷剂预冷的混合冷剂制冷循环的关键设备是混合冷剂压缩机、预冷系统和换热器等。

(6) 以低温制冷机为冷源的制冷循环。这种循环以独立的制冷系统(如 N_2 或 N_2/CH_4

混合气体膨胀制冷循环，斯特林制冷循环等)提供冷量，从而使天然气冷却液化。该循环一般用于小型 LNG 装置，优点是系统简单，体积小，操作方便，对原料气组分变化适应性强，液化率高，原料气预处理量少；缺点是能耗高，需配备氮气供应系统。这种循环的关键设备是氮气压缩机、透平膨胀机、换热器、制氮或储氮设备。由上述可知，天然气液化过程的特点之一是能耗较大，其最小理论功约为 814 kJ·m^{-3} 天然气(300 K，0.1 MPa)或 420 kJ·m^{-3} 天然气(311 K，3.8 MPa)。不同制冷循环所需的能耗也不相同。

选择 LNG 装置工艺流程及其采用的制冷系统的主要条件是：装置的用途及其处理能力；原料气的组成及压力；对 LNG 产品的要求；投资及操作费用；采用某种类型设备的可能性。

3) 主要设备

天然气液化工艺主要设备有冷剂制冷压缩机组、低温换热器及容器等，在基本负荷型 LNG 工厂的投资费用中，天然气液化工艺设备占 40%以上，其中冷剂制冷压缩机组及低温换热器分别占 50%及 30%。

(1) 冷剂制冷压缩机组。

LNG 工厂中的压缩机用于气体增压、输送及冷剂制冷。天然气液化过程中采用的制冷压缩机主要有往复式、轴流式及离心式几种类型。往复式压缩机通常用于处理量较小的天然气液化装置。轴流式压缩机主要用于混合冷剂制冷的天然气液化装置。离心式压缩机主要用于大型天然气液化装置。目前正在发展的小型撬装式天然气液化装置则采用螺杆式压缩机，如图 5.20 所示。

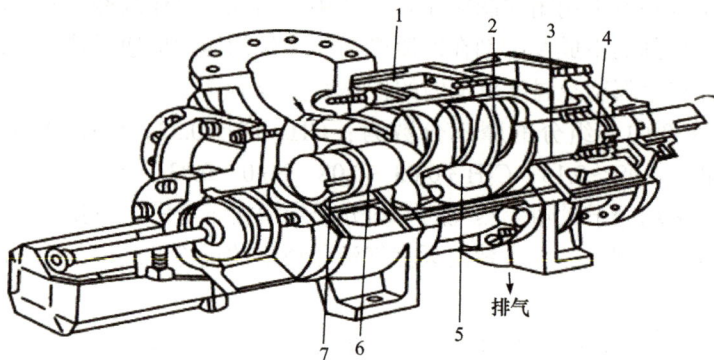

图 5.20　螺杆式压缩机

1. 吸气；2. 阳转子；3. 滑动轴承；4. 滚动轴承；5. 调节滑阀；6. 油封；7. 平衡活塞

资料来源：上海国际压缩机及设备

用于天然气液化装置的制冷压缩机除应考虑压缩介质是易燃、易爆气体外，还需考虑低温对压缩机构件材料的影响。因为很多材料在低温下会失去韧性，发生冷脆损坏。此外，如果压缩机进气温度低，润滑油也会冻结而无法正常工作，此时应选用无油润滑压缩机。

天然气液化所需压缩功率按 LNG 产量计，一条液化能力为 2.5×10 t·a^{-1} 的 LNG 生产线约需压缩功率 100 MW。对于 LNG 生产，可供选择的压缩机组的驱动机(原动机)有蒸汽轮机、燃气轮机和电动机。

(2) 换热器。

换热器是天然气液化装置的主要设备。在 LNG 生产中采用的换热器有绕管式、板翅式和管壳式几种类型。

基本负荷型 LNC 工厂多采用大型立式绕管式换热器作主换热器，如图 5.21 所示。例如，某绕管式换热器直径 4.2 m，高度 54 m，重 240 t，中心轴上缠绕了许多管子，其长度可达 80 m，管子端头与管板连接，管内为高压气体或液体，冷剂在管子外循环。这种换热器内可以同时冷却几种液体，冷却面积可达 10 000 m²。此种大型换热器的设计、制造和使用已成为发展基本负荷型 LNG 工厂的重要因素。

图 5.21　LNG 绕管式换热器

资料来源：机械博览

铝质板翅式换热器因尺寸和能力有限，且易堵塞，故主要用于调峰型 LNG 工厂。为保证其性能和可靠性，可在物流进口增设过滤器。板翅式换热器成本费用较低，如尼日利亚 NLNG 公司 LNG 工厂的预冷循环中就选用了这种换热器。

由于管壳式换热器壳程设计压力、管径、管长度和传热温差等方面的原因，其尺寸和能力受到限制，虽然采用多管程换热器可以很好地解决这一问题，但又会增加管线布置和设计的复杂性。

4) LNG 储存

LNG 储存是 LNG 工业链中的一个重要环节。无论是基本负荷型 LNG 工厂还是调峰型 LNG 工厂，液化后的天然气都要储存在储罐或储槽内。在卫星型 LNG 工厂和 LNG 接收站中也都有一定数量和不同规模的储罐或储槽。

天然气易燃、易爆，而 LNG 的储存温度又很低，故要求其储运系统设备与设施必须安全可靠且效率高。

对 LNG 储存容器的基本要求是：

(1) 容器及其相关设备具有可靠的耐低温性能，制作容器的材料必须具有很好的低温韧性、较小的热膨胀系数。

(2) 热性能好, 否则将引起容器内 LNG 温度升高, 压力增加, 危险性增大。气化设备的气化能力应满足设计要求, 而且气化效率高。

(3) LNG 输送管线、阀门等的耐低温性应与 LNG 储存容器一致。所有保温设备及设施应耐低温, 且状态完好、灵敏可靠。

(4) 对容器的制造、施工、检验、使用与维护等也都有严格的要求。

基于上述要求, 绝大多数 LNG 储存容器都采用双层储罐, 并在两层壳体之间装填良好的绝热材料。其中, 内罐是盛装 LNG 的容器, 外壳除保护绝热材料外还兼起安全保护作用。制作内罐的材料主要是 9%镍钢或预应力混凝土(有时也用铝合金或不锈钢), 外壳材料则为碳钢或预应力混凝土, 绝热材料一般为珍珠岩颗粒、玻璃纤维毡和发泡玻璃等。

LNG 储罐是 LNG 接收站和各种类型 LNG 工厂必不可少的重要设备, 如图 5.22 所示。由于 LNG 具有可燃性和超低温特性(-162℃), 因而对 LNG 储罐有很高的要求。罐内压力为 0.1~1 MPa, 储罐的蒸发量一般为 0.04%~0.2%, 小型储罐蒸发量高达 1%。

图 5.22 LNG 储罐
资料来源: 能源中国

LNG 储罐分为特大型和大型储罐, 中小型储罐。

(1) 特大型和大型储罐。

特大型储罐容量为 40 000~200 000 m³, 主要供 LNG 接收站使用; 大型储罐容量为 1000~4000 m³, 主要供基本负荷型和调峰型 LNG 工厂使用。LNG 接收站储罐分地面储罐及地下(包括半地下)储罐。罐内 LNG 液面在地面以上的为地面储罐; 液面在地面以下的为地下储罐。

地面储罐: 以金属圆柱状双层壁为主, 目前应用最为广泛。这种双层壁储罐由内罐和外罐组成, 两层壁间填以绝热材料, 与 LNG 接触的内壁材料大多为 9%镍钢、不锈钢或铝合金, 外罐材料为一般碳钢, 中间的绝热层大多为聚氨酯泡沫塑料、珠光砂、聚苯乙烯泡沫塑料、泡沫玻璃、玻璃纤维或软木等。为防止罐顶因气体压力而浮起, 并防止地震时储罐倾倒, 内罐用锚固钢带穿过底部绝热层固定在基础上, 外罐用地脚螺栓固定在基础上。地面储罐建设费用低, 建设时间短, 但占地多, 安全性较地下储罐差。未来的地面储罐发展必须具有经济性和安全性，能最大限度地节约土地。

地下储罐：主要为特大型储罐采用。除罐顶外大部分(最高液面)在地面以下，罐体坐落在不透水的稳定地层上。为防止周围土壤冻结，在罐底和罐壁设置加热器，有的储罐周围留有 1 m 厚的冻结土，以提高土壤的强度和水密性。LNG 地下储罐的钢筋混凝土外罐能承受自重、液压、土压、地下水压、罐顶、温度、地震等载荷，内罐采用不锈钢金属薄膜，紧贴在罐体内部，金属薄膜在−162℃具有液密性和气密性，能承受 LNG 进出时产生的液压、气压和温度的变化，还具有足够的疲劳强度，通常制成波纹状。由于 LNG 液面低于地面，故可防止液化天然气泄漏到地面，安全性高，占地少(罐间安全距离是地面罐之间的一半)，但建设时间长，对基础的土质及地质结构要求高。

(2) 中小型储罐。

中型储罐容量为 100～1000 m³，小型储罐容量为 5～100 m³，主要用于卫星站和小型 LNG 工厂或装置。一般为双金属结构，储罐内部选用 9%镍钢，外部选用 20R 压力容器用钢，内、外部间支承选用玻璃钢与不锈钢板结合结构。LNG 储罐结构尺寸的设计应因地制宜，即使储罐容量一样，不同接收站的储罐结构也不尽相同。

3. 天然气水合物

天然气水合物最早是在 20 世纪 30 年代由苏联科学家在天然气输送管道中发现的。当时由于天然气水合物在输送管道中形成管塞，影响了天然气的输送，引起了科学家对它的兴趣。1957 年，Katz 对天然气水合物的形成条件及转换特征进行了总结。随后的研究主要集中在天然气水合物的结构和形成机理。70 年代初，苏联学者提出了天然气水合物形成的地质背景及地质条件，指出天然气水合物可能存在于地壳上许多地带并可能富集形成大型矿床。80 年代以来，俄罗斯、美国、加拿大、德国、荷兰、日本和印度等国从能源储备的战略角度出发，相继制定了长远发展规划和实施计划。与国外正在形成的天然气水合物研究热潮相比，我国的天然气水合物研究基本上还处于起步阶段。特别是 90 年代以前，我国科学家对天然气水合物的研究可以说几乎是空白，这与我国作为海洋大国和能源消耗大国的地位是极不相称的。

20 世纪 90 年代以来，国家海洋局、原地质矿产部、中国科学院、能源部及有关高校对国际上海底天然气水合物的勘查研究进行了技术跟踪和信息资料的收集，并与俄罗斯和德国等开展不同程度的双边合作，取得了一定的研究成果。"九五"期间，中国大洋矿产资源研究开发协会率先组织立项，开展了海底天然气水合物的前期调研工作，完成了"西太平洋天然气水合物找矿前景与方法的调研"课题研究报告，为进一步开展天然气水合物的调查提供了许多可借鉴的研究内容和资料。

天然气水合物是一种由水分子和碳氢气体分子组成的结晶状固态简单化合物。其外形如冰雪状，通常呈白色。结晶体以紧凑的格子构架排列，与冰的结构非常相似。在这种冰状的结晶体中，作为"客"气体分子的碳氢气体充填在水分子结晶格架的空穴中，两者在低温和一定压力下通过范德华力稳定地结合在一起。图 5.23 分别为Ⅰ型结构：由 46 个水分子组成两个内径为 0.52 nm 的小空穴和 6 个内径为 0.59 nm 的大空穴；Ⅱ型结构：由 136 个水分子形成 8 个内径为 0.69 nm 的大空穴和 16 个内径为 0.48 nm 的小空穴。

在自然界中，甲烷是最常见的"客"气体分子。由于天然气水合物中通常含有大量的甲烷或其他碳氢气体分子，因此极易燃烧，也有人称之为"可燃冰"，而且在燃烧以后几乎不产生任何残渣或废弃物。

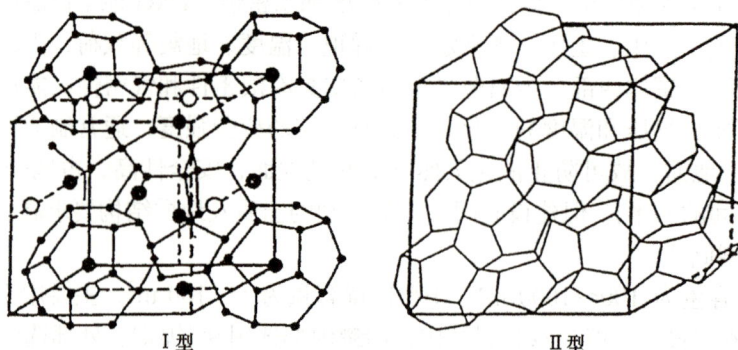

Ⅰ型　　　　　　　　Ⅱ型

图 5.23　天然气水合物结构

资料来源：红柳石油网

尽管天然气水合物是由无色的碳氢分子和水分子组成的，但它并非全都呈现白色，而是有多种其他色彩。一些从墨西哥湾海底获取的天然气水合物就具有黄色、橙色甚至是红色等多种鲜艳的颜色，而从大西洋海底取得的天然气水合物则呈现灰色或蓝色。科学家对天然气水合物为什么会产生这些颜色做出了多种解释，但至今没有达成共识。其中可以肯定的一种原因是，赋存于天然气水合物中的其他物质(如油类、细菌和矿物等)都可能对这些色彩的产生起关键作用。

天然气水合物具有多孔性，硬度和剪切模量小于冰，密度与冰大致相等，热导率和电阻率远小于冰。天然气水合物的物理性质见表 5.6 和表 5.7。

表 5.6　天然气水合物的声学性质

性质	饱和水的天然气水合物	含天然气水合物的沉积物	纯天然气水合物	含气体的沉积物
纵波波速/(km·s⁻¹)	1.6～2.5	2.05～4.5	3.25～3.6	0.16～1.45
纵波传输时间/(s·ft⁻¹)	190～122	149～68	94～85	1910～210
横波波速/(km·s⁻¹)	0.38～0.39	0.14～1.56	1.65	
横波传输时间/(s·ft⁻¹)	800～780	2180～195	185	
密度/(g·cm⁻³)	1.26～2.42	1.15～2.4		

表 5.7　甲烷天然气水合物和冰的性质

性质	甲烷天然气水合物	沙质沉积物中的海底甲烷天然气水合物	冰
莫氏硬度	2～4	7	4
剪切强度/MPa		12.2	7
剪切模量/GPa	2.4		3.9
密度/(g·cm⁻³)	0.91	>1	0.917

性质	甲烷天然气水合物	沙质沉积物中的海底甲烷天然气水合物	冰
声学速率/(m·s⁻¹)	3300	3800	3500
热容量(273 K)/(kJ·cm⁻³)	2.3	≈2	2.3
热导率/(W·m⁻¹·K⁻¹)	0.5	0.5	2.23
电阻率/(kΩ·m)	5	100	500

天然气水合物属于沉积矿产。根据一些国家对埋藏天然气水合物的沉积层的研究，这些地层主要属于新生代，而且以上新世的沉积层居多。除此之外，始新世、中新世、渐新世以及第四纪沉积层中也发现有天然气水合物的分布。例如，大西洋滨外的天然气水合物主要赋存于上新世地层中，西太平洋滨外和东太平洋滨外的天然气水合物赋存的地层也以上新世为主，而在东太平洋滨外的部分天然气水合物矿体则蕴藏于第四纪沉积层中。

含天然气水合物的沉积层具有独特的构造特征。根据现有资料，含天然气水合物的沉积层构造可分为块状构造、脉状构造、透镜状-层状构造、斑状构造和角砾状构造。

块状构造和脉状构造是天然气水合物形成时其液流分别渗透到沉积物颗粒间隙和裂隙中形成的。前者表现为沉积物被天然气水合物均匀胶结，后者则是天然气水合物呈网状、细脉状充填于沉积物或沉积岩的裂隙中。

透镜状-层状构造是从围岩分离出来的含有气体的水溶液沿沉积层层面发生迁移并在其迁移前锋产生挥发作用形成的。这种构造类型的天然气水合物在形态上表现为天然气水合物呈薄层或透镜体出现于沉积物或沉积岩基质中，相互之间呈大致平行排列并交替出现。

如果沉积物基质中大致均匀分布有近圆形或等轴型的天然气水合物浸染体，则称为斑状构造。具有斑状构造的天然气水合物常与透镜状-层状构造的含天然气水合物的沉积物相伴出现；而具有角砾状构造的天然气水合物与构造破碎带有密切联系，显示这类天然气水合物曾遭到构造破坏。

天然气水合物有两种分类方法。一种是按产出环境或温度压力机制分类，另一种是按其结构类型进行分类。

按产出环境，天然气水合物可以分为海底天然气水合物和极地天然气水合物两种类型。这两种产出环境也代表着两种截然不同的温度压力机制。

通常将在海洋过渡带、边缘海和内陆海等世界洋底蕴藏的天然气水合物都称为海底天然气水合物。与极地天然气水合物相比，尽管海底天然气水合物的环境温度较高，但由于深海较高的压力，海底天然气水合物仍可保持稳定。压力是海底深度的函数，它是控制天然气水合物形成的主要变量。

达到天然气水合物热动力学平衡的海底或海底以下的区域可称为天然气水合物稳定区域(HSZ)。海底天然气水合物的稳定范围可从水深大于 300 m 的海底开始，垂直向下延伸直到因地热梯度影响环境温度不断升高，促使天然气水合物发生分解的深度为止。海底的温度和地壳(洋壳)的地热梯度控制了天然气水合物稳定区域的厚度。

在海洋中，甲烷天然气水合物是储量最丰富的一种类型，常出现在深海中或极地大陆上。甲烷天然气水合物是一种类似冰的甲烷与水的结晶物，它的晶体结构能在所有甲烷格子点还没有被占据时就被确定。1 m³完全饱和的甲烷天然气水合物包含164 m³甲烷和 0.87 m³水。这说明甲烷天然气水合物的能量密度大，其能量密度是煤和黑色页岩的10 倍，是天然气的 2～5 倍。甲烷分子仅包含一个碳原子和四个氢原子。这是一种微小分子，它自生形成一种简单类型的天然气水合物。在一些地区，自由的甲烷出现在天然气水合物下面，被没有渗透性的天然气水合物层覆盖。

极地天然气水合物是在较低的压力和温度下形成的，蕴藏的深度相对较浅。极地天然气水合物可作为水/冰混合物出现在陆地或大陆架上的永久冻土带，也可出现在永久冻土带之下的油气田中。在大陆架上，这种含有天然气水合物的混合永久冻土带是在末次冰期海平面较低时在露天环境下形成的，在随后的海进时得以下沉并蕴藏。极地大陆架上的其他天然气水合物是在古永久冻土带上独立形成的。极地天然气水合物的分布在很大程度上受地域限制，因而其总量少于海底天然气水合物。

按结构类型，天然气水合物通常可分为Ⅰ型和Ⅱ型两种结构。在自然界中，Ⅰ型结构和Ⅱ型结构天然气水合物是两种互相联系的结构类型。它们是五角十二面体、十四面体和十六面体三种晶格(空穴)类型的不同组合。Ⅰ型结构天然气水合物由五角十二面体和十四面体组成，而Ⅱ型结构天然气水合物由五角十二面体和十六面体组成。

天然气水合物不同于一般的晶体化合物，不具有严格的理论化学式，其化学通式可表示为M_nH_2O，其中 M 表示水分子中的气体分子，如甲烷等。用水分子的平均空穴半径减去水分子的范德华半径(1.45×10^{-10} m)，可以计算出"客"气体分子在每个空穴中可以利用的最大空间半径。如果"客"气体分子的半径与水分子空穴半径的比值大于 1，则"客"气体分子在没有变形的情况下不可能充填到空穴中。如果该比值小于 0.77，则分子间的吸引力不足以支撑空穴结构。表5.8列举了各种"客"气体分子所对应的目前一些已知的天然气水合物形成体的空穴大小比值。这些数据成立的必要条件是假设形成的都是单一成分的天然气水合物，即不存在其他气体的混合。在这种假设下，处于较小空穴中的"客"气体分子同样也可以进入较大的空穴("分子笼")。如果有少量其他类型的气体分子也作为"客"气体分子混入其间，则天然气水合物的结构就可能发生改变。预测在甲烷中混入 0.5%的丙烷就足以导致天然气水合物从Ⅰ型结构向Ⅱ型结构转变。

表 5.8   天然气水合物结构对比

水合物晶体结构	Ⅰ型	Ⅱ型	Ⅲ型
N_2	0.883	0.836	0.634
O_2	0.853	0.856	0.649
CO_2	1.041	1.044	0.792
CH_4	0.886	0.889	0.675
H_2S	0.931	0.934	0.708
C_2H_6	1.118	1.122	0.851
$c\text{-}C_3H_6$	1.178	1.182	0.897
C_3H_8	1.276	1.280	0.971

压力在维持天然气水合物的稳定性方面被认为比在保持冰的稳定性时所起的作用大得多。图 5.24 表示纯甲烷天然气水合物在深海沉积环境和极地永久冻土带环境下稳定时的相图。图中压力已根据流体动力学孔隙压力公式转换为深度。从图中可以发现，加入少量其他类型的气体或离子将导致相边界的移动，也就是说，当加入分子量大的碳氢气体时，相边界向高温方向移动；反之，加入分子量小的碳氢气体则导致相边界向低温方向移动。例如，加入少量能导致天然气水合物从Ⅰ型结构向Ⅱ型结构转变的丙烷，天然气水合物的稳定相边界向高温方向发生了明显的移动。在同样的温度条件下，Ⅱ型结构天然气水合物稳定时所需的压力还不到Ⅰ型结构天然气水合物稳定时所需压力的一半。这意味着在等温条件下，具有五角十二面体和十六面体组合的Ⅱ型结构天然气水合物的埋藏深度比Ⅰ型结构天然气水合物小得多。

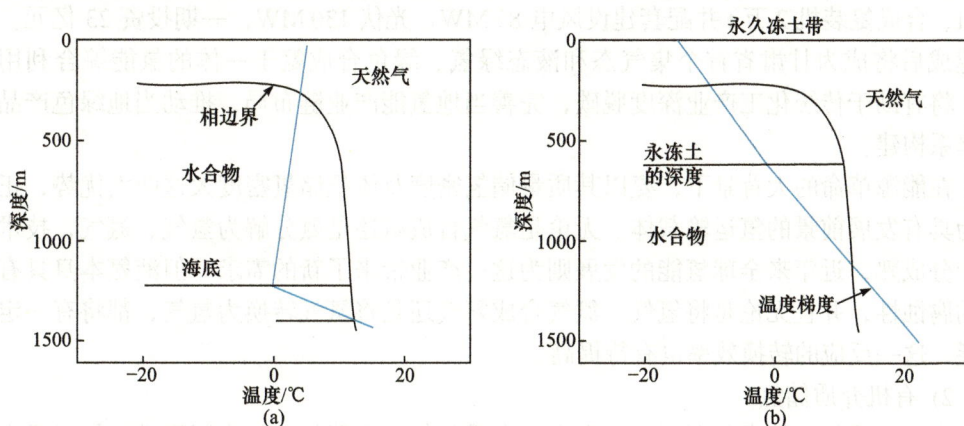

图 5.24　纯甲烷天然气水合物在深海沉积环境(a)和极地永久冻土带环境(b)下稳定时的相图

5.4.3　氢气

1. 化学储氢

1) 液氨储氢

液氨储氢技术是指将氢气与氮气在一定条件下反应生成液氨，作为氢能的载体进行储存和利用(图 5.25)。同等条件下，在标准大气压下氨在-33℃就能实现液化，而氢气的液化温度则需要降至-253℃左右，并且液氨运输难度相对更低。液氨在常压及 400℃条件下即可得到 H_2；同时，液氨储氢中体积储氢密度相对液氢提高 1.7 倍，也远高于当前主流的高压长管拖车储运氢气的方式，其优势较为明显。此外，液氨可进行直接利用，液氨燃烧的产物为水和氮气，对环境没有危害，且液氨储运比液氢更加安全便捷，价格低，是极具前景的储氢方式之一。

图 5.25　液氨储氢示意图

在"碳中和"愿景下，利用可再生能源电解水制氢后，通过"氢—氨—氢"流程完成"绿氢"运输。从当前多国布局来看，氨-氢运输这一方式在大型氢出口项目领域尤其具有优势。2015 年 7 月，作为氢能载体的液氨首次作为直接燃料用于燃料电池中，其液氨燃烧涡轮发电系统的效率(69%)与液氢系统效率(70%)接近。2021 年 12 月，福州大学与北京三聚环保新材料股份有限公司、紫金矿业集团股份有限公司举行了绿色能源重大产业项目战略合作签约仪式，将合力打造一支国家级"氨-氢"能源产业创新团队，合资成立高新企业，发展集绿氨产业、氢能产业和可再生能源产业于一体的万亿级产业链。2022 年 12 月 21 日，甘肃酒泉风光氢储及氢能综合利用一体化示范工程由中能建氢能源有限公司投资建设，规划建设绿氢年产量 1.7 万 t、绿色合成氨年产量 3.9 万 t 及配套工程，总投资约 76.25 亿元，其中一期规划建设高压气态氢年产 7000 t、液氢年产量 330 t、合成氨装机 2 万 t 并配套建设风电 85 MW、光伏 130 MW，一期投资 23 亿元。项目建成后将成为甘肃省首个集气态和液态绿氢、绿色合成氨于一体的氢能综合利用项目，将有助于传统化工产业深度脱碳，完善当地氢能产业链布局，推动当地绿色产品认证体系构建。

在能源革命的大背景下，氨以其质量储氢密度及体积储氢密度大这两大优势，正在成为具有发展前景的氢运输载体。无论是氢气合成氨还是氨分解为氢气、氮气，技术均已十分成熟，近年来全球氢能的发展则为这一产业带来了新的需求。但液氨本身具有较强的腐蚀性，并且无论是将氢气、氮气合成氨气还是将氨气转换为氢气，都将有一定的损耗，这一反应的转换效率也有待提高。

2) 有机介质储氢

有机介质储氢技术是利用不饱和有机介质与氢气在催化剂的作用下进行加氢反应，生成稳定的化合物，能够在常温常压下以液态形式进行储存和运输，使用时在催化剂的作用下经过脱氢反应释放氢气进行利用。其中，烯烃、炔烃、芳烃等不饱和液态有机物都可以作为储氢介质进行氢气的储存与运输，是氢能储运领域最有希望取得大规模应用的技术之一。有机介质储氢技术主要分为三个过程：①加氢，有机液态储氢载体在催化剂的作用下与氢气反应，在常温常压下即可形成稳定的有机液体储氢化合物；②运输，加氢后的有机液体可利用普通的罐装车进行运输，可采用类似于汽油加注的泵送形式；③脱氢，将储氢的有机液体泵送至脱氢装置中，在一定的条件下进行催化脱氢反应，再将反应产物进行气液分离，可将有机液态储氢载体进行回收，循环利用。图 5.26 以甲苯为例，通过甲苯的加氢反应，形成甲基环己烷饱和环状化合物，即以液态的形式在常温常压下进行储存与运输。2017 年，宜都市氢阳新材料有限公司储氢材料项目总投资 30 亿元，将氢气融入一种化合物"储油"中，形成"氢油"，便于储存和运输，在需要时将氢气从氢油中释放出来，即可使用，全部建成后可年产 100 万 t 储氢材料"储油"。2020 年，武汉氢阳能源有限公司(简称"氢阳能源")与中国五环工程有限公司签订宜都10 000 t·a⁻¹ 储油项目 EPC 总承包合同。该项目采用的专利技术为氢阳能源开发的常温常压有机液态储氢材料生产技术，这将是世界首套大规模工业化常温常压液态储氢材料生产装置项目。

图 5.26 有机介质氢气储运示意图

有机介质储氢的关键在于选择合适的储氢介质。目前研究中主要采用的有机液体储氢介质见表 5.9。芳烃/环烷烃体系是最早研究用于化学储氢的液态有机储氢介质体系。芳烃的加氢能耗低、储氢密度高(质量分数 6.2%～7.3%)，是理想的储氢介质，但加氢后的环烷烃脱氢反应是吸热反应，脱氢能耗($64\sim69 \text{ kJ} \cdot \text{mol}^{-1} \text{ H}_2$)和脱氢温度(≥210℃)高，脱氢效率较低，难以满足实际应用需求，且其脱氢催化剂(Pt、Rh、Re、Pd、Ni 等)易结焦失活，难以在苛刻环境下长期稳定运行。

表 5.9 部分有机液体储氢介质的物理参数及储氢容量

储氢介质	熔点/℃	沸点/℃	理论储氢容量/%
环己烷	6.5	80.7	7.19
甲基环己烷	−126.6	101	6.18
四氢化萘	−35.8	207	3.0
顺式-十氢化萘	−43	193	7.29
反式-十氢化萘	−30.4	185	7.29
环己基苯	5	237	3.8
4-氨基哌啶	160	65(18 mmHg)	5.9
咔唑	244.8	355	6.7
乙基咔唑	68	190(1.33 kPa)	5.8

为了解决脱氢温度高、脱氢效率低等问题，近年来研发了诸多新型有机液体储氢体系。例如，在芳环中引入氮杂原子可以大幅降低脱氢反应焓，使脱氢温度降低。咔唑类有机物是近年来受到关注的有机液态储氢载体，其中以咔唑和 N-乙基咔唑研究最为广泛。十二氢咔唑的储氢密度高于十二氢-N-乙基咔唑，但其脱氢速率低于十二氢-N-乙基咔唑。由于十二氢咔唑中氮原子上的孤对电子可通过与金属催化剂表面相互作用而与催化剂结合，抑制了脱氢反应的发生，降低了其脱氢速率；而十二氢-N-乙基咔唑的氮原子与乙基相连，阻碍了其与催化剂表面的结合，脱氢速率得以提高。

利用有机介质在常温常压下进行液态储氢，其存储与运输过程安全高效，有机液体的成本较低，储氢介质可循环利用，具有储氢密度高、储量大、便于运输、安全性高等优点；但是需要配备专门的加氢、脱氢装置，存在脱氢技术复杂、脱氢温度高、效率低、耗能大等亟待解决的问题。

3) 无机物储氢

一些无机物(如 N_2、CO、CO_2)能与 H_2 反应，反应后的产物可用作燃料，同时产物分解得到氢气，实现无机物储氢，是目前正在研究的一项新的储氢技术。无机物储氢材料基于碳酸氢盐与甲酸盐之间的相互转化，实现氢气的储存与释放。反应一般以 Pd 或 PdO 作为催化剂，以吸湿性强的活性炭作载体。以 $KHCO_3$ 或 $NaHCO_3$ 作储氢材料时，氢气质量密度可达 2%。该方法便于氢气的大量储存和运输，安全性好，但储氢量和可逆性都不是很理想。

4) 金属基合金储氢

目前，在储氢材料的相关研究中，最广泛并且最集中的研究对象就是储氢合金材料(图 5.27)。在储氢合金研究和开发的历史进程中，Libowitz 等于 1958 年首次对金属合金氢化物 $ZrNiH_3$ 进行了报道。随后在 1965 年左右，美国的布鲁克海文国家实验室与荷兰皇家飞利浦公司在同一时期先后开发出 $LaNi_5$-H、$ZrMn_2$-H、TiFe-H、Mg_2Ni-H 等金属合金储氢材料体系。此后，科学工作者开发了一系列储氢合金体系，开启了储氢合金材料研究全面发展的局面。2021 年 10 月底，由上海氢枫能源技术有限公司、氢储(上海)能源科技有限公司、上海交通大学、有研工程技术研究院有限公司等多家企业、高校和科研院所共同起草的国内首个关于镁基氢化物固态储运氢技术标准——T/SHJNXH 0008—2021、T/CECA-G 0148—2021《镁基氢化物固态储运氢系统技术要求》正式发布。2022 年 4 月，氢储(上海)能源科技有限公司在河南新乡高新区镁合金高密度储氢技术产业化项目的全球首条生产线建成投产测试。

固体储氢材料

物理吸附储氢材料

金属基储氢合金

氢化物储氢

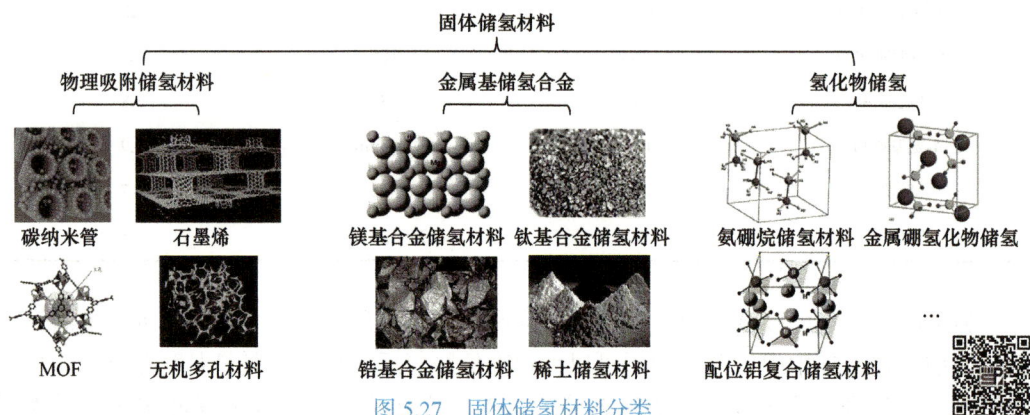

碳纳米管　石墨烯　镁基合金储氢材料　钛基合金储氢材料　氨硼烷储氢材料　金属硼氢化物储氢

MOF　无机多孔材料　锆基合金储氢材料　稀土储氢材料　配位铝复合储氢材料

图 5.27　固体储氢材料分类

储氢合金吸氢后，氢以原子的方式储存，当氢被释放出来时，需要经历扩散及化合等过程。其储氢机理主要有以下几步(图 5.28)：①氢分子物理吸附到材料表面；②氢分子解离为氢原子，产生化学吸附；③氢原子在材料表面迁移与渗透；④氢原子在 α 相中扩散，形成固溶体；⑤α 相进一步与氢原子发生反应产生相变，从而生成 β 相。放氢过程正好与上述过程相反。由于氢是通过原子状态储存到材料中，在吸放氢的过程中会受到反应速率和热效应的限制，因此它的安全系数较高。储氢合金还具有较好的可逆性等优点。

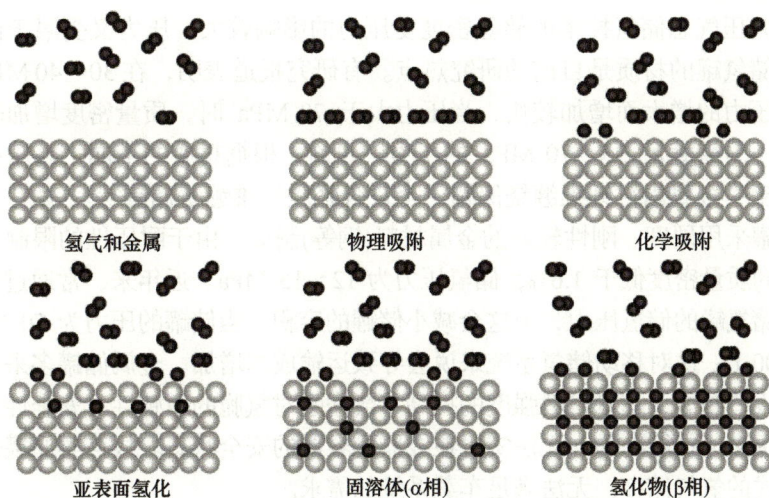

图 5.28　储氢合金的吸氢机理

5) 配位氢化物储氢

配位氢化物储氢是利用碱金属(Li、Na、K 等)或碱土金属(Mg、Ca 等)与ⅢA 族元素可与氢形成配位氢化物的性质。其与金属氢化物之间的主要区别在于吸氢过程中向离子或共价化合物转变，而金属氢化物中的氢以原子状态储存于合金中。表 5.10 给出了部分配位氢化物的储氢量，可以看出它们有极高的储氢量，因而可作为优良的储氢介质；但配位氢化物室温下的分解速率很低。因此，对于配位氢化物的研究开发，在探索新的催化剂或将现有催化剂(Ti、Zr、Fe)进行优化组合以改善其低温放氢性能及循环性能方面还需进行进一步的研究。

表 5.10　碱金属与碱土金属配位氢化物及其储氢量

复合氢化物	理论储氢量(质量分数)/%	复合氢化物	理论储氢量(质量分数)/%
$Be(BH_4)_2$	20.8	$NaBH_4$	10.7
$LiBH_4$	18.5	$LiAlH_4$	10.6
$Al(BH_4)_3$	16.9	$Mg(AlH_4)_2$	9.3
$LiAlH_2(BH_4)_2$	15.3	$Zr(BH_4)_3$	8.9
$Mg(BH_4)_2$	14.9	$NaAlH_4$	7.5
$Ti(BH_4)_2$	13.1	KBH_4	7.5
$Ca(BH_4)_2$	11.6	$KAlH_4$	5.8
$Zr(BH_4)_2$	10.8	$Th(BH_4)_4$	5.5

2. 物理储氢

1) 高压气态储氢

高压气态储氢是指在氢气临界温度以上，通过高压将氢气压缩，以高密度气态形式储存氢气的技术。高压气态储氢虽然受限于储氢密度，但其具有储氢设备结构简单、能耗小、成本低、易脱氢和工作条件范围较宽等优点，是目前发展最成熟、最常用的储氢技术。世界上绝大多数研究燃料电池的公司均采用高压氢气作为汽车的氢源。

然而，高压气态储氢技术的储氢密度受压力的影响较大，压力又受限于储氢罐的材质，故改性储氢罐的材质是目前的研究热点。有研究报道表明，在 30～40 MPa，氢气的质量密度随压力的增大而增加较快，当压力大于 70 MPa 时，质量密度增加较小，故储氢罐的工作压力需满足 35～70 MPa 的压力。目前，根据材质的不同，高压储氢罐主要分为金属储罐、金属内衬纤维缠绕储罐、全复合轻质纤维缠绕储罐等。

金属储罐采用硬度、刚性较好的金属材料(钢等)制成。由于耐压性的限制，早期储氢钢瓶中氢气的质量密度低于 1.6%，储氢压力为 12～15 MPa。近年来，常通过增加储罐的厚度来提高储氢罐的储氢压力，但这会减小储罐的容积。当储罐的压力为 70 MPa 时，储氢容积为 300 L，这对移动储氢系统来说会导致运输成本增加。金属储罐多采用高强度无缝钢管旋压收口制成，随着材料强度的提高，会增强对氢脆的敏感性，安全性无法保障，并且金属储罐多为单层结构，无法实时在线监测容器的安全状态。故该类储罐仅适用于小储量、固定式的氢气储存，无法满足车载系统的需求。

金属内衬纤维缠绕储罐是利用不锈钢或铝合金制成内衬密封氢气，利用纤维增强层承压，储氢压力可达 40 MPa 以上。该体系的金属内衬不用承压，其厚度较小，可提高储氢密度。目前，常用的纤维增强层材料为高强度碳纤维、玻璃纤维、凯夫拉纤维等，缠绕方案主要有层板理论与网格理论。该缠绕层结构不仅可以抑制内部金属层的腐蚀，还能在层之间形成密闭空间以在线监控储氢罐的安全状态。目前，加拿大丁泰克(Dynetek)公司开发的金属内衬储氢罐已达到储氢压力 70 MPa 的要求，并已实现商业化。此外，金属内衬纤维缠绕储罐具有成本较低和储氢密度较大的优势，故在大规模储氢领域得到广泛应用。例如，北京飞驰竞立加氢站使用的全球容积最大的储氢罐($p >$ 40 MPa)就是利用金属内衬缠绕制成的。

为了进一步增加储氢密度，减少储氢罐的质量，研究人员利用一些具有刚性的塑料代替金属内衬，制成了全复合轻质纤维缠绕储罐。该储罐一般由三层组成：塑料内胆、纤维缠绕层和保护层，如图 5.29 所示。塑料内胆起金属内衬的作用，并且具有优良的气密性、耐腐蚀、耐高温、高强度和高韧性的优点，促进了高压储氢的实用化进程。全复合轻质纤维缠绕储罐的质量约为相同储量钢瓶的 50%，故其在车载储氢方面具有明显的优势。日本丰田汽车公司新推出的全复合轻质纤维缠绕储罐的储氢压力可达 70 MPa，储氢密度约为 5.7%，容积约 122 L，储氢量可达 5 kg。为了进一步减少储氢罐的质量，研究人员提出了三种优化缠绕的方式：加强筒部的环向缠绕、加强边缘的高角度螺旋缠绕、加强底部的低角度螺旋缠绕。这些优化的方式可以减少缠绕圈数，使纤维的用量减少 40%。

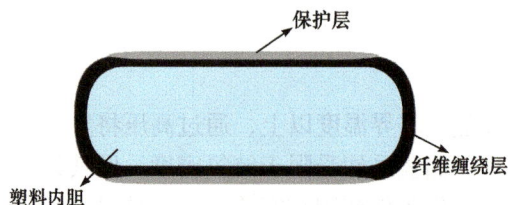

图 5.29　全复合轻质纤维缠绕储罐

目前，各国均在大力发展全复合轻质纤维缠绕储罐，根据广州赛奥碳纤维技术股份有限公司发布的《2020 全球碳纤维复合材料市场报告》，2020 年全球碳纤维行业有效产能为 16.79 万 t，比 2019 年增加了约 1.30 万 t。从全球范围来看，中国、美国和日本三国产能分别为 4.50 万 t、3.73 万 t 和 2.92 万 t，占全球总产能的 60%以上。目前我国碳纤维企业主要以中复神鹰碳纤维股份有限公司、江苏恒神股份有限公司、威海光威复合材料股份有限公司等企业为主。全复合轻质纤维缠绕储罐在经济和效率方面都具有明显优势，但是其在研发和商业化过程中还存在以下难题：①高压条件下，氢气易从塑料内衬中渗透；②塑料内衬和金属接口处存在连接困难和密闭性差的问题；③如何进一步提高储罐的储氢压力和储氢密度；④如何进一步减少储罐的质量。

在较大的储氢压力下，储罐需要通过增加壁厚来满足要求，并且该过程需要消耗较大的氢气压缩功，这无疑会产生大量能耗，而且高压下的储氢罐存在氢气泄漏和容器爆炸的不安全因素，因此高压储氢尤其是在车载储氢方面的应用仍需努力研究。

2) 低温液化储氢

低温液化储氢是将氢气压缩后冷却到 21 K 下，使其变成液态氢后封存在特制绝热的真空容器中保存的技术。液氢的密度是常温常压下气态氢的 845 倍，因此在同一容器内该储氢技术的储氢质量大幅度提升。如果单从储氢的体积密度和质量密度来看，低温液化储氢无疑是最理想的储氢方式。但液氢的储存仍面临两大技术难题：一是储氢容器的绝热问题，由于液氢罐内与环境的温差较大，液氢极易蒸发损失，同时对储罐在低温下的承压性也有严苛的要求，所以液氢储罐的选材和储槽的设计不容忽视；二是氢气液化耗能较大，实际应用中氢气液化消耗的能量是总氢能的 30%。

与高压气态储氢技术相同，液氢的储罐也是液化氢储存的关键。液化氢储罐一般分为内外两层，内层一般为铝合金或不锈钢等材料，其通过支撑物置于外层壳体中心，用来盛装低温液氢。支撑物由具有良好绝热性的玻璃纤维带制成。镀铝的涤纶薄膜填充在内外夹层中间，减少热辐射，同时薄膜之间放上绝热纸，可增加热阻并吸附低温下未液化的气体。采用真空泵抽去夹层的空气以避免气体对流漏热。排放气体管和注入液体管均采用热导率较小的材料制成，降低罐内外的热量传递。美国通用公司于 2000 年在北京展出一台带有液氢储罐的汽车，该车储氢系统的总质量为 95 kg，储氢量为 5 kg，储氢质量密度达到 5%。后经改进，该车储罐的储氢质量密度和体积密度分别达到 5.1%和 36.6 kg·m^{-3}。德国宝马(BMW)公司利用液氢作为内燃机车燃料，通过压缩机、换热器、节流阀等部件将氢气冷却到 20 K 后储存到液化罐中，储氢量可达到 140 L，可保证汽车续航里程 1000 km 以上。

低温液化储氢的经济性与储氢量密切相关。储氢量较大时，液氢储存成本低于高压气态储氢。储存容积小于 100 L 的储罐常采用真空超级绝热或外加液氮保护屏的真空超级绝热，蒸发损失质量分数约为每天 0.4%。而大型储罐多采用粉末绝热，其蒸发损失质量分数为每天 1%～2%。总之，液化储氢技术的成本较高，同时内衬中的液氢吸热时会快速增大容器中的压力而造成安全隐患，安全技术比较复杂。此外，液氢的单位体积能量密度(8 MJ·L^{-1})与汽油(32 MJ·L^{-1})和柴油(36 MJ·L^{-1})也存在较大的差距。

3) 冷冻-压缩储氢

冷冻-压缩储氢是一种最新的复合储氢技术,是将压缩储氢和冷冻储氢结合起来最大限度地增加储氢密度,包括压缩液态氢和冷冻高压氢气。在低温高压环境下,液态氢的密度更高。例如,在 21 K 下,压力从 1×10^5 Pa 增加到 237×10^5 Pa 时,氢的密度从 70 g·L^{-1} 升到 87 g·L^{-1},故压缩冷冻氢气可以增加单位体积内储存的氢气。因此,该技术不需要将温度降至 20 K,比液态储氢的能耗更少。研究表明,被压缩的氢气冷冻在 77 K 的环境中与没有被冷冻的气体相比,单位体积的储氢能力提升了 3 倍。室温下,将 41 kg 氢气压缩至 100 L 容器中需要 740×10^5 Pa 的压力,相反在 77 K 环境中,仅需要 148×10^5 Pa 的压力。这种技术在提升储氢密度的同时,极大地增强了储氢容器的安全性。美国劳伦斯利弗莫尔国家实验室(LLNL)研发出新型低温高压液态储氢罐。其内衬容器为金属铝材质,碳纤维缠绕在外面。最外层的保护套由高反射的金属化塑料和不锈钢制成,层间保持真空状态。该储氢罐安装在混合动力车上测试,结果表明该储氢罐可以保持 6 天不泄漏氢气。与现有的储氢罐仅能保持 2~4 天不漏气相比,该新型储氢罐具有显著优势。

4) 物理吸附储氢

物理吸附储氢是指氢分子通过分子间作用力吸附在高比表面积或多孔材料上,以达到储氢的目的。该过程中氢分子不发生解离,其电子结构和成键形式不发生变化。该储氢技术属于固态储氢技术的一种,与高压储氢和液态储氢相比,其操作简便,不需要特别高的压力,在储氢密度、安全性和经济性方面都具有明显的优势,是一种较理想的储氢方式。

氢分子和吸附材料的分子间作用力很弱(约 10 kJ·mol^{-1}),导致物理吸附储氢技术在常温常压下储氢密度较低,只有通过加压或降温才能提高氢气吸附量。除温度、压力和吸附能外,吸附材料的比表面积、孔径和孔体积等因素也会对储氢能力产生影响。因此,目前的研究内容主要包含两方面:制备高比表面积的多孔轻质固体和提高吸附材料与氢分子的结合能。现阶段用于储氢的吸附材料主要包括分子筛、碳质材料和 MOF 等。分子筛储氢以沸石分子筛研究较多,但其具有储氢密度较低的致命缺陷。碳质材料具有较大的比表面积和丰富的孔径,在一定条件下对氢气的吸附能力较强,具有广泛的应用前景。常用的碳质材料有:活性炭、石墨纳米纤维、碳纳米纤维和碳纳米管,它们的储氢性能如表 5.11 所示。

表 5.11　常用碳质材料的储氢性能

类别	缩写	温度/K	压力/MPa	质量密度/%
活性炭	AC	77	2~4	5.3~7.4
		93	6	9.8
石墨纳米纤维	GNF	室温	7.04	3.8
		25	12	67
碳纳米纤维	CNF	室温	11	12
		室温	10/12	10
碳纳米管	CNT	298	10~12	4.2
		80	12	8.25
		室温	0.05	6.5

从表 5.11 中可以看出，碳质材料对氢气的吸附能力较强，普遍具有较高的储氢密度，并且具有质量轻、抗毒性强、寿命长、安全性高及吸放氢条件合适等优势。但是碳质材料储存高密度的氢气一般是在低温高压条件下实现的，使用条件苛刻。并且有研究表明，吸附在碳材料上的氢气不是由某种未知机制决定的，而是遵循超临界气体吸附机理，即氢气以单层吸附在碳材料表面，故储氢量的大小仅由吸附碳的比表面积决定。因此，增加氢气吸附密度的唯一途径是增大碳质材料的比表面积。然而，大比表面积优质碳质材料的制备过程复杂，成本较高，无法批量生产。因此，未来碳质材料的研究方向主要集中在适当条件下的高储量、低成本碳质材料探索，大规模工业化生产应用及相关理论研究等方面。

MOF 是由金属离子或团簇与有机配体形成的具有超分子微孔网络结构的晶体材料。该类材料可以通过设计不同金属离子或团簇与有机配体结合形成不同的拓扑结构，从而增强与氢气的结合能，达到提升储氢能力的目的。其还具有产率高、结构可控、动能多变的特点。但这类材料的储氢密度受操作条件影响较大，对温度、压力等条件要求严苛，并且其制备过程复杂，生产成本较高，未来有待进一步研究以促进其工业化应用。

5.5 小 结

本章分别从固态、液态和气态三个方面对化学储能进行了详细的介绍。

固态储能物质的代表是煤炭。煤炭是我国的第一能源，支撑国民经济持续、稳定的发展。随着科技的发展和进步，煤炭因蕴藏丰富以及先进洁净煤技术的改善，其总消耗量仍保持上升的趋势。但是，煤炭在给人们带来便利的同时，其生产和使用所带来的生态破坏、环境污染问题也不容忽视，因此煤炭的合理开发和利用对实现可持续发展的理念至关重要。目前，发达国家为了减少环境污染，合理利用煤炭资源，在煤炭成型、炼焦、气化、液化和煤炭化工等方面投入了大量的人力物力，积极探索煤炭转换技术，以提高煤的利用率。

液态储能物质的代表是石油和甲醇。石油主要用作燃油，它是将远古生物体的生物质能转化为石油的化学能储存起来，通过燃烧等方式将化学能转化为热能等形式释放能量。目前已知的石油储量约为 2293 亿 t，但是大量石油还没有得到合理的利用，随着石油勘探技术的不断发展，如何将已勘探的石油安全储存起来成为一项挑战。由于石油的形成机制、地理环境等因素的不同，石油的品质也存在较大差异，因此精炼和提纯石油是实现能量利用最大化的重要环节。甲醇是一种重要的燃料，直接甲醇燃料电池就是直接使用甲醇水溶液或甲醇蒸气为燃料供给来源，而不需要通过甲醇、汽油及天然气的重整制氢以供发电。尽管直接甲醇燃料电池的应用前景广阔，但要解决的问题还有很多，首先就是如何绿色高效地将可再生能源转化为甲醇的化学能储存起来，另外现有的直接甲醇燃料电池的催化剂存在易 CO 中毒、效率低下、价格高昂等问题，上述这些原因都导致甲醇及甲醇燃料电池难以工业化生产和大规模应用。

气态储能物质的代表是氢气、天然气和氨气。与其他燃料相比，天然气具有经济、方便、热值高、污染少等优点，是一种公认的清洁燃料。天然气工业由开采净化、输送储存和分配应用三大部分构成，俗称天然气工业的上、中、下游。天然气深埋于地下，经过长期的地壳运动，形成不同沉积物特征和环境，积累成不同的地层，产生各种不同的地质构造形态，因而天然气的储集具有纷繁复杂的形态和环境。氨的能量密度高于汽油、甲醇等燃料；辛烷值高，又极易压缩液化，储运安全方便；补给时，现有加油站的基础设施即可满足液氨的加注需求。此外，氨作为富氢化合物[含氢量(质量分数)17.6%]，也可用作燃料电池制氢的原材料。合成氨是世界上产量最大的化工产品之一，生产、储运和供给工艺成熟，设备完善。尽管氨能具备上述多种优点，但仍然有两大技术难题未能解决，一是不能稳定燃烧，二是如何获取"绿氨"。

在现有的能源体系中，氢能具有储量丰富、燃烧值高、能量密度高、可再生、清洁高效等众多优点，许多国家已经将"氢经济"列为国家能源发展的战略目标，但氢能大规模使用仍需解决一系列关键技术问题。近年来，氢能的规模生产技术已有了突破性发展。储氢技术作为氢气生产与使用之间的桥梁，是氢能应用必须攻克的难题。专家预言，储氢技术一旦成熟，不仅会改变现有的能源结构，还将带动一系列新材料产业的崛起，并为二氧化碳制备甲醇等新型合成方法提供强有力的技术支撑。储氢技术是指将氢气以稳定形式的能量储存起来以方便使用的技术。氢气的质量能量密度约为 120 MJ·kg^{-1}，是汽油、柴油、天然气的 2.7 倍。然而，由于氢气的密度很低，在常温常压下，氢气的体积能量密度仅为 10.8 MJ·m^{-3}。因此，如何提高氢气的体积能量密度是储氢的关键。此外，氢气是易燃、易爆的气体，当氢气浓度达到 4.1%～74.2%(体积分数)时，遇火即爆，故安全性也是评价储氢技术的关键指标。在实际规模应用中，氢气的压缩或液化、运输、储存、分配等过程耗能巨大，还需要考虑基础设施的建设。因此，要兼顾经济性、能耗及使用周期等问题，实现氢能经济尚需时日。从目前的研究情况来看，氢气的制备和释放都不存在技术困难，只是技术层次高低的问题，氢能的规模储运技术是实现氢能大规模应用的关键环节之一，也是氢能利用系统中具有挑战性的一个环节。

思 考 题

1. 煤炭的加工利用方法有哪几类？液化方法分为哪几类？其各自的特点是什么？
2. 介绍石油的形成方式。
3. 石油的炼制主要有哪些工艺流程？
4. 可以通过哪几种方式实现液态阳光储能？
5. 简述本章提及的天然气的储存方法及原理。
6. 试述 LNG 储存容器的要求。
7. 简述天然气水合物的概念及其性质。
8. 什么是化学储氢？试述其储氢原理及应用的主要形式。
9. 简述储氢合金在储氢方面面临的主要问题以及可能的解决途径。

第6章 电化学储能

6.1 主要储能电池体系与基本概念

电化学储能是通过电化学反应完成电能和化学能的相互转换的一种储能技术，以储能电池为主，部分资料也将超级电容器算作电化学储能。本书中电磁储能部分已详细介绍了超级电容器，此处不再赘述。电化学储能具有设备机动性好、响应快、能量密度高和循环效率高等优势，是目前各国储能产业研发创新的重点领域和主要增长点。电化学储能技术在未来能源格局中的具体功能如下：①在发电侧，解决风能、太阳能等可再生能源发电不连续、不稳定的问题，保障其可控并网和按需输配；②在输配电侧，解决电网的调频调相、削峰填谷(图6.1)、智能化供电、分布式供能问题，提高多能耦合效率，实现节能减排；③在用电侧，支撑电动交通、智慧家居等用能终端的电气化，进一步实现其低碳化、智能化等目标。如图 6.2 所示，以电化学储能技术为先导，在发电侧、输配电侧和用电侧实现能源的可控调度，保障可再生能源大规模应用，提高常规电力系统和区域能源系统效率，成为未来 20 年我国落实"能源革命"战略的必由之路。

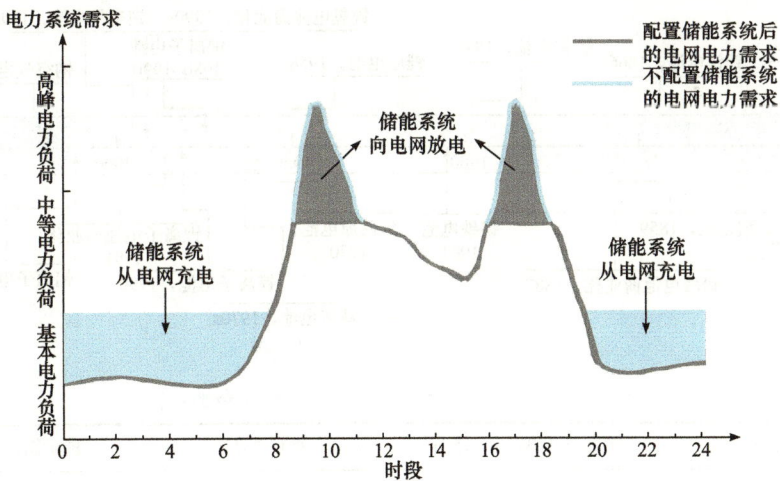

图 6.1 输配电侧的削峰填谷

电池技术的发展历程始于 1800 年的伏打(Volta)电池和 1836 年的丹尼尔(Daniell)电池(也称为铜锌电池)。随后，铅酸电池(1859 年)、镍氢电池(1970 年)和锂电池(1990 年)不断涌现，实现商业化应用(图6.3)。电化学储能技术共有上百种，根据其技术特点，有不同的适用场合。其中，锂离子电池一经问世，就以其高能量密度的优势席卷了整个消费类电子市场，并迅速进入交通领域，成为支撑新能源汽车发展的支柱技术。与此同时，全钒液流电池、铅炭电池等技术经过多年的实践积累，正以其突出的安全性能和成本优

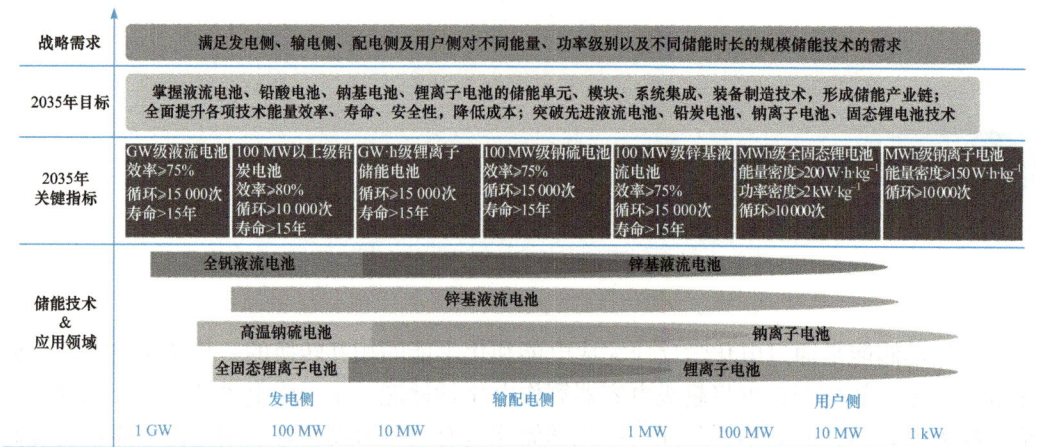

图 6.2　能源革命中的电化学储能技术及发展预期

势，在大规模固定式储能领域快速拓展应用。此外，钠离子电池、锌基液流电池、固态锂电池等新兴电化学储能技术也不断涌现，并以越来越快的速度实现从基础研究到工程应用的跨越。目前，电化学储能技术水平不断提高、市场模式日渐成熟、应用规模快速扩大，以电化学储能技术为支撑的能源革命时代已经悄然到来。本章主要介绍的电化学储能体系包括铅酸电池、锂离子电池、钠离子电池、高温钠硫电池、液流电池、水系锌离子电池等，其基本技术参数列于表 6.1。在未来 20 年内，这些技术有望占领大部分电化学储能市场。

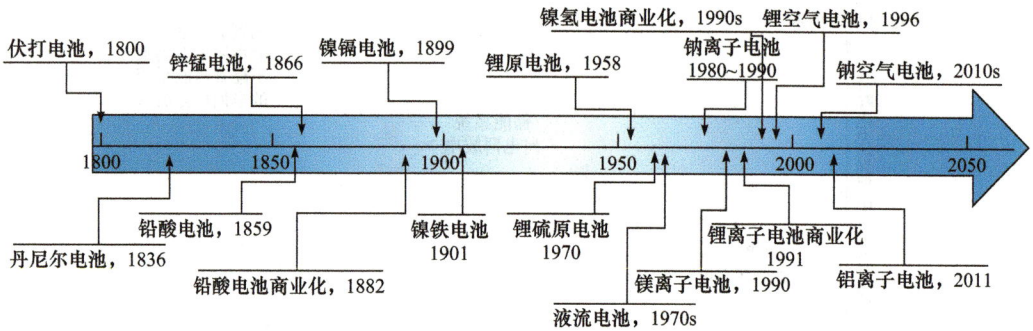

图 6.3　电池技术的发展历程

表 6.1　主要电化学储能技术的关键性能参数对比

储能技术	能量密度/(W·h·kg⁻¹)	循环次数	能量循环效率/%
铅酸电池	30～45	200～800	70～85
铅炭电池	30～60	2 500～5 000	80～90
锂离子电池	130～200	>10 000	85～95
钠离子电池	90～160	2 000～4 000	80～90
高温钠硫电池	100～250	2 000～4 500	70～85
全钒液流电池	15～50	>10 000	60～75
锌溴液流电池	75～85	2 000～5 000	65～75

以下介绍电池的基本概念。

1. 电压

当电池的电极中没有电流通过且电极处于平衡状态时，与之相对应的是可逆电极电势，此时对应的电压是电动势。电池的电动势是指当电池处于热力学平衡状态且通过电池的电流为零时，正、负极之间的可逆电极电势之差。根据热力学原理，有

$$-\Delta G = nFE \tag{6.1}$$

$$E = -\frac{\Delta G}{nF} \tag{6.2}$$

式中，ΔG 为吉布斯自由能变；n 为得失电子的物质的量；F 为 1 mol 电子所带的电量，即法拉第常量，其值为 96 485 C·mol^{-1}；E 为电池电动势。

电池的电动势只与电化学反应的物质本性、电池的反应条件及反应物与产物的活度有关，而与电池的几何结构、尺寸大小无关。电池的电动势 E 与电池反应焓变的关系可以用吉布斯-亥姆霍兹方程描述，即

$$E = -\frac{\Delta H}{nF} + T\left(\frac{\partial E}{\partial T}\right)_p \tag{6.3}$$

式中，ΔH 为电池反应焓变；T 为热力学温度；p 为压力。

电池的开路电压是正、负极之间连接的外电路处于断路时两极间的电势差。此时，正、负极在电解液溶液中建立的电极电势并非平衡电极电势，因此电池的开路电压总是小于电动势。电池的电动势是由热力学函数计算得到，而开路电压是通过测量得到。测量开路电压时，测量仪表内的电流应为零。

2. 放电电流与倍率

放电电流是电池工作时的输出电流，通常也称为放电速率，常用时率(又称为小时率)和倍率表示。时率是以放电时间表示的放电速率，也就是以一定的放电电流放完电池的全部容量所需的时间。例如，额定容量为 20 A·h 的电池以 10 小时率进行放电是指以 2 A 的电流放电。倍率是电池在规定时间内放完全部容量时，用电池容量数值的倍数表示的电流值。例如，额定容量为 20 A·h 的电池以 2 倍率(2 C)放电是指以 40 A 的电流进行放电，对应的时率为 0.5 小时率。

3. 容量和比容量

电池的容量是指在一定放电条件下可以释放的电量，容量的单位为 A·h，可以分为理论容量、实际容量和额定容量。理论容量是假设活性物质全部参与电池的电化学反应时所能释放的电量，由法拉第定律可知，电极上参与电化学反应的物质的量与通过的电量成正比。根据计算，1 mol 活性物质参与电池的成流反应(电池放电时正、负极上发生的形成放电电流的主导的电化学反应)，所释放的电量为 1 F = 96 485 C = 26.8 A·h。由此，电极的理论容量为

$$C_0 = 26.8n\frac{m}{M} \tag{6.4}$$

式中，C_0 为理论比容量($\text{mA} \cdot \text{h} \cdot \text{g}^{-1}$)；$m$ 为活性物质完全反应时的质量；n 为电化学反应的得失电子数；M 为活性物质的摩尔质量。

实际容量是指在一定的放电条件下，电池实际能输出的电量。电池实际容量受理论容量的限制，还受放电条件的影响。

额定容量是指在电池设计时，规定在一定的放电条件下应该可以释放的最低容量，也称为标称容量。

容量是电池化学性能最重要的指标之一，但是不同型号电池的容量不同，无法进行比较。为了便于比较，常采用比容量。单位质量或单位体积的电池所能释放的容量称为质量比容量($\text{A} \cdot \text{h} \cdot \text{kg}^{-1}$)或体积比容量($\text{A} \cdot \text{h} \cdot \text{L}^{-1}$)。电池除电极和电解液外，还包括外壳、隔膜等，动力电池组还包括电池管理系统等。因此，在计算电池的质量比容量和体积比容量时需要将这些组成或附属配件包括在内。通过比容量，可以对不同大小、不同类型的电池进行比较，判断电化学性能的优劣。与理论容量和实际容量相对应，比容量有理论比容量和实际比容量。

4. 能量和比能量

与容量相对应，电池的能量是指电池在一定放电条件下对外做功所能输出的电能，能量的单位为 $\text{W} \cdot \text{h}$，可以分为理论能量和实际能量。

电池的理论能量是指电池在常温、恒压的可逆放电条件下所能做的最大非体积功。此时，电池在放电过程中始终处于平衡状态，放电电压始终等于其电动势的数值，且活性物质全部参与成流反应。因此，电池的理论容量只是理想状态下的能量，实际上不可能达到。理论能量可以表示为

$$W_0 = C_0 E = -\Delta G = nFE \tag{6.5}$$

式中，W_0 为理论能量；C_0 为理论容量；E 为电动势；ΔG 为吉布斯自由能变；n 为电化学反应的电子得失数；F 为法拉第常量。

实际能量是指电池在一定放电条件下实际输出的能量。与活性物质利用率会影响电池的实际容量一样，活性物质利用率也必然会影响电池的实际能量。

与容量一样，为了进行电池性能的比较，人们提出了比能量(能量密度)的概念。单位质量的电池输出的能量称为质量比能量($\text{W} \cdot \text{h} \cdot \text{kg}^{-1}$)，单位体积的电池输出的能量称为体积比能量($\text{W} \cdot \text{h} \cdot \text{L}^{-1}$)。比能量也分为理论比能量和实际比能量。电池的理论比能量可以由理论比容量乘以电动势得到，实际比能量可由输出的实际能量除以电池的质量或体积得到。

5. 功率和比功率

电池的功率是指在一定的放电条件下，单位时间内电池所能输出的能量，功率的单位为 W 或 kW。电池的比功率是指在一定的放电条件下，单位时间内单位质量或单位体积的电池所能输出的能量，质量比功率的单位为 $\text{W} \cdot \text{kg}^{-1}$ 或 $\text{kW} \cdot \text{kg}^{-1}$，体积比功率的单

位为 $W \cdot L^{-1}$ 或 $kW \cdot L^{-1}$。

功率和比功率这两个概念表示电池放电倍率的大小，功率大表示电池可以在大电流或高倍率下放电。与电池的容量、能量类似，功率可以分为理论功率和实际功率。

6. 储存寿命和搁置寿命

电池的储存寿命是指电池开路时，在一定的条件下储存一段时间后，容量自发降低的性能，也称为自放电。电池的容量降低率小，说明储存寿命长。自放电发生的原因是电极在电解液中处于热力学不稳定状态，发生了氧化还原反应。影响自放电的因素有储存温度、湿度和活性物质、电解液、隔板和外壳等带入的有害杂质。自放电速率用单位时间内容量降低的百分数表示，即

$$x(\%) = \frac{C_{前} - C_{后}}{C_{前}t} \times 100\% \tag{6.6}$$

式中，$C_{前}$、$C_{后}$ 分别为储存前、后电池的容量；t 为储存时间，可以用天、月、年表示。

除用一定时间内容量的变化表示自放电的大小外，还可以用电池搁置至容量降低到规定值时的天数表示，称为搁置寿命。

6.2 铅 蓄 电 池

铅蓄电池包括铅酸电池和铅炭电池。铅酸电池作为首种商用的二次电池，在我国的经济发展中起到了巨大的作用；铅炭电池作为升级版的铅酸电池，是铅酸电池和超级电容器的组合，在很大程度上提升了电池的寿命和倍率性能，在储能电池和动力电池领域都得到了广泛应用。

6.2.1 铅酸电池

法国学者普兰特(Planté)于 1859 年发明了铅酸电池，早期非密封式富液的铅酸电池在充电时易形成酸雾，污染环境，并且要经常加水，以补充电解的水损耗。1881 年格拉德斯通(Gladstone)和特赖布(Tribe)发明了铅膏，1882 年铅锑合金板栅问世，铅膏能在一定程度上提高活性物质的利用率，铅锑合金板栅则有效地提高了极板强度，从而延长了电池的使用寿命。美国埃克塞德(Exide)公司于 20 世纪 20 年代推出了管式极板，此类极板有助于提高电池深度充放电的能力；德国阳光公司于 50 年代制作出胶体密封式铅酸电池，这是在铅酸电池中加入凝胶电解质的首次探索；美国盖茨(Gates)公司于60年代发明了铅钙合金，这一成果使密封铅酸电池的开发在当时成为热潮，70 年代该公司又首次在密封式铅酸电池中应用孔隙率大于 90%的超细玻璃纤维隔膜，铅酸电池技术得到了重大突破。70 年代中期出现了免维护铅酸电池，铅酸电池获得了巨大的技术进步；80 年代阀控式铅酸(valve regulated lead acid，VRLA)电池在欧美有了小范围的应用，随着电信业的飞速发展，VRLA 电池在电信部门得到迅速推广使用；90年代，世界上 VRLA 电池的数量在欧洲和美洲都大幅增加，亚洲多家电信部门提倡全部使用 VRLA 电池，VRLA

电池得到了广大用户的认可，基本取代了传统的富液式电池。

1. 铅酸电池的工作原理及相关参数

铅酸电池主要包括传统铅酸电池和阀控式铅酸电池，结构如图 6.4 所示。对比来说，VRLA 电池比传统的铅酸电池多了一个控制电池中气体输入或排出的安全阀，可使内压在十分之几到几个大气压范围时得到释放。这两种铅酸电池虽然结构的设计有所不同，但是原理是一样的。

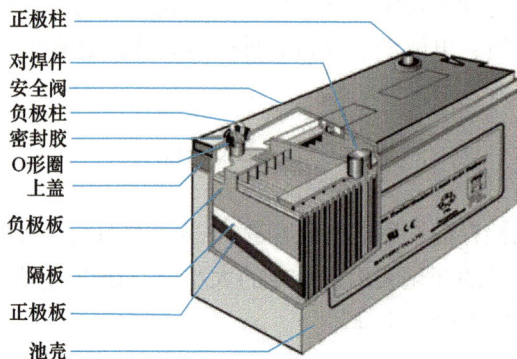

正极柱
对焊件
安全阀
负极柱
密封胶
O 形圈
上盖
负极板
隔板
正极板
池壳

图 6.4 铅酸电池结构

铅酸电池主要由正负极板、电解液、隔板、电池槽组成。在电池化成过程中，正负极板上的铅粉分别生成活性物质二氧化铅和海绵状金属铅，均负载在板栅上。板栅是铅酸电池的基本组成之一，占电池总质量的 20%～30%。板栅的作用主要有两个：活性物质的载体、集流体。在电池制造过程中，板栅作为活性物质的载体，当铅膏涂敷在板栅

图 6.5 铅酸电池工作原理示意图

上时，活性物质靠板栅保持和支撑；在电池充、放电过程中，板栅也承担着电流的传导、集散作用，并使电流均匀分布。目前使用的板栅中，Pb-Sb 和 Pb-Ca 合金最为广泛。

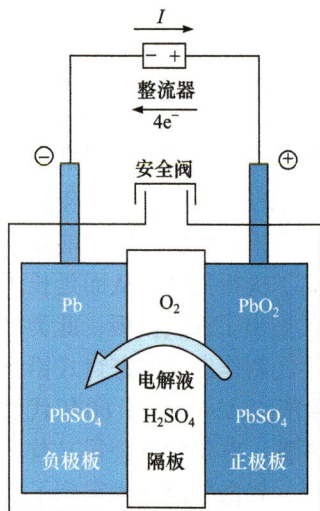

铅酸电池的理论电压是 2.105 V，开路电压一般为 2.0 V，放电的终止电压是 1.75 V，理论能量密度可达 252 $W \cdot h \cdot kg^{-1}$。铅酸电池工作原理如图 6.5 所示，正极板活性物质二氧化铅和负极活性物质海绵状金属铅分别与电解液接触，发生一定的氧化还原反应而产生的电极电势来提供电势。在电池放电时，正极上的活性物质二氧化铅发生电化学还原反应，负极上的活性物质海绵状金属铅发生电化学氧化反应，最终的产物均为硫酸铅。1882 年格拉德斯通和特赖布用"双硫酸盐化"理论解释了此反应。

铅酸电池的电化学体系可以表达为

$$(-) Pb \mid PbSO_4 \parallel H_2SO_4 \parallel PbSO_4 \mid PbO_2 (+)$$

正极放电反应　　　$PbO_2 + 3H^+ + 2e^- + HSO_4^- \longrightarrow PbSO_4 + 2H_2O$ 　　　　　(6.7)

负极放电反应　　　　　　　　　$Pb + HSO_4^- \longrightarrow PbSO_4 + 2e^- + H^+$ 　　　　　(6.8)

总反应　　　　　　$Pb + PbO_2 + 2H_2SO_4 \rightleftharpoons 2PbSO_4 + 2H_2O$ 　　　　　(6.9)

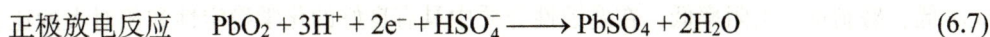

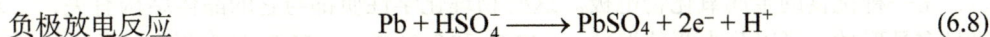

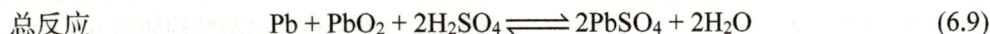

铅酸电池的电动势表达式为

$$E = E^\ominus + \frac{RT}{zF} \ln \frac{a(H_2SO_4)}{a(H_2O)} = 1.955 + 0.029\,58 \lg \frac{a(H_2SO_4)}{a(H_2O)}$$ 　　　　(6.10)

式中，$E^\ominus$ 为标准电动势(V)；R 为摩尔气体常量($8.314\ \text{J} \cdot \text{K}^{-1} \cdot \text{mol}^{-1}$)；$T$ 为热力学温度(K)；F 为法拉第常量($96\,485\ \text{C} \cdot \text{mol}^{-1}$)；$n$ 为电化学反应的电子得失数目。

储能用铅酸电池主要有以下突出优点。

(1) 优越的高低温性能：由于电解液的冰点为$-60 \sim 50℃$，因此铅酸电池可在$-20 \sim 50℃$，采用长效的添加剂保证电池能在相对恶劣的环境下正常工作，为系统提供更可靠的能源保障。

(2) 大容量技术成熟：铅酸电池是目前技术最成熟且商业化生产历时最久的电池，其性能可靠稳定、适用性好、应用广泛，可实现大规模储能。

(3) 能浅充电使用：浅充浅放电性能优异，适用于不间断电源、新能源储能、电网削峰填谷等领域。

(4) 安全、价格低廉：采用稀硫酸作为电解液，电池采用常压或低压设计，安全不易燃；易保养维护，寿命较长，耐震耐冲击性能好，不易损坏；电池原材料易得，取材方便，成本低；再生技术成熟，回收利用率高。

(5) 电池一致性高：采用极群配组技术保证电池活性物质一致，专用的电池内化成工艺保证电池具有良好的一致性。

虽然储能用铅酸电池有很多优点，但仍存在严重的不足，主要有以下几点。

(1) 寿命短：传统铅酸电池只有 300 次左右充放电的寿命。

(2) 大功率工作问题：在 0.5 C 以上的大倍率工作条件下会发生"硫酸盐化现象"(极板在硫酸铅的溶解及重结晶作用下形成一种粗大、难以接受充电的硫酸铅结晶，这种不可逆的硫酸盐化在严重时会使电极失效，无法充电)，衰减加速，这也是铅酸电池寿命不长的根本原因。

(3) 能量密度不高：传统铅酸电池的能量密度只有 40 $\text{W} \cdot \text{h} \cdot \text{kg}^{-1}$，活性物质利用率低，并且铅酸电池体积较大，不适合在质量轻、体积小的场合使用。

(4) 电池回收机制欠缺：铅酸电池在回收过程中存在许多不正规现象，这是因为人们对于电池回收方面的环保意识较为薄弱、电池回收机制不健全等，造成了大量的资源浪费和环境污染。

2. 铅酸电池的关键材料

1) 正极材料

铅酸电池的正极材料是二氧化铅，由板栅上的铅粉化成所得。与贵金属相比，它的成本低、易制备、电阻率低，在腐蚀性介质中具有良好的化学稳定性和相对大的比表面积，是一种优良的金属氧化物电极。这些物理化学性质都与它的晶体结构有关，二氧化铅是多晶形的，可以分为两种类型：α-PbO_2和β-PbO_2。α-PbO_2具有斜方结构，β-PbO_2是四方金红石结构，晶胞结构如图 6.6 所示。在这两种结构中，四价铅离子都位于不规则八面体的中心，但由于两种八面体的排列方式不同，因此两种晶形在结构和性能上存在差异。在铅酸电池的正极活性材料中，α-PbO_2和β-PbO_2承担不同的作用。α-PbO_2具有良好的机械性能和更紧密的结构，可以作为支撑

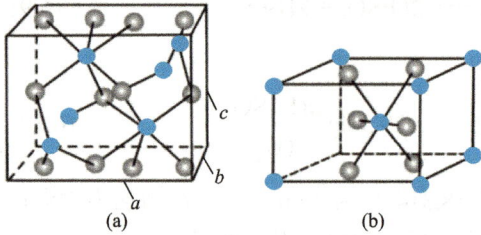

图 6.6 α-PbO_2(a)和β-PbO_2(b)的晶胞

活性物质的骨架；β-PbO_2由于电导率高，容量是α-PbO_2的 1.5～3 倍。当α-PbO_2和β-PbO_2的比例达到 1∶1.25 时，正极板活性物质不易软化脱落(蓄电池在长期不断充电和放电的过程中，极板活性物质进行氧化还原反应，体积发生变化，膨胀、收缩反复进行，活性物质逐渐变得松软脱落)，同时铅酸电池表现出良好的性能。

2) 负极材料

铅酸电池的负极材料是海绵状金属铅。铅的来源主要有铅矿开采及再生铅两种，铅品质相同，都可以满足铅酸电池的要求。再生铅的成本为开采铅的 70%左右。工业生产经常在负极使用添加剂来实现电池的优异性能。目前铅酸电池的负极添加剂主要有木质素、木质素磺酸盐、腐殖酸、炭黑、硫酸钡等。这些添加剂能够提高活性物质的比表面积，从而提高活性物质利用率，显著改善高倍率放电时的低温性能，增加负极活性物质的导电性，以及防止负极活性物质钝化。

3) 电解液

传统铅酸电池电解液是用纯水和浓硫酸配制而成，浓度为 1.28～1.32 g·mL^{-1}。配制时先将蒸馏水倒入干净的容器中，然后慢慢倒入浓硫酸，并且用耐酸的工具搅拌。如果温度过高，停止加酸，以防止酸溅出，配制时严禁将水倒入酸中。VRLA 电池中电解质不流动，通常有以下两种形式：一是采用加入气相二氧化硅或硅胶的方法来固定电解液制备得到的胶体电解质；二是采用吸收式玻璃纤维毡(AGM)，在 AGM 电池中，电解液吸附在正极板和负极板之间的多孔 AGM 隔板中，AGM 隔板主要由超细玻璃纤维制成，不能完全饱和。

电解液添加剂在很多方面影响电池性能，在电解液中常添加使用的无机物主要有磷酸、Sn^{2+}、碱金属和碱土金属盐(Li^+、Na^+、K^+、Mg^{2+}、Ca^{2+})及其相应的硫酸盐。在电解液中加入上述离子有助于抑制早期容量损失现象的发生，提高电池的充电容量，还可以显著提高铅酸电池容量恢复的能力。

4) 隔膜

隔板根据其加工方法可以分为三种：短纤隔板、烧结隔板、骨架隔板；也可以按照构成隔板的主体材料分为塑料隔板、纸隔板、玻璃隔板等。目前市场上常见的铅酸电池隔板主要有聚氯乙烯(PVC)隔板、聚乙烯(PE)隔板、聚丙烯(PP)隔板、AGM 隔板，AGM隔板主要用于阀控密封式铅酸电池。AGM 孔隙率高，吸酸吸液性、热稳定性、保液性

好，内阻小，抗氧化能力强，耐酸，杂质含量低。PE 隔板孔径很小，能有效阻止铅枝晶生长穿透隔板而引起的短路；初始性能好，耐用，而且不易破损，封袋式可以消除底部和边缘短路；抗腐蚀性好，抗氧化；超低温特性好，但是内阻较大，是目前最先进的铅酸电池用隔板。

3. 铅酸电池的制备工艺

铅酸电池的电极板制备主要分为五步：板栅制备、铅粉制备、铅膏配制、生极板制造、极板化成。

1) 板栅制备

板栅作为活性物质的载体和电极集流体，通常要求机械性能好、导电能力强、化学稳定性好、不易腐蚀、浇铸性能良好、焊接性能良好，同时原料廉价易得、对环境相对友好，其常见结构如图 6.7 所示。目前使用最多的是铅锑合金和铅钙合金。板栅铸造生产的工艺流程主要包括合金配制、模具加温、喷脱模剂、重力浇铸、时效硬化等。脱模剂的主要作用是防止铸件粘模，使铸件从模具型腔内脱出来，它在模具的高温表面喷涂后可以形成一层薄膜，降低铸件压射成型时金属液对模具型腔的冲击作用，减少铸件与模具型腔的磨损，起到润滑作用；它还可以调节模具各部分的温度，起到保持模具温度平衡的作用，改善铸件的成型性，从而提高模具寿命，在一定程度上保证铸件的质量。重力浇铸是指金属液在地球重力作用下注入铸型的工艺。时效硬化是指材料在热处理后的放置过程中第二相(沉淀)的析出导致材料在放置后比放置前变硬的现象，通常有室温时效和人工时效两种，两者的区别是时效温度不同。

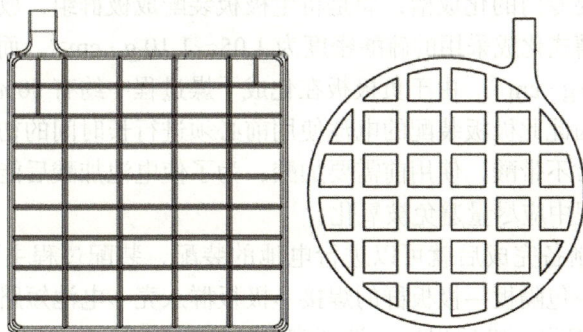

图 6.7　常见的板栅结构

2) 铅粉制备

目前工业铅粉的制备主要采用球磨法。将铅球或铅块放在球磨机转筒内，受离心力作用，铅球或铅块随转筒一起回转，在筒体回转过程中筒内铅球或铅块和筒壁相互摩擦，使得金属表面的晶粒发生位移。在具有一定湿度的高温空气作用下，铅的表面，特别是发生位移的晶面边缘更易氧化生成氧化铅，同时放出热量。铅粉机在工作时不断向转筒内鼓入空气，主要有两个作用：一是不断输入氧气；二是排出的空气可带走铅粉和多余的热量。由于铅的氧化物与纯铅的性质不同，在摩擦力、冲击力的作用下从铅表面脱落，进一步被磨细，得到所需的铅粉，尺寸控制在微米级。

3) 铅膏配制

铅膏配制是极板生产中的关键工序。正极板用的铅膏由铅粉、硫酸、短纤维和水组成，负极板用的铅膏由铅粉、硫酸、短纤维、水和添加剂组成。和膏作业在和膏机中进行，先加入铅粉和添加剂，开动搅拌后，再加短纤维和水，然后慢慢加入硫酸，继续搅拌一段时间后将铅膏排出和膏机。

4) 生极板制造

在铅酸行业中，通常将未组装经过化成的极板称为生极板。生极板的制造主要包括涂板、淋酸、压板、表面干燥、固化等步骤。其中，涂板、淋酸、压板这三个步骤在涂板机上依次进行，完成后在隧道式表面干燥窑中进行表面干燥，由于极板进行了淋酸处理，因此在干燥过程中可以很好地避免裂纹的出现。干燥后的极板要在控制温度、相对湿度和时间的条件下失去水分，进而凝结成含有均匀微孔的固态物质，这个过程称为固化。在极板固化过程中，铅膏中残余的金属铅被氧化成氧化铅，含铅量进一步降低，减少了循环中活性物质脱落的可能，同时固化使板栅表面生成氧化铅的腐蚀膜，增强板栅与活性物质的结合，使板栅与活性物质之间的接触更加紧密。重要的是，固化后再进行极板的脱水，使得铅膏硬化，形成多孔电极。

5) 极板化成

固化后生极板的主要成分是 PbO、$3PbO \cdot PbSO_4 \cdot H_2O$ 或 $4PbO \cdot PbSO_4 \cdot H_2O$，还要进行化成。化成是通入直流电，将正极上的活性物质电化学氧化成二氧化铅，同时负极板上发生电化学还原反应，生成海绵状铅的过程。化成分为槽式化成和电池化成两种。槽式化成是将极板放在一个专门的槽中，多片正极和负极相间连接到一起，然后通直流电。电池化成不需要专门的化成槽，而是将生极板装配成极群组，放入电池壳装配成电池组，然后化成。槽式化成采用的硫酸密度为 $1.05 \sim 1.10\ g \cdot cm^{-3}$，而电池化成采用的硫酸密度为 $1.24 \sim 1.30\ g \cdot cm^{-3}$。由于负极板在化成干燥过程中约有 50%海绵状铅被氧化，处于非荷电状态，因此此极板装配的电池使用前必须进行长时间的初充电。同时，干荷电蓄电池出厂时通常不带酸，使用前需要加酸，为了使电池加酸后能立即工作，装配电池的负极板干燥过程中应尽量避免被氧化。

铅酸电池极板制备完成后就可以进行电池的装配，装配过程主要包括以下几个步骤：极板分片清刷→包隔板→极板群的焊接→极板群入壳→电池短路测试→极板组对焊串联→封盖→高温固化→极柱焊接→端子密封→高温固化→电池气密性检测→定量加酸，其中极板群和单格电池如图 6.8 所示。

在配组极板群之前先进行极板的称量，在极板称量前要清除板栅生产中的毛刺。在涂膏时多余的活性物质要用极板刷耳机将极板上的杂质刷干净便于焊接，以防造成虚焊、假焊。

极板称量是为了使每一极群的容量相等，否则在充电时容量小的电池组会提前充满电，而容量大的电池组还没有充满电，电池的端电压较低，总电压没有到充满的终止电压仍在继续充电，导致容量小的电池组过充电；在电池放电时，容量小的电池组提前电量就没有了，其他的电池端电压较高，电池的总电压没有达到电动助力的终止保护电压，放电还在继续，导致电池过放电。电池过充电、过放电和充电不及时都会影响电池

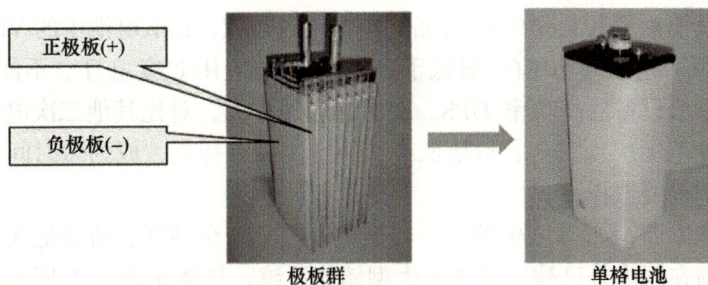

图 6.8　铅酸电池的装配

的使用寿命，因此在装配极组之前一定要进行极板的称量。

称量之后进行包隔板。包隔板包括两个部分：一是称量后的极板按照规定进行重量配组，配组后进行包板，隔板的材质通常为微孔橡胶、玻璃纤维，在包板时要注意隔板的清洁，将极板放在隔板的中间，使极板的位置对准，放在极板盒里；二是双片包正板，用隔板片将正极板包起来，不要包负极板，这样可以避免单片隔板缺陷所造成的短路。然后把包好的极板放在极板群盒内，再把极板群盒内的极板插入梳板(烧焊模具)中，先插负极再插正极，使极耳完全插入梳板中，最后放上正负极耳之间的挡条、过桥柱、极柱。

包隔板后进行极板群的焊接，用强火焰将极板上的极耳和铅零件底座迅速烧熔，填补铅合金，使每个极组的各片正极板或负极板与铅零件底座熔连在一起(称为汇流排)，汇流排基本焊好后，再将极柱与汇流排焊接到一起。

焊接好汇流排，检测无缺陷后进入装槽工序。一般要先装有端子的极板群，后装其他极板群，正负极排列为+-、+-、+-串联。接下来进行极板的装槽，在极板装槽时一定要装到底部。装槽后进行极板群的检查，首先用万用表测一下电池是否短路或极性是否装反。如果测量时电压是零或接近零，证明电池短路，检查极板群，找出短路的位置进行修理，如果电压显示负值，则要调整电池极性。

经检测没有故障后进入过桥焊接。用过桥焊接夹柱，用氧气焊接过桥柱。焊接时要保证火焰不烧到电池壳体，确保没有假焊、虚焊、极柱脱离极板群、能顺利合盖。

过桥焊接后进行电池封盖密封，将环氧树脂胶与固化剂按 2:1(质量比)配比。配好的胶要及时使用，以免时间过长而凝固。胶体的凝固速率与温度有很大的关系，温度越高凝固得越快，因此要尽快使用，加热设备进行封盖。

电池封盖完成后进行极柱焊接，确保引出的极柱在引出孔的中间位置，再将极柱模具套在引出的极柱上，然后用氧气焊熔化极柱。极柱焊接完成后进行端子密封、高温固化及电池气密性的检测，检测完成后进行定量加酸。

4. 铅酸储能电池的工程应用

铅酸电池是第一种商业化应用的二次电池，主要可分为备用电源电池、储能电池、启动电池和动力电池四大类。近年来，在铅酸电池的产品结构中，启动型铅酸电池占比最大，达到 48%，其次是动力型铅酸电池，占比为 28%，备用电源型与储能型铅酸电池占比为 15%，其他铅蓄电池占 9%。在备用电源电池领域，铅酸电池中的 VRLA 电池主要用途是备用电源，包括低功率(一般低于 5 kV·A)的应用如应急灯、不间断电源(UPS)等，以及用于电信设备的高功率 UPS。在储能应用方面，对比其他二次电池，铅酸电池因具有适用温度范围广、安全、价格低廉、性价比高等特点，成为短时间内满足这种大规模储能需求的首要选择。

在规模储能方面，如图 6.9 所示，铅酸电池因其安全性高、价格低廉、技术相对成熟等优点，目前在国内外已建立了多个大型储能系统，具体如表 6.2 所示。其中，从应用场景分析，发电侧主要是利用可再生能源(如风能、太阳能)进行发电然后储存。典型应用实例是位于澳大利亚的金岛系统，以及我国广东省的珠海万山海岛新能源微电网示范项目和浙江省的鹿西岛并网型微网示范工程。大万山岛项目建成后，与先期已建成投运的东澳岛、桂山岛智能微电网一起构建起覆盖桂山岛、东澳岛、大万山岛的风、光、柴、储一体化智能微电网，其储能规模达 8.4 MW·h，为万山海岛发展供给清洁能源。在电网侧，典型的应用实例有美国新墨西哥州克洛维斯(Clovis)的北美超导体输电和宾夕法尼亚州 Lyon Station 的电网辅助能量储存系统。其中，铅酸电池可以在使用超导体输电峰值处进行过剩电能的储存，在电网中通过调节频率，管理能源的需求以辅助能量的储存。在用户侧，铅酸电池可以用来实现电力的自发自用，典型例子是江苏大丰风柴储海水淡化独立微电网系统。它是为大型海水淡化设备供电的一体化微电网系统，以风电为主，具有先进的智能组合供电控制系统和低温多级高效风电海水淡化新工艺，确保了风电 100%得到利用，使海水淡化吨水能耗不受风电波动影响，采用非并网风电海水淡化系统实施方案，运行孤岛模式。

图 6.9　铅酸电池储能应用实例

表 6.2　一些先进的铅酸电池储能系统

铅酸电池储能系统	地点	储能规模	应用
北美超导体输电	美国新墨西哥州克洛维斯	约 100 MW/约 200 MW·h	削峰、稳定风能
金岛系统	澳大利亚	3 MW/1.6 MW·h	新能源接入发电
珠海万山海岛新能源微电网示范项目	广东	8.4 MW·h	解决无电地区用电问题、新能源接入发电

续表

铅酸电池储能系统	地点	储能规模	应用
鹿西岛并网型微网示范工程	浙江	6.8 MW·h	提升可再生能源利用率、平滑风光功率输出
电网辅助能量储存系统	美国宾夕法尼亚州 Lyon Station	3 MW/1～4 MW·h	调节频率、管理能源需求
大丰风柴储海水淡化独立微电网系统	江苏	1.8 MW·h	为海水淡化系统辅助供电
临安光储一体化企业级微网储能电站	浙江	2 MW·h	平滑功率、削峰填谷
广东电科院广成铝业 1.5 MW 蓄能项目(科技部 863 项目)	广东	1.5 MW/1.5 MW·h	新能源并网、平滑功率、削峰填谷

从我国近年来铅酸电池行业市场规模(图 6.10)中可以看出，尽管受到锂离子电池的冲击，铅酸电池的市场规模有所减小，但是近年来，随着国家对"碳达峰"和"碳中和"目标的追求，铅酸电池因其价格优势，在电化学储能系统中将依然占据一定的份额。

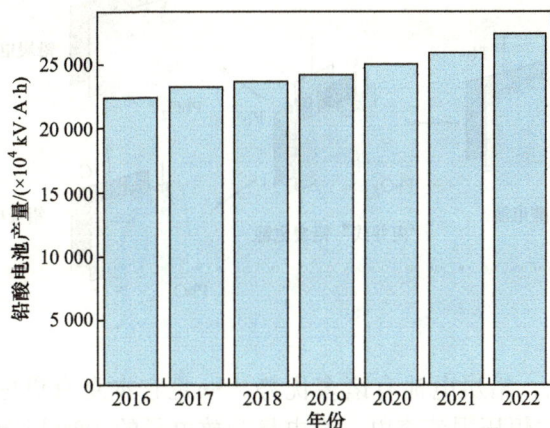

图 6.10　我国铅酸电池行业市场规模

6.2.2　铅炭电池

铅炭电池的概念由澳大利亚联邦科学与工业研究组织(CSIRO)的拉姆(Lam)等首先提出，日本古河电池公司 2005 年获得 CSRIO 的专利授权，开始超级电池的研究和商业化开发工作。同时，由比尔·盖茨(Bill Gates)等科技大亨创立的清洁技术风险投资基金"BEV 基金"和 CSIRO 共同成立康恩特(Ecoult)电池公司，推进超级电池在可再生能源储能应用的商业化进程。2008 年，CSRIO 和古河电池公司进一步将超级电池技术授权给美国东宾(East Penn)制造公司。目前，古河电池公司和东宾制造公司可规模生产不同尺寸(7～2000 A·h)、商标为"UltraBattery™"的超级电池，用于传统汽车、混合动力汽车和可再生能源储能。美国 Axion 国际电力公司通过购买加拿大 C&T 公司的专利技术，也开始了铅炭电池的研究工作，成为超级电池研制的重要参与者之一，其研制的铅炭电池由标准的铅酸电池正极和采用活性炭制成的超级电容器负电极组合而成。我国在铅炭电池的研究、开发、生产与示范应用方面也取得了长足的进步。比较有代表性的是浙江南都电源动力股份有限公司、双登集团股份有限公司等铅酸电池企业，它们与高校和科研院所等单位合作，开发出自己的铅炭电池技术，并在国内成功实施了多个风光储能应用示范。

1. 铅炭电池的工作原理及相关参数

铅炭电池是一种电容型铅酸电池，它是由铅酸电池和超级电容器组合形成的新型储能装置。目前主流的铅炭电池技术有以下几种：①用碳材料代替负极板内的所有负极活性物质，典型代表是美国 Axion 国际电力公司的铅炭电池；②用碳材料代替部分负极活性物质，代表是日本古河电池公司和美国东宾制造公司开发生产的 UltraBattery；③用3D 结构的碳材料代替铅极栅或部分极栅；④将碳材料和铅粉均匀混合作为负极活性物质，电池结构如图 6.11 所示。这四种不同结构的铅炭电池负极都同时包括电容系统和电化学系统，但是电化学系统是主要的容量来源。

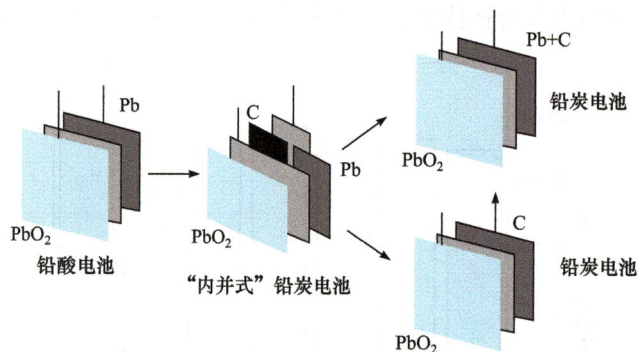

图 6.11　铅炭电池结构示意图

与铅酸电池相比，铅炭电池有诸多优势，一是它本身有更好的充放电接收能力(100%深度放电后，以恒压限流充电，充电量为放电量的 98%以上)；二是极低的自放电；三是循环寿命长，70%放电深度(depth of discharge，DOD，是指电池放出的容量占额定容量的百分数)时循环寿命达 4000 次；四是性价比高，虽然铅炭电池比铅酸电池的售价有所提高，但循环寿命大大提高了，且碳材料改善了负极硫酸盐化现象；五是使用安全稳定，可广泛应用于各种新能源及节能领域。然而，铅炭电池仍然有体积和质量大、低温状态工作效率较差，以及生产回收过程污染较严重等缺点。

美国 Axion 国际电力公司生产的铅炭电池负极用高比表面积($1500\ m^2\cdot g^{-1}$)的活性炭完全取代铅，正极仍然使用 PbO_2 材料。在充放电过程中正负极反应如下：

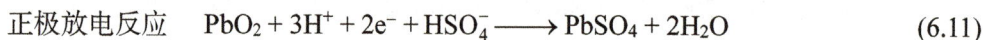

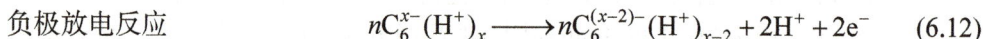

正极放电反应　　$PbO_2 + 3H^+ + 2e^- + HSO_4^- \longrightarrow PbSO_4 + 2H_2O$ 　　　(6.11)

负极放电反应　　　　　　$nC_6^{x-}(H^+)_x \longrightarrow nC_6^{(x-2)-}(H^+)_{x-2} + 2H^+ + 2e^-$ 　(6.12)

正极仍发生传统铅酸电池的电化学反应，其主要区别在于负极储能同时包含了双电层(非法拉第)储存和 H^+ 赝电容(法拉第)储存。

铅炭电池在全充电时将 H^+ 储存在碳负极中，放电时 H^+ 移动到正极形成水。其结果是消除了负极 $PbSO_4$ 的成核和生长，减小了从充电到放电状态酸浓度的波动，降低了正极板栅的腐蚀，提高了正极的使用寿命。同时，碳负极也有利于实现氧的再循环，因此可以使用贫液结构形式，组装成阀控式密封装置。

2. 铅炭电池的关键材料

1) 正极材料

正极的电极反应最先发生在靠近隔膜一侧，即正极板表面。其正极材料与铅酸电池的正极材料一样，均为二氧化铅。但部分荷电状态下工作的铅炭电池，其正极板表面软化现象尤为突出。为了与长寿命的铅炭负极相匹配，铅炭电池正极活性物质的抗软化能力比铅酸电池强，目前采取的有效措施是形成稳定的四碱式硫酸铅(4BS)骨架，制造高4BS 含量的正极板。

2) 负极材料

铅炭电池的负极是将高比表面积碳材料(如炭黑、活性炭、石墨、碳纳米管、碳纳米纤维、石墨烯或它们的混合物等)掺入铅负极中，在放电产物硫酸铅中形成导电网络和新的活性中心，发挥高比表面积碳材料的高导电性和对铅基活性物质的分散性，提高铅活性物质的利用率。同时，加入负极板中的碳材料发挥了其超级电容的性能，在高倍率充放电期间起到缓冲器的作用，有效地保护了负极板，抑制了硫酸盐化现象。

3) 电解液和隔膜

铅炭电池的电解液和隔膜与铅酸电池一样，在铅酸电池部分已有介绍。

3. 铅炭电池的制备组装工艺

铅炭电池的制备组装工艺如图 6.12 所示。在正负极板的制造方面，铅炭电池的正极板与铅酸电池的差异主要是 4BS 的含量不同。在铅炭电池正极板的制备中，制造高 4BS 含量正极板的方法有两种。一种方法是采用高温和膏、高温固化工艺生成 4BS。由于高温和膏、高温固化时自发生成的 4BS 晶体尺寸大小不一，且在极板中的分布不均匀，电池初期容量低，一致性差。另一种方法是铅膏中预置 4BS 晶种，在极板固化过程中起晶核作用，尤其是添加纳米 4BS 晶种，固化后的 4BS 数量多，分布均匀，晶粒大小相对均一，活性物质的利用率高，而且极板的一致性好，同时具有很好的循环稳定性。

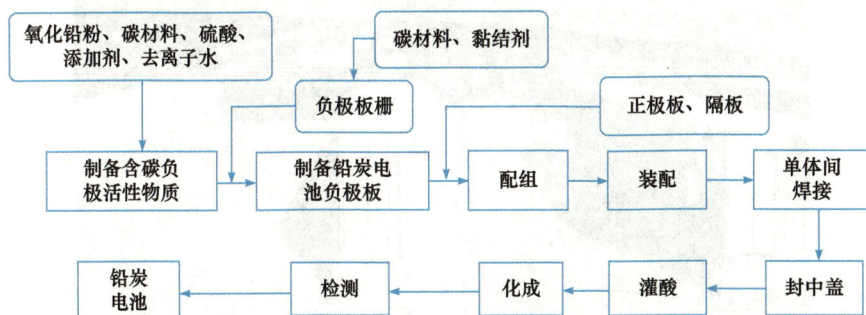

图 6.12 铅炭电池的制备组装工艺

在负极方面，铅炭电池是将高比表面积碳材料以添加剂的形式加入铅膏中，碳基复合材料可以有效改善碳素材料引起的负极析氢问题，按照铅酸电池的生产工艺制备相应的铅炭超级电池，下面介绍添加膨胀石墨的电极制备。

(1) 制备膨胀石墨。将 H_2SO_4 和 $(NH_4)_2S_2O_8$ 按照一定质量比混合，待 $(NH_4)_2S_2O_8$ 溶解后，加入石墨粉，搅拌，滴加 H_2O_2，静置一段时间，得到膨胀石墨，水洗至中性，待用。

(2) 制备铅膏。将步骤(1)制得的膨胀石墨与硫酸盐、挪威木质素、短纤维、腐殖酸进行混磨，得到混合粉料。在混合粉料中加入铅粉并搅拌，然后加入硫酸钠溶液和硫酸，采用去离子水调节铅膏的密度，备用。

(3) 制备铅炭电池负极。将步骤(2)制得的铅膏涂覆到负极板栅上，采用中温中湿固化工艺进行固化，固化结束后即得负极板。

4. 铅炭储能电池的工程应用

铅炭电池的正负极得到改善，有效抑制了负极硫酸盐化和正极板软化，具有充电速率快、循环寿命长的特点，可用于起停车和微混车等混合电动汽车。数据显示，目前最先进的铅炭电池在 50% DOD 时，循环寿命达到 6000 次。若考虑回收价值，该铅炭电池每度电成本约 0.32 元，远低于 0.5 元的经济指标和其他储能电池，因此铅炭电池在许多储能系统中也占据着重要的地位。

在固定式储能方面，光伏电站储能、风电储能和电网调峰等储能领域常要求电池具有功率密度大、循环寿命长和价格较低等特点。铅炭电池在空间宽裕、成本要求高的场合竞争优势更大，而且相对来说一次投资成本较低。近年来，随着铅炭电池产量的增大，其成本随着规模效应提升而进一步下降，在国内外有了大规模储能的实际应用(图 6.13)。目前，在国际上，美国桑迪亚国家实验室、美国 Axion 国际电力公司、国际先进铅酸电池联合会、澳大利亚联邦科学与工业研究组织、澳大利亚 Ecoult 电池公司和日本古河电池公司等机构均开展了铅炭电池的研发工作，并成功将该技术应用于数兆瓦的储能系统中，可满足中小规模储能市场的需求。同时，国内也成功实施了多个风光储应用示范项目，见表 6.3。在铅炭电池储能的实际应用中，发电侧的风光能储存的典型

图 6.13 铅炭电池储能实例

例子是浙江温州鹿西岛并网型微网示范工程和广东珠海万山海岛新能源微电网示范项目。目前，鹿西岛上已建有两台 780 kW 的风机、300 kW 太阳能光伏发电场。同时，建成 400 kW 山坪村分布式光伏、90 kW 乡镇居民侧小型光伏，在建 500 kW 鲳鱼礁分布式光伏，提升可再生能源利用率、平滑风光功率输出。

表 6.3　一些先进的铅炭电池储能系统

铅炭电池储能系统	储能技术	地点	储能规模	应用
临安光储一体化企业级微网储能电站	铅炭电池/锂电池	浙江	0.5 MW/2 MW·h	平滑功率、削峰填谷
广东电科院广成铝业 1.5 MW 蓄能项目(科技部 863 项目)	铅炭电池	广东	1.5 MW/1.5 MW·h	新能源并网、平滑功率、削峰填谷
国家风光储输示范基地工程项目	铅炭电池和管胶电池	河北	1 MW/6 MW·h	平滑风光功率输出、跟踪计划发电、削峰填谷、调频
鹿西岛并网型微网示范工程	铅炭电池	浙江	2 MW/4 MW·h	提升可再生能源利用率、平滑风光功率输出
国家新能源示范城市吐鲁番屋顶光伏电站暨微电网试点工程	铅炭电池	新疆	1 MW/2 MW·h	能量集中管理、平滑功率、削峰填谷
珠海万山岛新能源微电网示范项目	铅炭电池	广东	2.5 MW/8.4 MW·h	提升可再生能源利用率、平滑风光功率输出
北京低碳清洁能源研究院北二车集装箱储能系统	铅炭电池	北京	150 kW/275 kW·h	能量集中管理、平滑功率、削峰填谷

在夏季非常炎热的新疆地区，国家新能源示范城市吐鲁番屋顶光伏电站暨微电网试点工程的建立，不仅使光能得到了更充分的利用，而且使能量得到了集中管理，使功率更平滑，还能做到削峰填谷，使电力的供应更加稳定。在电网侧，铅炭电池的典型应用是位于河北省的国家风光储输示范基地工程项目，可用于平滑风光功率的输出、跟踪计划发电、削峰填谷、调频，实现了更加稳定的电力传输。光储能用户侧的典型实例是临安光储一体化企业级微网储能电站，光储充一体化新能源充电站利用充电站棚顶的光伏板发电，供新能源车充电，该充电站还能将剩余光伏电暂存于储能柜中，待用电高峰期时供充电桩使用，将来充电站日常运营也能借用剩余的光伏电。光储能发电侧的典型实例是广东电科院广成铝业 1.5 MW 蓄能项目，光伏电站依托该项目实现微网系统，大电网失电后能利用太阳能继续供电，利用储能系统实现全额电量本地消耗或错峰选择用电，多余部分补充至大电网。

从发展前景看，铅炭电池和铅酸电池一样，基本可实现 100%回收，是目前相对经济可行的电力储能技术路线之一。由于铅炭电池的电解液是硫酸水溶液，只要保持通风，电池就不会发生燃烧或爆炸，其安全性好，并且寿命延长了若干倍。与锂电池相比，铅炭电池具有低温性能好、成本低、生产及回收工艺成熟等优势，倍率性能也大大提高。随着技术的不断成熟，铅炭电池在储能领域将占据越来越大的市场份额。

6.3 锂离子电池

目前商业化的锂离子电池正负极材料均是嵌入型化合物，在充放电过程中，Li^+作为载荷子在正负极之间穿梭并脱嵌。由于 Li^+ 随着充放电过程在正负极两侧富集浓度的来回变化像一个左右摇摆的摇椅，因此也称为"摇椅式电池"(rocking chair battery)，最早由阿曼德(Armand)于 1980 年提出。同年，古迪纳夫(Goodenough)提出以钴酸锂($LiCoO_2$)作为正极材料的锂离子电池(图 6.14)。1991 年日本索尼公司以 $LiCoO_2$ 和石油焦分别作为正负极，并以 $LiPF_6$ 的有机溶液作为电解液，首次实现锂离子电池商业化。

1980	1983	1985	1991	1992	1997	2006
古迪纳夫 $LiCoO_2$ 正极材料	古迪纳夫 $LiMn_2O_4$ 正极材料	吉野彰(Yoshino) 首次构建 $LiCoO_2/C$体系	日本索尼公司 锂离子电池 首次商品化	达恩(Dahn) 三元正极 材料	古迪纳夫 $LiFePO_4$ 正极材料	布鲁斯(Bruce) $Li-O_2$ 二次电池 ···固态电池等

图 6.14　锂离子电池发展历程

锂离子电池正负极活性材料多为粉末状固体，在组装电池时需要刮涂到金属箔片上，再在正负极箔片之间加上隔膜及电解液阻止其直接接触短路，将这种"三明治"样式的叠层继续折叠或卷绕，封装到壳体中，即为锂离子电池。根据应用场景，锂离子电池可以分为 3C 电池、动力电池和储能电池。其中，储能电池不同于动力电池所需的高比能量、高比功率，而是更注重高安全性、低成本和长循环寿命。现阶段锂离子储能电池因其转换效率高、功率高、响应及时的特点，广泛应用于电网调峰、调频和电力辅助领域，在平抑新能源(如风能、太阳能等)不稳定发电带来的电力波动、提升新能源外送能力等方面发挥了重要作用。根据"十四五"期间相关政策的指导，国内储能电池产量飞速增加，近年来储能电池装机量更是成倍增长，2022 年国内储能电池出货量高达 130 GW·h(图 6.15)。

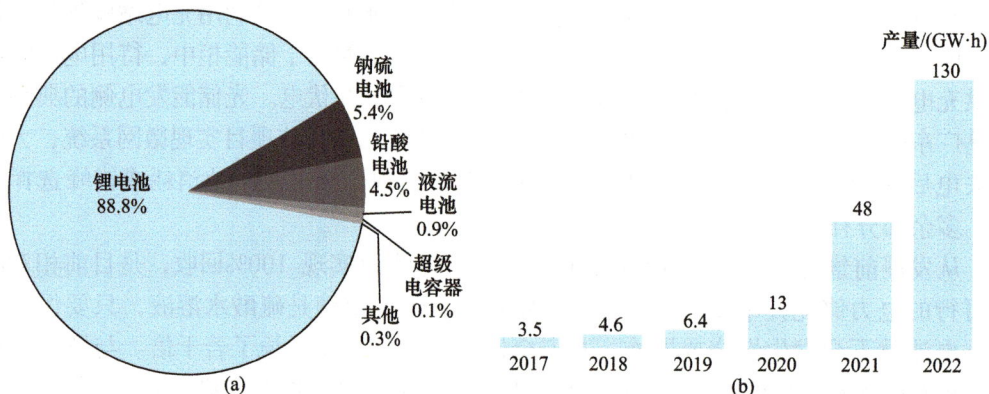

图 6.15　锂离子电池 2020 年在电化学储能市场的占比(a)及 2017～2022 年产量(b)

但是，锂离子电池电解液通常为有机碳酸酯类化合物，其易燃易爆的性质会使得锂电池内部短路造成热失控，安全风险急剧上升，解决锂离子电池储能的安全问题需要锂离子电池电芯制造以及电池组和自动化安全系统构建的共同协作。现有较为成熟的大型锂离子储能电池组为集装箱式，将锂离子电池与配套的温度控制、安全监控及消防防护设施、电池管理系统集成在集装箱内。这种分布式设施在应对锂电池过热失控上有一定的积极意义，但锂离子电池组燃烧时产生大量烃类气体，可能会发生严重的火灾甚至爆炸事故。因此，解决锂离子电池安全问题仍是锂电池储能技术发展面临的重大挑战。

6.3.1 锂离子电池的工作原理

锂离子电池的工作原理如下(图 6.16，以石墨|| $LiFePO_4$ 电池为例)：

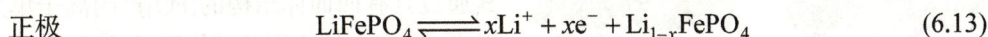

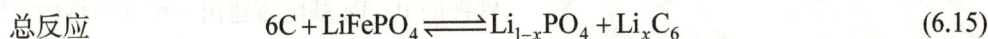

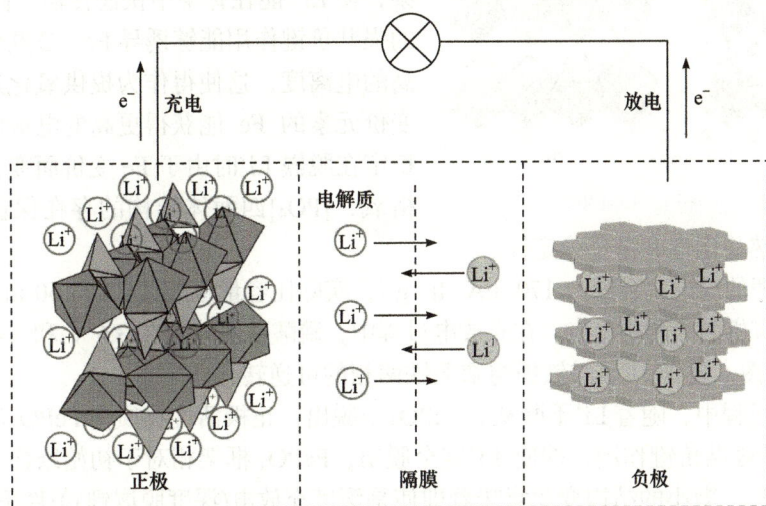

$$正极 \qquad LiFePO_4 \rightleftharpoons xLi^+ + xe^- + Li_{1-x}FePO_4 \qquad (6.13)$$

$$负极 \qquad 6C + xLi^+ + xe^- \rightleftharpoons Li_xC_6 \qquad (6.14)$$

$$总反应 \qquad 6C + LiFePO_4 \rightleftharpoons Li_{1-x}PO_4 + Li_xC_6 \qquad (6.15)$$

图 6.16 锂离子电池工作原理示意图

充电时，电池外部电子移动方向由正向负，根据电池内部电势差，正极中的 Li^+ 脱出，经过电解液转移到石墨负极表面并嵌入，达成电荷平衡，并形成 Li_xC_y 的嵌锂化合物。放电时，电池外部电子移动方向相反，内部 Li^+ 迁移方向相反，由石墨中脱出，经电解液到达正极，实现电荷平衡。通过这种反复可逆的锂离子脱嵌，实现了锂离子电池的可逆充放电循环，故锂离子电池具有高容量保持率及无记忆效应等多种优势。

6.3.2 锂离子电池的关键材料

在锂离子电池中，电极活性材料是指在电池充放电过程中能为可逆脱嵌 Li^+ 提供活性位点的化合物，又称为储锂材料。活性材料分为正极活性材料和负极活性材料，它们的种类及两者之间的反应决定了锂离子电池各项性能的理论上限，如容量、电压、循环寿命等。如今，较为成熟的锂离子电池活性材料，正极主要为钴酸锂、尖晶石型锰酸锂、一定比例混合的镍钴锰过渡金属层状氧化物 $LiNi_xCo_yMn_{1-x-y}O_2$(三元材料)和聚阴离子型化合物磷酸铁锂($LiFePO_4$)四种；负极则主要使用石墨、硅材料、钛酸锂作为活性材料。不同材料的特性决定了锂离子电池的用途，对于锂离子储能电池来说，循环寿命和安全性是电池的首要考察因素，目前最成熟的是以磷酸铁锂为正极和石墨为负极组合的储能电池。同时，在循环寿命和安全性方面，钛酸锂负极也具有相当大的潜力。

1. 磷酸铁锂正极

磷酸铁锂($LiFePO_4$)是一种聚阴离子型化合物，属于正交晶系，空间点群为 *Pnma*，晶胞参数 $a = 1.023$ nm，$b = 0.600$ nm，$c = 0.469$ nm，其通过具有四面体结构的$(PO_4)^{3-}$阴离子单元和以 Fe 为中心的八面体结构$[FeO_6]^{3-}$以共边或共角的方式搭建，如图 6.17 所示，橄榄石型磷酸铁锂的 P、Fe 基团搭建出一种开放性的三维骨架，使 Li^+ 能在骨架中快速传输。同时，P—O的强共价键作用能够诱导 Fe—O 共价键产生更高的电离度，这使得作为提供氧化还原电对的变价元素的 Fe 能获得更高的电极电位，并能稳定在脱嵌 Li^+时由于 Fe 变价而变得活泼的晶格氧，$[PO_4]$四面体结构的存在保证磷酸铁锂具有良好的热稳定性和循环稳定性。

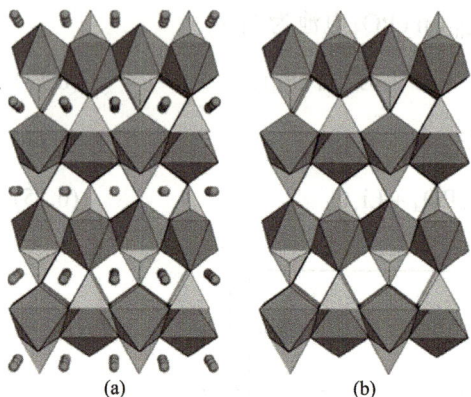

图 6.17　$LiFeO_4$(a)和 $FePO_4$(b)的晶胞结构

磷酸铁锂的理论比容量为 170 mA·h·g^{-1}，实际比容量也能达到约 160 mA·h·g^{-1}，其充放电反应机制为两相反应。在充放电过程中，磷酸铁锂分别在 3.6 V 和 3.4 V 出现的两个长平台(图 6.18)对应磷酸铁锂与磷酸铁两相的可逆转化。

在充电过程中，随着 Li^+不断从 $LiFePO_4$中脱出，正极活性物质向 $FePO_4$转变，由于P、O 之间的强共价键作用，即使 Li^+完全脱出，$FePO_4$ 框架相对于初始结构，其体积也仅减少 2.18%。微小的结构变化意味着即使是深度充放电(深度脱嵌锂)条件下，$LiFePO_4$也能在长时间循环中保持极低的容量衰减。目前，成熟的磷酸铁锂电池能够循环上万次，是当前储能电池的最佳选择。

2. 石墨负极

碳材料石墨兼具成本低、容量高、导电性优良等多种优点，是目前锂离子电池中应用最广泛的负极材料。石墨是由纯碳原子堆叠的二维层状材料，如图 6.19(a)所示，每层碳原子以 sp^2 杂化的方式成键构成六元环密嵌结构，而未参与杂化的 p 轨道在六元环表面形成大 π 键，使得石墨具有优良的导电性能。层与层之间则由范德华力维系，层间距为 0.335 nm。1952 年，赫罗尔德(Herold)首次将锂嵌入石墨层间，制备了锂-石墨嵌入化合物。理论上，石墨的最大嵌锂化合物为 LiC_6，理论比容量达 372 mA·h·g^{-1}，在实际应用中，其比容量也普遍超过 330 mA·h·g^{-1}。石墨的嵌锂平台为 $0\sim0.25$ V(*vs.* Li^+/Li)[图 6.19(b)]，较低的负极电位为组装的锂离子电池提供了较高的工作电压，而窄的脱嵌

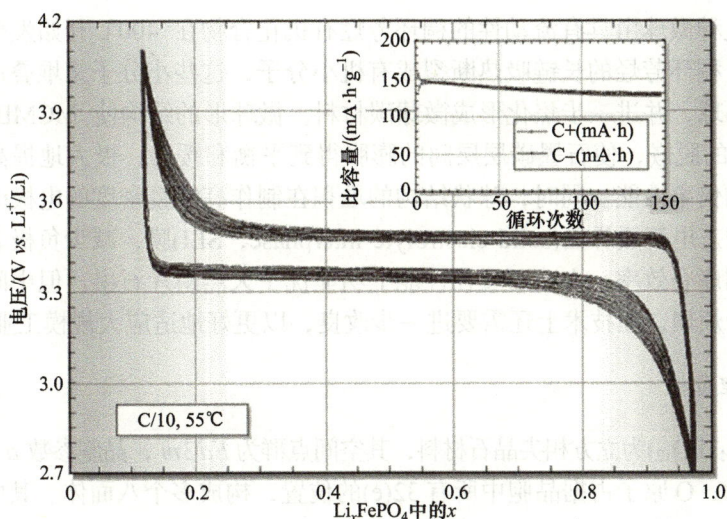

图 6.18　LiFeO₄恒流充放电曲线

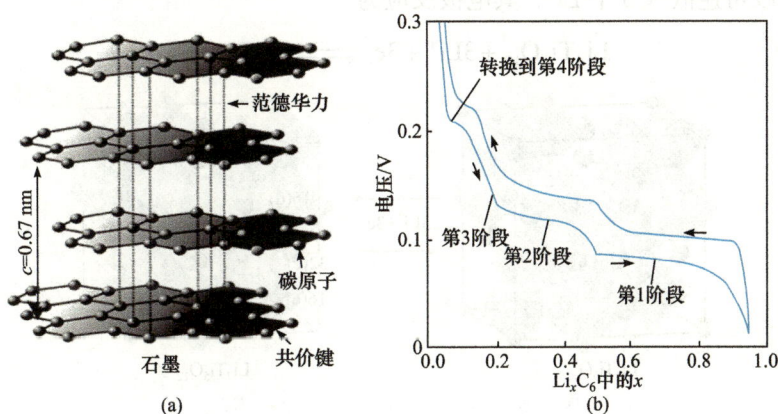

(a)　　　　　　(b)

图 6.19　石墨的结构示意图(a)及充放电曲线(b)

锂的电压区间同时为电池提供了稳定的输出电压。目前商业化的锂离子电池一般采用石墨负极，所用石墨包括天然石墨和人造石墨。天然石墨主要选用鳞片石墨，而人造石墨是以石油焦、针状焦为原料，混合沥青为添加剂，在高温下石墨化得到。石墨层间仅由范德华力连接，因此在 Li⁺嵌入/脱出的过程中，石墨层间会不可避免地发生膨胀/收缩现象，导致在多次循环后，石墨的片层不断剥离，造成容量下降。同时，在 Li⁺嵌入的过程中，电解液中的有机溶剂会不可避免地嵌入石墨层间，导致石墨片层剥离加剧，同时会引起电解液进一步分解，加剧电池性能衰减。因此，结晶度高的石墨材料，如上述天然鳞片石墨，随着锂离子的嵌入，体积的膨胀更大，不能直接用于电池负极材料，需要进一步处理。天然鳞片石墨的处理流程大致为：粗选筛分—粉碎球形化处理—包覆碳化—筛分除磁。

与天然鳞片石墨相比，人造石墨拥有更小的晶粒和丰富的缺陷，能有效降低 Li⁺的扩散能垒，加快 Li⁺的传输速率，提高电池倍率性能。人造石墨中最具代表性的是中间相碳微球(MCMB)。中间相碳微球是指具有层状结构的、光学各相异性的微米级球状碳颗粒，这种微球由具有流动性的稠环芳烃有机化合物在 400℃开始发生的分解和缩聚反应产生。稠环芳烃的长链吸热断裂成有机小分子，这些小分子又堆叠产生具有层状结构的液晶小球，并进一步焦化形成微球碳材料。微球形的结构使 MCMB 能够从各个方向进行 Li$^+$的脱嵌，使石墨碳层层间的膨胀得到平衡和缓解，极大地提高了石墨负极的循环寿命和倍率性能。同时，球状结构的堆积在制作高能量密度的电极时有利于生成均匀稳定的固态电解质界面(solid electrolyte interphase，SEI)膜，减少负极表面副反应，提高电池首周库仑效率。人造石墨在性能上明显优于天然鳞片石墨，但中间相碳微球的分离条件较为烦琐，在技术上还需要进一步改良，以更好地适应大规模工业生产。

3. 钛酸锂负极

钛酸锂(Li$_4$Ti$_5$O$_{12}$)为立方相尖晶石材料，其空间点群为 $Fd\bar{3}m$，晶胞参数 a = 0.836 nm。如图 6.20 所示，O 原子占据晶胞中所有 32(e)的位置，构成多个八面体。其中，3/4 的 Li$^+$夹杂在 8(a)的四面体缝隙中，剩下的 Li$^+$和所有的 Ti 原子则占据八面体的 16(d)位置。每个钛酸锂可以可逆嵌入 3 个 Li$^+$，其电极反应为

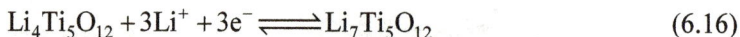

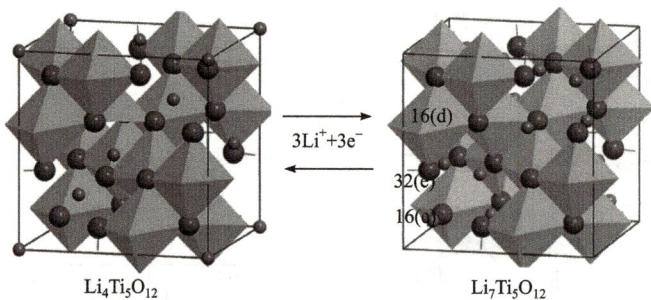

$$Li_4Ti_5O_{12} + 3Li^+ + 3e^- \rightleftharpoons Li_7Ti_5O_{12} \tag{6.16}$$

图 6.20　钛酸锂脱嵌离子结构示意图

该反应是非常明显的两相反应，从充放电曲线(图 6.21)可以看出，在放电过程中，1.5 V 左右出现长而稳定的充放电平台。钛酸锂作为电池负极的优势在于：①稳定的框架结构——"零应变"材料，钛酸锂在锂离子脱嵌过程中的晶胞大小变化仅有 0.3%，这使其在超长时间的充放电循环中仍可保持材料的结构不会被破坏；②较高的工作电压，1.5 V 的工作电压能够有效避免锂在负极的不可逆沉积，阻止了锂枝晶的产生。上述优势使得现有钛酸锂电池往往能够循环使用上万次，也为电池的安全性能提供了极大保障。

钛酸锂的商业化进程还处于初期阶段，国外主要由美国奥钛纳米技术有限公司和日本东芝集团批量生产，并广泛用于公共交通汽车中。国内则有微宏动力系统(湖州)有限公司、珠海银隆新能源有限公司(简称"珠海银隆")、天津市捷威动力工业有限公司及中信国安盟固利电源技术有限公司等多家公司，但生产规模都不大。在储能领域中，珠海银隆为国家风光储输示范工程和深圳宝清电池储能站等项目提供了部分钛酸锂系统的相关设计和解决方案。钛酸锂的商业化还有很长的道路要走，关键问题在于：

(1) 钛酸锂的工艺合成条件苛刻。钛酸锂为强碱性物质，在空气中的吸潮性极强，这使得制备工艺对气氛的要求较高，极大地限制了其生产规模的扩大。

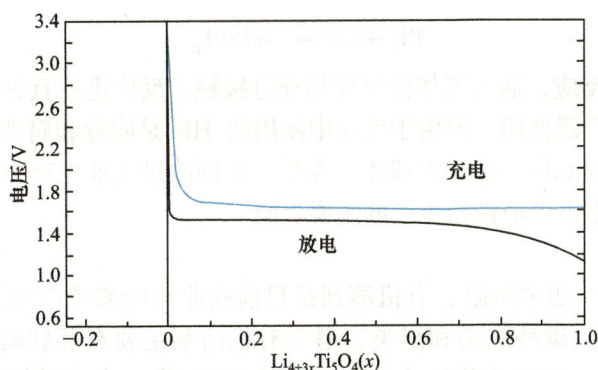

图 6.21 钛酸锂充放电曲线

(2) 钛酸锂过高的工作电压在抑制锂枝晶生长的同时也导致其在电极与电解液之间的界面几乎不会生成 SEI 膜，导致电极与电解液直接接触被还原分解，产生气体使电池膨胀鼓包。

(3) 钛酸锂的理论比容量比石墨($372\ \mathrm{mA \cdot h \cdot g^{-1}}$)负极材料低，仅为 $175\ \mathrm{mA \cdot h \cdot g^{-1}}$，这意味着钛酸锂想要达到理想的储能密度，需要更大的压实密度和更厚的极片厚度，这对钛酸锂材料的颗粒大小控制及表面的包覆改性效果提出了更高的要求。

4. 电解液

电解液是电池内部非常重要的组成部分，电解液的离子电导率与电池倍率性能息息相关，电解液与电极之间的界面组成更是决定了正负极材料的反应活性和循环寿命。锂离子储能电池的电解液一般由锂盐、有机溶剂、添加剂三部分组成。理想的电解液需要满足以下要求：①电压窗口较大，化学稳定性好，在长时间循环过程中不会在电极处发生副反应；②具有较高的离子电导率，保证锂离子在电解液中能快速迁移；③熔沸点区间够宽，保证电池在低温或高温条件下都能保持良好的工作性能；④具有良好的热稳定性，最好不可燃，以避免电池在破损、穿刺短路时发生热失控、爆燃等危害；⑤生产工艺绿色环保，成本低廉，易于回收。

1) 锂盐

溶于有机溶剂中的锂盐是电解液中离子迁移的根本来源，锂盐分为两种：

(1) 无机锂盐，主要有四氟硼酸锂($LiBF_4$)、六氟磷酸锂($LiPF_6$)和高氯酸锂($LiClO_4$)。

(2) 有机锂盐，有三氟甲基磺酸锂 LiOTf(CF_3SO_3Li)、双氟磺酰亚胺锂 LiFSI [$LiN(SO_2F)_2$]、双三氟甲基磺酰亚胺锂 LiTFSI[$LiN(CF_3SO_2)_2$]和双草酸硼酸锂 LiBOB ($LiBC_4O_8$)等。

从成本及性能综合考虑，目前商业化锂电池普遍采用 $LiPF_6$ 作为电解液锂盐，其特点是离子电导率高，能达到 $1 \times 10^{-3}\ \mathrm{S \cdot cm^{-1}}$，同时化学性质稳定，氧化电位高达 5 V，适用于绝大多数正极材料。商业 $LiPF_6$ 用氟化氢溶剂法合成，工艺流程较为简单，主要步骤为：将固体 LiF 分散于 HF 溶液中制得悬浮液；低速通入 PF_5 气体使其充分反应，冷却结晶；挥发溶剂获得母液；重结晶纯化。反应方程式为

$$PF_5 + LiF \longrightarrow LiPF_6 \tag{6.17}$$

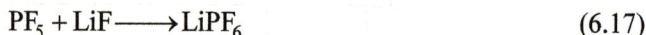

该方法是液相反应，通入气体使反应物充分接触，反应迅速且有较高的转化率，因而在工业生产中被广泛使用。但由于反应中使用的 HF 是剧毒和腐蚀性气体，对设备要求极高，因此需要更高的安全生产成本。今后，不断改进工业生产方法，开发绿色环保安全的新工艺是未来电解液锂盐生产的主要走向。

2) 有机溶剂

受水的电位窗口狭窄所限，有机溶剂是目前商业化锂离子电池的唯一选择。选用的有机溶剂主要包括碳酸酯类和醚类，醚类有机溶剂主要有环状醚四氢呋喃(THF)、1,3-二氧戊烷(DOL)，以及线状醚乙二醇二甲醚(DME)等。由于醚氧键易断裂，醚类电解液的抗氧化性较弱，一般不与常见的无机正极材料兼容。因此，锂离子储能电池中使用的电解液溶剂通常为多种碳酸酯类溶剂混合而成，主要有碳酸乙烯酯(EC)、碳酸丙烯酯(PC)、碳酸二甲酯(DMC)、碳酸二乙酯(DEC)、碳酸甲乙酯(EMC)等，其基本的物理性质如表 6.4 所示。其中，EC 是当下电解液溶剂最重要的组成成分，EC 与石墨负极有着优良的相互适应性，在电池首周充电过程中，随着锂离子嵌入石墨层间，部分 EC 会在石墨表面分解，形成一层致密稳定的 SEI 膜，这种稳定的界面能够长时间稳定电池循环。但 EC 的熔点过高、黏度大，对锂盐的溶解度有限，一般还需与其他线状碳酸酯类溶剂(如 DMC、DEC、EMC 等)混合使用，降低其黏度及熔点，从而均衡电解液溶剂的整体性能。

表 6.4 常见电解液溶剂

溶剂	化学结构	熔点 T_m/℃	沸点 T_b/℃	运动黏度 /(m² · s⁻¹)	介电常数(25℃) /(F · m⁻¹)	最高占据分子轨道/eV	最低未占分子轨道/eV
EC		36.4	248	2.1	89.78	−0.258	−0.017
PC		−48.8	242	2.53	64.92	−0.254	−0.014
DEC		−74.3	126	0.75	2.805	−0.242	−0.003
DMC		4.6	91	0.59	3.107	−0.248	−0.009
EMC		−53	110	0.65	2.958	−0.245	−0.006

对于储能电池的发展现状，能够达到商业化要求的电池电解液仍普遍使用醚酯类混合有机溶剂，锂盐则主要使用 LiPF₆。由于锂盐生产工艺涉及 HF 等剧毒腐蚀性氟化物，其在电解液成本中占比达 57.4%(图 6.22)，易燃的有机溶剂更是影响电池安全性的根本原因，因此降低锂盐成本及研制阻燃电解液体系是发展锂离子储能电池亟待解决的关键问题。

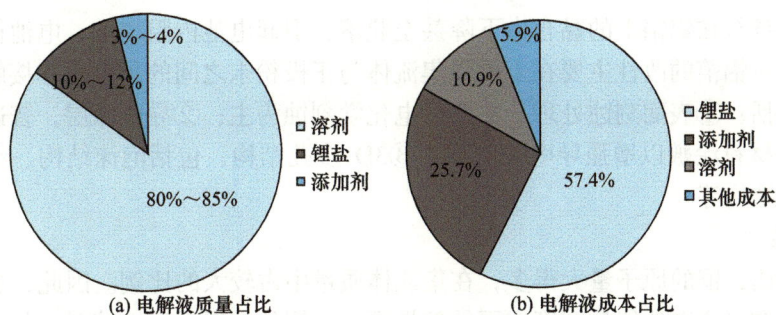

图 6.22　电解液质量及成本占比饼状图

另外，减少电解液的用量也可以显著降低电池自燃风险。电解液在锂离子电池内部起到媒介的作用，正负极的 Li⁺通过电解液进行扩散，因此从理论上讲，电解液是一种"非消耗品"，只要有少量的电解液保证 Li⁺在正负极之间自由扩散即可。但在实际的锂离子电池生产过程中，在化成工序中 SEI 膜的形成会消耗部分电解液，在循环过程中 SEI 膜破坏和正极氧化等也会造成电解液分解，持续消耗电解液，因此注液工序使用的电解液一般都是过量的，导致电池破损漏液时有机溶剂挥发，进而可能引起火灾，同时降低了锂离子电池的比能量，进一步影响了储能电池的安全性。未来，要减少电解液用量同时保证电池的性能，需要对电解液溶剂体系和电解液添加剂进行改进，提高其稳定性。

5. 集流体

锂离子电池的正负极活性材料多为粉末，特别是对于正极活性物质，其本征电子电导率很低，无法依靠自身与外界电路构成良好通路，因此需要导电性良好的金属构件汇集粉末颗粒发生反应中电子迁移而产生的电流并与外界电路构成内阻较低的通路，这种构件称为集流体。

兼顾性能和成本，商业化的锂离子电池集流体使用铜、铝金属箔。金属铝的氧化电位更高且表面的致密氧化膜对内部有很好的保护作用，但铝的晶格结构空隙与锂的大小相近，在低电位下极易形成铝锂合金，因此铝箔普遍用作正极集流体。铜的嵌锂能力很差，且铜在高电位下易被氧化，因此铜箔普遍用作负极。集流体作为锂离子电池的组成部分之一，其厚度、质量、表面形态会极大地影响电池性能。

1) 铝箔

与日常生活中使用的铝箔相比，集流体使用的铝箔技术要求更高，国内相关公司主要有华北铝业有限公司、中铝铝箔有限公司、杭州五星铝业有限公司等，其产品大多数占据低端市场。用于高端锂离子电池的铝箔则主要从国外进口，主要包括日本的东洋铝业株式会社和日立金属株式会社。铝集流体以 1060、1070、1100、1235、3003 等合金为主，目前主流厚度规格为 10~25 μm，但随着对电池能量密度要求的进一步提高，8 μm 乃至 6 μm 的铝箔产品需求也将不断提升。

铝集流体与正极黏合剂及活性材料粉末的结合能力是影响电池内阻的关键。随着电池在使用过程中反复充放电伴随的 Li⁺脱嵌，活性材料颗粒体积反复缩小/膨胀，导致正极中的粉末颗粒在铝箔上的黏合力下降甚至脱落，引起电池内阻增加，电池循环性能下降。当前针对铝箔的改性主要在于增强集流体与正极粉末之间的黏合力和接触面积，常用的方法包括：①表面刻蚀处理，主要以电化学刻蚀为主；②导电涂层，普遍使用导电性优良的碳材料涂敷以增强导电表面积；③3D 多孔结构，包括泡沫结构、纳米带结构及纤维编织结构等。

2) 铜箔

与铝相比，铜的原子量大得多，在集流体质量中占较大的比例。因此，更薄、质量更轻的铜箔在提高电池能量密度方面的效果更好。铜的金属活泼性较弱，与有致密氧化膜的铝箔相比，其质地更加柔软，也可加工得更加轻薄。现有的锂离子电池使用的铜箔厚度普遍为 6～12 μm，能量密度越高的锂离子电池，对铜箔厚度要求越高。如今储能电池普遍使用 8 μm 厚的铜箔，而对电池能量密度有更高要求的动力电池已经开始大规模应用 6 μm 厚的铜箔，在今后的发展中，4.5 μm 及更薄的铜箔将逐渐进入市场。

铜箔的制造工艺主要分为两种：压延铜箔制备法和电解铜箔制备法(图 6.23)。压延铜箔是利用塑性加工原理，将熔炼制备的铜板粗料多次反复辊轧，并进行一定温度退火和酸洗处理得到的产品。通过压延法制备的铜箔，其延展性、抗弯曲性和导电性更好，但由于压延法需要的设备和工艺精密度要求更高，且物理加工方法本身具有一定限制，其厚度难以继续降低。因此，应用于锂离子电池中的铜集流体普遍采用电解铜箔法制备。电解铜箔法的原理是电解池中铜离子在阴极沉积，商业中成熟的生产方式为辊式连续电解法。

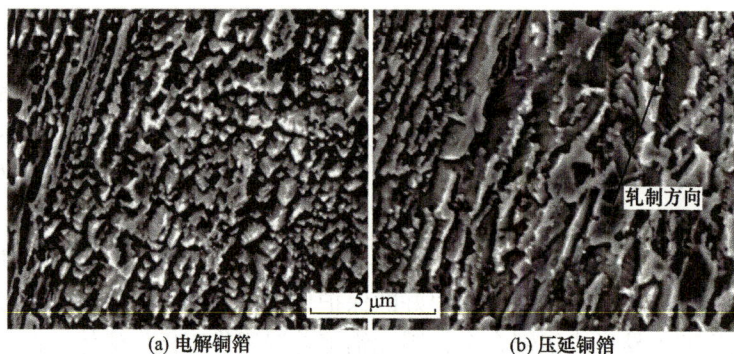

(a) 电解铜箔　　　　　　　　(b) 压延铜箔

图 6.23　不同方法制备铜箔的电子显微照片

图 6.24 为辊式连续电解法的设备示意图，其电解池阳极采用不溶性材料，阴极则是底部接触硫酸铜电解液的不锈钢或钛合金辊，即沉积铜全部来自电解液中的铜离子，便于控制溶液浓度。在生产过程中，铜在阴极辊浸入电解液的部分沉积，随着辊的转动被带出并被连续剥离，再进行水洗、干燥等后处理。通过控制辊的转速和电流大小，可以方便精准地控制生产铜箔的厚度。由这种方法制造的生铜箔在接触辊的一面受压力影响表面光滑，而另一面由于铜的自由沉积表现为粗糙面，并且纯铜在空气氛围下易被水中的氧气氧化，使得铜箔导电性下降，因此还需进行后续的表面加工处理。

铜箔的表面加工处理主要有表面粗化、固化、耐热层处理、防氧化处理等步骤。表面粗化是指在生铜箔表面沉积一层大颗粒(微米级)的铜瘤点，缓解生铜箔表面因尖端放电而产生金属枝晶的现象，降低铜箔粗糙值。固化则是在粗化中生成的铜瘤点周

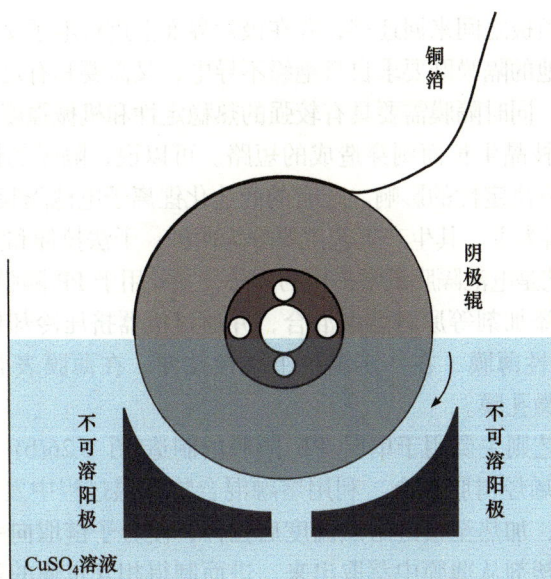

图 6.24 辊式连续电解法示意图

围继续沉积一层铜,以提高铜箔的抗剥离强度。粗化、固化均在高酸低铜的电镀液中进行,并通过调节沉积的电流密度和加入添加剂,如明胶、聚乙二醇、羟乙基纤维素等,以调节铜箔的表面性质。耐热层处理与防氧化处理主要是通过特定金属镀层实现的。耐热层通常加镀一层镍或锌的合金,防氧化层则通过加镀铬同时进行钝化处理形成致密氧化膜层,表面处理流程如图 6.25 所示。

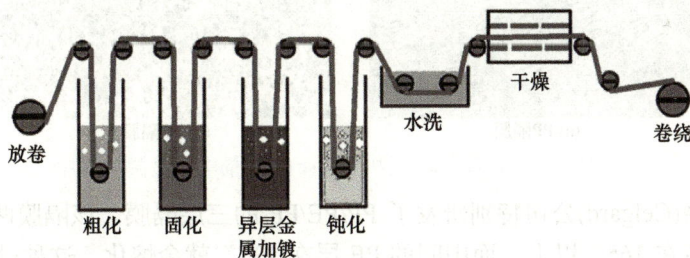

图 6.25 铜箔表面处理流程

国内主要的铜箔生产厂家有广东嘉元科技股份有限公司、诺德新材料股份有限公司、灵宝华鑫铜箔有限责任公司等多家企业,但其生产设备特别是阴极辊,几乎全部依赖日本新日本制铁公司、日本三船株式会社等进口。随着近年来锂离子电池需求量的不断攀升,生产设备供不应求,国产阴极辊生产厂家如洪田科技有限公司、西安泰金新能科技股份有限公司等抓住机遇,实现了铜箔关键设备的国产替代。

6. 隔膜

在锂离子电池中,正负极均以薄片形式重复压叠组装而成。为了防止电池短路,需要在正负极之间加一层不导电的材料将其隔开,这种材料即为电池隔膜。锂离子电池的隔膜直接与电池中最关键的部分——正负极与电解液之间的界面直接接触。在充放电过程中,电池内部的离子在正负极之间来回迁移，并在极片界面上进行电子交换而发生氧化还原反应。因此，锂离子电池的隔膜既要求自身绝缘不导电，又需要其有足够多和大的孔隙以便电解液中的离子传导，同时隔膜需要具有较强的热稳定性和机械强度，以应对电池充放电过程中的自放热与锂枝晶生长而刺穿造成的短路。可以说，隔膜的性质对电池的界面结构、内阻和安全性能有决定性的影响。现有的商业化锂离子电池隔膜以聚乙烯(PE)和聚丙烯(PP)两种聚烯烃材料为主。其生产工艺主要分为两种：干法拉伸和湿法拉伸。

干法隔膜制作工艺是电池隔膜最常采用的方法，主要用于 PP 隔膜的制造[图 6.26(a)]。先将高分子聚合物和添加剂等原料熔融混合，并通过机器挤压冷却形成片晶结构，再将该结构热处理成硬弹性薄膜，在一定温度下缓慢拉伸，在薄膜表面形成狭缝状微孔结构，热定型后即制得微孔膜。

湿法隔膜制作工艺则主要用于单层 PE 隔膜的制造[图 6.26(b)]。利用热致相分离的原理，将增塑剂与聚烯烃树脂混合，利用熔融混合物降温过程中发生固-液相或液-液相分离的现象压制膜片，加热至接近熔点温度后拉伸，使分子链取向一致，保温一定时间后用易挥发溶剂将增塑剂从薄膜中萃取出来，进而制得相互贯通的亚微米尺寸微孔膜材料。与干法工艺相比，湿法工艺对设备的要求更高，且需要有机溶剂萃取挥发，其消耗的能量更多并需要对萃取剂回收处理，成本更高，一般用于高端锂离子电池。

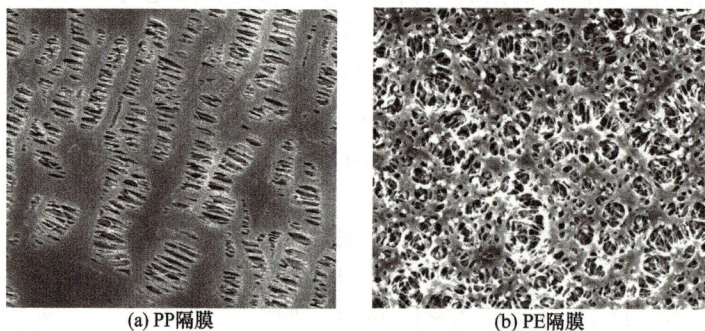

(a) PP隔膜   (b) PE隔膜

图 6.26　干法隔膜(a)和湿法隔膜(b)的扫描电子显微镜照片

美国赛尔格(Celgard)公司特别研发了 PP/PE/PP 的三层隔膜。该隔膜两侧的 PP 热稳定性更好，熔点在 165℃以上，而中间的 PE 层在 132℃就会熔化，这种设计能使电池在热失控时孔隙闭合，隔膜本身保持稳定以切断电路，为电池提供安全保护。常见的PP/PE/PP 三层复合隔膜的厚度一般达到 30 μm 以上，达到正负极极片厚度的 20%左右，造成了严重的空间浪费。对此，国内隔膜生产厂家不断加大研发投入力度，成功打破了国外技术壁垒，在降低制造成本的同时降低了复合隔膜的厚度。武汉惠强新能源材料科技有限公司于 2017 年成功利用三层共挤干法单拉制备了三层异质隔膜(PP/PE/PP)，拥有全部自主知识产权，并在 2020 年解决了干法隔膜制备中无法生产超薄隔膜的难题，将三层共挤干法隔膜厚度极限推进至 6 μm，进一步降低了隔膜的体积占比，提高了电池能量密度，达到国际先进水平。

6.3.3　锂离子电池的生产工艺

针对不同使用场景，锂离子电池的生产流程及性能标准有很大区别，不同工序对锂离子电池的储能容量和循环寿命有很大影响。锂离子电池生产的基本流程大致分为三部分：①极片制备；②电芯制备；③电池后处理。极片制备分为湿法浆料刮涂和干法粉末热压；电芯制备包括极片卷绕、电芯装配、电芯短路检测、电芯注液、封装化成、老化及后处理等工序；电池后处理主要包括分容、电池的外包装及电池工作性能的检测等流程。由于锂离子电池的组装需要精密化操作，其生产设备几乎完全采用自动化机器，以提高产品良率。

1. 极片制备

1) 湿法浆料刮涂制备极片

湿法制作包括制浆、极片涂布、干燥、辊压和裁切等工序。制浆是指将电极材料与黏结剂[如聚偏二氟乙烯(PVDF)、羧甲基纤维素(CMC)]、导电剂(如导电石墨、碳纤维)混合，并加入分散剂，用真空搅拌机将这些物质搅拌成浆液，作为电极浆料。为了保证极片涂布均匀，电极浆料需要合理调整各组分比例，形成稳定悬浮液。浆料中颗粒同时受溶剂浮力和重力作用，其沉降速率公式如下：

$$V(\rho_2 - \rho_1)g = 6\pi\eta a v_0 \tag{6.18}$$

$$v_0 = \frac{2(\rho_2 - \rho_1)}{9\eta}ga^2 \tag{6.19}$$

式中，V 为颗粒体积；ρ_1 为胶液密度；ρ_2 为颗粒密度；η 为黏度；a 为颗粒半径；v_0 为沉降速率。从式中可以看出，要降低沉降速率，主要调节方式是增大黏结剂和溶剂比例，以提高胶液黏度和密度，使浆料内颗粒悬浮。

极片涂布和干燥是指将均匀混合的湿浆料涂覆到金属集流体(铜箔或铝箔)上，浆料黏度是涂布和干燥过程中的关键性因素。浆料由涂布机均匀涂布在集流体上的过程是一个高剪切过程，而涂布后的浆料在干燥过程中是一个低剪切过程。前者希望浆料剪切黏度不能过大，而后者则希望浆料能有足够黏度在干燥过程中保持紧密粘连，涂布厚度均匀。在极片涂布和干燥过程中，可能出现的缺陷有三类：点状缺陷、线状缺陷和边缘缺陷。点状缺陷多来自浆料混合过程和集流体前处理不足，材料颗粒团聚、杂质污染导致的表面张力不均，以及浆料中残存气泡逸出造成极片上出现的针孔状斑点；线状缺陷则由于大粒径材料沉积在出料口，极片上出现与涂布方向平行的线状条纹，或者由于涂布机输送的浆料流量不稳定以及涂辊的振动而产生垂直于涂布方向的横条纹边；边缘缺陷来自浆料流体自身性质，极片干燥过程中，涂布边缘溶剂分子逸散速度更快，浆料向高表面张力的边缘流动，导致边缘堆积更厚，这种缺陷一般采用切除的方式解决。

极片辊压是指在一定压力下将涂布干燥后的涂层活性物质辊轧到目标压实密度(图 6.27)。通过提升压实密度，极片上固体颗粒接触更紧密，极片的孔隙率降低，导电性得到进一步改善。电极的充放电倍率性能和压实程度在一定范围内呈现出线性正相关，充放电倍率越高，其需要的压实密度越大。然而，过度压实会导致正负极活性物质颗粒破碎，造成电池容量降低。

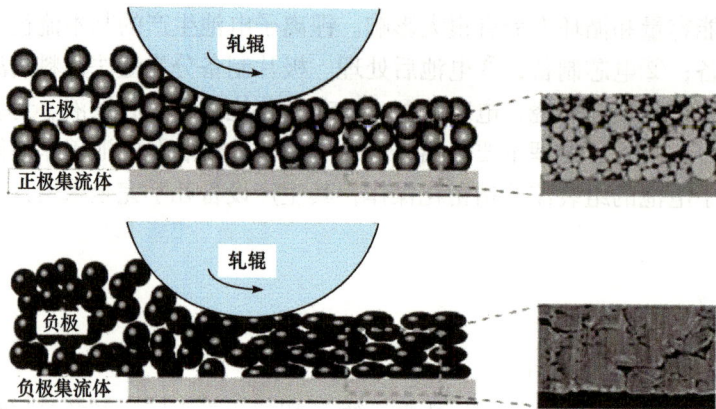

图 6.27　极片辊轧过程示意图

2) 干法粉末热压制备极片

与湿法浆料刮涂相比,干法粉末热压去除了极片干燥的步骤,利用导电黏结剂在较高温度下纤维化,直接通过热压制膜(图 6.28)。具体步骤如下:

(1) 混合造丝。准确称取一定比例的活性材料、导电炭、黏结剂,通过高速气流均匀分散,使固体颗粒附着在聚合物黏结剂纤维上,制成干态混合粉料。

(2) 热辊轧制膜。在约 175℃下,将粉料挤出压延,制得约 90 μm 厚的自支撑电极膜,裁剪成卷待用。

(3) 在两层电极膜中夹入一层涂炭铝(铜)箔,然后在 180℃下加热固化,使电极膜和集流体黏结牢固,得到成品极片。

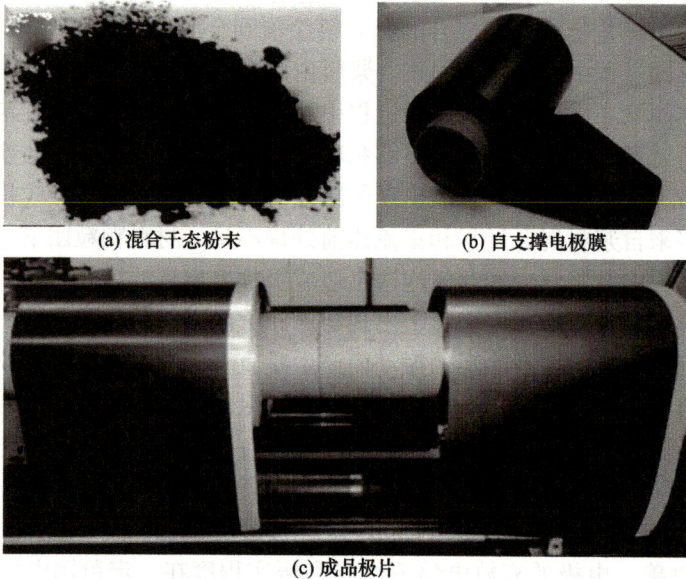

(a) 混合干态粉末　　　　　　　　　　(b) 自支撑电极膜

(c) 成品极片

图 6.28　干法粉末热压制备极片过程

干法粉末热压制备极片的优点在于去除了湿法浆料刮涂中的溶剂,避免了挥发溶剂所需要的能量输入,有效降低了制片成本。另外,由于不需要干燥流程,避免了涂层开裂及后续辊压过程导致的箔材变形，能够获得更厚且振实密度更高的正负极片，极大地提高了电池能量密度，并且制得的极片更加牢固，在循环过程中脱粉现象得到缓解，循环性能更加优良。

2. 电芯制备

电芯制备是将制备好的电池各结构进行装配的过程，主要有卷绕(叠片)、注液、封装三个步骤。对于不同电池，其装配方式也有所不同。圆形和方形电池多采用卷绕式装配，如图 6.29 所示，先将裁剪的长条正负极和隔膜以隔膜—负极—隔膜—正极的方式相互叠层，再层层卷绕，最后用胶布粘牢成卷，装入电池外壳注液封装。而对于软包电池，采用的是叠片式装配，先用模具裁剪双面涂层的正负极，再用隔膜将其按奇偶顺序间隔开，同极的极耳在同侧。叠片完成后，将同侧的极耳焊接在一起，再用铝塑膜包裹，注液封装。

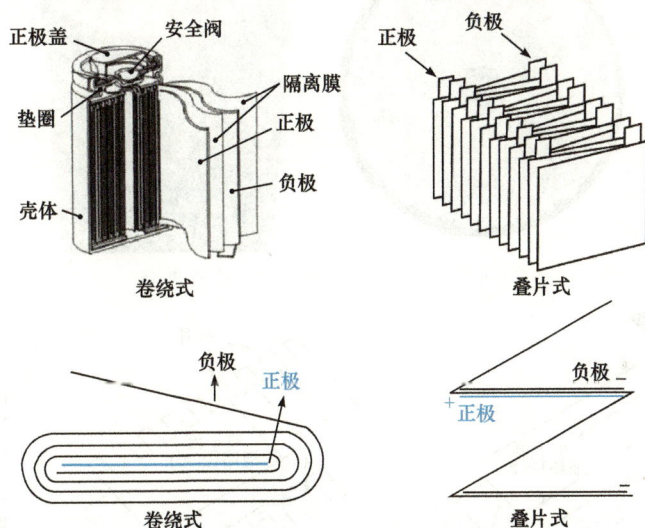

图 6.29 两种电芯装配方式

卷绕式装配普遍采用单极耳，在充放电过程中，热量只能单向传导，容易造成温度从外部到内部梯度上升，导致活性物质出现区域失活，造成电池容量快速衰减。而叠片式装配采用了多极耳焊接的方式，其整体热量分布较为均匀，同时多极耳使电池内阻更小，其循环性能有明显改善。此外，卷绕式电池受应力作用影响，其弯折处更易损坏，产生微短路或电击穿等严重影响电池寿命的现象。叠片式装配的软包电池采用单隔膜、多极耳焊接技术，在电池倍率性能、循环寿命及能量密度上均占有优势，但由于对自动化生产设备有更高、更复杂的要求，其生产效率及电芯的质量一致性与卷绕式电池还有一定差距，还需根据电池具体的使用场所和成本实际选择合适的电芯制备工艺。电芯完成极片卷绕(叠片)后是注液封装工序，将装配好的极片组置于外壳中，注入电解液，抽成真空，在焊接机和封口机上焊接好极耳并封死外壳口，防止暴露在外界潮湿空气下。

目前，根据两种不同装配方式各自的优缺点，电池生产厂家也在不断进行针对性的改进。

(1) 特斯拉4860圆柱电池(图6.30)：圆柱电池采用卷绕式装配方式，其型号根据圆柱的直径和高度命名，即底面直径48 mm、高度60 mm，其能量密度相当于之前普遍使用的21700(21 mm× 70 mm，最后的0表示圆柱电池)圆柱电池的5倍，关键技术在于直接在极片上剪出极耳(图6.31)，将锯齿状的极耳逐层内折直接焊接，实现了全极耳电池。多极耳的卷绕式装配能够解决电池内部热聚集现象，电池半径、高度尺寸可以进一步放大，在提升单体电池容量的同时降低极片卷绕的曲度，能够进一步提高电池使用效率。而从极片上直接剪成极耳也减少了电池非活性结构质量占比，提高了电池的能量密度，同时缩短了电流的传输路径，提高了电池的倍率性能。

图6.30　特斯拉4860电池全极耳外观

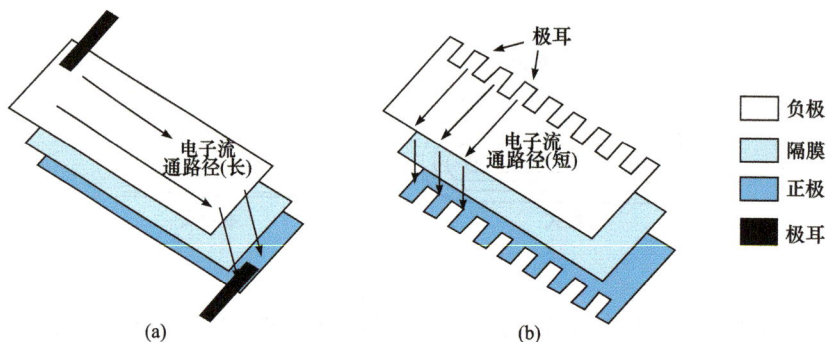

图6.31　常规卷绕式电池极片(a)与特斯拉4860电池极片(b)

(2) 比亚迪刀片电池(图6.32)：刀片电池的名称来源于该型号电池外观，细长条如刀片一般。刀片电池电芯为叠片式装配，并采用长电芯方案，通过增加电芯长度减小电芯厚度，以减少叠片过程中的误差。同时，增强电池侧面部件强度，使刀片电池可以自身支撑组装成电池组，且方形结构使电池组的体积能量密度有了巨大提升。在此基础上，选用比容量较低但安全、循环性能好的磷酸铁锂材料，达到了电池容量和安全性能的平衡。

3. 电池后处理

电池后处理主要是完成化成和检测。化成的目的是初始化锂离子电池，在首圈充放

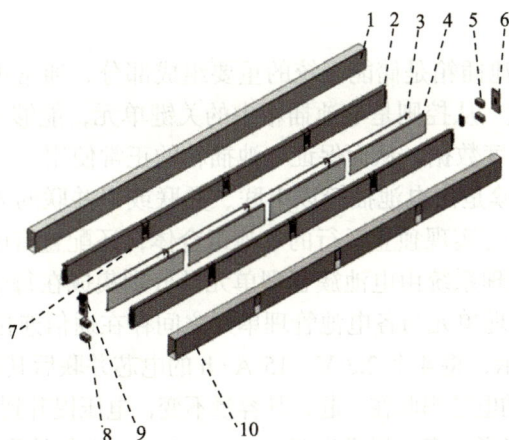

图 6.32 比亚迪刀片电池示意图

1. 电芯铝外壳；2. 极芯；3. 采样线束；4. 保护膜(内)；5、7、8. 绝缘件；6. 底部盖板；9. 顶部盖板；10. 保护膜(外)

电过程中，电池正负极表面和电解液之间均会形成一层稳定的钝化层界面，称为固态电解质界面(SEI)。这种钝化层对电池性能起决定性作用，过厚、易开裂都会大量消耗电池电解液，使电池循环稳定性下降。因此，化成步骤一般采用小电流使电池稳定循环一段时间，形成薄而致密的 SEI 层。化成结束后，利用高性能的电池检测设备，通过恒流循环检测电池容量。这个过程中将排除不合格产品，并以容量大小将其分类，在后续电池组组装时选取相似容量电池成组，提高电池容量利用效率。

4. 电池模块设计

在电池中，电芯并不是随机放置在电池壳里，为了安全有效地管理成百上千的单颗电芯，其主要按照电芯、电池模块、电池插箱、电池簇的顺序层层递进(图 6.33)。下面逐一进行介绍。

(1) 电芯：电芯是电池模块中的最小单位，也是电能储存的基本单元，要求具有较高的能量密度，以尽可能多地储存电能。

(2) 电池模块：当多个电芯采用串联、并联或串并联连接方式被同一个外壳框架封装在一起，通过统一的边界与外部进行联系时，就组成了一个电池模块。模块化最大的优点是能够提高系统的可靠性和可用性，电池模块的系统结构极具弹性，一个模块出现故障并不会影响其他模块的正常工作，其可热插拔性能够大大缩短系统的安装和修复时间。电池模块可以串联或并联一定数量使用，可以灵活增压或增容使用，升压容量损耗 15%以下，降压有效容量保持 96%以上，是工业备用电

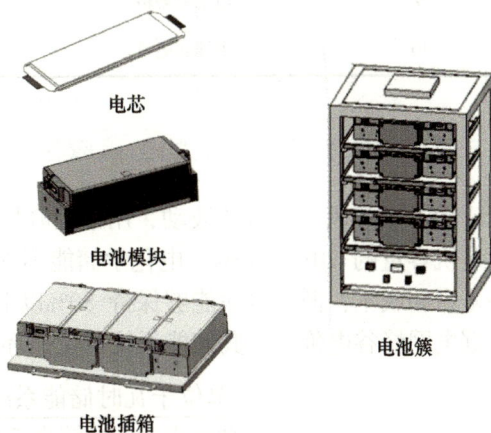

电芯

电池模块

电池插箱

电池簇

图 6.33 电池的基本组成方式

源的理想选择。

(3) 电池插箱：电池插箱是储能系统的重要组成部分，通常由箱体、若干个电池模块及电池管理系统构成。从控则是电池插箱中的关键单元，能够实时采集电池插箱运行过程中电芯的电压及温度数据，从而保证电池插箱的正常使用。

(4) 电池簇：电池簇是由电池插箱以串联、并联或串并联的方式连接，且与储能变流器及附属设施连接后可实现独立运行的电池组合体，还配置有电池管理系统和热管理系统等。其中，电池管理系统由电池簇管理单元及分别集成在每个电池模块内的电池管理单元组成，电池簇管理单元与各电池管理单元之间存在通信连接。

例如，如表 6.5 所示，将 4 个 2.2 V、15 A·h 的电芯并联后其电压不变，容量提升到 4 倍，再将 6 个已并联的电芯串联在一起，其容量不变，电压提升到 6 倍，这样组成的电池模块中的电芯的组合为 4 并 6 串，规模为 13.2 V、60 A·h，电量约为 800 W·h(0.8 kW·h)；将 4 个电池模块串联在一起组成电池插箱，其中电芯组合变成 4 并 24 串，规模为 52 V、60 A·h，电量约为 3.1 kW·h；将 4 个电池插箱串联在一起组成电池簇，其中电芯组合为 4 并 96 串，规模为 208 V、60 A·h，电量约为 12.4 kW·h。

表 6.5　电池的组成规格

序号	项目	规格
1	电芯规格	2.2 V、15 A·h
2	模块组合	4 并 6 串
3	模块规格	13.2 V、60 A·h
4	模块电量	800 W·h
5	插箱组合	4 个模块串联(4 并 24 串)
6	插箱规格	52 V、60 A·h
7	插箱电量	3.1 kW·h
8	电池簇组合	1 列 4 层(4 并 96 串)
9	电池簇规格	208 V、60 A·h
10	电池簇电量	12.4 kW·h

6.3.4　锂离子储能电池的工程应用

为了平缓风、光电的波动，用于削峰填谷的电化学储能装机容量一般要达到风、光电装机容量的 20%～30%。电化学储能不受场地限制，其大规模推广的关键要点在于循环寿命和成本：循环寿命能够保持 80%以上的系统效率循环 5000 次以上；成本方面，根据电网峰谷电价差，其储能系统单位循环寿命综合价格应满足：

$$\frac{单位千瓦时储能系统成本}{循环寿命 \times 系统充放电效率} \leqslant 峰谷电价差$$

到 2020 年年底，电化学储能装机总容量达 14.2 GW，其中锂离子电池储能占比 92%以上，达 13.1 GW，未来有极大的增长空间。下面对目前锂离子电池相关的储能工程进行详细介绍。

1. 国家风光储输示范工程

国家风光储输示范工程(图 6.34)以锂离子电池的试应用为主。该项目位于河北省张家口市张北县，是国家"金太阳示范工程"重点项目。这是我国首个风光储输示范工程，也是目前世界上规模最大，集风电、光伏发电、储能及输电工程四位一体的可再生能源项目，一期工程建设风、光发电共 138.5 MW，储能电站总装机容量 20 MW，总储存电量 95 MW·h。其中，锂离子电池储能达 14 MW，总储存电量 63 MW·h。

图 6.34 国家风光储输示范工程远景

该项目的主要目的有：①通过储能平缓风电与光电的波动；②通过储能矫正风电预测偏差；③利用储能削峰填谷；④通过储能调整新能源出力。

这也是针对新能源电力大规模并网尚存的技术瓶颈设定的。目前影响新能源大规模并网的技术瓶颈主要有三点：①调峰问题，需建设大量的备用容量和调峰电源；②电力安全问题，风电和光电出力多变和瞬间冲击，影响电网的暂态稳定性及频率稳定性；③电能质量问题，风电和光电大规模并网通常会引起电压水平降低，风机中的电子设备会带来谐波污染，影响电能质量。

选定张北坝上地区是因为这里有丰富的风能和太阳能资源。另外，当地用电需求小，无法完全消耗当地的风光发电电力，需传输到离该地较近的京津唐电网负荷中心。但风光发电出力忽大忽小，时有时无，在没有足够数量的其他电源匹配调峰的情况下，并网时往往会导致电网运行不稳定。这也是京津唐电网负荷中心不太愿意接纳张北新能源电力的主要原因。因此，该地具备我国新能源开发利用的基本特征，在此设立一个示范项目，对破解电网接纳大规模新能源技术难题具有非常重要的意义。

2. 深圳宝清储能电站示范工程

深圳宝清电池储能站于 2009 年 11 月建成，主要用于对电网的调峰调频。电站以磷酸铁锂电池组为储能系统，共安装 8 个 500 kW/2 MW·h 储能分系统，共 34 560 个磷酸铁锂电池。投入使用前 18 个月共充电 5920 MW·h，发电 5060 MW·h，系统综合效率约为 85.5%。

该工程建成世界上首个 10 kV 无变压器直挂电网的电池储能系统，示范了大容量、长寿命磷酸铁锂电池技术和 H 桥链式结构能量转换系统在储能系统中的运用、电池一致性更高的四级均衡体系、国内首个具备二次灭火功能的厂站式电池储能系统火灾自动报警及灭火系统等多项具备自主知识产权的新技术，为我国储能技术发展取得了新的突破。

3. 美国泰特储能系统

美国泰特储能系统是锂离子电池技术储能系统，额定功率为 40 MW，投资约为 2000 万美元，平均每兆瓦功率成本 50 万美元。它位于俄亥俄州代顿电力与照明公司的代顿发电厂中，通过该发电厂的变电站接入电网，靠近电站现有操作系统，但是与美国 PJM 电力市场签署了独立的协议，响应其指令。泰特储能系统在 2013 年第三季度实现了商业运营，为 PJM 互联电网提供相应调频服务，维持电网稳定。这项新技术不同于传统的电力资源，其操作不需要用水和燃料，也不会产生直接的污染物排放，提供的电量作为自由运行备用容量。

4. 美国劳雷尔山储能系统

美国劳雷尔山储能系统是劳雷尔山风力发电场(装机容量 98 MW)的一个集成部分，额定功率为 32 MW，容量为 8 MW·h。它位于西弗吉尼亚州的贝灵顿，采用先进的锂离子电池技术制造而成，投资约为 2900 万美元。该储能项目为美国 PJM 电力市场提供调频服务，同时协助管理风况波动时发生的输出功率快速变化的状况。该项目于 2011 年第三季度实现了商业运营，目前提供的电量在 PJM 电力市场中作为自由运行备用容量，能精确响应 4 s 时间间隔的 AGC 指令，参与 PJM 电力市场的日前竞价。

5. 智利洛斯安第斯锂离子电池系统

洛斯安第斯锂离子电池系统位于智利的科皮亚波，接入洛斯安第斯变电站，用于提供关键的应急服务，以维持智利北部电位的稳定。该系统额定功率为 12 MW，容量为 4 MW·h，可以在调度模式和独立模式工作，直接响应系统偏差。持续监控电力系统的状况，若产生重大的频率偏差，如发电机跳机或传输线路断路，洛斯安第斯锂离子电池系统能瞬时提供高达 12 MW 的功率或负荷，可以保持 20 min 的满功率输出，允许系统操作员处理事故或开启其他在线备用机组。该项目的快速频率响应能力有助于改善系统的恢复响应，避免不必要的应急甩负荷，满足对火力发电厂预留备用容量的要求，提高了 4% 的发电量。

由于锂离子电池性能优异，技术发展较为成熟，在电池储能工程中占据重要地位，在大量储能示范工程中作为主力工作组使用，如表 6.6 所示。尽管如此，想要将示范工程推向成熟的商业化产业，还需进一步提高锂离子电池的日历寿命与循环寿命、安全性，降低储能系统的成本。

表 6.6 锂离子电池储能示范工程

时间	储能项目	规模	
		功率/kW	容量/(kW·h)
2009 年 7 月	深圳市龙岗区储能示范电站	1 000	4 000
2010 年 3 月	上海漕溪能源转换综合展示基地	100	—
2010 年	瑞士迪蒂孔(Dietikon)储能试点工程	1 000	350~500
2011 年 5 月	美国得克萨斯州储能电站	32 000	—
2013 年 9 月	北京石景山热电厂储能电力调频系统	2 000	500
2014 年 3 月	福建湄洲岛储能电站示范工程	1 000	2 000
2017 年	深圳欣旺达居民园区光储微电网示范工程	250	660

6.3.5 锂电池相关前沿技术简介

1. 新型锂电池

1) 固态锂离子电池

目前商用的锂离子电池普遍采用碳酸酯为溶剂的有机盐溶液作为电解液,电池在使用过程中容易产气膨胀,出现漏液现象。有机碳酸酯易燃易爆,锂离子电池的安全性难以提高。使用能传导锂离子的固态电解质替换现有的有机电解液和隔膜材料,不仅从根本上改善了电池的安全性问题,而且为电池提供了更宽的电化学窗口,并进一步提高了电池的能量密度(图 6.35)。

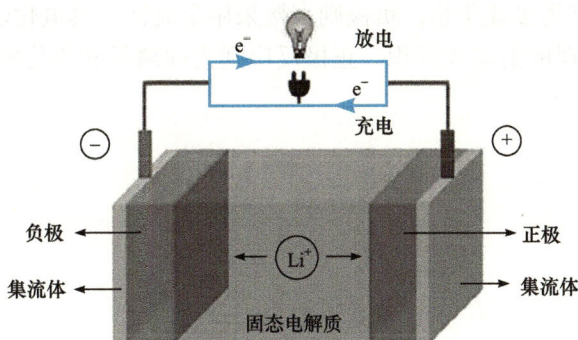

图 6.35 固态锂离子电池示意图

目前固态电解质主要分为三大类:①有机聚合物电解质;②氧化物固态电解质;③硫化物固态电解质。

有机聚合物电解质主要通过聚合物长链之间的摆动接触传导锂离子,主要有聚环氧乙烷(PEO)、聚偏氟乙烯(PVDF)和聚丙烯腈(PAN)等。可加入一些液态添加剂调节,一些常见的凝胶聚合物如聚偏二氟乙烯-六氟丙烯(PVDF-HFP)、聚甲基丙烯酸甲酯-聚丙烯腈(PMMA-PAN)。添加剂的引入改善了固态电解质和正负极界面的阻抗问题,提升了自身的机械性能,也兼顾了电池的安全性能。

氧化物固态电解质主要通过氧的多面体构成的三维立体框架，使锂离子能够在多面体孔隙中的不同位点迁移，从而进行离子传导。目前常见的氧化物固态电解质有钠超离子导体[NASICON，图 6.36(a)]、钙钛矿型的 $Li_{3x}La_{2/3-x}TiO_3$(LLTO)和石榴石型的 $Li_7La_3Zr_2O_{12}$ (LLZO)。

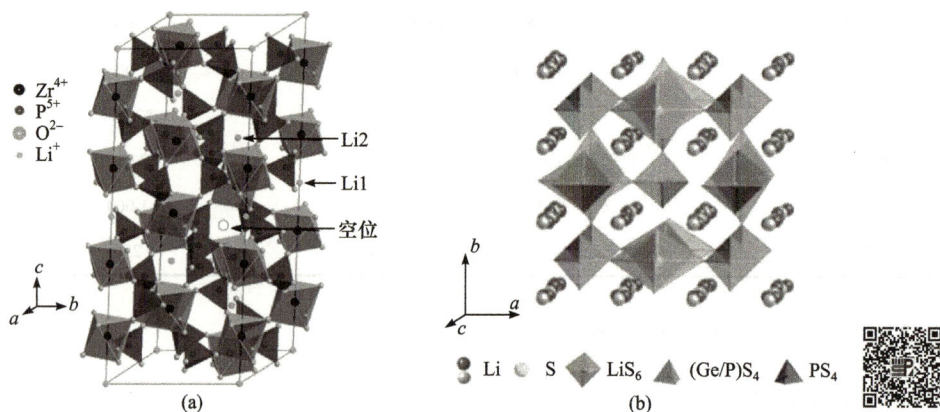

图 6.36 NASICON 型固态电解质晶胞(a)和 *thio*-LISICON 型固态电解质($Li_{10}GeP_2S_{12}$)(b)结构示意图

硫化物固态电解质有非晶态的 $xLi_2S \cdot (1-x)P_2S_3$ 及晶态的锂超离子导体[LISICON，图 6.36(b)]。硫化物固态电解质在室温下具有较高的离子电导率，但其化学稳定性极差，在空气中易潮解并生成有毒 H_2S 气体，易与正极材料在界面处发生副反应，形成空间电荷层，极大地制约了硫化物固态电解质的发展。

2) 锂硫电池

锂硫电池的正极为多硫化物，负极则直接采用金属锂。其电化学窗口一般为 1.7～2.8 V，负极反应为锂的溶解和沉积，正极反应则为锂离子和硫化物的多步、多电子反应。简易反应模型如下：

正极反应

$$S_8 + 2e^- \rightleftharpoons S_8^{2-} \tag{6.20}$$

$$3S_8^{2-} + 2e^- \rightleftharpoons 4S_6^{2-} \tag{6.21}$$

$$2S_6^{2-} + 2e^- \rightleftharpoons 3S_4^{2-} \tag{6.22}$$

$$S_4^{2-} + 4Li^+ + 2e^- \rightleftharpoons 2Li_2S_2 \tag{6.23}$$

$$Li_2S_2 + 2Li^+ + 2e^- \rightleftharpoons 2Li_2S \tag{6.24}$$

负极反应

$$Li^+ + e^- \rightleftharpoons Li \tag{6.25}$$

由于硫的分子量较小，并且使用金属锂负极与之相匹配，锂硫电池理论比容量可达 $1672\ mA \cdot h \cdot g^{-1}$。但是小分子硫容易在有机电解质中溶解，穿梭到负极表面被还原成绝缘的硫化锂，导致电池内阻增加，锂在金属表面的沉积容易形成枝晶，穿透隔膜造成电池短路。如何维持锂硫电池内部结构稳定是锂硫电池商业化道路上的重要挑战。

3) 锂浆料电池

锂浆料电池可看成锂离子电池与液流电池的混合体，将正负极活性物质分别制成可流动的电极浆料，可以单独保存，通过管道输送在电堆中发生电子转移和能量转换。采用稳定性极佳的 $LiFePO_4$ 正极和钛酸锂负极，将这两种固体粉末分别与导电剂、溶剂混合制成半固态电极浆料，能量密度可以提升至 $300 \sim 500 \, W \cdot h \cdot L^{-1}$，成本仅为 $40 \sim 80$ 美元 $\cdot (kW \cdot h)^{-1}$，是极具研究价值的电池储能方式。

2. 锂资源的开采与回收

1) 锂资源的开采

锂在自然界中的主要存在形式为锂辉石、盐湖卤水和锂云母。近年来，全球对锂资源的需求迅速增加，使得作为大宗商品的锂矿石价格急速增长。尽管从全球锂资源分布来看，我国已探明锂资源储量占有 7%，但我国对锂资源需求巨大，仍需大量进口。同时，我国锂资源主要以盐湖卤水为主，其占比达 85%，且镁锂比高，分离较为困难(图 6.37)。因此，发展盐湖提锂技术对于稳定锂资源供需关系、保障储能电池等锂工业的健康发展至关重要。

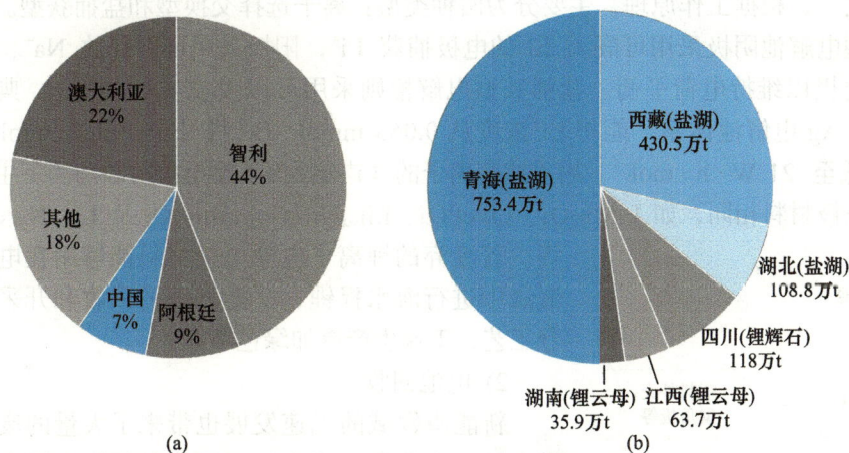

图 6.37 2020 年全球锂储量占比(a)和国内锂资源分布量及主要形式(b)

目前投产的技术主要有煅烧浸取法、沉淀法、吸附法、膜分离法及溶剂萃取法，如表 6.7 所示。针对不同的锂盐卤水，提取的方式、工艺参数都不尽相同，需因地制宜，在增大锂盐产量的同时注重对当地自然环境的保护，践行"绿水青山就是金山银山"理念。绿色科学可持续发展需要新科学、新技术的支撑，从而减少废渣、废液排放，降低对盐湖水质的影响。

表 6.7 主要的卤水提锂工艺

主要方法	技术路线	使用企业	适用条件	特点
煅烧浸取法	浓缩干燥提取粗盐，煅烧分解至 Mg^{2+} 转变为不溶性 MgO，用水溶解 Li^+ 分离，再沉淀洗涤	青海中信国安锂业发展有限公司	高锂、高镁锂比	工艺简单，但能耗高，复产大量 HCl，污染严重
沉淀法	浓缩卤水，依次加入不同沉淀剂沉淀除去杂质，最后沉淀 Li^+	白银扎布耶锂业有限公司	高锂、低镁锂比	工艺成熟，成本低，但消耗大量化学试剂，并产生大量不溶性固体废物

续表

主要方法	技术路线	使用企业	适用条件	特点
吸附法	利用选择吸附剂吸附 Li⁺，过滤分离后再稀释解吸，最后浓缩提锂	青海盐湖蓝科锂业股份有限公司	各类卤水	环境影响较小，但生产规模和速率不够
膜分离法	利用多层滤膜及外加电场，分离杂质，富集 Li⁺	青海锂业有限公司	各类卤水	回收率高，选择性好，但膜材料的稳定性极大地限制了生产速率和成本降低
溶剂萃取法	利用有机溶剂萃取 Li⁺，洗涤分离除去杂质，再通过反萃取得到高浓度纯锂	青海柴达木兴华锂业有限公司	高镁锂比	工艺简单，但失效有机相难以处理，对设备耐腐蚀性要求更高

海水提锂能从根本上解决锂资源短缺问题。海洋中的锂总量是陆地上锂储量的近 3000 倍，但由于海水中锂浓度极低，只有约 $0.17\ mg\cdot L^{-1}$，而性质接近的金属阳离子如 Na^+、Mg^{2+} 浓度高达 $10\ 800\ mg\cdot L^{-1}$、$1290\ mg\cdot L^{-1}$，一般的盐湖提锂技术难以用于海水提锂。以吸附法原理为基础、加入电化学驱动的电化学脱嵌法是当前最具前景的海水提锂技术之一，根据工作原理，主要分为两种类型：离子选择交换型和盐捕获型。离子选择交换型电解池阴极采用可嵌入 Li^+ 的电极捕获 Li^+，阳极采用可以释放 Na^+、K^+ 等阳离子的电极以维持电荷平衡。盐捕获型电解槽则采用可以吸收 Cl^- 的阳极，典型的有 $\lambda\text{-}MnO_2/Ag$ 电解池体系，能将 Li^+ 浓度从 $0.063\ mmol\cdot L^{-1}$ 提升至 $190.2\ mmol\cdot L^{-1}$，耗能降低至 $21\ W\cdot h\cdot mol^{-1}$。用于捕获离子的 Li^+ 选择嵌入型电极材料与当下主流锂离子电池正极材料相同，如 $LiMn_2O_4$、$LiFePO_4$、$Li_{1-x}Ni_{1/3}Co_{1/3}Mn_{1/3}O_2$ 及 $Li_{1-x}Ni_{0.5}Mn_{1.5}O_4$ 等。若废弃的锂离子电池电极材料能够用在电化学脱嵌法中进行海水提锂，又能使锂的回收和开采实现联合工艺，工业生产更加绿色节能。

2) 电池回收

新能源领域的飞速发展也带来了大量的废弃锂离子电池。为避免废弃电池对环境的污染，锂离子电池回收产业是构建新时代"锂循环"的关键环节。现有的针对废弃锂离子电池的回收方法主要有化学法和生物法。所有回收的废弃锂离子电池先进行物理预处理，主要分为四个步骤：去活化、拆解、破碎和组分分离。首先对电池进行放电去活化处理，以减少热失控和其他危险的可能性。然后将放电后的电池拆解，对分离的电芯进行破碎。最后将粉碎后的产品经过振动和涡流分离，分离出正负极极片和 PP 隔膜。在电池极片的处理中，化学法分为两种方式：火法冶金和湿法冶金(图 6.38)。火法冶金通过高温煅烧除去极片中的电解质和黏合剂成分，同时将集流体与正极材料分

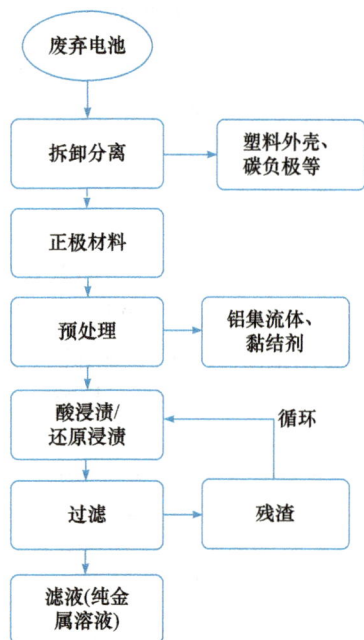

图 6.38　湿法冶金流程示意图

离。但火法冶金不仅需要高温环境，耗能大，同时产生大量废气、废渣，对环境污染较大。完善后的低污染火法冶金回收流程成本较高，对于无贵重金属元素的磷酸铁锂等材料的回收收益过低。湿法冶金则是将预处理后的极片组件浸入酸液，通过一系列步骤进行溶解、分离、浓缩，最后分步回收溶液中的金属元素，采用的方法包括化学沉淀、电化学沉积等。生物法是利用化能有机营养菌和嗜酸菌进行，通过生物反应代谢富集分离金属离子，再将代谢产物溶解，实现废旧电池金属回收。生物法的缺点在于生物反应过程易受到污染，同时细菌培养周期长，难以实现大规模产业化，但长远来看，生物法是金属提炼中最环保的方法，拥有广阔的发展前景。

除利用传统的矿物提取工艺回收废旧锂电池外，废旧锂离子电池正极材料的直接再生可以使锂资源低成本快速回收利用。废旧锂离子电池的再生工艺核心思想是通过高温高压重新塑造正极材料的晶体。一般来说，磷酸铁锂材料中其他元素价格较低，缺乏回收价值，且磷酸铁锂的结构较为稳定，再生产品质量更有利用价值。

正极材料再生主要有两种方法：固相法和水热法。固相法即正极材料普遍使用的生产方法，通过高温煅烧，材料晶体结构重新排列，能够有效改善废旧磷酸铁锂的结晶度。水热法使用含锂溶液，在水热处理过程中使废旧材料再锂化，同时改善材料结晶度及含锂量(图 6.39)。

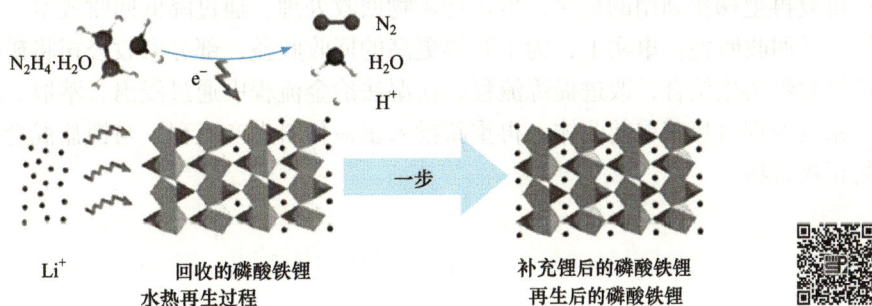

图 6.39　水热法再生磷酸铁锂示意图

目前电池再生回收工艺中的主要问题在于废旧磷酸铁锂上的残留碳。由于磷酸铁锂导电性不佳，为了达到所需功率输出，磷酸铁锂表面普遍有碳涂层。这些碳涂层在回收再生的过程中会不断累积，产生一层厚而无序的包裹层，严重影响再生产品的使用寿命(图 6.40)。

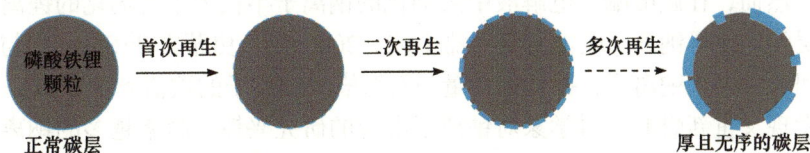

图 6.40　多次再生后的磷酸铁锂颗粒表面累积无序的厚碳涂层

3) 梯次利用

锂离子电池的失效是随着电池容量衰减的长期过程。因此，针对不同生活生产场景的需求，锂离子电池可以梯次利用，逐级再生回收。将废弃动力电池再回收用于储能系统中，考虑到前期使用过程中各电池的老化和容量损失情况各不相同，为了保证在储能系统中再次利用的使用寿命、安全性和一致性，需要将已有电池组内的单体电池重新进行检测和分选，快速检测和评估单体电池性能成为锂离子电池梯次利用的关键性技术。在电池老化过程中，电池在不同功率下释放容量的衰减是最直观的电池性能指标，然而这种性能参数往往需要电池在恒定电路中充分充放电才能得到。这个过程不仅耗时，同时在测试过程中会浪费大量能量。因此，用电池其他易获得的与容量相关联的性能参数来评估和统计电池容量损失度是降低电池检测成本的有效方法。

其中，常用的方法是建立电池的等效电路，通过电池的交流阻抗谱获得电池内部特定部分的阻抗参数来评估电池性能状态。也可以通过脉冲负载激发电池的电压变化，通过电池开路电压曲线来评估电池老化程度。除此之外，对于动力电池，虽然在使用过程中输出电流并不稳定，但其充电过程普遍能够得到完整的恒流充电曲线，因此通过单独的恒流充电曲线研究电池健康状态也是一种思路。不仅如此，现在人工智能(AI)计算逐渐成熟，使用样本熵等机器学习方法对大量电池数据模拟训练，通过 AI 学习直接预测老化电池可用容量也极具发展潜力。

电动汽车动力电池一般在容量衰减到 70%～80%时废弃，这些废旧的动力电池通过简单处理再生可用于储能电池、电动自行车、通信基站等对电池功率要求较低的场景。在重复再生梯次利用的最后，再进行矿物回收处理，通过降低回收成本，提高末端矿物提炼的回收收益。事实上，为了获得更高的回收收益，部分回收公司将矿物提炼技术与正极材料再生结合，改进提炼流程，在湿法冶金流程中通过浸出、萃取、除杂、沉淀等一系列处理直接获取前驱体，再重新投入正极材料生产流程，与锂盐混合煅烧生产全新的正极材料。

6.4　钠离子电池

目前的二次电池市场，锂离子电池是绝对的主力。但锂等原材料的价格不断上涨，且高度依赖进口。钠离子电池由于与锂离子电池工作原理相似，且钠资源的储量丰富，引起了科学家的广泛关注。

早在 20 世纪 70 年代，钠离子电池的研究几乎与锂离子电池同时进行。1977 年，阿曼德等发现可使用成本低、容量高的石墨作为锂离子电池负极，促进了锂离子电池的爆炸式发展。然而，在碳酸酯类电解液中溶剂化的钠离子半径大于溶剂化的锂离子，无法嵌入石墨层间，使得钠离子电池研究停滞不前。2000 年，史蒂文斯(Stevens)与达恩发现硬碳的层间可以嵌入钠离子，并且比容量与石墨嵌入锂离子的数值($\approx 372\ mA \cdot h \cdot g^{-1}$)接近。这一发现又重新燃起了科学家对钠离子电池的研究兴趣，越来越多的钠离子电池电极材料也先后被发现，发展历程如图 6.41 所示。目前，全球有多家企业正在进行钠离子电池产业化布局，并取得了重要进展。预计未来钠离子电池将在中低速电动交通、大规模储能等领域得到广泛应用。

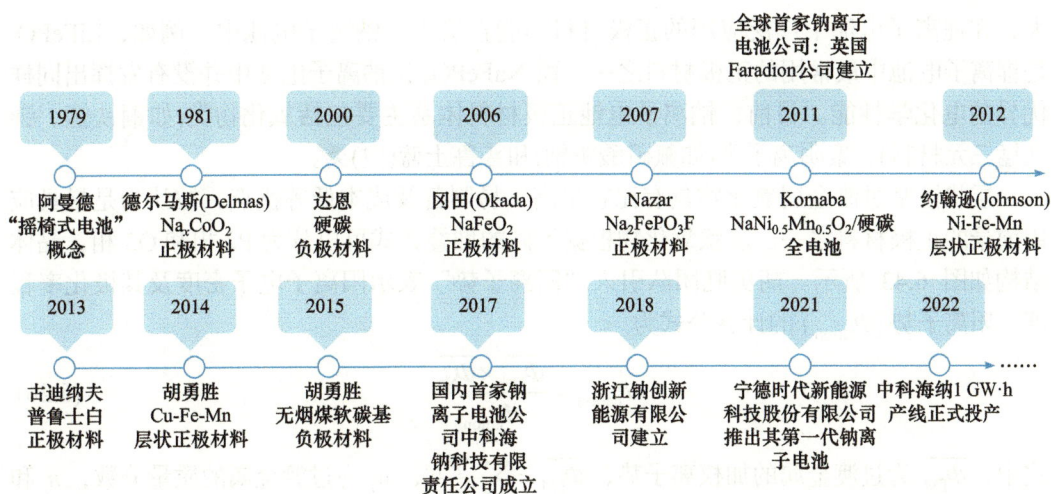

图 6.41 钠离子电池的发展历程

6.4.1 钠离子电池的工作原理

钠离子电池由负极材料、正极材料、隔膜、电解液和集流体组成。如图 6.42 所示，钠离子电池工作原理与锂离子电池基本相同，为可循环充放电的"摇椅式电池"。在充电过程中，在电池内部，钠离子从正极脱出，在电解液中扩散并通过隔膜到达负极。电池外电路中，电子由正极传输到负极，其间正极材料发生氧化反应。在放电过程中，在电池内部，钠离子从负极脱出，在电解液中扩散并通过隔膜到达正极。电池外电路中，电子由负极传输到正极，其间正极材料发生还原反应。

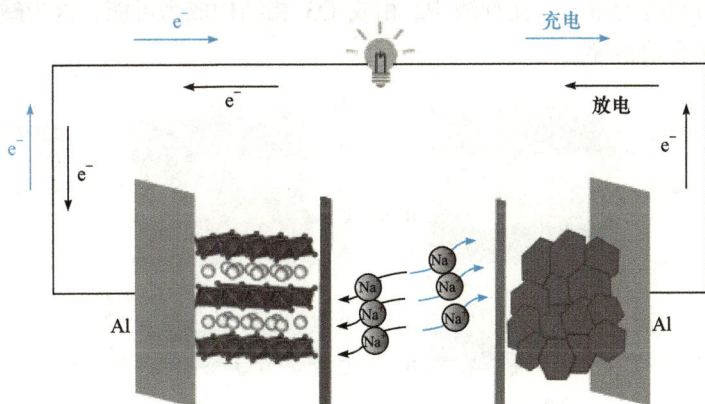

图 6.42 钠离子电池工作原理示意图

6.4.2 钠离子电池的正极材料

电极材料是影响电池性能的重要因素。目前，钠离子电池负极材料的性能已基本达到商业化要求，开发先进的正极材料是钠离子电池的核心，决定电池的能量密度和成本。理想的正极材料应具备以下特征：①较高的氧化还原电势；②较大的体积比容量和质量比容量，以提升能量密度；③长循环寿命及快速充放电能力；④较高的离子和电子电导率；⑤可以在水和空气中稳定存在；⑥价格低廉且环境友好。由于 Na^+ 比 Li^+ 的半径大，在锂离子电池中广泛应用的正极材料不能直接用于钠离子电池中。例如，$LiFePO_4$ 是锂离子电池中最常用的正极材料之一，而 $NaFePO_4$ 在钠离子电池中并没有发挥出同样优异的电化学性能。目前，钠离子电池正极材料体系主要包括氧化物类(如铜铁锰、镍铁锰三元材料)、聚阴离子类(如氟磷酸钒钠)和普鲁士蓝(白)类。

层状锰基过渡金属氧化物具有比容量高、易制备及成本低等优点，被认为是最具应用前景的正极材料之一。层状氧化物根据不同的堆叠方式可以分为 P2 相和 O3 相，晶体结构如图 6.43 所示。胡勇胜团队引入"阳离子势"表示阳离子电子密度及其极化率程度。阳离子势 (Φ_{cation}) 的计算公式为

$$\Phi_{cation} = \frac{\overline{\Phi_{TM}} \times \overline{\Phi_{Na}}}{\overline{\Phi_{anion}}} \tag{6.26}$$

式中，$\overline{\Phi_{TM}}$ 为过渡金属的加权离子势，$\overline{\Phi_{TM}} = \sum \frac{w_i n_i}{R_i}$，$w_i$ 为过渡金属的质量分数，n_i 和 R_i 分别为相应过渡金属的化合价和半径，如 Na_xTMO_2 的 $\sum w_i n_i$ 为 $4-x$；$\overline{\Phi_{Na}}$ 为钠离子的平均离子势，$\overline{\Phi_{Na}} = \frac{x}{R_{Na}}$；$\overline{\Phi_{anion}}$ 为分子式中阴离子，即氧离子的平均离子势，$\overline{\Phi_O} = \frac{-4}{R_O}$。简化公式可以看出，层状氧化物属于 P2 相还是 O3 相，与该氧化物的钠离子含量和过渡金属离子半径有关。可以理解为，当层状氧化物阳离子势大时，结构中有一个更大的电子云分布，过渡金属层之间的静电排斥力增加，使得钠层间距大，即 P2 相结构。当钠离子含量增加时，钠离子与氧离子之间的静电吸引力增加，增大了对过渡金属的排斥力的屏蔽能力，相结构由 P2 相变为 O3 相。合理选择过渡金属的组合可以在一定程度上减弱钠离子含量对结构的影响，使预测 P2 相或 O3 相结构成为可能，这为碱金属层状氧化物的设计提供了有效指导。

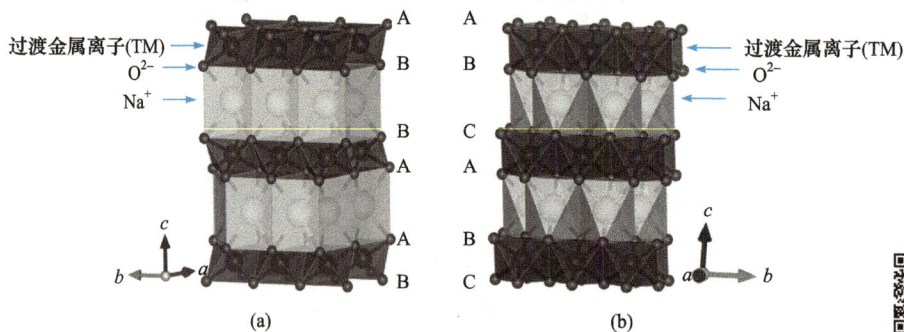

图 6.43　P2 相(a)和 O3 相(b)晶体结构

P2 相中钠离子占据六棱柱位点，钠离子的扩散在相邻的三棱柱之间直接进行，扩散阻力较小。P2 相氧层在单个晶胞内堆叠方式为"AB-BA"型。在高压贫钠状态下，由于钠离子的高度脱出，氧层之间斥力增大，发生层间滑移，同时钠离子的位置从三棱柱位点变为八面体位点，这个过程称为 P2-O2/OP4/Z 相变。如图 6.44 所示，P2 相过渡金属层可以按照(1/3, 2/3, 0)或(2/3, 1/3, 0)方向滑移得到 O2 相，因此 O2 相中通常含有堆垛层错。该过程通常伴随着层间距的收缩，体积变化高达 23%，导致钠离子扩散受阻及容

量的衰减。OP4 相为理想状态下 P-O-P-O 交替排布，Z 相为 P 相与 O 相排布不规则的状态。OP4 相和 Z 相中都含有 P 相，因此体积变化比 O2 相小。O2 相变常见于 Mn-Ni 基二元层状氧化物(如 $Na_{0.67}Mn_{0.67}Ni_{0.33}O_2$)中，OP4 相变常见于 Mg 掺杂的层状氧化物(如 $Na_{0.67}Mn_{0.7}Ni_{0.25}Mg_{0.05}O_2$)中。

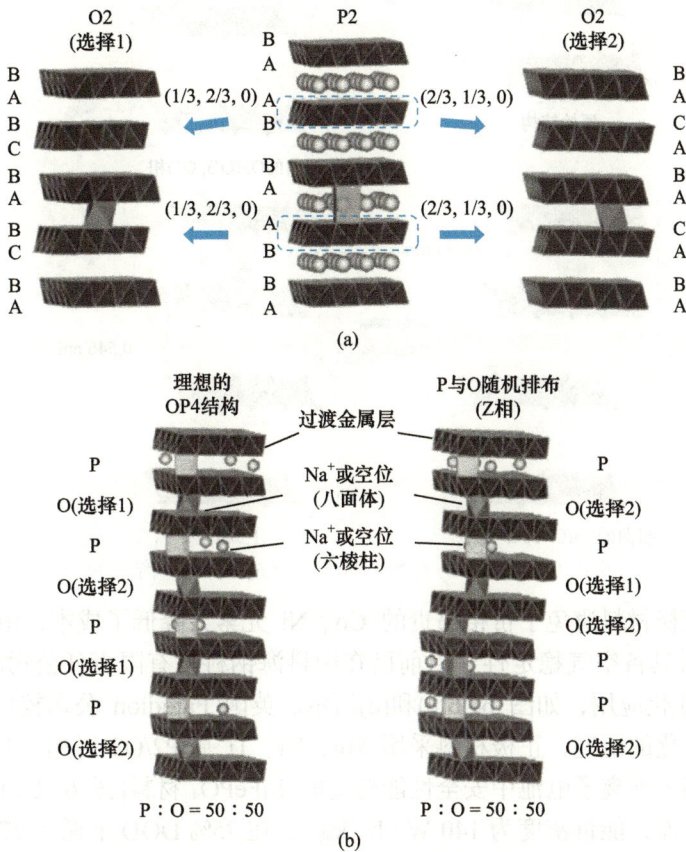

图 6.44　P2-O2 相变两种可能的方向(a)和理想的 OP4 结构以及 P-O 随机分布的 "Z" 相(b)

尽管 Na^+ 在 P2 相中的扩散阻力更小，但 P2 相为贫钠相，在全电池中需用补钠技术弥补钠损失，如负极预钠化、正极富钠材料及富钠添加剂等，但工艺的复杂性及成本的增加仍然限制了 P2 相正极材料的商业化。目前，O3 相由于钠含量高，商业化前景更佳，其氧层堆叠方式为 "AB-CA-BC"，钠离子占据八面体位点。这类材料也存在离子扩散能垒高和不可逆相变等问题，钠离子在相邻八面体之间的扩散需要经过四面体位置，使得扩散阻碍增加。除此之外，O3 相会经历 "O3-O′3/O‴3-P′3-O⁗3" 的复杂相变，如图 6.45 所示。构建多元材料是研究人员解决 O3 相问题最常用的方法之一。

国内外企业和研究人员在 O3 相层状氧化物的研究上已取得了一些重要进展。浙江钠创新能源有限公司(简称"钠创新能源")制备的 $O3-Na[Ni_{1/3}Fe_{1/3}Mn_{1/3}]O_2$ 正极材料与硬碳负极材料匹配组装的软包电池，能量密度为 $100\sim120$ W·h·kg^{-1}，循环 1000 次后容量保持率高达 95%[图 6.46(a)、(b)]。胡勇胜等通过简单的固相法合成的 $O3-Na_{0.9}[Cu_{0.22}Fe_{0.30}Mn_{0.48}]O_2$ 正极材料与硬碳负极组装成全电池，能量密度可达 135 W·h·kg^{-1}，循环寿命在 2000 次

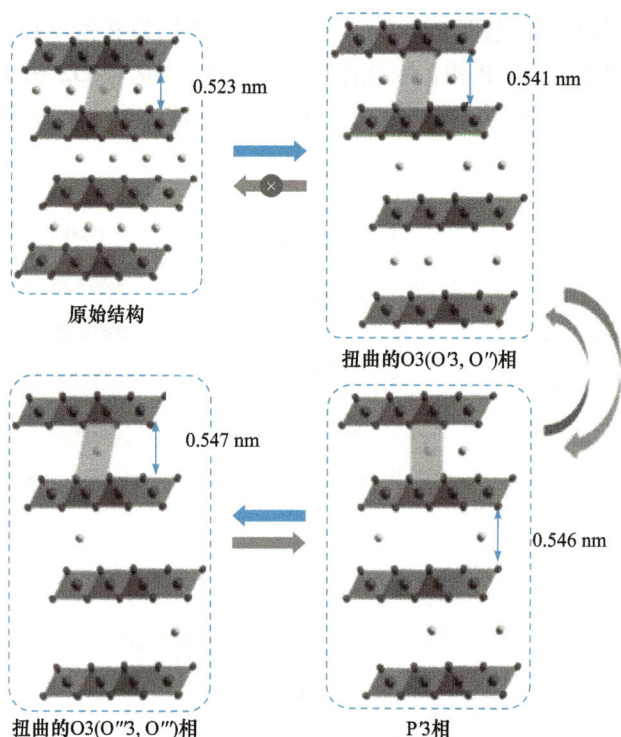

图 6.45　O3-NaNiO₂ 材料钠离子脱嵌过程中的相结构演变

以上。并且该正极材料避免了价格昂贵的 Co、Ni 元素，降低了成本，由于含有 Cu 元素，该材料同时具备空气稳定性，目前已在中科海钠科技有限责任公司(简称"中科海钠")实现了商业化应用，如图 6.46(c)和(d)所示。英国 Faradion 公司较早地开展了钠离子电池技术产业化的研究，正极材料采用 Mn、Ni、Ti 基 P2/O3 混相。该正极材料安全性较高，甚至高于锂离子电池中安全性能较高的 LiFePO₄ 材料[图 6.46(e)]。且该正极材料拥有较好的性能，能量密度为 140 W·h·kg⁻¹，在 75% DOD 下循环 2700 次后的容量保持率为 84%，循环 3700 次后的容量保持率有望达到 80%，目前已制备出 32 A·h 的软包电池[图 6.46(f)]。

钠基聚阴离子类化合物是指由聚阴离子多面体和过渡金属离子多面体通过强共价键连接形成的具有三维网络结构的化合物，化学式为 Na$_x$M$_y$(X$_a$O$_b$)$_z$Z$_w$，M 为 Fe、Mn、V、Ti

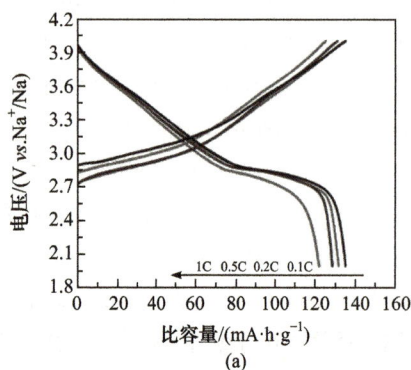

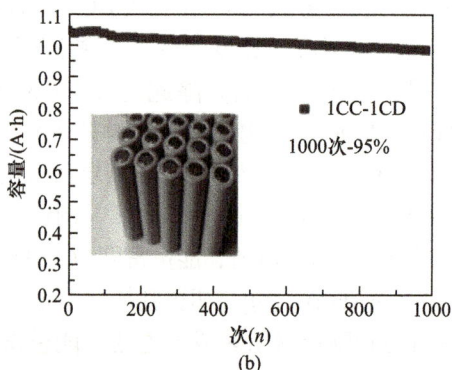

(a)

(b)

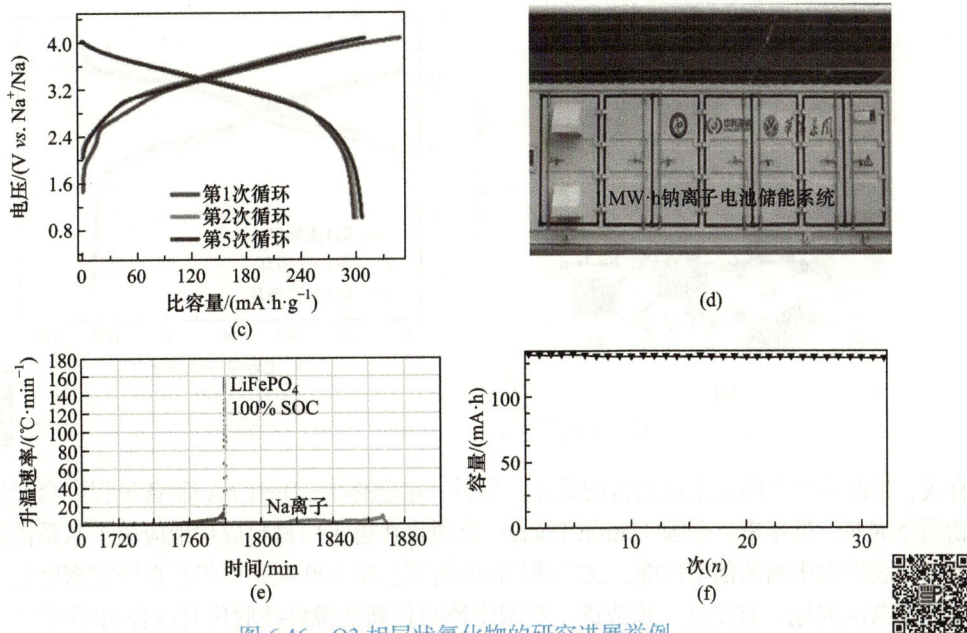

图 6.46　O3 相层状氧化物的研究进展举例

(a)、(b) O3-Na[Ni$_{1/3}$Fe$_{1/3}$Mn$_{1/3}$]O$_2$ 正极材料与硬碳负极材料匹配组装的软包电池充放电曲线及循环稳定性；
(c) Na$_{0.9}$[Cu$_{0.22}$Fe$_{0.30}$Mn$_{0.48}$]O$_2$ 正极材料充放电曲线；(d) 中科海钠推出的 1 MW·h 钠离子电池储能电站；
(e) 英国 Faradion 公司开发的正极材料安全性高于 LiFePO$_4$ 正极；(f) 英国 Faradion 公司的钠离子软包电池循环寿命

等中的一种或几种；X 为 Si、P 等；Z 为 F、OH 等。与层状正极材料相比，聚阴离子类化合物主要的优点是结构稳定。这类材料中研究最广泛的是 NASICON 型结构的 Na$_3$V$_2$(PO$_4$)$_3$[晶体结构如图 6.47(a)所示]。虽然该材料展示出高稳定性、高电压和高离子电导率等优良特性，但其理论比容量和电子电导率较低。研究人员通常采用与碳复合或纳米化对其进行改性。磷酸根和氟离子结合可以形成一类氟化磷酸盐化合物，由于氟离子的诱导效应较强，这类化合物的优点是比相应的磷酸盐正极材料的工作电压更高。2012 年 Kang 等首次结合第一性原理计算和实验方法研究了 Na$_3$(VPO$_4$)$_2$F$_3$ 的储钠性能[图 6.47(b)]。研究人员还开发了基于氟磷酸钒钠/硬碳体系的 1 A·h 钠离子 18650 电池原型，工作电压高达 3.7 V，比容量为 90 W·h·kg^{-1}，1C 时循环寿命可达 4000 次，但仍存在电导率偏低的缺陷。2021 年，武汉大学曹余良团队采用喷雾干燥法合成了含有 3% Fe 缺陷的纯相 Na$_4$Fe$_{2.91}$(PO$_4$)$_2$(P$_2$O$_7$) 正极材料。该电极表现出高放电容量(0.2C 时为 110.9 mA·h·g^{-1})、优异的倍率性能(100C 时为 52 mA·h·g^{-1})和超过 10 000 次的出色的循环稳定性。此外，由 Na$_4$Fe$_{2.91}$(PO$_4$)$_2$(P$_2$O$_7$) 正极和硬碳负极组装而成的软包电池在 1000 次循环中显示出 87.4%的高容量保持率。

普鲁士蓝(白)正极材料化学式可表示为 A$_x$M$_1$[M$_2$(CN)$_6$]$_{1-y}$□$_y$·nH$_2$O(0 ≤ y < 1)，其中 A 为碱金属离子，M$_1$ 为 Fe、Mn、Ni、Cu、Co 和 Zn 等过渡金属离子，M$_2$ 一般为 Fe 离子(简写为 MFe-PBA)，晶体结构及充放电曲线如图 6.48 所示。该正极材料主要分为贫钠类(钠含量 x ≤ 1)和富钠类(钠含量 x > 1)两种。随着钠含量增加，晶体结构也从立方结构逐渐变为斜方六面体。由于氰根阴离子的伸展模式频率不同，呈现出蓝色或白色等不同的颜色变化。这类材料的优点是氧化还原电势高并且可实现 Na$^+$ 的快速脱嵌，但在实际应用中普遍存在容量利用率低、能效低等缺点。主要原因可能与晶体结构中结晶水的存在

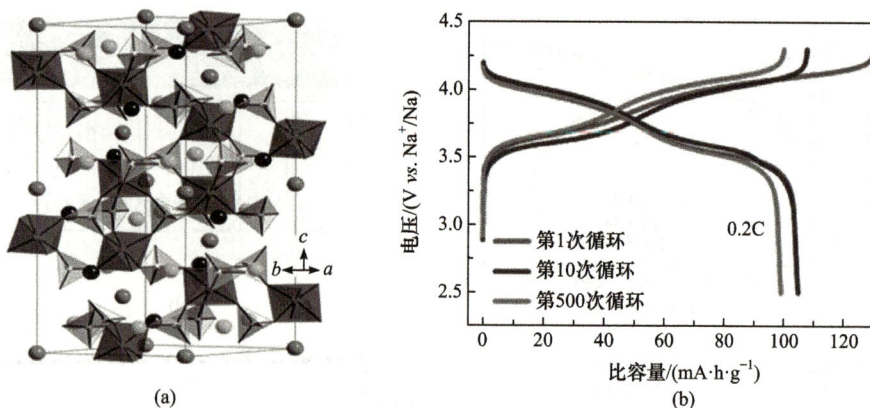

(a)

(b)

图 6.47　Na₃V₂(PO₄)₃ 的晶体结构(a)和 Na₃(VPO₄)₂F₃ 的充放电曲线(b)

有关，结晶水的去除是工业制备的难点。另外，前驱体 Na₄[Fe(CN)₆]制备过程中会产生剧毒物质 NaCN。近年来，美国 Natron Energy 公司将普鲁士白材料成功地应用于水系钠离子电池中，表现出极高的倍率性能，2C 时循环寿命高达 10 000 次，但仍存在压实密度低、生产工艺复杂的问题，有待进一步改进。我国宁德时代新能源科技股份有限公司(简称"宁德时代")已经发布第一代钠电池产品，采用普鲁士白，单体能量密度达 160 W·h·kg⁻¹，系统集成效率达 80%，−20℃容量保持率为 90%，常温下充电 15 min 电量达到 80%，在快充和低温领域优势明显。

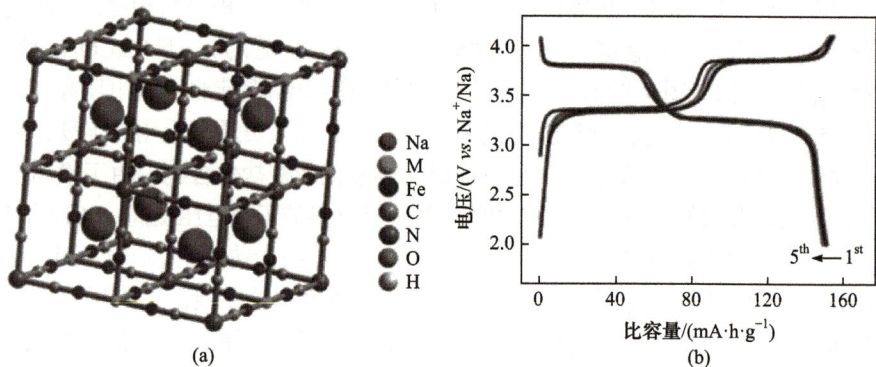

- Na
- M
- Fe
- C
- N
- O
- H

(a)

(b)

图 6.48　普鲁士蓝化合物 Na₂M[Fe(CN)₆]的理想无缺陷晶体结构示意图(a)和 Na₂CoFe(CN)₆ 的充放电曲线(b)

6.4.3　钠离子电池的负极材料

钠离子电池的负极材料分为嵌入反应型、合金反应型及转化反应型三类。理想的负极材料应具备以下特征：①储钠电位尽量低，但要高于钠的沉积电位，保证全电池的工作电压并且不析钠；②在钠离子脱嵌过程中，氧化还原电位与结构的变化尽量小；③首周库仑效率高；④较高的比容量；⑤较高的电子电导率和离子电导率，可进行快速充放电；⑥电解液分解时可以在负极表面形成稳定的 SEI 膜，实现宽电压窗口的稳定循环；⑦价格低廉且无污染。

嵌入反应型材料是指充放电过程中，钠离子在材料的层状晶格中发生嵌入/脱出反应，主要以碳基材料和钛基材料为代表。其中，碳基材料中的硬碳、软碳及复合碳等无定形碳商业化前景更佳。由于热力学原因，钠离子难以嵌入石墨中。21 世纪初，研究人员发现钠离子可以嵌入硬碳的层间，且硬碳结构稳定，循环寿命较高，比容量可达到 $350\,mA\cdot h\cdot g^{-1}$，接近应用需求。其充电反应方程式为

$$C + xNa^+ + xe^- \longrightarrow Na_xC \tag{6.27}$$

基于以上优点，目前主流的钠离子电池生产商首选硬碳作为负极材料，其充放电曲线如图 6.49(a)所示，由低电位的平台段和高电位斜坡段组成。为了解释硬碳的储钠机理，达恩等给出了硬碳结构的可视化模型[图 6.49(b)]：随机堆叠的芳香碎片，局部区域形成石墨微晶区(两到三层平行排列)和纳米级孔隙区。基于此结构模型，研究人员提出

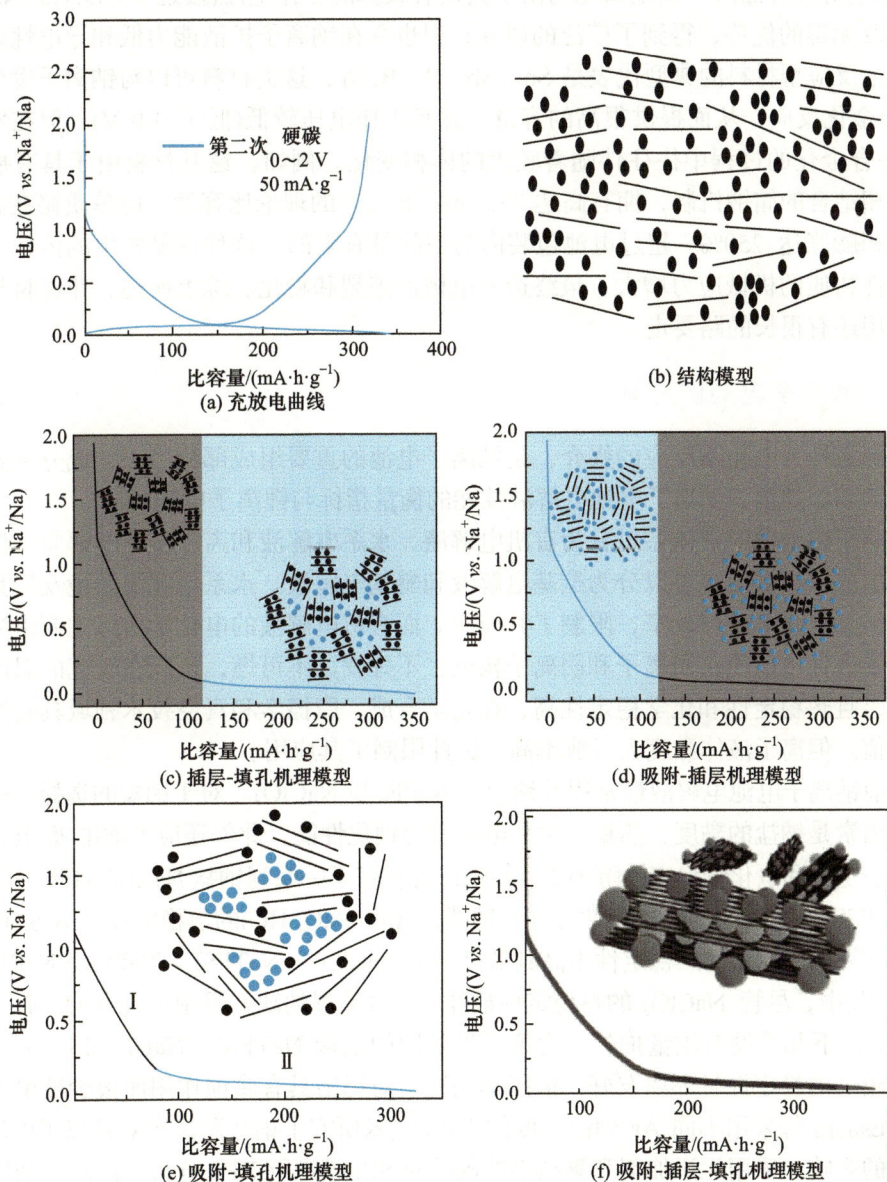

图 6.49　硬碳的充放电曲线(a)、结构模型(b)和 4 种机理模型(c)～(f)

了四种储钠机理，如图 6.49(c)～(f)所示，分别为插层-填孔机理、吸附-插层机理、吸附-填孔机理和吸附-插层-吸附机理，目前没有统一的定论。硬碳一般是在 500～1200℃热处理得到。常见的硬碳有树脂碳、有机聚合物热解碳、炭黑及生物质炭等。软碳又称为易石墨化碳材料，是在 2500℃以上高温下可石墨化的无定形碳。软碳的优点是循环性能好，制备简单，但其在比容量、首次充放电效率及电位稳定性等方面均不及硬碳。一般用作人造石墨原料，或者作为掺杂、包覆材料改性天然石墨、合金等负极材料。常见的软碳有石油焦、针状焦、碳纤维和碳微球等。

嵌入反应型材料中的钛基氧化物包括 TiO_2、钠钛酸盐($Na_xTi_yO_z$)和尖晶石锂钛酸盐($Li_xMn_yO_z$)等多种晶形。钛基氧化物由于其具有较低的工作电压(接近 0 V $vs.$ Na^+/Na)、成本低廉及无毒的优势，得到了广泛的研究，但也存在钠离子扩散能力低和导电性差等问题。合金反应型材料的典型代表是 Sn、Sb、P、Bi 等，这类材料可以与钠离子发生合金化-去合金化反应，从而提供很高的容量，并且工作电压较低(低于 1.0 V)。但在发生合金化-去合金化的过程中往往伴随着较大的体积变化。例如，铋基材料由于具有插层、合金化相结合的储钠机制，拥有高达 385 mA·h·g^{-1} 的理论比容量。但单质铋在循环过程中体积膨胀达 250%。超过电池包装内的空间是有限的，这种反复发生的体积变化会导致活性物质的机械应力增大，最终造成电极的破裂和粉化。综上所述，非碳材料的工业化应用还有很长的路要走。

6.4.4 钠离子电池的电解液

电解液作为电化学反应的媒介，是钠离子电池的重要组成部分之一，成分主要有钠盐、溶剂和添加剂。钠离子电池电解液性能的衡量指标与锂离子电池相同。

钠离子电池电解液体系可分为有机电解液、水系电解液和离子液体电解质。根据有机溶剂组成，电解液也可以分为酯基电解液和醚基电解液。水系电解液环境友好且成本低廉，但其电化学窗口较窄，限制了其应用。而有机电解液的电化学窗口主要由溶剂决定。离子液体电解质由阳离子和阴离子构成，不挥发、不可燃，可以在较宽的温度范围内使用，且热稳定性和化学稳定性高，在化学合成、摩擦学和真空技术领域具有潜在的应用价值。但离子液体黏度大且成本高，因此限制了其应用。

目前钠离子电池电解液最常用的钠盐是 $NaPF_6$ 和 $NaClO_4$。对于钠盐的选择，一般需考虑的因素是钠盐的黏度、热稳定性和电导率等理化性能，此外还应考虑电极-电解液界面的热稳定性和电化学稳定性等因素。Eshetu 等报道了一系列钠盐 NaX(X = PF_6^-，ClO_4^-，FSI^-，$FTFSI^-$，$TFSI^-$)的热稳定性及其对钠碳化合物(NaC_x-HC)的热稳定性。图 6.50 的热重分析结果表明钠盐的热稳定性由高到低排列为 $NaClO_4$ > NaTFSI > $NaPF_6$ > NaFTFSI > NaFSI。其中，尽管 $NaClO_4$ 的热稳定性最佳，但其易爆的缺点限制了其应用。而 $NaPF_6$ 在 300℃以下几乎没有质量损失，含氟磺酰基团的钠盐(NaTFSI、NaFTFSI 和 NaFSI)虽然具有较高的稳定性且环境友好，但因其阴离子对铝箔具有腐蚀作用而很少被单独用作钠盐。Eshetu 等采用不同 Ar 刻蚀深度的 XPS 技术研究了钠盐阴离子对钠离子电池 SEI 膜形成的影响。采用无添加剂和黏结剂的硬碳对 SEI 膜进行 XPS 分析，排除了杂质对实验结果造成的影响。研究发现，以 $NaClO_4$ 为钠盐的电解液在硬碳表面的 SEI 膜最厚。

其表面主要由溶剂降解产生的有机物质组成，而钠盐降解产生的无机物分布在 SEI 膜的深层。其成分减少的顺序为 $NaPF_6 > NaClO_4 > NaTFSI > NaFTFSI > NaFSI$。综上所述，$NaPF_6$ 成为钠离子电池有机电解液中最常用的钠盐。

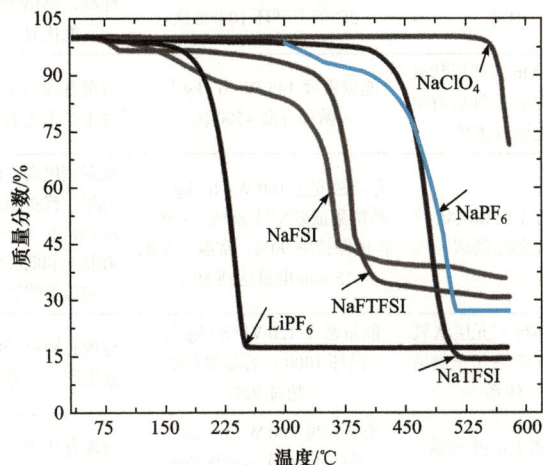

图 6.50 $NaPF_6$、$NaClO_4$、$NaTFSI$、$NaFTFSI$ 和 $LiPF_6$ 的热重分析(TGA)

与锂离子电池电解液相同，钠离子电池有机电解液溶剂也分为碳酸酯类和醚类两种。常用的醚类溶剂有乙二醇二甲醚、1,3-二氧戊环、四乙二醇二甲醚和二乙二醇二甲醚四种。醚类电解液抗还原能力好，在负极表面形成的 SEI 膜更薄、更稳定，且首次库仑效率更高，但其在超过 4 V 的电压下不稳定，严重限制了其应用。常用的碳酸酯类溶剂有碳酸乙烯酯(EC)、碳酸丙烯酯(PC)、碳酸二甲酯(DMC)、碳酸二乙酯(DEC)及碳酸甲乙酯(EMC)。EC 是钠离子电池电解液体系中最常用的溶剂之一，但由于其熔点较高，室温下为固体，所以一般与其他溶剂混合使用，如常用的热稳定性极高的 $1\ mol \cdot L^{-1}$ $NaPF_6$ 在 EC∶PC = 1∶1(体积比)的电解液。

6.4.5 钠离子电池全球产业化进展

钠离子电池的生产工艺与锂离子电池类似，不同之处在于钠离子电池可以采用价格低廉的铝箔作为集流体，故正负极可采用相同的铝极耳。因此，锂离子电池的生产线稍加改造，便可进行钠离子电池的生产。自宁德时代公布钠离子电池技术后，钠离子电池热度一直居高不下，工业和信息化部等部门对钠离子电池的支持更是引爆了该产业线。据统计，钠离子电池产业化布局将形成千亿级市场，表 6.8 为钠离子电池全球产业化布局。

表 6.8 各公司推出的钠离子电池体系

公司	国家	电池体系	性能参数	路线优势	路线劣势
Faradion	英国	Ni、Mn、Ti 基 O3/P2 混相层状氧化物/硬碳/有机电解液体系	能量密度 140 W · h · kg^{-1}，80% DOD 下可循环 1000 次	与现有锂离子电池生产工艺兼容	有机电解液体系存在安全隐患
Naiades	法国	磷酸钒钠/硬碳/有机电解液体系	能量密度 90 W · h · kg^{-1}，1C 倍率可循环 4000 次	循环寿命长，与现有锂离子电池生产工艺兼容	电极材料设计钒、氟有毒元素，能量密度低、成本高且存在安全隐患

公司	国家	电池体系	性能参数	路线优势	路线劣势
Natron Enery	美国	普鲁士蓝水系电解液体系	能量密度 50 W·h·L^{-1}，2C 倍率循环 10 000 次	水系电解液安全性高，高倍率性能优异	能量密度低，生产工艺复杂
中科海钠	中国	Cu-Fe-Mn 三元层状氧化物/热解无烟煤/有机电解液体系	能量密度 145 W·h·kg^{-1}，循环寿命 4500 次	与现有锂离子电池生产工艺兼容	有机电解液体系存在安全隐患
宁德时代	中国	普鲁士白和层状氧化物/硬碳	能量密度达 160 W·h·kg^{-1}，系统集成效率达 80%，−20℃ 容量保持率 90%，常温下充电 15 min 电量达到 80%	能量密度高，计划第二代将超过 200 W·h·kg^{-1}，在快充和低温领域优势明显	需较高的除水工艺，生产工程中会产生有毒性的氰根
钠创新能源	中国	Ni-Fe-Mn 三元层状氧化物/硬碳/有机电解液体系	能量密度 120 W·h·kg^{-1}，循环 1000 次容量保持率超过 92%	与现有锂离子电池生产工艺兼容	有机电解液体系存在安全隐患
珈钠能源	中国	聚阴离子正极/硬碳/有机电解液体系	能量密度 100 W·h·kg^{-1}，循环 1000 次容量保持率超过 84%	与现有锂离子电池生产工艺兼容	有机电解液体系存在安全隐患
众钠能源	中国	硫酸铁钠正极/硬碳/有机电解液体系	能量密度 160 W·h·kg^{-1}，循环寿命达到 13000 次	在循环性能和安全性能上相对磷酸铁锂更加优异	有机电解液体系存在安全隐患

随着钠离子电池产业化进程的加快，目前已有多个项目正式落地。2021 年 12 月 17 日，中科海钠与安徽省阜阳市人民政府等就全球首条钠离子电池规模化量产线落户安徽省阜阳市事宜达成合作意向并签订协议。计划在阜阳市打造钠离子电池 1 GW·h 规模化量产线，该产线规划产能 5 GW·h，分两期建设，一期产能 1 GW·h。2022 年 7 月 28 日上午，中科海钠在阜阳举行了全球首条 1 GW·h 钠离子电池生产线落成仪式。后续将继续推动规划建设 30 GW·h 全球先进钠离子规模量产线，加快钠离子储能电池技术进步和产业化落地速度，推动建立行业标准和规范，助力中国钠离子储能电池产业在世界上取得主导地位。

2022 年 6 月 9 日，钠创新能源 8 万 t 钠离子电池正极材料项目完成签约。根据报道，钠创新能源已经形成年产 3000 t 正极材料、5000 t 电解液产能。2022 年 10 月，钠创新能源"年产 4 万 t 钠离子正极材料项目"(一期)正式投产运行，且预计在未来的 5 年内分期建成 8 万 t 正极材料和配套电解液生产线，推动钠离子电池产业的发展，成为全球钠离子电池产业先锋。

宁德时代从 2015 年开始组建钠离子电池的研发团队，2021 年 7 月底，宁德时代正式发布其第一代钠离子电池，该钠离子电池的电芯单体能量密度已达到 160 W·h·kg^{-1}，在常温下充电 15 min，电量可达 80%，在−20℃低温环境下可实现 90%的容量保持率，系统集成效率达 80%。宁德时代表示，第二代钠离子电池能量密度将突破 200 W·h·kg^{-1}。在制造工艺方面，其钠离子电池可以实现与锂离子电池生产设备、工艺兼容，产线可进行快速切换，并完成产能快速布局。

2021 年 9 月，温州市瓯海区人民政府与温州大学签约共建温州大学碳中和技术创新研究院，全力打造钠离子电池"百亿企业、千亿产业"。目前，温州大学碳中和技术创新研究院已布局完成钠离子电池中试产线，于 2022 年正式投产。

2022 年 4 月，深圳珈钠能源科技有限公司(简称"珈钠能源")成立，产品主要包括聚阴离子类钠离子电池正极材料和生物质硬碳负极材料。该公司生产的铁基磷酸盐和铁基硫酸盐正极材料组装成大容量钠离子电池，能量密度分别达到 100 W·h·kg^{-1}和 120 W·h·kg^{-1}，可替代 50 W·h·kg^{-1}级别的铅酸电池。目前，珈钠能源正处于小中试阶段，具备初期产业化、十千克级的产品制备实力，并已送样给电池头部企业进行全电池测试、验证。

6.4.6　未来展望

近年来，钠离子电池成为世界各国竞相发展的储能技术。在全世界研究人员的共同努力下，其发展也取得了很多突破，但还存在很多亟待解决的问题。首先，大多数钠离子电池公司都采用硬碳作为负极，其在钠离子电池中表现出较高的可逆比容量和较好的循环性能，但制备过程需要进行高温烧结，成本较高。如何降低负极材料成本，凸显钠离子电池在市场上的成本优势应作为未来研究的重点。正极材料也面临一些问题，如层状 P2 相氧化物为贫钠相，在全电池中无法发挥出容量优势，未来需发展效果好且成本低的补钠技术弥补这方面的不足。O3 相富钠层状氧化物目前循环寿命可达到 4500 次，但对其性能潜力的挖掘仍然不够，理想的循环寿命需达到 10 000 次以上。此外，为了促进钠离子电池在高寒/高温环境下的应用，发展与宽温区电极材料相匹配的电解液也是未来研究人员关注的重点。

6.5　高温钠硫电池

6.5.1　概述

高温钠硫电池在 20 世纪 60 年代由美国福特汽车公司首先开发，随后美国 NASA 实验室对其进行了系统研究。1967 年，福特汽车公司公开了高温钠硫电池的技术细节，其后众多机构很快加入研究。根据他们的报道，电池由钠负极、硫正极和 β″-Al$_2$O$_3$ 陶瓷电解质组成，其典型的电池配置可以表示为：Na(l)|β″-Al$_2$O$_3$|Na$_2$S$_x$(l) + S(l)|C，其中 x = 3～5。20 世纪 80～90 年代，在 NASA 的支持下，钠硫电池开始在航空航天领域开展应用研究。1985 年，Kummer 和 Weber 报道了高温(约 300℃)钠硫电池的电化学性能。在这种高温下，β″-Al$_2$O$_3$ 陶瓷电解质表现出高钠离子电导率(约 0.2 S·cm^{-1})，电池具有快速的充放电反应动力学。此后，日本东京电力公司开始合作开发用于静态能量储存的钠硫电池储能系统，并于 2002 年投入商业运行。目前，全球运行的钠硫电池储能电站项目超过 200 个，总装机容量在 4 GW·h 以上。钠硫电池系统能提供 4～8 h 的不间断充放电，对于稳定风电输出优势明显。高温钠硫电池是最典型的以金属钠为电极的二次电池之一，也是到目前为止应用得比较成功的一种大规模静态储能技术。2000～2014 年，除抽

水蓄能、压缩空气及储热项目外，高温钠硫电池在全球储能项目中所占的比例为 40%~45%，占据领先地位。高温钠硫电池具有高能量密度、高充放电效率和长循环寿命(100%放电深度时循环 4500 次以上)，并具有毫秒级的电响应，在用于电力监管的微电网及不间断电源领域展现出良好的潜力。此外，高温钠硫电池还具有无自放电、维护成本低和可回收等优点。

高温钠硫电池由储量丰富、成本低廉的钠、硫作为电极，β''-Al$_2$O$_3$ 作为固体陶瓷电解质，选择性传导钠离子。β''-Al$_2$O$_3$ 是电子的不良导体，因此可以避免自放电。此外，β''-Al$_2$O$_3$ 具有很好的化学稳定性，可防止因电解质失效而引起的内部短路，消除火灾、爆炸等安全隐患。高温钠硫电池一般设计为中心负极的管式结构，即钠装载在陶瓷电解质管中形成负极。电池由钠负极、钠极安全管、固体电解质(一般为 β''-Al$_2$O$_3$)及其封接件、硫正极、硫极导电网络(一般为炭毡)、集流体和外壳等部分组成。通常固体电解质陶瓷管一端开口、另一端封闭，其开口端通过熔融硼硅酸盐玻璃与绝缘陶瓷进行密封，正负极终端与绝缘陶瓷之间通过热压铝环进行密封。高温钠硫电池组件由三个主要子系统组成：大量电气和机械互连的电池、一个温度保持在 300~350℃的保温外壳，以及一个用于初始加热和散热的热管理系统。高温钠硫电池通常采用圆柱形结构，整个电池由钢外壳封闭，钢外壳通常用铬和钼保护，以免内部腐蚀。电池封装在真空绝缘盒中，并以块状排列，以便在商业应用期间更好地保温。高温钠硫单体电池及电池组模块如图 6.51 所示。

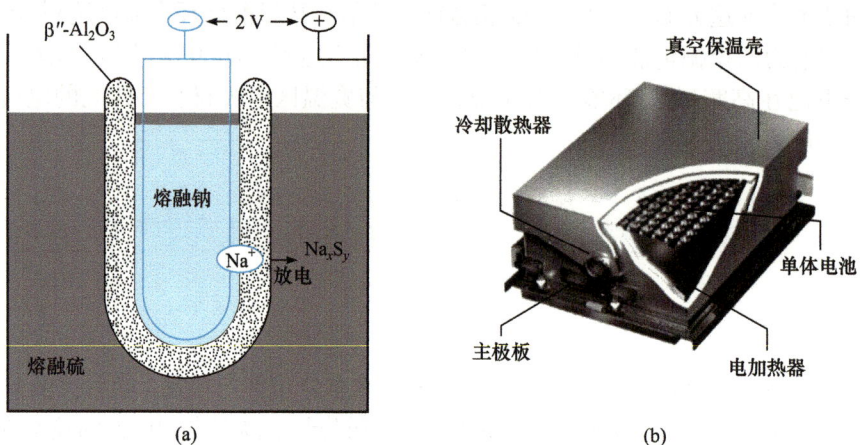

图 6.51　高温钠硫单体电池(a)及电池组模块(b)示意图

6.5.2　基本原理及主要特点

高温钠硫电池需要在约 300℃的温度下运行，以保持电极材料钠和硫处于熔融状态。高温钠硫电池基于钠和硫之间的可逆电化学反应，形成放电产物多硫化钠。

高温钠硫电池在充放电过程中的工作原理如图 6.52(a)所示。电池放电时的反应式如下：

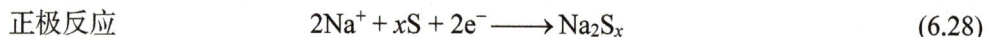

正极反应 $\qquad\qquad 2Na^+ + xS + 2e^- \longrightarrow Na_2S_x$ $\qquad\qquad$ (6.28)

负极反应 $\qquad\qquad 2Na - 2e^- \longrightarrow 2Na^+$ $\qquad\qquad$ (6.29)

总反应 $\qquad\qquad 2Na + xS \longrightarrow Na_2S_x$ $\qquad\qquad$ (6.30)

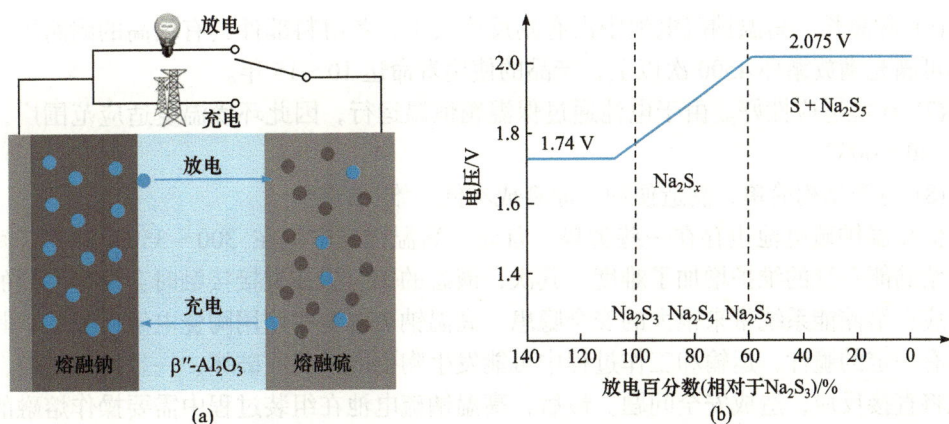

图 6.52 高温钠硫电池工作示意图(a)和电压曲线(b)

负极钠失电子变为钠离子，钠离子通过 β''-Al$_2$O$_3$ 固体电解质迁移至正极与硫离子反应生成多硫化钠，同时电子经外电路到达正极使硫变为硫离子。反之，充电过程中，钠离子通过固体电解质返回负极与电子结合生成金属钠。电池的开路电压与正极材料的成分有关，通常为 1.6～2.1 V。商业化的高温钠硫电池在 2.075 V 和 1.74 V 处具有两个放电平台[图 6.52(b)]。如果正极硫变为 Na$_2$S，硫正极的理论比容量为 1672 mA·h·g^{-1}。当放电产物为 Na$_2$S$_2$ 和 Na$_2$S$_3$ 时，硫正极的理论比容量分别为 838 mA·h·g^{-1} 和 558 mA·h·g^{-1}。当最终放电产物为 Na$_2$S$_3$ 时，钠硫电池具有约 760 W·h·kg^{-1} 的理论能量密度，在 350℃ 的工作温度下具有 2.08 V 的开路电压。电池在实际工作过程中，极化的存在导致充放电电压偏离电池的理论电动势，且充电过程的极化明显高于放电过程，即非对称极化。为了保证固体电解质 β''-Al$_2$O$_3$ 具有足够高的离子电导，需要一定的温度，但在过高的温度下多硫化钠会产生很高的蒸气压而在电池内部产生较大的压力，使电池的安全性能降低，因此电池的实际工作温度控制在 300～350℃。值得注意的是，充电和放电循环产生的热量足以维持工作温度，通常不需要外部热源，但这无疑会降低设备的整体能效。除中心钠负极的设计外，还有将硫装入电解质陶瓷管内形成正极的中心硫设计，其电池工作原理相同，但由于硫中心的结构不利于电池的容量设计，实用化的电池基本采用中心钠负极的结构。

高温钠硫电池拥有许多优良的特性：

(1) 比能量高。高温钠硫电池实际比能量超过 240 W·h·kg^{-1} 和 390 W·h·L^{-1}，与当前基于三元正极材料的锂离子电池相当。

(2) 容量大。用于高温钠硫单体电池的容量可达到 600 A·h 甚至更高，能量达到 1200 W·h 以上。

(3) 功率密度高。用于储能的单体电池功率可达到 120 W 以上，形成模块后，模块功率通常达到数十千瓦，可直接用于储能。

(4) 库仑效率高。由于采用单离子导体固体电解质，电池中几乎没有自放电现象，充放电效率几乎为 100%。

(5) 电池运行无污染。电池采用全密封结构，运行中无振动、无噪声，没有气体放出。

(6) 寿命长。高温钠硫电池中没有副反应发生，各材料部件具有很高的耐腐蚀性，电池可满充满放循环 4500 次以上，产品的使用寿命达 10～15 年。

(7) 环境适应性好。由于电池通过保温箱恒温运行，因此环境温度适应范围广，通常为-40～60℃。

(8) 电池结构简单，制造便利，原料成本低，维护方便。

但高温钠硫电池也存在一些劣势。首先，高温钠硫电池在 300～350℃温度区间运行，给储能系统的维护增加了难度。其次，液态的钠与硫在直接接触时会发生剧烈的放热反应，给储能系统带来很大的安全隐患。高温钠硫电池中使用陶瓷电解质隔膜，其本身具有一定的脆性，运输和工作过程中可能发生陶瓷的损伤或破坏，一旦陶瓷破裂，钠与硫将直接反应，造成安全问题。最后，高温钠硫电池在组装过程中需要操作熔融的金属钠，因此需要有非常严格的安全措施。

6.5.3 高温钠硫电池材料

对于电池系统，电池材料的性能是决定其电化学性质和应用价值的主要因素。整个钠硫电池体系中，陶瓷管既是电解质又充当隔膜部件，被认为是最重要的核心组成部件，对于钠硫电池性能的提高具有至关重要的作用。电解质的性质在很大程度上决定了钠硫电池的性能，电池的失效形式最终多表现为陶瓷管的破裂。

Na-β/β''-Al_2O_3 是一类铝酸钠盐，是一种非化学计量形式的化合物，属于 Na_2O-Al_2O_3 体系，是一种钠离子导体固体电解质，通式为 $Na_2O \cdot xAl_2O_3$，其中 x 可以在 5～11 取不同的数值，有不同的结构。目前泛指以 M_2O-xAl_2O_3($M = Na^+$、K^+、Rb^+、Ag^+等，$x = 5～11$)通式所代表的化合物。根据其结构特征不同，主要有 β-Al_2O_3 和 β''-Al_2O_3 两种结构，图 6.53 是 β-Al_2O_3 和 β''-Al_2O_3 的结构。

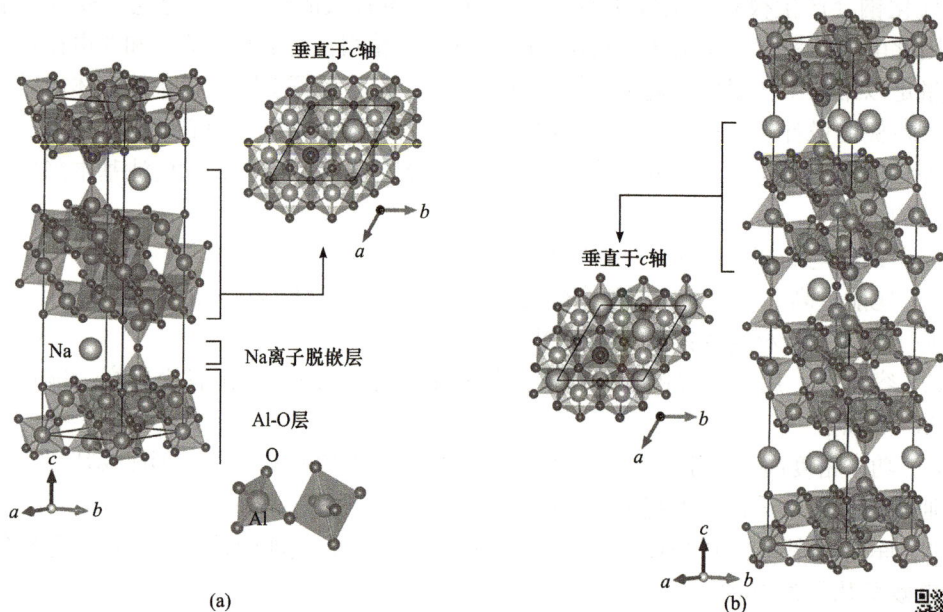

图 6.53 β-Al_2O_3(a)和β''-Al_2O_3(b)的结构对比示意图

β″-Al₂O₃ 电导率约为 β-Al₂O₃ 的 10 倍。在制备 β″-Al₂O₃ 时，β 相和 β″相总是同时存在，β″相作为 Na_2O-Al_2O_3 系统中的亚稳相存在。温度太高时 β″相转化为 β 相，因此在制备 β″-Al₂O₃ 时，对温度的控制非常重要。β-Al₂O₃ 和 β″-Al₂O₃ 具有相似的晶体结构，高温下，β-Al₂O₃ 和 β″-Al₂O₃ 之间会发生相互转变，使得 β″-Al₂O₃ 的制备较为复杂。表 6.9 列举了 β-Al₂O₃ 和 β″-Al₂O₃ 的主要物理性质。单晶态的电解质比多晶态的电导率更高，因为多晶态中晶粒随机取向，使得钠离子传输路径曲折，增大了电阻。但是由于单晶态制备复杂，且宏观力学性能差，当前仍然以研究制备多晶态的 β″-Al₂O₃ 为主。

表 6.9　β-Al₂O₃ 和 β″-Al₂O₃ 的物理性质

物理性质	β-Al₂O₃	β″-Al₂O₃
熔点/℃	2000	2000
密度(25℃)/(g·cm⁻³)	3.26	3.26
晶格常数(a, c)/nm	(0.559, 2.253)	(0.559, 3.340)
多晶电导率(25℃)/(S·cm⁻¹)	0.01	0.01
多晶电导率(300℃)/(S·cm⁻¹)	0.08	0.2~0.4
单晶电导率(300℃)/(S·cm⁻¹)	0.213	1.0

其中，β-Al₂O₃ 的化学式为 $Na_2O \cdot 11Al_2O_3$，具有六方结构，空间群 $P6_3/mmc$，晶格常数 $a = 0.559$ nm，$c = 2.253$ nm；β″-Al₂O₃ 的化学式为 $Na_2O \cdot 5.33Al_2O_3$，具有三方结构，空间群 $R\bar{3}m$，晶格常数 $a = 0.559$ nm。β-Al₂O₃ 的结构可视为由 Al、O 原子密堆积的尖晶石基块和 Na、O 原子疏松排列的中间层组成，尖晶石基块具有与 $MgAl_2O_4$ 相同的原子排列，氧原子呈立方密堆积，铝原子占据其中的四面体和八面体间隙位置。基块之间则依靠其中的铝原子与钠氧层中的氧原子形成的 Al-O-Al 桥进行连接。一个单位晶胞内含有两个尖晶石基块，相邻的基块呈镜面对称。中间层中存在很大比例的空位，为 Na^+ 在层内的迁移提供了通道，而在尖晶石基块中原子是密堆积的，没有可供离子迁移的空位和通道，因此 β-Al₂O₃ 的 Na^+ 传导是各向异性的，只能在钠氧层内进行。

β″-Al₂O₃ 的离子电导率大于 β-Al₂O₃，在钠硫电池中实际使用的基本都是高电导率的 β″-Al₂O₃ 的陶瓷。β″-Al₂O₃ 是高钠含量的亚稳定结构，通常需要加入 MgO 或 Li_2O 等稳定剂对 β″-Al₂O₃ 的结构进行稳定。影响多晶或 β-Al₂O₃ 陶瓷的离子导电性的因素包括：β-Al₂O₃ 和 β″-Al₂O₃ 相的相对含量、化学组成。β-Al₂O₃ 陶瓷的离子电导率与 β-Al₂O₃ 和 β″-Al₂O₃ 相的相对含量呈线性关系，陶瓷中 β″-Al₂O₃ 相的含量越高，电阻率越低，导电性越好。化学组成对陶瓷导电性的影响比较复杂，需要将 β-Al₂O₃ 基本组分如 Na_2O、Li_2O 或 MgO 等的比例控制在一定的范围内，以获得最佳的离子导电性。高质量的 β″-Al₂O₃ 陶瓷管是钠硫电池获得高性能的前提。钠硫电池装配通常都是在常温下进行的，装配时要求所有的部件具有很高的尺寸精度，从而保证装配电池的可靠性。

负极是活性物质钠的储存室，作为钠硫电池的安全设计之一，在电解质陶瓷管表面制备毛细层可以控制钠向电解质表面输送的速度，避免陶瓷管破裂时大量的钠与硫之间的短路反应。毛细层可以是修饰在电解质陶瓷管内表面的碳、金属、氧化物等的多孔材料层，也可以是金属网。在毛细层的内表面衬有金属管，也称为钠芯，并在底部开孔与毛细层连通，钠即储存在金属管内。批量制备电池时将定量熔融的钠直接加入负极室即可。

硫极通常采用预制技术制备，将熔融的硫注入与正极室相同形状和尺寸的碳材料内，冷却后凝固成预制的正极，电池组装时将预制的正极插入正极室后进行密封即可。预制硫极的技术简单实用，且适用于规模化生产，被广泛采用。

密封是钠硫电池的核心技术，密封性能直接影响电池的性能和寿命。与钠硫电池相关的密封技术包括陶瓷/陶瓷、陶瓷/金属及金属/金属等不同材料部件之间的密封。其中，陶瓷与陶瓷，即 β″-Al$_2$O$_3$ 陶瓷与 α-Al$_2$O$_3$ 陶瓷绝缘件之间的密封主要采用玻璃密封的技术，通过调整玻璃的膨胀系数，可以实现两个部件之间高质量的密封。目前，国内外已开始研发与 β-Al$_2$O$_3$ 或 α-Al$_2$O$_3$ 陶瓷热系数更适应的玻璃陶瓷材料作为密封材料，这也是降低单电池成本的一条新途径。金属与金属之间的密封主要指电池外壳(同时充当正极集流电极，一般采用不锈钢)与连接 α-Al$_2$O$_3$ 陶瓷绝缘环的过渡不锈钢连接件之间的焊接，常用电子束或激光焊接技术焊接不锈钢件，可以达到很高的焊接质量。焊接时需要很好地控制功率，以保证焊接部位的温度适中而不损坏相邻的陶瓷和玻璃部件。

6.5.4 高温钠硫电池的工程应用

钠硫电池作为一种高能固体电解质二次电池最早发明于 20 世纪 60 年代中期，早期的研究主要针对电动汽车的应用目标，包括美国、日本、英国、德国等国家的多家公司先后组装了钠硫电池电动汽车，并进行了长期的路试。但长期研究发现，钠硫电池作为储能电池更具有优势，而用作电动汽车或其他移动器具的电源时不能显示其优越性，且早期的研究并没有完全解决钠硫电池的安全可靠性等问题，因此钠硫电池在车用动力方面的应用最终被人们放弃。钠硫电池具有比功率、比能量、原材料成本、温度稳定性及无自放电等方面的优势，因此成为目前具备市场活力和应用前景的储能电池之一。

大容量管式钠硫电池是以大规模静态储能为应用背景。自 1983 年开始，日本 NGK 公司(碍子株式会社)和东京电力公司合作开发，1992 年实现了第一个钠硫电池示范储能电站的运行，至今已有 30 余年的应用历史。目前 NGK 公司的钠硫电池成功地应用于城市电网的储能中，有 250 余座 50 kW 以上功率的钠硫电池储能电站在日本等国家投入商业化示范运行，电站的能量效率达到 80%以上。

钠硫电池储能电站的应用分别涉及削峰填谷、电能质量改善、应急电源及风电的稳定输出等方面。图 6.54 为日本六村所风电场 51 MW 风力发电系统所用钠硫电池储能电站，其功率达到 34 MW，由 17 套 2 MW 的分系统组成，保证了风力发电输出的平稳，实现了与电网的安全对接。

NGK 公司在日本九州电力公司的福冈县丰前发电站内建成了 50 MW/300 MW·h 的电力储能系统，相当于 3 万户一般家庭一天的电力使用量，2015 年开始运行，成为世界上最大能量的蓄电池设备。

除在日本有较大规模的应用外，钠硫电池储能技术也已经推广到美国、加拿大、欧洲、西亚等国家和地区。储能电站覆盖了商业、工业、电力、供水、学校、医院等各个

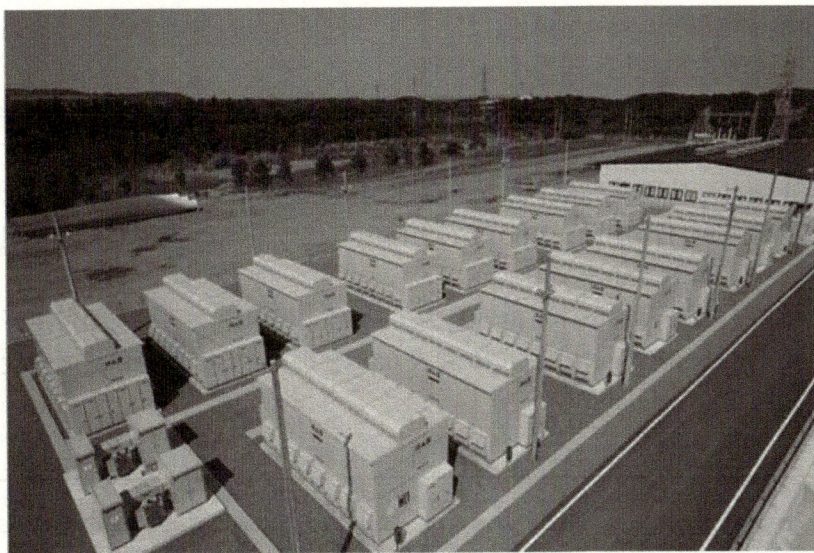

图 6.54　风电站用钠硫电池储能系统
资料来源：日本 NGK 公司

部门。根据预测，钠硫电池有望使电价达到 32 美分·$(kW \cdot h)^{-1}$，成为最经济的储能电池之一。图 6.55 展示了钠硫电池在全球范围内已运行的代表性项目。

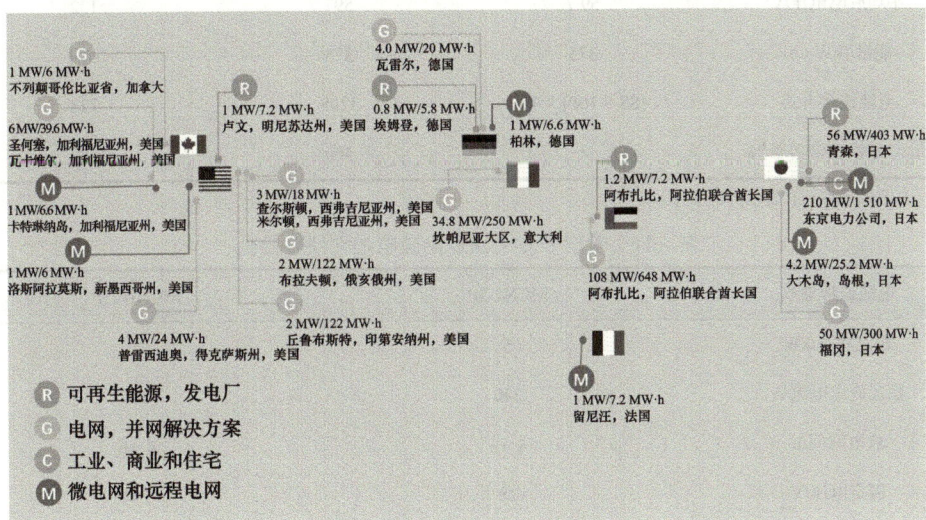

图 6.55　钠硫电池储能系统在全球范围内已运行的项目概况

到目前为止，钠硫电池已经广泛应用于以下方面：①削峰填谷，在用电低谷期储存电能，在用电高峰期释放电能满足需求，是钠硫电池主要的储能应用；②可再生能源并网，以钠硫电池配套风能、太阳能发电并网，可以在高功率发电时储能，在高功率用电时释能，提高电能质量；③独立发电系统，用于边远地区、海岛的独立发电系统，通常与新能源发电相结合；④工业应用，企业级用户采用钠硫电池夜间充电、白天放电可以节省电费，还能够提供不间断电源和稳定企业电力的质量；⑤输配电领域，用于提供无功支持、缓解输电阻塞、延缓输配电设备扩容和变电站内的直流电源等，提高配电网的稳定性，进而增强大电网的可靠性和安全性。

钠硫电池在工业应用的比例最高，达到50%以上，在商业、研究机构、大学及供水、医院、政府、地铁等部门也都有一系列储能系统的运行。2010 年上海世界博览会期间，中国科学院上海硅酸盐研究所和上海电力股份有限公司合作，实现了 100 kW/800 kW·h 钠硫电池储能系统的并网运行。2015 年，上海电气钠硫电池储能技术有限公司在崇明岛风电场实现了兆瓦时级的商业应用示范。

日本 NGK 公司开发的单体电池容量为 632 A·h，相比之下，我国自主开发的单体电池容量更大，达到 650 A·h。表 6.10 和表 6.11 分别是 NGK 公司和我国开发的储能钠硫电池模块的性能。

表 6.10　日本 NGK 公司开发的储能钠硫电池模块的性能

电池模块参数	50 kW 模块		12.5 kW 模块
	A 型	B 型	A 型
尺寸 $W \times D \times H$/mm³	$2170 \times 1690 \times 640$		$680 \times 1400 \times 649$
质量/kg	3400		750
直流输出/kW	52.1	52.1	13.4
平均放电电压/V	59.7	597	132
能量/(kW·h)	375	375	80.4
电池连接方式	[8S × 10P] × 4S	320S	72S
最大功率/正常功率/%	—	500	500

注：S 表示串联，P 表示并联，下同。

表 6.11　我国开发的储能钠硫电池模块的性能

电池模块参数	MCN1-5P	MCN1-25P
额定功率/kW	5	25
额定放电电流/A	240	240
放电时间/h	4～6	4～6
额定电压/V	28	144
待机热损失/W	<350	<1900
电池连接方式	[7S×3P]×2S	[12S×3P]×6S

管式设计的钠硫电池虽然充分显示了其大容量和高比能量的特点，在多种场合获得了成功的应用，但与锂离子电池、超级电容器、液流电池等膜设计的电化学储能技术相比，它在功率特性上没有优势。平板式设计有一些管式设计不具备的优点。首先，平板式设计允许使用更薄的正极，对给定的电池体积有更大的活性表面积，有利于电子和离

子的传输；其次，相对管式电池使用的 1～3 mm 厚的电解质，平板式设计可使用更薄 (小于 1 mm)的电解质；最后，平板式设计使得单体电池组装电池堆的过程简化，有利于提高整个电池堆的效率。因此，平板式设计的电池可能同时获得较高的功率密度和能量密度。但是，平板钠硫电池存在密封脆弱导致安全性能差等严重隐患，还有待进一步研发。

钠硫电池虽然在大规模储能方面成功应用，但其较高的工作温度以及在高温下安全隐患增加一直是人们关注的问题。近年来，研究人员的兴趣转移到安全和稳定的室温钠硫电池的研发，以开发更加高效节能的储能体系。理论上基于最终放电产物 Na_2S，钠硫电池的理论比容量和理论比能量分别约为 1672 mA·h·g^{-1} 和 1230 W·h·kg^{-1}。在某种意义上，这些室温钠硫电池借鉴了锂硫电池的概念，因此存在与锂硫电池类似的问题，如正极组分溶于电解液导致自放电和快速的容量衰退，钠枝晶的形成和对电池失效的影响，硫正极利用率低等。室温钠硫电池正处于开发阶段，需要进一步研究才能实现商业化。

未来钠硫电池发展的方向主要是：成本化；低温化；通过平板式设计实现高功率；通过电极组成设计，提升电池的能量密度。钠硫电池以陶瓷电解质为核心材料，因此陶瓷材料是电池高性能的先决条件，在此基础上，进一步提升电池的指标，包括比能量、系统能量效率、使用寿命、价格等。

6.6 液流电池

6.6.1 概述

液流电池是一种适合大规模蓄电的电化学储能装置，由美国 NASA 的塔勒尔(Thaller)教授于 1974 年首次提出，他提出的铁铬液流电池是早期液流电池储能系统中研究最广泛的体系。然而，由于铁铬液流电池面临着不可避免的正负极离子交叉污染的问题，NASA 于 20 世纪 80 年代初终止了这项研究并将相关技术转让给日本，90 年代后相关报道非常少。为避免上述问题，研究者提出了正负极电解液的活性物质为同一种金属的不同价态离子组成的液流电池储能系统，如全钒液流电池。全钒液流电池自 1984 年被澳大利亚新南威尔士大学的 Skyllas-Kazacos 教授提出后得到了广泛研究，特别是日本住友电气工业株式会社(简称"日本住友")和我国大连融科储能技术发展有限公司(简称"大连融科")推动了该项技术的快速发展和应用，目前已成为国际上最可行的储能技术之一。与此同时，其他液流电池如锌溴液流电池、多硫化物溴液流电池等也相继被开发。由于活性物质锌的来源广泛，锌溴液流电池在美国、日本、澳大利亚、中国等得到了一定发展。中国科学院大连化学物理研究所于2008年开始进行锌溴液流电池的开发，2018年自主开发成功国内首套 5 kW/5 kW·h 锌溴单液流电池储能示范系统。此外，为了提高功率和能量密度以进一步降低成本，研究人员后续开发了一系列新型水溶液和非水体系液流电池系统。

与传统电池直接采用活性物质作电极不同，液流电池的活性物质通常以离子形式储存在电解液中。正负极电解液分别装在两个储罐中，在外接循环泵的驱动下，电解液中的活性物质在电极表面发生可逆的氧化还原反应，从而实现电能和化学能之间的能量转换。

基于该独特的结构设计，液流电池系统表现出显著的优势：

(1) 设计灵活，功率和容量可独立调节。储能容量可以通过改变储罐中电解液的浓度和体积来控制，而输出功率主要由电池的反应面积、电池模块的大小和数量决定。灵活的模块化设计使得液流电池系统可以满足不同的储能需求，并且受场地限制较小。

(2) 安全环保。常温常压封闭运行，无爆炸起火危险。

(3) 长时储能。可频繁深度放电，充放电循环次数可达万次以上。

(4) 资源丰富。部件多为廉价的碳材料、工程塑料，材料来源丰富且易于回收。

从理论上讲，两个具有不同电势的活性离子对可以组成一种液流电池。图 6.56 为可组成液流电池的部分活性电对及其标准电极电势，如 $Fe^{2+/3+}/Cr^{2+/3+}$、$Br^{1+/0}/Zn^{2+/0}$、$V^{4+/5+}/V^{3+/2+}$、$Fe^{2+/3+}/V^{3+/2+}$等。

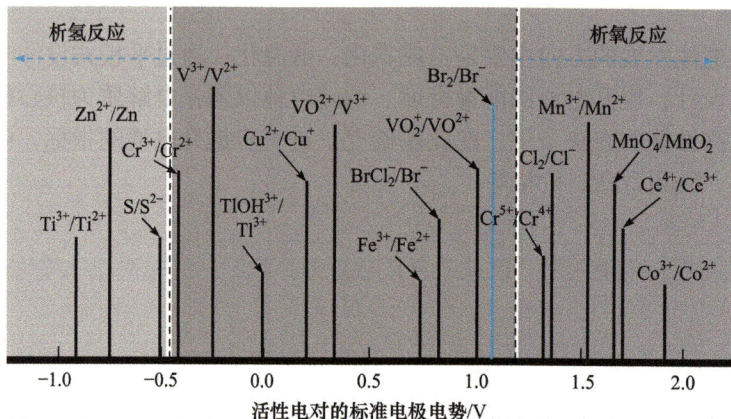

图 6.56 可组成液流电池的部分活性电对及其标准电极电势

根据电解液中活性物质的特征，液流电池可分为液-液型液流电池和沉积型液流电池。液-液型液流电池是指正负极储能活性物质均可溶于电解液中，如全钒液流电池、多硫化物溴液流电池、铁铬液流电池等；沉积型液流电池是指在充放电过程中伴有沉积反应发生的电池。若电池正负极电解液中只有一侧发生沉积反应，称为单沉积型液流电池，如锌溴液流电池、锌镍液流电池；若电池正负极电解液都发生沉积反应，称为全沉积型液流电池，如铅酸液流电池。表 6.12 列出了根据电解液中活性物质的特征进行分类的液流电池技术。

表 6.12 液流电池分类、特点及举例

分类	特点	举例
液-液型液流电池	正、负极活性物质均溶解于电解液中；正、负极电化学氧化还原反应过程均发生在电解液中，反应过程中无相转化发生；需要设置隔膜	全钒液流电池、多硫化物溴液流电池、铁铬液流电池、钒溴液流电池等
单沉积型液流电池	正极电化学氧化还原反应过程发生在电解液中，无相转化发生；负极电对为金属的沉积溶解反应，充放电过程中存在相转化；需要设置隔膜	锌溴液流电池、锌铈液流电池、全铁液流电池、锌钒液流电池等

续表

分类	特点	举例
全沉积型液流电池	正极电化学反应过程为固-固相转化；负极电对为金属沉积溶解反应；正负极电解液组分相同；无须设置隔膜	锌镍单液流电池、锌锰单液流电池、金属-PbO_2单液流电池

其中，全钒液流电池和锌溴液流电池具有良好的市场前景，前者能量效率高、储存容量大、不受地理条件限制、深度放电、工作寿命长、环境友好；后者拥有丰富的活性物质来源，价格低廉，因此成为目前最接近商业化应用的液流电池储能技术。本节将重点介绍已处于产业化应用及工程示范阶段的全钒液流电池和锌溴液流电池。

6.6.2 全钒液流电池

1. 工作原理及评价指标

全钒液流电池储能技术经过十余年在基础研发、产业化及技术应用等多方面的攻坚克难，电池系统安全、长寿命、环保及可靠性已经得到初步验证，是目前最接近产业化和商业化应用的液流电池储能技术。

全钒液流电池利用不同氧化态的钒离子在电极表面发生电化学反应，从而实现能量转换，工作原理如图 6.57 所示。正极侧电解液的活性离子为 VO^{2+}/VO_2^+，负极侧电解液采用 V^{2+}/V^{3+} 氧化还原电对，多数以硫酸作为支持电解质，水为溶剂，分别储存在两个独立的储罐中。系统工作时，电解液通过循环泵的驱动在两个半电池及储罐中循环流动，钒离子在电极表面得失电子，电子通过外电路传递，电池内部则通过 H^+ 在溶液及隔膜中的传输进行导电，从而完成电能和化学能的转换。

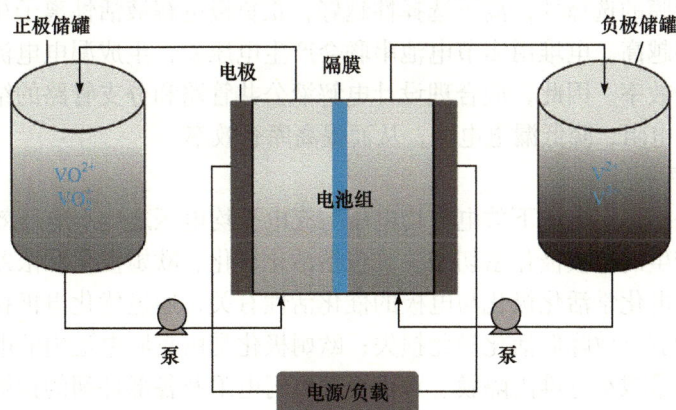

图 6.57 全钒液流电池示意图

能量的转换通过钒离子价态的变化实现。充电时，正极活性物质由 VO^{2+} 氧化为 VO_2^+，负极活性物质由 V^{3+} 还原为 V^{2+}；放电过程按充电过程的逆过程进行。电极和电池反应方程式如下：

正极反应 $\qquad VO^{2+} + H_2O - e^- \rightleftharpoons VO_2^+ + 2H^+$ $\qquad E^{\ominus} = 1.004\ V$ $\qquad$ (6.31)

负极反应 $\qquad V^{3+} + e^- \rightleftharpoons V^{2+}$ $\qquad E^{\ominus} = -0.255\ V$ $\qquad$ (6.32)

电池反应 $\qquad VO^{2+} + V^{3+} + H_2O \rightleftharpoons VO_2^+ + V^{2+} + 2H^+$ $\qquad E^{\ominus} = 1.259\ V$ $\qquad$ (6.33)

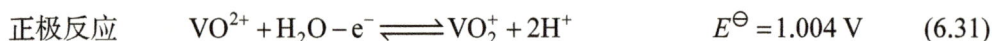

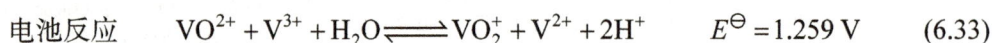

全钒液流电池的理论电压为 1.259 V。然而，电解液中钒离子的存在形式会根据电解液浓度和电池充放电状态的变化而略有改变，从而对电池的电压产生一定影响。全钒液流电池的实际开路电压通常为 1.5～1.6 V。

在分析液流电池的电化学性能时，应考虑几个主要评估标准：能量密度、库仑效率、电压效率、能量效率、输出功率和循环稳定性。

1) 能量密度

液流电池与其他二次电池的结构设计显著不同，其能量密度计算方法也不同，公式如下：

$$能量密度 = \frac{ncFV}{\mu_v} \qquad (6.34)$$

式中，n 为反应中转移的电子数；c 为两种电解液的较低浓度值；F 为法拉第常量；V 为电池的工作电压；μ_v 为体积因数($\mu_v = 1 +$ 较低电解质浓度/较高电解质浓度)。理论能量密度取决于电化学反应转移电子数、氧化还原物种的有效浓度和电池工作电压。为了实现液流电池的高能量密度，氧化还原物种的溶解度应尽可能高，负极侧电解液的氧化还原电位应较低，正极侧电解液的氧化还原电位应较高，以确保电池具有较高的工作电压。

2) 库仑效率

库仑效率是指放电容量与充电容量的比值。通常，正负极氧化还原离子交叉污染、析氢/析氧等副反应及电堆本体漏电是导致库仑效率较低的主要因素。库仑效率通常用来评估离子传导膜的选择性，离子选择性越好，正负极电解液活性离子相互渗透越少，电池的库仑效率越高。电堆由多节电池串联会产生电压差，生成漏电电流，能量损耗也会影响电池库仑效率。因此，应合理设计电解液公共管路和分支管路的结构和尺寸，提高管路内的漏电电阻，降低漏电电流，从而提高库仑效率。

3) 电压效率

电压效率是指恒定电流下放电平均电压与充电平均电压之比。电压效率与液流电池充放电过程中产生的电极极化密切相关，包括活化极化、欧姆极化和浓差极化。由电子转移步骤引起的电化学活化极化与电极的催化活性有关，通过优化电极材料提高电极反应的催化活性能够有效降低活化极化损失；欧姆极化是由克服电池内的电子电阻和离子电阻造成的，通过减小电堆内隔膜、双极板等欧姆电阻及各部件间的接触电阻可以降低欧姆极化损失；浓差极化取决于充放电末期活性物质供应或更新的充足与否，需要设计合理的电解液流量以降低浓差极化损失。

4) 能量效率

能量效率是指放电能量与充电能量的比值，即库仑效率与电压效率的乘积，是电池充放电过程中电能转换效率的评价指标。在大规模储能应用中，能量效率是衡量储能技术适用性、经济性的关键指标，目前应用示范的一些液流电池储能系统电堆的能量效率在 80%左右。

5) 输出功率

输出功率是指在满足指定能量效率的条件下，电堆在一个充放电循环过程中可获得的最大可持续输出功率。在不同的工作电流密度下，输出功率可用以下公式计算：

$$输出功率=工作电流密度×电极有效面积×平均输出电压×单电池节数$$

增加电极面积和单电池节数可以提高电堆的输出功率，但增加材料使用量会提高成本，增加的体积也增大了系统占地面积，而电池的平均电压也由于工作电压区间的限制无法大范围调节。因此，在保证能量效率一定的条件下，提高工作电流密度是提高电堆输出功率的有效途径。

6) 循环稳定性

液流电池储能循环稳定性是衡量液流电池充放电循环过程中储能容量稳定性和电池使用寿命的参数。它取决于氧化还原物种、离子传导膜和电极的稳定性。当液流电池具有完全可逆的氧化还原电对、可抑制氧化还原物种交叉污染的高选择性稳定膜及抗腐蚀的稳定电极时，可以实现长寿命循环。

2. 关键材料

全钒液流电池单电池是评价电池材料和部件、优化电池结构设计和运行条件及组装电堆的最基本单元。其关键材料主要包括电解液、隔膜、电极、双极板。高性能、低成本的关键材料对于提高电池系统功率密度、能量密度以及降低电池系统成本具有至关重要的作用。

1) 电解液

与传统的二次电池不同，电解液在液流电池中充当储能介质的角色，是液流电池储能系统的关键材料之一。一方面，液流电池储能系统的容量取决于电解液中活性离子的浓度和体积；另一方面，电解液的成本占液流电池储能系统总成本的 1/3～1/2 甚至更高。因此，开发高性能、低成本的液流电池电解液对储能产业的发展十分重要。

(1) 电解液的制备。

全钒液流电池电解液由 $VOSO_4$ 或 V_2O_5 制备而成，考虑到钒离子的稳定性，钒电解质的浓度和总 SO_4^{2-} 的浓度通常分别控制在 2 $mol \cdot L^{-1}$ 和 5 $mol \cdot L^{-1}$ 以下。在全钒液流电池研究的早期阶段，常采用 $VOSO_4$ 作为起始材料，它在 H_2SO_4 水溶液中的溶解度比 V_2O_5 大 10 倍以上，但该法成本较高。以 V_2O_5 为起始材料的制备方法主要有化学还原法和电解法。化学法是将 V_2O_5 与一定浓度的 H_2SO_4 混合，通过加热或添加还原剂(如草酸)将 V_2O_5 还原成 VO^{2+}，生成 $VOSO_4$ 水溶液，如式(6.35)所示。化学法工艺和设备比较简单，但反应较慢，通常需要很高的硫酸浓度才可以进行，而且产率较低，加入的添加剂很难完全除掉。随着全钒液流电池技术的发展，电解法成为电解液制备的主流方法。电解法是将 V_2O_5 溶于硫酸溶液作为电解池负极，正极为相同浓度的硫酸溶液，正极侧发生 H_2O 的氧化反应产生氧气，V_2O_5 在负极表面被还原为 $V^{3.5+}$[等量的 VO^{2+} 与 V^{3+}，如式(6.36)所示]。此法的相关文献报道很少，大部分通过专利进行保护。

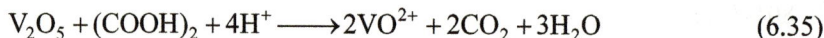

$$V_2O_5 + (COOH)_2 + 4H^+ \longrightarrow 2VO^{2+} + 2CO_2 + 3H_2O \tag{6.35}$$

$$V_2O_5 + 8H^+ + 3e^- \longrightarrow V^{3+} + VO^{2+} + 4H_2O \tag{6.36}$$

从成本角度看，使用较低纯度的 V_2O_5 制备电解液对降低全钒液流储能系统的成本非常重要。目前大多是采用高纯度(99.8%)的 V_2O_5 作起始材料，从炉渣或催化剂中回收的较低纯度(98%)的 V_2O_5 价格较低，但其中包含的杂质对钒电解液性能的影响尚不清楚。考虑到降低全钒液流电池电解液成本的强烈需求，这个问题仍需深入研究。

(2) 电解液的优化。

全钒液流电池系统运行寿命在 15 年以上，电解液的稳定性是保证电池系统长期稳定运行的关键因素之一。影响电解液稳定性的因素主要是二价钒(V^{2+})被氧化和电解液析出的问题。负极电解液中的 V^{2+} 在空气中极易氧化，从而减小系统储能容量。针对该问题，通常采取的措施是向负极电解液储罐中注入氮气、氩气等惰性气体，隔绝 V^{2+} 与储罐外空气的接触，从而避免被氧化。还有研究者在负极储罐电解液表面覆盖一层 0.5 mm 厚的不溶于电解液的矿物油，起到保护 V^{2+} 的作用。

钒离子的浓度决定全钒液流电池的能量密度，浓度越高，能量密度越高。但当电解液浓度过高时极易析出沉淀，进而使液体流动管道和电池组内部管道堵塞，影响系统运行。在硫酸支持电解质中，钒浓度为 2 mol·L^{-1} 时，V^{2+}、V^{3+} 和 VO^{2+} 在低于 10℃时沉淀析出，而相同浓度下的 VO_2^+ 在低温下相当稳定，但当温度升高至 40℃时生成 V_2O_5 沉淀。钒离子的溶解特性将该条件下的工作温度区间限制在 10~40℃。因此，优化条件以改善电解液析出问题非常重要。如图 6.58 和图 6.59 所示，提高硫酸的浓度至 5 mol·L^{-1}，可以大幅提高 VO_2^+ 的热稳定性。但是，由于同离子效应，高浓度的酸会降低 V^{2+}、V^{3+} 和 VO^{2+} 的溶解度，因此如何提升电解液中钒离子的溶解度是该体系的关键。

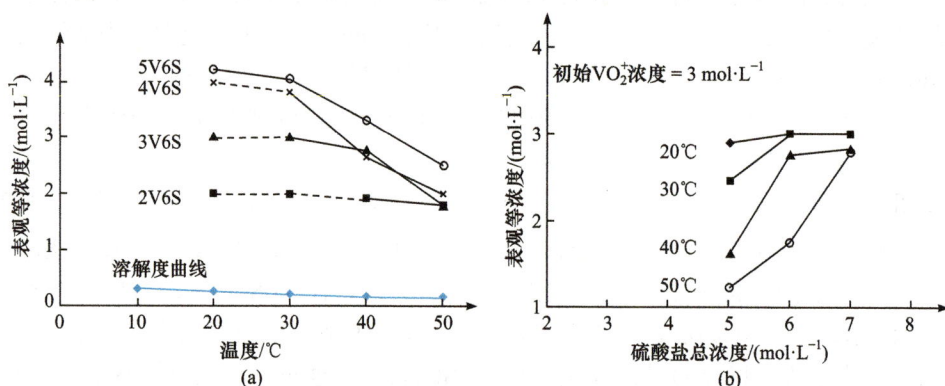

图 6.58 VO_2^+ 在不同浓度 H$_2$SO$_4$(a)及不同温度(b)下的溶解情况
V 和 S 前的数字分别表示溶液中钒离子和硫酸根的浓度，单位为 mol·L^{-1}

通常在电解液中加入添加剂，使其在较高浓度及较高温度下仍然能以可溶性离子状态稳定存在。无机添加剂如硫酸钠、硫酸钾、草酸钠等被证实可以增强 VO_2^+ 电解液的热稳定性。有机物尤其是含羟基等基团的试剂可以提高多种价态钒离子的溶解度，同时

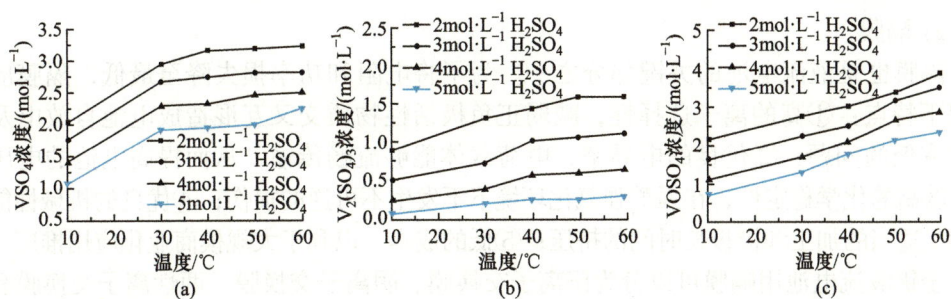

图 6.59　V^{2+}(a)、V^{3+}(b)、VO^{2+}(c)在不同浓度 H_2SO_4 及不同温度下的溶解情况

改善电解液的电化学活性。其中，山梨醇(结构式如图 6.60 所示)由于可以提供很多羟基作为反应活性位点，促进电荷转移，因此电解液的热稳定性有较大增长；三羟甲基氨基甲烷(TRIS)作为正极电解液添加剂，不仅能提高 VO_2^+ 的热稳定性，降低电解液的黏度，还能提高电化学活性，使其具有较高的循环稳定性。黄原胶、淀粉、甲基

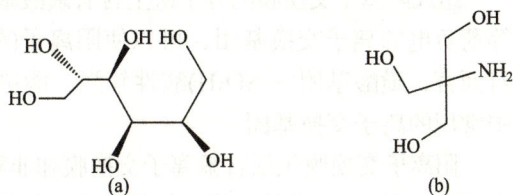

图 6.60　有机添加剂山梨醇(a)和 TRIS(b)的结构式

纤维素、羧甲基纤维素等物质对于提升电解液的稳定性也可以起到一定的作用。表面活性剂如库尔特分散剂(Coulter dispersant)可以在 45～60℃条件下大幅提高正极电解液的稳定性，并且这种分散剂既不会改变钒离子价态和降低其反应活性，也没有副反应发生。离子液体如 1-丁基-3-甲基咪唑四氟硼酸盐(BMIMBF$_4$)作为正极电解液添加剂也可以显著提高五价钒离子的稳定性，电解液的电化学活性也有所提升。

除组分优化外，电解液的流量设计优化也有利于提高电池的性能。通常情况下，电解液设计流量均是过量的，尽管在一定程度上有利于提升电池性能，但是流量过大会增加循环泵的自耗功率，降低体系的能量效率。因此，需要优化电解液流量，提升充放电循环的能量转换效率和电解液的利用率。在 45 mA·cm^{-2} 和 75 mA·cm^{-2} 两个不同电流密度下，不同电解液流量对充放电曲线的影响如图 6.61 所示。随着电解液流量增大，充电电压降低、放电电压升高，说明电池极化减小，电池充放电能量效率和储能容量有所提高。

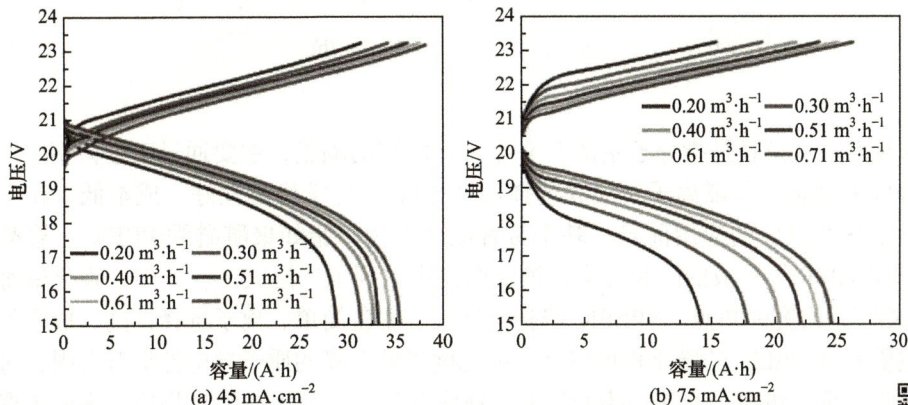

图 6.61　不同电流密度下，不同电解液流量时的单电池充放电曲线

2) 隔膜

隔膜也是液流电池的关键部分之一。为了将电阻和功率损失降至最低，隔膜应具有以下特点：①高的离子选择性，减弱正负极活性物质交叉互混造成电池自放电及库仑效率低的问题；②优良的电导率，电荷载体能够流畅传输，从而提高电池的电压效率；③高的化学稳定性，在强酸强氧化环境下不发生不可逆的损伤；④优良的机械性能，能承受适当的加工和极板长时间的挤压；⑤低的成本，以利于大规模商业化应用推广。

全钒液流电池用隔膜可以分为阳离子交换膜、阴离子交换膜、两性离子交换膜和多孔膜。

(1) 阳离子交换膜。

组成阳离子交换膜的分子链上含有磺酸基($—SO_3H$)、磷酸基($—PO_3H_2$)、羧基($—COOH$)等荷负电的离子交换基团，可以使阳离子(如 H^+、Na^+等)通过，而阴离子难以通过。相对而言，磺酸基团($—SO_3H$)酸性较强，能更好地解离出质子，电导率更高，是阳离子膜中常用的离子交换基团。

阳离子交换膜包括含氟离子交换膜和非氟离子交换膜。含氟磺酸离子交换膜是指分子主链上含有 C—F 键的隔膜，最具代表性的是美国杜邦公司生产的 Nafion 膜。如图 6.62 所示，Nafion 树脂的分子结构由聚四氟乙烯主链和磺酸基团封端的全氟侧链组成，大量的 C—F 键使分子骨架疏水性高，高电负性氟原子的强吸电子性使—SO_3H 基团酸性增强、亲水性变好，在水中—SO_3H 聚集形成隔膜的亲水区域，从而形成明显的亲/疏水相分离和纳米级别的球形胶束结构。由于其良好的质子传导性及化学/力学稳定性，Nafion 膜成为全钒液流电池中最常用的交换膜。但是，Nafion 膜存在钒离子渗透严重和成本高昂等问题。研究人员通过复合改性的方式尝试解决上述问题，如 Nafion 基无机材料复合膜、Nafion 基有机材料复合膜、PTFE 基复合膜等。

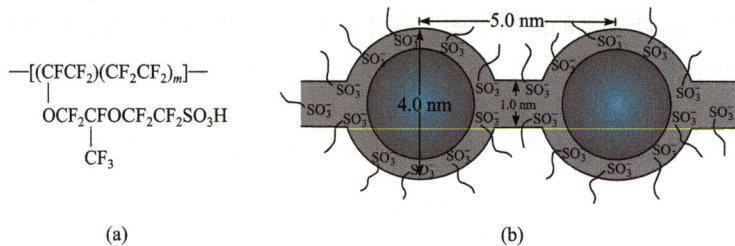

图 6.62 Nafion 膜的结构式(a)和胶束结构示意图(b)

非氟离子交换膜是指分子主链上不含 C—F 键的隔膜，主要通过工程树脂改性或聚合物合成来制备。非氟离子交换膜选择性高、机械/化学稳定性好、成本低，在全钒液流电池中具有良好的应用前景。基于芳香族聚合物树脂如聚醚醚酮(PEEK)、聚酰亚胺(PI)和聚砜(PSF)等合成的隔膜在全钒液流电池中受到了广泛关注。其中，磺化聚醚醚酮(SPEEK)膜是研究的热点。SPEEK 膜稳定性好、制备简单、离子选择性高、成本低廉，研究主要围绕 PEEK 的磺化程度展开，磺化度过低对膜的质子导电性提升有限，过高则导致溶胀严重，钒离子交叉污染而影响电池库仑效率。与无机纳米物质或高分子聚合物复合能够限制其溶胀，通过调节其离子通道，进而降低钒离子的渗透率。另外，磺化聚二烯丙基双酚醚醚酮(SDPEEK)膜、磺化聚酰亚胺(SPI)膜等非氟离子交换膜均具有良好的离子选择性(图 6.63)。

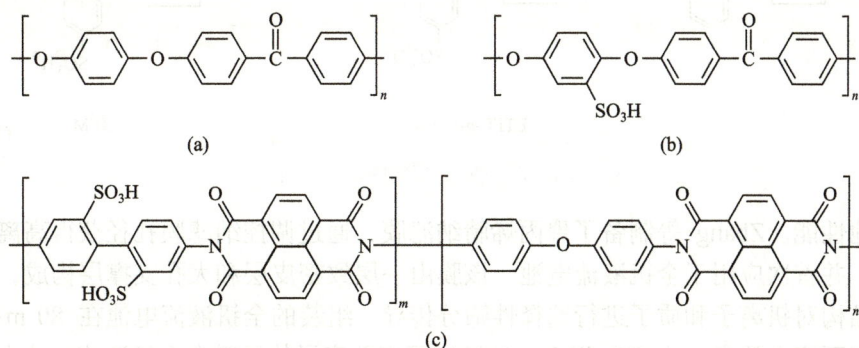

图 6.63　聚醚醚酮(a)、磺化聚醚醚酮(b)和磺化聚酰亚胺(c)的结构式

(2) 阴离子交换膜。

组成阴离子交换膜的分子链上含有季铵基($-NR_3X$)、叔胺基($-NR_2$)等荷正电的离子交换基团，允许阴离子如SO_4^{2-}、HSO_4^-等通过，而阳离子难以通过。由于荷正电离子与电解液中的 V^{m+}存在静电排斥(唐南效应)，因此阴离子膜能防止正负极电解液交叉污染，从而获得较高的库仑效率，并且强氧化性VO_2^+吸附量减少，有利于减缓电解液对隔膜的氧化降解，从而延长阴离子膜的使用寿命。Zhang 等制备的 1-(3-氨基丙基)咪唑胺化聚醚醚砜(APImPEES)膜通过氨基丙基进行交联后，在 80 mA · cm^{-2}电流密度下电池的库仑效率达 99%，能量效率为 84%，充放电稳定运行了 900 次，由此可见该阴离子膜具有较高的离子选择性和优异的稳定性能。目前，阴离子交换膜面临的主要问题是离子电导率低，在大电流密度(约 100 mA · cm^{-2})下电池的能量效率较低。

(3) 两性离子交换膜。

两性离子交换膜是指隔膜中同时含有阳离子和阴离子官能团的隔膜，通过调控阴、阳离子基团使其同时具备阳离子膜的高电导率、阴离子膜的低钒离子渗透率，从而获得更高的库仑效率和能量效率。Qiu 等制备了一种新型的乙烯-四氟乙烯共聚物(ETFE)基两性离子交换膜。如图 6.64 所示，ETFE 膜首先与苯乙烯(St)接枝(ETFE-*g*-PS)，经磺化处理得到阳离子交换膜 (ETFE-*g*-PSSA)，ETFE-*g*-PSSA 膜接枝甲基丙烯酸二甲胺乙酯(DMAEMA)，通过质子化反应制得 ETFE-*g*-PSSA-*g*-PDMAEMA 两性膜。该膜在全钒液流电池中具有 95.6%的库仑效率和 75.1%的能量效率。Ma 等在聚偏二氟乙烯(PVDF)粉末上接枝苯乙烯和 DMAEMA，用溶液浇铸法成膜后再磺化，可制得两性离子交换膜，此法有利于规模化生产。此外，两性离子交换膜具有合成复杂、成本较高、膜中较多的离子交换基团在电解液中易受损、稳定性相对降低等局限性，因此开发选择性更高、稳定性更好的两性离子交换膜是后续研究的重点。

(4) 多孔膜。

多孔膜材料中通常不含离子交换基团，而是基于孔径筛分传导机理实现离子选择性透过，水合质子、氯离子等体积较小的离子可以透过，而尺寸较大的水合钒离子则难以透过。多孔膜通过调控隔膜的形貌、孔径、孔隙率等，改善全钒液流电池钒离子渗透率

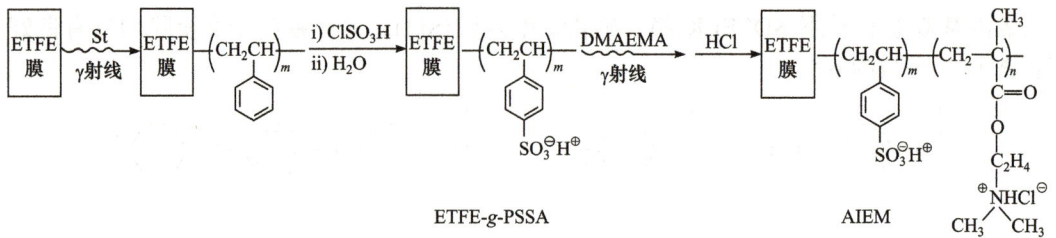

图 6.64　两性离子交换膜的合成路线

及其电池性能。Zhang 等制备了聚丙烯腈纳滤膜，通过调控纳滤膜孔径获得高离子选择性隔膜，并首次应用于全钒液流电池。该膜由一层致密皮层和大孔支撑层构成，致密皮层的孔结构对钒离子和质子进行选择性筛分传导。组装的全钒液流电池在 $80~mA \cdot cm^{-2}$ 电流密度下库仑效率高达 95%以上，这证实了多孔离子传导膜在全钒液流电池中的巨大潜力。该研究团队还开发了高对称海绵状多孔隔膜，其中海绵状孔并不贯通、孔壁带有正电基团，质子和多价钒离子被孔壁分离，可获得高离子选择性，在全钒液流电池中可以获得 85%的能量效率，远高于商业化 Nafion 膜组装的全钒液流电池。若进一步提高多孔结构的稳定性，其有望实际应用于全钒液流电池，也将大幅降低全钒液流电池的成本。

3) 电极

电极是液流电池的重要组成部分之一。与锂离子电池等其他二次电池的电极不同，液流电池电极中不含储能活性物质，因此本身并不参与电化学反应，而是为反应提供活性位点。它负责捕捉化学反应中释放的电子，放电时从电池中获得电流，充电时向电池提供电流。电极材料是影响液流电池电化学反应速率、电池内阻、电解液分布均匀性与扩散状态的重要因素，通过三大极化(活化极化、欧姆极化和浓差极化)作用，最终影响液流储能电池的功率密度和能量转换效率。

理想的全钒液流电池电极材料应具备以下特性：①化学性质稳定，全钒液流电池的电解液由强酸组成，要求电极必须在强酸环境中耐腐蚀；②导电性好，且与双极板的接触电阻较小，以降低电池的欧姆内阻和高电流密度运行时的欧姆极化；③具有稳定的三维网络结构，孔隙度适中、分布均匀，以达到活性物质的有效传输和均匀分布；④具有较好的机械强度和柔韧性；⑤在电池充放电电压范围内正常工作；⑥成本低，环境友好。

全钒液流电池的电极材料主要采用电导率高、稳定性好、成本低的碳材料。炭毡、石墨毡一直是全钒液流电池使用最广泛的电极材料，石墨毡是将炭毡在 2000℃以上的高温下热处理制成的。两者均由碳纤维组成，根据纤维原料来源可分为黏胶基、聚丙烯腈基和沥青基，其中聚丙烯腈基炭毡或石墨毡因其较高的表面活性而成为全钒液流电池电极的首选。它们具有较大的比表面积，提供充足的电化学反应位点，孔隙率高达 90%以上，三维网状结构促进电解液流动，便于活性物质传递。

然而，与其他类型的碳和石墨材料相似，炭毡、石墨毡电极的亲水性和电化学活性低，仍需改进。一般炭毡改性有两条途径：一是通过酸处理、氧化处理、辐照处理等，直接在碳纤维表面生成缺陷或引入含氮、含氧基团，增加其反应活性位点，提高电化学活性；二是在炭毡表面沉积或结合电催化剂(如铂、铱、钯、金、金属氧化物等)，降低活性物质化学转化的活化过电位，增强钒氧化还原电对的电化学活性。

　　澳大利亚新南威尔士大学的 Skyllas-Kazacos 等对炭毡在 200～500℃温度下加热处理不同时间进行了一系列研究。在空气条件下对炭毡进行 400℃热处理 30 h，空气中的氧气可以氧化碳纤维表面，使碳纤维表面的羟基和羧基等含氧官能团含量增加，改变了电解液活性物质与电极表面的相容性，显著降低了电极的反应极化电阻。该电极组装的全钒液流电池在 25 mA·cm^{-2} 电流密度下能量效率高达 88%，明显高于原始炭毡的 78%。另外，该研究团队对酸处理也进行了系统的研究。与用硝酸或硝酸和硫酸混合酸相比，在煮沸的 98% 浓硫酸中处理 5 h 可以获得最优异的电化学性能，即电流密度为 25 mA·cm^{-2} 时，能量效率高达 91%。

　　在碳纤维电极材料表面负载电催化剂也可以增强电极的电化学反应活性。碳纳米管、碳纳米纤维、介孔炭、石墨烯等纳米碳材料具有较大的比表面积和较高的钒电对催化活性，与炭毡复合能够有效提高全钒液流电池的性能。Park 等先将炭毡采用浸渍的方法担载 Ni 催化剂，再通过化学气相沉积(CVD)法在炭毡上生长碳纳米纤维/碳纳米管(CNF/CNT)复合电催化剂，该电极组装的全钒液流电池在 100 mA·cm^{-2} 下的能量效率比未处理电极高 25%(图 6.65)。但该复杂的制备过程增加了电极材料成本，不适合用于工业化生产。对于金属基电催化剂，Te^{4+}、Mn^{2+} 和 In^{3+} 修饰电极的电化学活性显著提高，In^{3+} 表现出最优异的改性效果。此外，还需充分考虑电极改性处理不能过度损坏碳材料的力学稳定性、所负载的材料与电极基体的结合稳定性等。

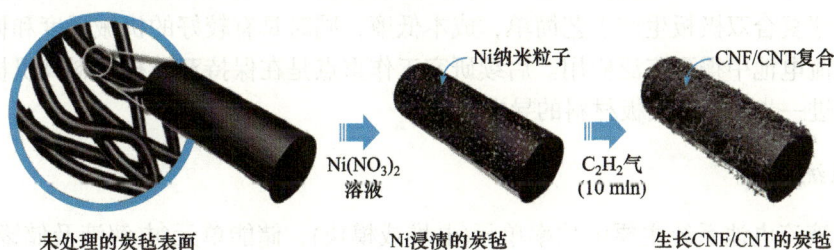

图 6.65　炭毡表面生长 CNF/CNT 的制备过程示意图

　　综上所述，炭毡及石墨毡，特别是价格相对低廉的炭毡，电化学性能相对较好，能满足全钒液流电池对电极材料的实际要求。

　　4) 双极板

　　双极板在电堆中实现单电池之间的连接，隔离相邻单电池间的正负极电解液，同时收集双极板两侧电极反应产生的电流。电堆中的电极要求一定的形变量，双极板需对其提供刚性支撑。因此，理想的全钒液流电池双极板材料必须具有优良的导电性能、良好的机械强度和韧性、优异的致密性、较高的化学稳定性及耐酸性和耐腐蚀性。目前，全钒液流电池中广泛使用的双极板主要有金属材料、石墨材料和碳塑复合材料。

　　金属材料有的在酸性环境中易被腐蚀，有的价格昂贵，并不适合用作全钒液流电池的双极板材料。石墨材料导电性、稳定性和机械性能都较为优异，但经过电池长循环后石墨板容易受到深度腐蚀，从而对全钒液流电池的运行造成影响。

　　碳塑复合材料是将聚合物和导电填料混合后经模压、注塑等方法制作成型的，其机械性能主要由聚合物提供，通过在聚合物中加入碳纤维、玻璃纤维、聚酯纤维、棉纤维等短纤维以提高复合材料的机械强度，其导电性能则由导电填料形成的导电网络提供，可以用作导电填料的材料有碳纤维、石墨粉和炭黑聚合物(如聚乙烯、聚丙烯、聚氯乙烯)等。碳塑复合双极板比金属双极板的耐腐蚀性好，与无孔石墨双极板相比，碳塑复合双极板的韧性大幅度提高，且制备工艺简单、成本较低，因此在目前的全钒液流电池中应用最为广泛。但碳塑复合双极板的电阻率比金属双极板和无孔石墨双极板的电阻率高 1~2 个数量级，因此提高碳塑复合材料的导电性能是目前研究开发的热点。注塑、挤出和模压成型工艺是目前碳塑复合双极板常用的加工方法。表 6.13 总结比较了这几种方法的优缺点。

表 6.13　碳塑复合双极板加工方法总结和比较

方法	优点	缺点
模压法	电导率高，接触电阻低，设备简单，投资少	生产效率低
注塑法	自动化生产，效率高，表面光洁度高，精度高	受物料流动性影响，树脂含量不能太低，导电性能较差，接触电阻高
挤出法	自动化生产，效率高，表面光洁度高，精度高	受物料流动性影响，树脂含量不能太低，导电性能较好，接触电阻较低

综上所述，对于全钒液流电池双极板，金属材料和石墨材料已被证实不适合大规模应用；碳塑复合双极板生产工艺简单，成本低廉，同时具有较好的机械强度和韧性，已在全钒液流电池中得到广泛应用。后续研究工作重点是在保持双极板材料高机械性能的前提下，进一步提高双极板材料的导电性。

3. 系统组成

全钒液流电池系统主要由功率单元(电堆或模块)、储能单元(电解液及储罐)、电解液输送单元(管路、阀门、泵、换热器等)和电池管理系统等部分组成。

1) 功率单元

电堆是全钒液流电池系统充放电反应发生的场所，是最核心的关键部件。如图 6.66

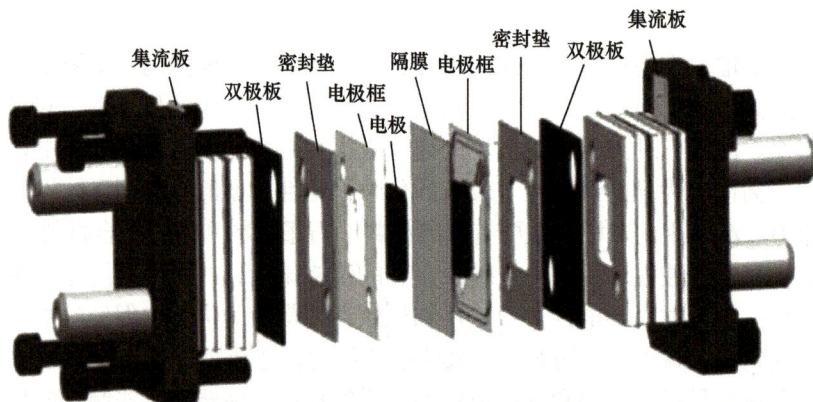

图 6.66　电堆结构组成

所示，电堆是由多个单电池以叠加形式紧固的、具有多个管道和统一电流输出的组合体。单电池中间是用于分隔正负极电解液、传导离子形成电流回路的离子传导膜，膜两侧分别配置对称的电极、电极框、密封垫、双极板、集流板、绝缘板、端板及螺杆、螺帽等。数节或数十节单电池通过双极板相互连接，以串联形式构成电堆。

在实际开发和应用中，液流电池电堆的设计思路应尽可能在保证高能量效率的同时实现高安全性和低成本。电堆的额定输出功率与额定能量效率是评价电堆性能的两个重要指标，二者密切相关，在不同的输出功率下，电堆的能量效率和工作电流密度也不同。因此，额定功率及在额定功率运行时的工作电流密度、能量效率是评价电堆性能必要的考虑因素。

高功率密度电堆的开发还必须考虑电堆的可靠性与安全性。电堆中的部件如电极、离子传导膜、双极板、密封垫、端板等都会影响电堆的耐久性。其主要影响因素有两个：一是耐腐蚀性，包括各组件的耐酸性，也有电极氧化造成的腐蚀等；二是离子交换膜和密封垫的机械性能，隔膜破碎或密封垫长期使用后弹性变差都是影响电堆安全性的重要因素。

电堆的成本在液流电池储能系统总成本中占有较大比例，因此有效降低电堆成本是将其推向商业化应用的重中之重。其中重要举措是开发新一代高性能、低成本的全钒液流电池关键材料技术，如高稳定性、高浓度的电解液，高离子选择性、高导电性的隔膜，高韧性、高导电性的双极板，高反应活性、高稳定性、厚度均匀的电极材料。

电堆的开发是国内外从事全钒液流电池技术研究的学术界及产业界的主要工作方向之一，通过技术进步开发高功率密度电堆是提高电堆综合性价比的有效途径，代表团队有中国科学院大连化学物理研究所联合大连融科、上海电气集团股份有限公司、中国科学院金属研究所联合朝阳华鼎储能技术有限公司、中国工程物理研究院、北京普能世纪科技有限公司(简称"北京普能")等。国外从事全钒液流电池技术产品开发的公司主要以日本住友为代表，面向全钒液流电池产品开发及应用，开发了一系列不同规格的电堆。2020 年，中国科学院大连化学物理研究所开发出新一代 30 kW 级低成本全钒液流电池电堆，如图 6.67 所示。该研究团队打破传统的组装工艺，首次将激光焊接技术应用于电堆组装工艺，大大提高了电堆的可靠性，也提高了电堆装配的自动化程度，减少了密封材料的使用，电堆总成本降低了 40%。新一代电堆的成功研发将大幅度降低全钒液流电池系统的成本，推动全钒液流电池的产业化应用。

2) 储能单元

液流电池系统的储能单元主要包括电解液和电解液储罐。电解液部分已于前文详述，本小节主要介绍电解液储罐。

储罐是电解液的储存容器，一般采用具有较强耐化学腐蚀和抗氧化性能的材质，如聚丙烯、聚乙烯、聚氯乙烯等。能够保持长期运行的安全和可靠性是储罐最关键的要素，这也是电力系统用大规模电池储能系统在设计、运营方面尤其需要关注的方面。储罐一旦发生泄漏，不仅造成电解液的损失，而且会导致一定程度的环境污染，严重情况下甚至会造成人身伤害。

图 6.67 30 kW 级低成本全钒液流电池电堆

储罐的形式多种多样，可根据实际情况灵活设计。全钒液流电池系统通常分为室内系统和室外系统两种类型。在室内安装时，房屋建筑已经按照相关标准对室内环境温度、通风、照明等环节进行了设计和配置，因此全钒液流电池系统在维持电池系统优化运行的配置方面也进行了相应简化，电解液储罐主要保证其结构安全和可靠性。根据项目可提供的占地面积，电解液储罐通常采用立式圆筒罐体或卧式槽罐体。图 6.68 为大连融科和北京普能已经实施的全钒液流电池储能项目所采用的电解液罐体情况。

(a)　　　　　　　　　　　　　　　　　(b)

图 6.68 大连融科产品立式电解液储罐(a)和北京普能产品卧式电解液储罐(b)

在室外安装时，除考虑结构强度和材料耐受性等方面外，还需要注意室外条件尤其是温度等对电解液运行稳定性及效率的影响。为适应环境温度的变化，电解液储罐需要配置制冷、保温、伴热等更复杂的电池热管理系统。电池热管理系统实施监控并调控电池充放电时的电解液温度，以保证电解液的稳定性及效率。全集装箱式全钒液流电池系统是目前最常见的一种室外用全钒液流电池产品形式。为了将电解液储罐集成到集装箱内，从充分利用集装箱内部空间的角度考虑，常规的圆筒式罐体和卧式储罐不是理想的选择。全集装箱式储能产品的设计不仅需要考虑电池系统的功率容量配置，还要考虑电解液输运单元的空间需求，结合集装箱内部空间进行优化设计。通常全集装箱式储能产品用的电解液储罐为了最大化利用集装箱内部空间，需要进行定制加工，不同厂家、不同规格的储罐外形也不尽相同。

3) 电解液输送单元

电解液输送单元是全钒液流电池区别于其他传统离子电池的主要方面之一，主要包括电解液循环泵、管路、阀门等。输送单元的主要功能有以下几方面需要保证和考虑：①保证充放电过程中电解液在功率单元之间的循环，以便于实现充放电过程的连续进行；②根据电池充放电功率的需求，提供充足的用于参与电化学氧化还原反应的活性物质，降低浓差极化损耗，提高电池能量转换效率；③通过优化管路设计，保证进入每个电堆的正负极电解液能够均匀分配，避免电解液分配不均而导致的电堆一致性变差，降低电堆运行风险，保证电池系统正常充放电，提高长期运行稳定性和可靠性；④完善电池管理系统关于电解液输送单元压力及流量等参数的监控，优化电解液循环泵运行策略，降低电池系统辅助功耗占比，提高系统能量效率。

电解液循环泵是实现电解液循环的动力设备，用于缓解电解液在功率单元和储能单元间循环时的压力降。储罐中的电解液在循环泵的推动作用下连续进入电堆，经过电堆后经管路再输送至电解液储罐，完成电解液的循环。一旦循环泵出现故障，液流电池系统因为在电堆内的电解液不能得到更新而无法进行连续充放电，因此循环泵的稳定性和可靠性对于液流电池系统连续运行非常重要。全钒液流电池系统的循环泵一般采用磁力泵。这是一种应用永磁传动技术原理实现力矩无接触传递的无密封泵，其主动轴和从动轴之间不存在机械连接，结构中不存在动密封，所以该类型泵无密封，可实现零泄漏。针对以硫酸作为支持电解质的电解液，泵头采用聚丙烯材料或聚四氟乙烯材料，而针对硫酸和盐酸的混合酸作为支持电解质的电解液，泵头一般采用聚四氟乙烯材料，以保证循环泵的长期耐受性。

全钒液流电池电堆由多个单电池串联而成，如图 6.69 所示，电解液由电堆的入口管路流入，进入共用管路，并逐一并联流入各单电池电极框内的分支流道，然后流经电极参与电化学反应，再从出口分支流道和共用管路流出电堆。电解液分布不均是影响电堆性能的重要因素，一方面，不均匀的电解液分布会产生较大的浓差极化，降低电堆工作电流密度；另一方面，局部的高过电位容易造成关键材料的降解或腐蚀，缩短电堆的使用寿命，因此设计与其匹配的电解液输送管路系统至关重要。

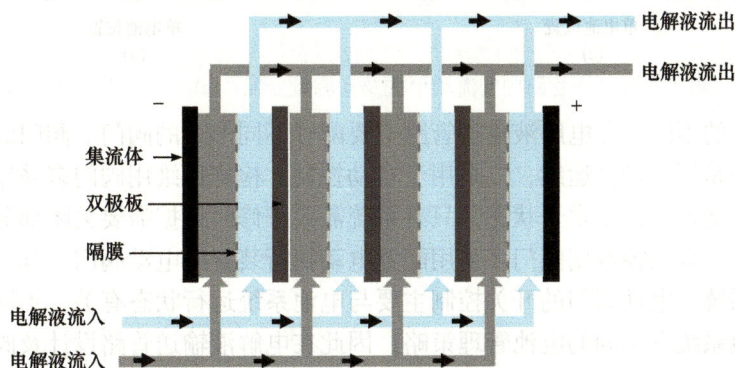

图 6.69 由四节单电池组成的全钒液流电池电堆电解液输送分配示意图

电解液共用管路的流动形式分为 U 形和 Z 形。对于 U 形管路，如图 6.70 所示，共用管路及单节电池中电解液的流量由外至内逐渐降低，并且随着电池节数的增加，电解液流量分配的均匀性变差。对于 Z 形管路，电堆中心处单电池中的电解液流量最低、两端最大，共用管路的进口和出口电解液流量呈中心对称分布，并且随着电池节数的增加，电解液流量分配的均匀性变差。因此，共用管路的设计和优化对于电解液在各单电池间流量的均匀分配十分重要。另外，单电池电极的孔隙率、比表面积等性质相差较大，也将引起较大的流量差异，因此各单电池的一致性也是决定电堆性能的关键因素。

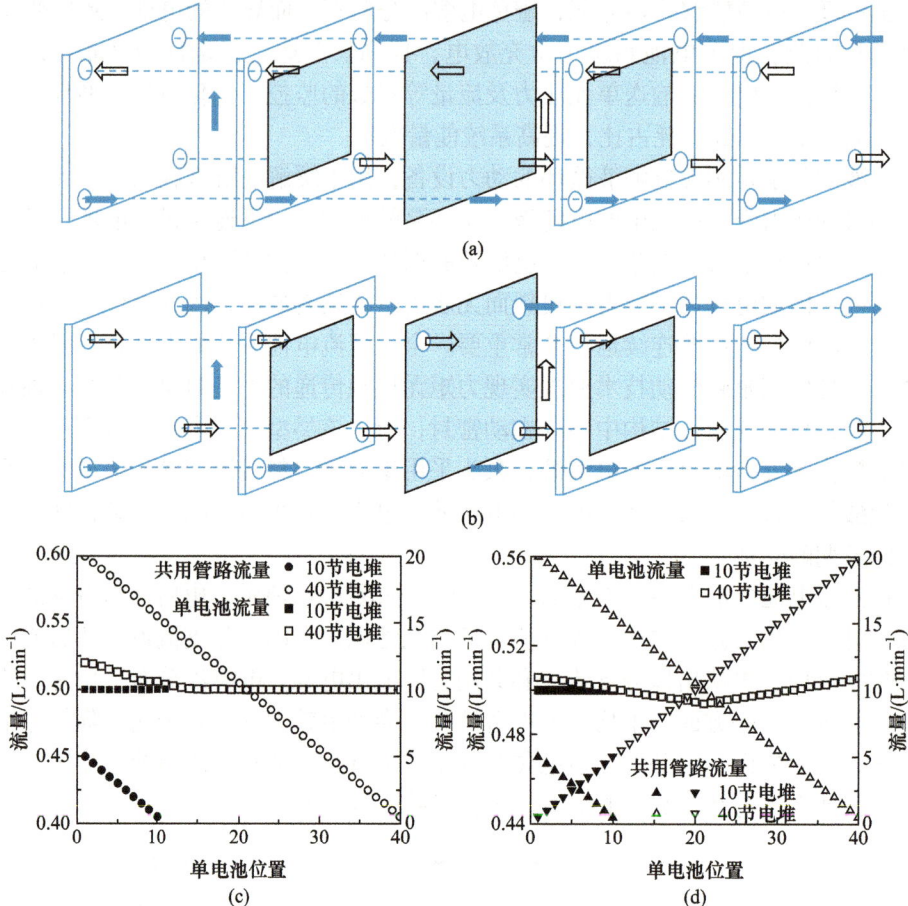

图 6.70　电解液在共用管路中的流动形式及其流量分配：(a)、(c) U 形；(b)、(d) Z 形

根据功能的不同，在电解液输送管路上要配置不同形式的阀门。阀门的作用主要分为两大类：一是用于检修运维，二是用于自动控制。检修运维用阀门多采用手动塑料球阀，系统正常运行时处于常开状态，只有系统需要维修时根据需要关闭部分球阀，以避免电解液泄漏。自动控制用阀门多采用配置电动执行装置的电动阀门，其开关信号上传至电池管理系统。电动阀门的开关控制主要与电池系统运行状态有关，不同公司开发的全钒液流电池系统有不同的电池管理策略，因此在电解液输送管路设计及阀门配置方面均有不同的设计理念。

4) 电池管理系统

电池管理系统是电池系统与用户之间的纽带。合理有效的电池管理系统有助于电池系统在合理的优化状态运行，可以有效地防止电池系统过充、过放，改善电池系统运行能量效率，提升电池系统的可使用率，并有效延长电池系统的使用寿命。具体内容将在6.9 节展开叙述。

4. 应用与典型实例

经过多年的示范比较，液流电池具有安全性高、输出功率和储能容量可独立设计、单体电堆功率高、均匀性好、储能系统设计灵活、易于放大、储能易于扩展等优势，适用于输出功率为数千瓦至数百兆瓦、储能容量为数百千瓦时至数百兆瓦时的储能范围，最适合需要大容量、长时间储能的能量管理领域。图 6.71 是截至 2017 年末全球已投运液流电池储能项目的装机规模，可以看出，全钒液流电池凭借其可实时准确监测充放电状态、电解液可长期使用、电池材料可循环利用及环境友好等突出优势拔得头筹，是目前液流电池技术中应用最广泛的电化学储能技术之一。

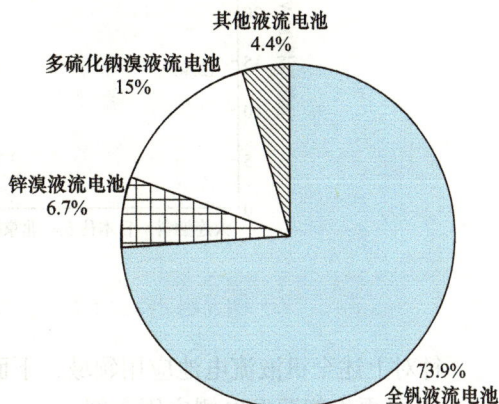

图 6.71　液流电池技术装机规模占比

在电力系统的发、输、配、用的各个环节，全钒液流电池储能技术都已得到初步验证与实践应用。结合具体的接入位置、并网条件，在不同场景中的储能装置在具体功能和模式上有所差异。例如，可再生能源发电侧的储能系统侧重于对可再生能源发电特性的改善、配合可再生能源发电机组响应电网的发电计划和参与电力系统调峰等辅助服务等；电网侧的储能系统主要关注输配电设备使用效率的提升、电网调峰调频等辅助服务功能的实现等；用户侧的储能系统多侧重与分布式电源结合、与用户电价规则结合的运行模式，在用电经济性、供电可靠性、电能质量改善等与用户切身利益密切相关的方面发挥功能。各应用领域占比如图 6.72(a)所示。

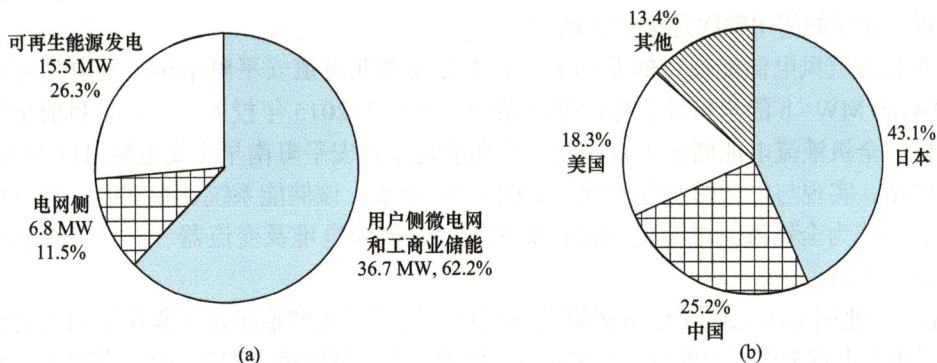

(a)

(b)

图 6.72　全球全钒液流电池储能系统在各应用领域的累计装机容量占比(a)和各国全钒液流电池累计装机容量占比(b)

作为最具有商业化应用潜力的技术，全钒液流电池累计装机容量占比排在前三位的依次是日本、中国和美国，占比分别为 43.1%、25.2%和 18.3%，占全部投运项目的 86.6%，如图 6.72(b)所示。比较活跃的全钒液流电池生产商包括日本住友、大连融科和美国 UET 公司，其中前两家公司投运规模已经占全球投运规模的 67%(图 6.73)。

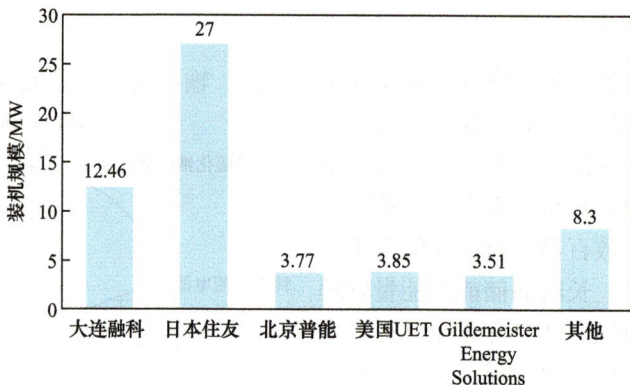

图 6.73　全球主要全钒液流电池生产商累计装机规模

针对上述全钒液流电池应用领域，下面介绍国内外具有代表性的应用实例。

1) 可再生能源发电侧应用实例

在发电侧，全钒液流电池能够与可再生能源发电机组结合，改善其并网特性，缓解限电、增加电站的发电量，与风电机组、光伏系统结合，打造具备一定主动调频、调峰能力的易于被电力系统调控的电源。

(1) 日本住友在北海道风电场的储能项目。日本住友于2005 年在北海道札幌 32 MW 风电场安装的 4 MW/6 MW·h 全钒液流电池储能系统是首个兆瓦级全钒液流电池系统与可再生能源发电厂联合使用的应用实例，该储能系统的功能定位主要为风电平滑输出并网和调幅调频。该系统从 2005 年 1 月安装完毕，运营至 2008 年 1 月，三年时间运行超过 27 万次充放电循环。3 年后对系统运行稳定性分析，结果表明除个别材料在运行中出现衰减现象外，大部分材料和系统运转正常。从示范结果看，全钒液流电池具有快速响应和适应频繁充放电切换的能力，能够有效平滑和稳定风电输出，对于其他电池储能技术来说，这样的使用频次是很难实现的。

在北海道风电储能项目的基础上，日本住友在北海道安平町南早来变电站安装了 15 MW/60 MW·h 的全钒液流电池储能系统。项目于 2015 年投入运行，是目前全球最大规模的全钒液流电池储能项目。其主要功能是配合安平町南早来变电站 111 MW 太阳能电站，实现与电网的友好并网。如图 6.74 所示，该储能系统建在室内，建筑物分两层，一楼为全钒液流电池电解液储罐区域，二楼为电堆及变流器、能量管理系统等电子设备区域。

(2) 张北国家风光储输全钒液流电池项目。国家风光储输示范工程位于河北省张北县，是世界上首个集风力发电、光伏发电、储能系统、智能输电四位一体，综合开发利用新能源的创新工程。北京普能先后为此项目提供了一套 500 kW/1 MW·h、最高短时输出功率可达 750 kW 的全钒液流电池储能系统和一套 2 MW/8 MW·h 的全钒液流电池储能系统。该储能系统功能定位包括调控风能、太阳能和其他可再生能源的出力、电站的频

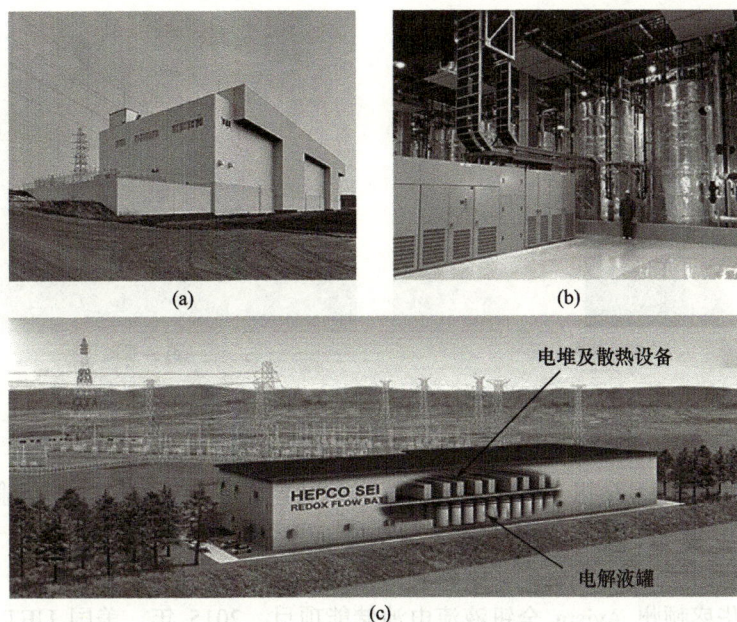

图 6.74　日本住友 15 MW/60 MW·h 全钒液流电池系统：建筑(a)、内部实景图(b)和外部设计图(c)

率调节和电压支持，以及实现可再生能源电站与电网的交互式管理。

(3) 国电龙源卧牛石风电储能项目。2012 年 8 月，大连融科和中国科学院大连化学物理研究所共同开发了一套 5 MW/10 MW·h 全钒液流电池储能系统，并于 2013 年 2 月在辽宁省沈阳市法库县的卧牛石风电场投入并网运行。图 6.75 为该储能系统的组成，单个电堆的额定输出功率为 22 kW，16 个 22 kW 电堆构成 352 kW/700 kW·h 全钒液流电池单元储能模块。该单元储能模块连接储能逆变器，可以完全独立运行。再由 352 kW 的单元储能模块构建 1 MW 全钒液流电池系统。该储能系统主要设备位于室内，建筑占地面积 2300 m²。主要用于跟踪计划发电、平滑风电功率输出，进而提升风能发电接入电网的能力，还将在风电并网运行状态中发挥暂态有功出力紧急响应和暂态电压紧急支撑的作用，确保电网的总体运行安全可靠。截至 2021 年，该储能电站已安全、稳定运行了 8 年多，并仍在运行中。该全钒液流电池储能系统是目前国内外运行时间最长的兆瓦级以上商业示范全钒液流电池储能电站。

(a) 电堆单元

(b) 电池管理系统

(c) 电解液储存单元   (d) 外景图

图 6.75　卧牛石风电场 5 MW/10 MW·h 全钒液流电池储能系统

2) 电网侧应用实例

在电网侧场景中，全钒液流电池或与变电站结合或独立接入电网，在输配电环节为电网提供调峰、调频、调压等辅助服务，增强电网运行的安全性和灵活性，提高原有输变电设备的利用率。

(1) 美国华盛顿州 Avista 全钒液流电池储能项目。2015 年，美国 UET 公司与美国 Avista 公用事业公司在华盛顿州的 Pullman 共同实施了 1 MW/3.2 MW·h 的储能项目，如图 6.76 所示。该项目采用了 UET 公司一体化集装箱形式的全钒液流电池产品，于 2015 年 6 月并网运行。该储能系统中，全钒液流电池的电堆、管路、电解液和控制设备全部集成在标准集装箱内，多个集装箱串联后接入储能变流器，经隔离变压器接入并网点。项目中全钒液流电池系统由 Avista 公用事业公司进行管理调度，主要用于移峰填谷、频率调节、电压调节及黑启动(大面积停电后的系统自恢复)。

图 6.76　美国 Avista 公用事业公司 1 MW/3.2 MW·h 全钒液流电池储能系统

(2) 大连 200 MW 液流电池储能调峰电站项目。该项目位于辽宁省大连市，总建设规模为 200 MW/800 MW·h，是全球最大规模的全钒液流电池电化学储能电站，如图 6.77 所示。该全钒液流电池储能调峰电站根据电网运行的需要将实现以下功能：①日常参与电网调峰，发挥电池储能系统充放电灵活运行的能力，对电网移峰填谷，与并网的可再生能源电站协同作用，改善电源结构、节能降耗；②作为紧急备用电源，当遇到电力系统故障时为大连市的重要负荷提供支持；③利用电池储能系统的自启动能力，可作为大连电网的黑启动辅助电源，提高电网的可靠性和应急能力；④参与电力系统调频、调压等辅助工作。

(a) 电解液储罐　　　　　　　　　　　(b) 电堆

(c) 外部效果图

图 6.77　大连液流电池储能调峰电站一期(100 MW/400 MW·h)

3) 用户侧应用实例

与分布式发电、微电网技术结合，面向居民、工商业等用户的应用是储能技术商业化市场中十分活跃的环节。以往偏远无市电地区(如海岛、边防、偏远山区村镇等)的供电来源一般采用柴油机发电，由于负载变化，柴油机不在额定状况下运行，维护成本和故障率高，导致用电不稳定且成本高。随着可再生能源的发展，由太阳能、风能发电和储能系统构成的独立供电系统为无市电地区的供电提供了重要解决方案。电池储能系统规模一般在千瓦至数十千瓦级。

全钒液流电池在用户侧场景中有以下功能：在并网用户侧，全钒液流电池可促进分布式电源发电量的就地消纳，提高用电可靠性，根据购电电价执行不同策略，从而节省电费支出，并提供备用电源等；在离网用户侧，全钒液流电池能与可再生能源结合，构建离网型微电网，降低用电成本。

(1) 日本横滨微电网储能项目。2012 年 7 月，日本住友在横滨建造了一座由峰值功率 200 kW 聚光型太阳能发电设备(CPV)和一套 1 MW/5 MW·h 全钒液流电池储能系统构成，并与外部商业电网连接的电站(图 6.78)。利用全钒液流电池可以实现：①调节电网对工厂供电量；②提高受天气影响的 CPV 的供电稳定性，实现太阳能发电的计划利用；③对于横滨制作所内的削峰填谷运作及事先制定用电计划，随着电力负载的变化对放电量进行调整。

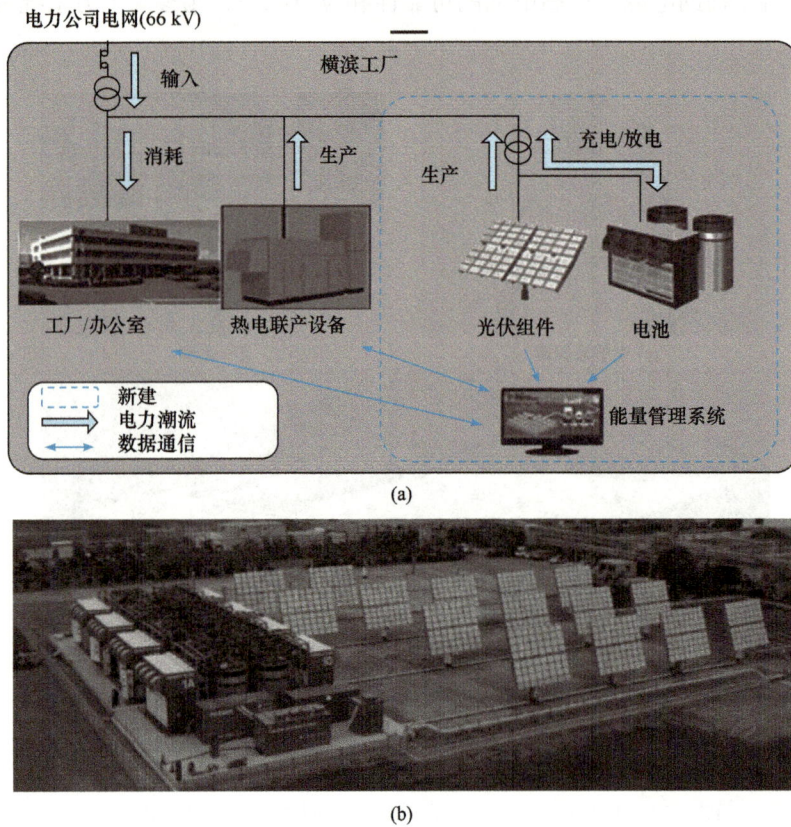

(a)

(b)

图 6.78 日本横滨微电网项目示意图(a)及现场外观图(b)

(2) 德国佩尔沃姆岛、澳大利亚巴瑟尔顿(Busselton)微电网项目。德国 Gildemeister 公司于 2013 年在德国佩尔沃姆岛建立了 200 kW/1600 kW·h 全钒液流电池系统，与光伏发电系统共同构建了一套海岛微网。2016 年，该公司在澳大利亚巴瑟尔顿农场安装了 10 kW/100 kW·h 全钒液流储能电池，该电池与 15 kW 太阳能发电系统配套，实现了该农场的清洁供电。

(3) 辽宁大连蛇岛微电网储能项目。2011 年，大连融科在大连蛇岛自然保护区建造了一座包括 21 kW 光伏发电系统和 10 kW/200 kW·h 全钒液流电池设备的微电网系统，为岛上工作人员提供生活和工作用电，替代了原有的柴油机供电方式。目前系统已连续运行了十几年，没有发生断电情况，极大地降低了柴油机的使用。

6.6.3 锌溴液流电池

1. 工作原理

锌溴液流电池正负极采用成本较低的锌和溴作为储能活性物质，与其他液流电池相比，锌溴液流电池储能系统具有较高的能量密度和较低的材料成本。锌溴液流电池于

1977 年由利姆(Lim)等开发报道，随后美国、日本、澳大利亚等国家开始进行相关研究，特别是近十年来更加受到重视。

　　与全钒液流电池的组成类似，锌溴液流电池同样由电极、隔膜、电解液等组成，但其负极电对的充放电产物不溶于电解液而是沉积在电极上，因此称为半沉积型液流电池。如图 6.79 所示，锌溴液流电池的正负极电解液均为 $ZnBr_2$ 水溶液，正极采用 Br^-/Br_2 电对，负极采用 Zn^{2+}/Zn 电对。充电时，正极 Br^- 发生氧化反应生成 Br_2，Br_2 被电解液中添加的配位剂捕获后富集在密度大于水相电解液的油状配合物中，沉降在正极电解液储罐的底部，减少了溴的挥发；负极 Zn^{2+} 发生还原反应，生成的金属锌沉积在负极表面。放电时，开启油状配合物循环泵，将含有溴单质的油水两相混合物输送到正极发生还原反应生成 Br^-；负极表面的金属锌发生氧化反应生成 Zn^{2+} 而溶出，电极反应式如下：

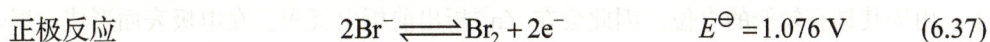

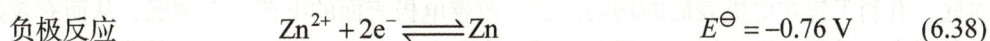

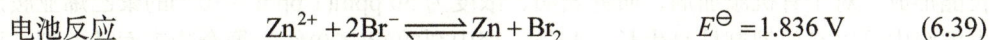

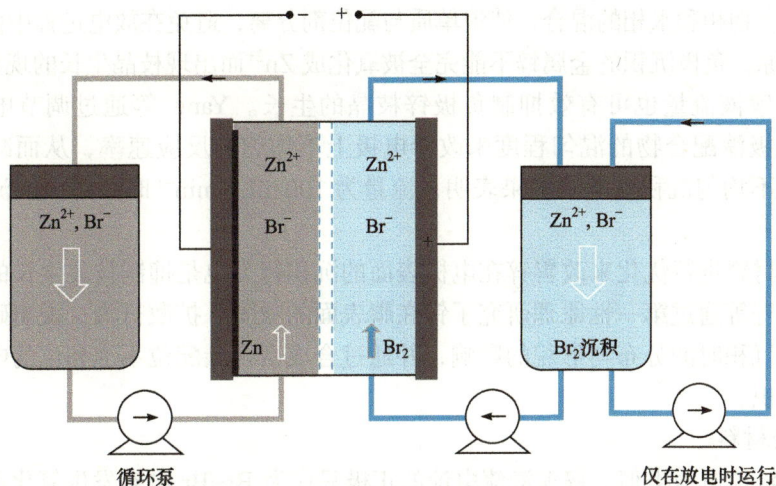

$$\text{正极反应} \qquad 2Br^- \rightleftharpoons Br_2 + 2e^- \qquad E^{\ominus} = 1.076 \text{ V} \qquad (6.37)$$

$$\text{负极反应} \qquad Zn^{2+} + 2e^- \rightleftharpoons Zn \qquad E^{\ominus} = -0.76 \text{ V} \qquad (6.38)$$

$$\text{电池反应} \qquad Zn^{2+} + 2Br^- \rightleftharpoons Zn + Br_2 \qquad E^{\ominus} = 1.836 \text{ V} \qquad (6.39)$$

图 6.79　锌溴液流电池示意图

　　锌溴液流电池正极反应的标准电势为+1.076 V，负极为–0.76 V，标准开路电压为1.836 V。锌溴液流电池的工作电压为 1.6 V，理论质量能量密度为 419 W·h·kg^{-1}，是铅酸电池理论质量能量密度的 1.66 倍，实际质量能量密度可达 60 W·h·kg^{-1}。

2. 关键材料

　　经过科研人员几十年的努力和创新，锌溴液流电池已经进入应用示范阶段，但是由于该电池体系自身的特点，它在产品化方面仍然存在关键的技术难题需要攻克。例如，金属锌在负极表面不均匀沉积会生成锌枝晶，枝晶生长刺穿隔膜造成电池短路；溴单质在电解液中的溶解性很大，很容易透过隔膜与负极反应形成自放电；单质溴具有很强的腐蚀性和化学氧化性、较高的挥发性和穿透性，这对电极材料耐受性和电堆密封提出了很高的要求。因此，设计开发高效、稳定、安全的锌溴液流电池是当前研究工作的重点。下面对电极材料、隔膜、电解液三大重要部分展开叙述。

1) 负极材料

锌溴液流电池负极(锌电极)常用的材料为炭毡或碳纸。由于锌的氧化还原反应的过电位较小,对电池的能量转换性能影响较小。但金属锌电沉积的非均一性是现阶段锌溴液流电池负极(锌电极)面临的难题,不均匀的沉积一方面会造成锌枝晶的形成,并不断生长,最终刺穿隔膜,造成电池内部短路;另一方面锌枝晶形成后在后续放电过程中可能会使部分金属锌脱离电极表面,成为不可利用的"死锌",导致电池容量衰减。现阶段抑制锌电极枝晶生长的主要方法有在电解液中加入添加剂、调整电解液流量、合成新型电极材料等。

常见的添加剂主要分为无机添加剂和有机添加剂。无机添加剂通常选用无机金属离子,由于其具有较低的电位,因此会在 Zn^{2+} 析出前析出沉积,在电极表面形成一层金属衬底,有利于锌在电极表面的均匀沉积,改善电极表面的电荷分布情况,从而有效抑制枝晶形成。对于有机添加剂,研究表明,浓度为 50 ppm($1\ ppm = 10^{-6}$)的聚乙烯亚胺加入电解液中可以有效抑制枝晶生长。此外,聚山梨醇酯(P20)作为聚合物表面活性剂,可促进油状溴聚合物相和水相的混合,使溴单质与配位剂分离,避免在放电过程中由于 Br_2 不能完全被还原,负极沉积的金属锌不能完全被氧化成 Zn^{2+} 而出现枝晶生长的现象。

调控电解液流量也可有效抑制负极锌枝晶的生长。Yang 等通过调节电解液的流量,控制正极溴配合物的混匀程度来改善电极上不均匀的反应速率,从而减少锌电极上金属锌的不均匀沉积。实验结果表明,流量为 100 mL·min^{-1} 时,锌溴液流电池能够稳定运行。

对电极材料进行优化来改善锌在电极表面的沉积行为也是抑制枝晶生长的一个可行办法。赵天寿等通过第一性原理研究了锌在碳表面的吸附、扩散行为,提出碳配位不饱和位对锌电沉积时的分布与形貌的影响,并通过合成富含碳配位不饱和位的电极实现了均一的锌沉积。

2) 正极材料

与全钒液流电池类似,锌溴液流电池的正极只作为 Br_2/Br^- 电对发生氧化还原反应的场所,电极本身不参与电化学反应。由于溴的氧化还原反应速率较慢,制约整个电池的性能,因此需选择合适的正极材料,提高溴的氧化还原反应速率,降低过电位,减少极化,从而提升电池的能量效率。

碳纳米管因其比表面积大、电导率高、机械性能良好、成本低廉等优势成为锌溴液流电池中最常使用的候选碳材料。Pillai 等通过测试单壁碳纳米管、多壁碳纳米管及玻碳电极在锌溴液流电池中的应用性能,发现单壁碳纳米管修饰的炭毡电极具有更高的能量效率。类似地,Park 等构建了炭黑/碳纳米管/PP 复合电极并进行电池测试,当碳纳米管含量达到 5%(质量分数)时,电池的电压效率可以达到 80.7%,能量效率可以达到 73.2%。

张华民等研究了其他商业碳材料在锌溴液流电池中的应用与其对电池性能的影响,选用几种常见的商业碳材料(乙炔黑、膨胀石墨、碳纳米管、BP2000)进行电化学测试及电池测试,以阐明碳材料的构效关系。研究表明,具有较大的比表面积、合适的孔径分布和高导电性的碳材料在锌溴液流电池中 Br_2/Br^- 电对氧化还原反应的活性越高。其中,

BP2000 在四种碳材料中的能量效率最高，这项研究为开发具有高活性的锌溴液流电池正极材料奠定了基础。

此外，杂原子掺杂在锌溴液流电池正极材料制备过程中也是经常用到的手段之一。与全钒液流电池类似，含氮、氧杂原子官能团均能有效提高材料的电催化活性，此处不再赘述。

3) 隔膜

锌溴液流电池的隔膜要能有效抑制 Br_2 的渗透，防止正负极电解液的交叉污染，还应具有较小的内阻，以保证电池效率。在锌溴液流电池体系中一般选用美国杜邦公司生产的全氟磺酸阳离子交换膜，其中以 Nafion 膜为代表，前文已介绍。

张华民团队研究发现，根据膜材料荷电特性可实现对锌沉积方向和形貌的调控，从而大幅度提高锌基液流电池的循环稳定性。基于该原理，他们将具有高导热性和高机械强度的氮化硼纳米片引入多孔基膜中，即在基膜中加入一层氮化硼纳米片，制备出复合离子传导膜。面向负极的氮化硼纳米片一方面可使电极表面温度均匀分布，调节锌沉积形貌由尖锐的"树枝状"变为柔和的"薯条状"；另一方面，氮化硼纳米片机械强度高，可有效阻挡过度生长的尖锐锌枝晶，避免其对膜材料造成破坏，这两方面的协同作用可显著提高电池的循环寿命。

4) 电解液

锌溴液流电池电解液的研究主要集中在以下方面：①在锌电极处，如前文所述，通过加入添加剂来抑制锌枝晶的形成，从而稳定电池的工作，提高电池寿命；②在溴电极处加入不同的溴配位剂稳定生成的溴单质，减少溴的挥发，降低电池自放电率，同时减轻溴对环境的影响；③加入电离度大的物质作为支持性电解质，减少电池内阻，从而提高电池整体的性能；④通过引入新的电对，形成复合电解液，从而提高电池比容量。

目前采用的溴配位剂主要为带有杂环的溴化季铵盐，如溴化 N-甲基乙基吡咯烷与溴化 N-甲基乙基吗啉(图 6.80)，配位剂与 Br_2 形成比水密度大的、稳定的、导电的油相溴配合物，从而起到将 Br_2 与水相电解液分离和稳定溴单质的作用。

针对支持电解质的研究，赵天寿等通过对比使用 KCl 与 NH_4Cl 两种不同的支持电解质，发现使用 NH_4Cl 后电池内阻明显降低。研究发现，水合铵离子的体积比水合钾离子小，能够提高离子的迁移率，进一步对 NH_4Cl 浓度进行优化，发现浓度为 $4.0\ mol \cdot L^{-1}$ 时电池内阻最小。若进一步增大浓度，会导致电解液黏度增大，影响电解液的物质传输，电池内阻反而增加。

图 6.80　溴化 N-甲基乙基吡咯烷(a)与溴化 N-甲基乙基吗啉(b)的结构式

3. 工程应用

与全钒液流电池相比，锌溴液流电池的应用项目规模较小，截至目前投运项目规模 5.4 MW，项目规模以百千瓦级为主，大多应用于微电网领域。美国是开展锌溴液流电池项目最多的国家。目前国际上活跃的锌溴液流电池主要厂商有美国 Primus Power 公司、EnSync Energy Systems(原 ZBB 能源)公司、RedFlow 公司、VionX Energy(原 Premium

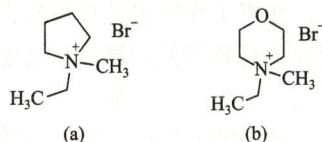

Power)公司等，如图 6.81 所示。

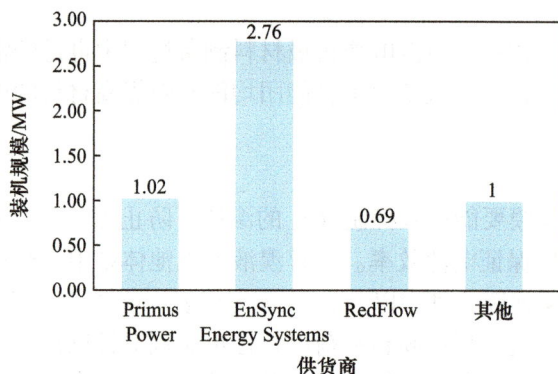

图 6.81　锌溴液流电池各供货商装机规模

美国 ZBB 能源公司在 2013 年末为加利福尼亚州圣尼古拉斯岛海军基地提供了一套 500 kW/1000 kW·h 的锌溴液流电池系统，与风电、太阳能及柴油机系统构成微电网，该电池系统于 2015 年末退役。2014 年初，ZBB 能源公司为夏威夷州檀香山珍珠港-西肯联合基地提供了一套 125 kW/400 kW·h 的锌溴液流电池储能系统，与原有的风电和光伏电站组成微网，为军事基地提供电力保障。美国 Vionx Energy 公司于 2016 年 11 月在马萨诸塞州埃弗里特市安装了两套 500 kW/3000 kW·h 的锌溴液流电池系统，与光伏电站及风电配套，用于降低峰值能源需求和停电成本。

6.6.4　其他液流电池

除全钒液流电池及锌溴液流电池外，多硫化钠溴液流电池装机规模已达到 12 MW，占全球已投运液流电池储能项目总规模的 15%。多硫化钠溴液流电池正负电解液分别为多硫化钠(Na_2S_x)和溴化钠(NaBr)水溶液，正极活性物质为 Br^-/Br_2 电对，负极活性物质为 S_{x-1}^{2-}/S_x^{2-} 电对。该体系利用阴离子的氧化还原反应实现电能与化学能的转换，而非阳离子反应。在研究早期，其较高的能量密度和低成本引起了人们的高度关注。但由于该体系存在离子交换膜选择性较低、电池正负极电解液互混造成液流电池能量效率下降且储能容量衰减和使用寿命显著缩短的问题，国际上已经终止了多硫化钠溴液流电池的研究开发和工程应用示范。

铁铬液流电池是早期液流电池开发时研究较为广泛的技术，主要有以下优势：铁离子和铬离子毒性低，环境友好；运行温度范围广(-20～70℃)，环境适应性优异；铁、铬离子氧化性较弱，对材料要求不高，非氟离子传导膜可替代价格昂贵的 Nafion 膜，成本较低。铁铬液流电池正负极分别采用 Fe^{2+}/Fe^{3+} 和 Cr^{2+}/Cr^{3+} 电对，盐酸为支持电解质，水为溶剂。其反应原理如式(6.40)～式(6.42)所示：

正极反应 $\qquad Fe^{2+} \rightleftharpoons Fe^{3+} + e^- \qquad\qquad E^\ominus = 0.77\ V \qquad (6.40)$

负极反应 $\qquad Cr^{3+} + e^- \rightleftharpoons Cr^{2+} \qquad\qquad E^\ominus = -0.41\ V \qquad (6.41)$

电池反应 $\qquad Cr^{3+} + Fe^{2+} \rightleftharpoons Cr^{2+} + Fe^{3+} \qquad E^\ominus = 1.18\ V \qquad (6.42)$

电池的理论电压为 1.18 V, 充放电曲线如图 6.82 所示。然而, 由于 Cr 半电池的反应可逆性差, 铁离子和铬离子透过隔膜互传, 引起正负极电解液的交叉污染及电极在充电时析氢严重等问题, 使得铁铬液流电池系统的能量效率较低。因此, 世界范围内对铁铬液流电池的研究开发基本处于停滞状态, 仅有美国的 Energy Vault 公司和我国的国家电力投资集团有限公司等在进行项目研发及示范。

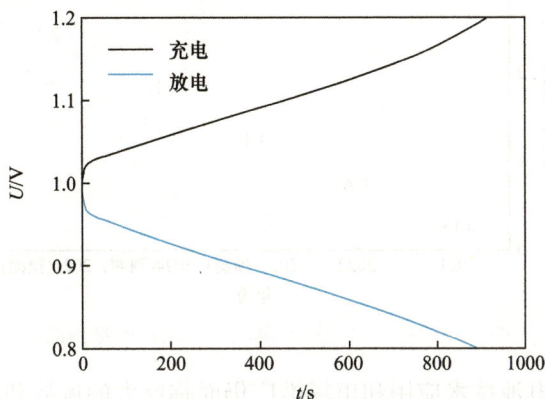

图 6.82　铁铬液流电池的充放电曲线

　　基于锌负极的多种锌基液流电池以其成本低廉、能量密度高而受到重视。除锌溴液流电池外, 锌铈液流电池、锌镍液流电池、锌铁液流电池等体系相继被提出并进行了研究。从目前发展现状来看, 锌溴液流电池已经处于示范应用初步阶段, 而其他锌基液流电池大多处于实验室研究开发阶段, 距离实用化还有很大距离。

　　除无机电对外, 部分有机电对也可用于液流电池, 有机液流电池可分为非水系和水系两大类。非水系有机液流电池旨在发展其较高的电位; 水系液流电池的研究目标是降低储能活性物质的成本, 提高电池的能量密度, 降低储能系统的成本。非水系液流电池如 Li/TEMPO 体系, 正极采用 2,2,6,6-四甲基哌啶氧化物(TEMPO), 负极为锂片, 溶剂为碳酸乙烯酯-碳酸丙烯酯-碳酸甲乙酯(三者之比为 4∶1∶5), 支持电解质为 $LiPF_6$。正极反应为 TEMPO 的自由基反应, 负极为锂的沉积与溶解。尽管开路电压较高(3.5 V), 且能量密度能达到 126 W·h·L^{-1}, 但由于电导率较低, 工作电流密度非常小(5 mA·cm^{-2}), 电池功率密度远不能达到实际需求, 不具备应用价值。锂二茂铁液流电池正极反应为铁的价态变化, 避免了自由基与溶剂引起的副反应, 电化学稳定性更好。但是该体系正极电解液溶解度较低, 同时锂负极存在短路的安全隐患。此外, 考虑到非水系液流电池中的有机溶剂通常是易燃的, 电池系统的安全性及活性材料的稳定性仍是很大的挑战。水系有机液流电池体系如醌溴化物液流电池, 分别用溴和 9,10-蒽醌-2,7-二磺酸(AQDS)作为正负极活性物质, 正极采用氢溴酸、负极采用硫酸作为支持电解质。虽然工作电流密度能达到 500 mA·cm^{-2}, 但该体系中溴单质易被氧化, 对系统耐腐蚀性要求苛刻, 并且循环性能较差, 开路电压较低(0.7 V), 导致能量密度过低而实用性不强。

　　目前, 全钒液流电池已处于商业化初期, 在国内外电力系统发、输、配、用等各个环节均实现了示范和商业化应用, 投运项目规模达到数十兆瓦级, 百兆瓦级规模的电站项目也在建设中。如图 6.83 所示, 2021 年我国全钒液流电池新增装机容量 0.13 GW,

2022 年我国全钒液流电池新增装机容量为 0.6 GW。未来，在政府补贴的持续投入、产业链成熟化发展和规模效应降低等多种因素的影响下，全钒液流电池将凭借优异的特性由政策导向向市场导向过渡，其渗透率将逐步提升。预计 2025 年全钒液流电池新增规模将达到 2.3 GW 以上。

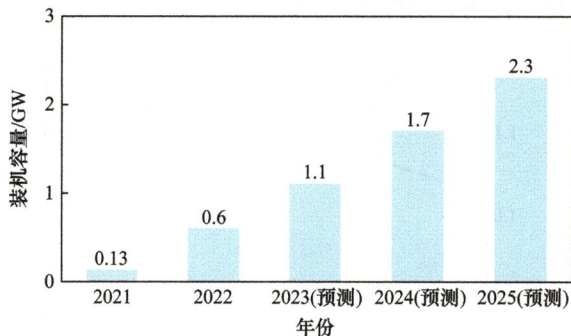

图 6.83 我国全钒液流电池新增装机容量预测

但是，全钒液流电池技术应用和市场推广仍面临巨大的挑战和不确定性。目前，该储能系统性价比同市场的需求仍存在一定差距，并且针对全钒液流电池技术特性的应用及运行模式还需要进一步探索、实践和丰富。具体表现在以下方面。

(1) 体积、质量庞大：受制于电解液中离子溶解度上限，全钒液流电池比能量密度低，且技术难以突破。同样能量的全钒液流电池体积可达锂离子电池的 3～5 倍，质量达 2～3 倍。因此，全钒液流电池仅适用于静态储能系统。

(2) 环境温度要求：全钒液流电池通常工作环境温度需保持在 0～45℃，温度过低会导致电解液凝固，温度过高则会导致溶液中的 V^{5+} 形成 V_2O_5 析出，从而堵塞电解液通道，导致电池报废。

(3) 副产物处理要求高：电解液的原料、正极沉淀和由泄漏的正极溶液的空气干燥形成的薄层都具有相同的物质 V_2O_5，是一种高毒性的化学品。

(4) 高成本、高维护成本：成本高昂，目前 5 kW 全钒液流电池仅材料成本就达 40 万元以上；正常使用情况下，每隔两个月就要由专业人士进行一次维护，高频次的维护使其难以在用户侧广泛应用。

因此，全钒液流电池储能技术仍需要全球范围内的研究机构和企业继续加大投入，致力于改善和提高其效率、功率密度、能量密度及高低温稳定性等方面的工作。同时，全钒液流电池产品的上下游产业链也在逐步完善，有利于全钒液流电池储能技术产品的质量控制和成本降低。

6.7 其他新体系储能电池

6.7.1 水系锌离子电池

锌基电池的发展最早可以追溯到 1836 年丹尼尔和 Besenard 首次发明了铜锌电池并

将其成功运用于铁路的信号灯。1869 年，锌空气电池被研究并在 1932 年取得商业化应用。在之后的一段时间内，先后对锌溴(Zn-Br$_2$)电池、锌镍(Zn-NiOOH)电池与锌银(Zn-Ag$_2$O)电池等锌电池体系进行研究并均取得了进展。经过不断的发展，1970 年左右，使用碱性电解液的可充锌锰(Zn-MnO$_2$)电池被成功开发。通常碱性锌电池的储能机制为转化反应，在碱性锌电池中，正负极容易发生不可逆的副反应，导致库仑效率低、循环性能差。1988 年，Shoji 等率先使用微酸性电解液(ZnSO$_4$)代替碱性电解液设计了一种全新的水系可充锌锰电池，但是其性能有待提高。

锌锰电池已经有 100 多年的历史，它是以二氧化锰为正极、以锌为负极的电池系列，具有原材料来源丰富、成本低廉、结构简单、使用方便、低温性能和防漏性能好等特点。1866 年，勒克朗谢成功研制出第一个以氯化铵水溶液为电解质的锌锰湿电池。此后的一个多世纪里，随着研究的不断深入和技术的不断发展，锌锰电池的性能和制造技术进展迅速，至今经历了四个阶段，包括锌锰湿电池、锌锰干电池、碱性锌锰电池和无汞碱性电池。这四类电池的共同特点是制备简单、使用方便，但都是一次电池，不具备可充性，造成了很大的资源浪费。为了将这种简单方便、用量巨大的一次电池变为二次电池，长期以来各国研究人员做了很多尝试。20 世纪 70 年代，可充电锌锰电池问世并首次投放市场，主要用于 6 V 照明灯和便携式电视机，但是能用的时间很短，循环寿命极低，且不能大电流充放电。此后，人们对可充电碱性锌锰电池不断改进，但始终不能从根本上解决循环寿命极低、大电流充放电性能差等问题。

水系锌离子电池(AZIB)具有电化学性能优良、成本低、在空气中即可装配和安全性高等优点，是目前储能电池的理想选择之一。尽管近年来已经报道了多种类型的 AZIB 正极材料、负极材料和电解液的选择，但它们的电化学性能还无法满足实际应用的要求。若可以进一步提高水系锌离子电池的循环寿命和大电流放电性能，将在很大程度上减少一次电池带来的资源浪费，还可以降低成本，必将拥有广阔的应用领域。

水系锌离子电池是二次锌基电池，通过 Zn^{2+} 在正负极之间的相互转移和传递实现能量的储存和转换。锌金属或一些具有嵌入/脱出机制的材料、具有隧道或层状结构的材料(如锰基材料、钒基材料、普鲁士蓝类似物和一些有机化合物等)和含锌离子的水溶液分别作为水系锌离子电池的负极、正极和电解液。

以水系 Zn‖α-MnO$_2$ 电池为例，具有隧道结构的 α-MnO$_2$ 作为正极材料，片状金属锌作为负极材料，含 Zn^{2+} 及 Mn^{2+} 的中性水溶液为电解液。充电过程中，在正极侧锌离子脱出 α-MnO$_2$ 的隧道并进入电解液，同时沉积在负极表面；放电时，锌从锌负极表面溶解为锌离子并进入电解液，同时嵌入 α-MnO$_2$ 的隧道中。因此，该水系锌离子电池也称为"摇椅式电池"，即 Zn^{2+} 在正负极间来回移动，如图 6.84(a)所示。电池充放电曲线如图 6.84(b)所示，正极、负极、电池反应分别为

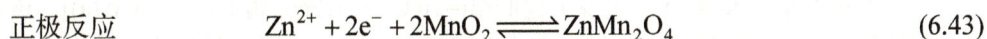

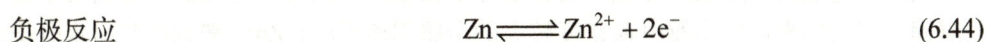

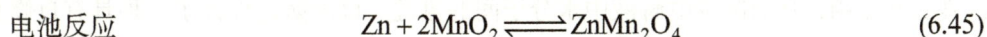

正极反应 $\qquad\qquad Zn^{2+} + 2e^- + 2MnO_2 \rightleftharpoons ZnMn_2O_4$ $\qquad\qquad$ (6.43)

负极反应 $\qquad\qquad\qquad\qquad Zn \rightleftharpoons Zn^{2+} + 2e^-$ $\qquad\qquad$ (6.44)

电池反应 $\qquad\qquad Zn + 2MnO_2 \rightleftharpoons ZnMn_2O_4$ $\qquad\qquad$ (6.45)

近年来的研究表明，与非水系电解质相比，水系电解质中存在大量的质子(H^+)。水系 $Zn\|\alpha\text{-}MnO_2$ 电池中还存在 H^+/Zn^{2+} 共嵌入/脱出反应机制，首先 H^+ 嵌入，随后 Zn^{2+} 嵌入。但 H^+/Zn^{2+} 的嵌入/脱出反应只发生在残留的未溶解的 MnO_2 中，且在整个过程中其容量贡献较小。

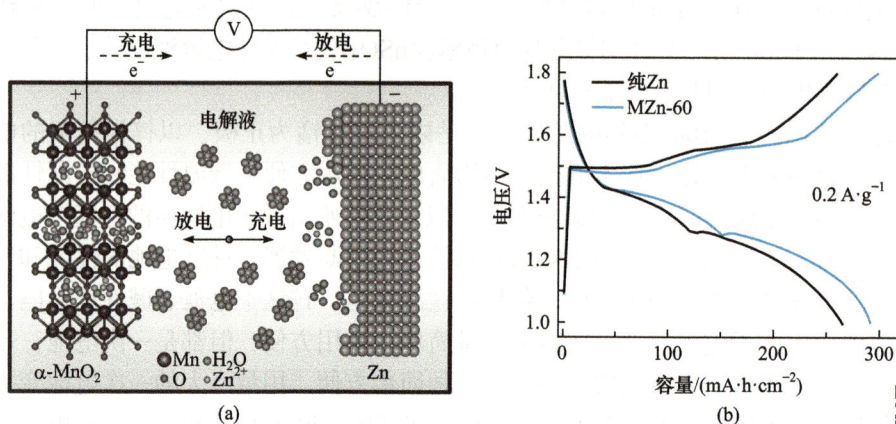

图 6.84　水系 $Zn\|\alpha\text{-}MnO_2$ 电池的结构及工作原理示意图(a)和充放电曲线(b)

水系锌离子电池的负极材料通常选用锌金属，具有价格低廉、无毒性、氧化还原电位(−0.76 V $vs.$ SHE)较低及在水溶液中稳定等优点。但电池循环过程中生成锌枝晶、腐蚀与钝化、析氢等问题严重影响了水系锌离子电池的安全性和电化学性能。锌的杨氏模量(E_{Zn} = 108 GPa)大于锂的杨氏模量(E_{Li} = 5 GPa)，因此锌枝晶比锂枝晶更易穿透隔膜造成电池短路。此外，析氢问题也严重影响水系锌离子电池实现商业化。析氢反应和 Zn^{2+} 的沉积反应存在竞争关系，降低了锌负极溶解、沉积过程的库仑效率，持续地消耗金属锌。为了保证电池正常运行，通常需要提供过量的锌。充放电循环过程中产生的气体对电池系统的密封存在负面影响，这会增加锌电池内部的空气压力，导致电池膨胀甚至爆炸。锌负极的腐蚀与钝化会严重影响其电化学性能。氢气的析出及负极表面局部带有的净正电荷会增大电解液的局部 pH，增大的 OH^- 浓度会引起不良的副反应，这会导致锌负极的容量和寿命降低。目前，锌负极改性策略包括界面修饰、结构优化、锌合金化等。

水系电解液成本低、安全性好、离子电导率高，但是由于大量活性水的存在，容易产生正极溶解、锌负极腐蚀和钝化等问题，并且水系电解液的电压窗口窄(约 1.23 V)，无法实现较高的工作电压。电解液的选择主要包括三个方面，一是作为电解液主体溶质的锌盐的选择，二是电解液溶剂的优化，三是具有额外功能的添加剂的使用。

南开大学陈军院士团队采用一种基于无机盐 $ZnCl_2$ 的"盐包水"电解质(超高浓度电解液主体为盐类而非水)策略，实现了超低温(−70℃)水系锌金属电池[图 6.85(a)]。该策略通过调控氢键数量，降低高度氢键键合水分子数量，可以有效地抑制水在动力学途径上的凝固，即采用半径较小及电荷密度较大的金属阳离子(如 Zn^{2+})来调控其与水分子之间的强相互作用，从而减少电解液中水分子间的氢键。该团队还设计了一种具有自修复功能的水凝胶电解质，该电解质由聚乙烯醇(PVA)和三氟甲基磺酸锌$[Zn(CF_3SO_3)_2]$组成。

通过设计器件的结构，可以实现几次切割/修复后完全恢复其电化学性能[图 6.85(b)]。

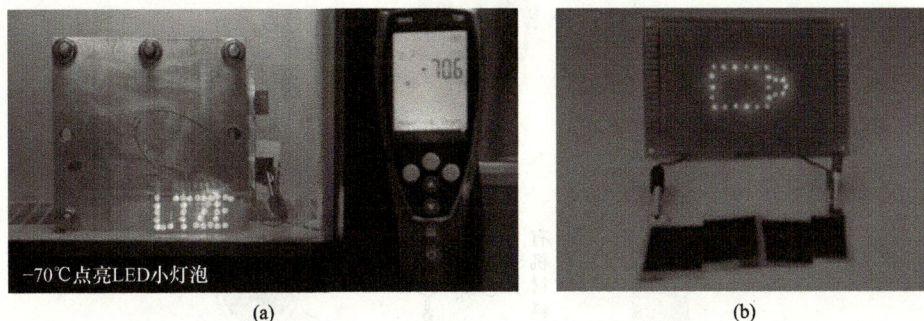

(a)　　　　　　　　　　　　　　(b)

图 6.85　水系锌离子电池研究进展

　　加拿大 e-Zinc 公司一直致力于开发锌离子电池实现商业化生产。该公司开发的锌离子电池的体积比台式计算机稍大，其构造比较独特：由于锌负极在循环充放电过程中比金属锂更易形成枝晶，因此在电池顶部进行充电，并通过类似雨刷器的构件刮掉沉淀的锌枝晶颗粒，使其落到电池溶液中溶解。e-Zinc 公司目前还未走出试验阶段，从 2018 年 4 月以来一直在运营的演示项目是一个 5 kW 的太阳能发电设施连接到 1 kW/24 kW·h 的锌离子电池储能系统。

　　尽管近年来对水系锌离子电池的研究已经取得了一定的进展，但其主要存在正极溶解、工作电压较低、锌枝晶、析氢、能量密度较低、循环寿命短等问题，要实现商业化应用仍然面临巨大的挑战。在未来的研究发展中，应加强对其反应机理的基础研究，开发新正极设计策略，突破锌枝晶的技术瓶颈，并匹配恰当的隔膜和电解液。

6.7.2　有机储能电池

　　现有电化学储能体系以锂离子电池为主，它也是目前储能市场中最接近大规模商业化应用的电化学体系。其中，磷酸铁锂电池以其价格较低和相对安全的优势在储能市场占据主流，部分退役动力电池在储能市场也占有一定比例。无论是哪种体系，正极都采用含锂金属氧化物，因此电池整体比(容)能量受到较大的限制。更重要的是，现有锂离子电池产业的上游资源严重受限，其中成本占比达到 30%以上的正极尤为显著。以储能型磷酸铁锂和动力型(镍钴锰)三元层状材料为例，它们的价格在 2021 年期间都有超过一倍甚至两倍的涨幅。进入 2022 年后，尽管这些无机(原)材料的价格呈现出一定的波动，但是价格总体上行的趋势随着锂离子电池市场的扩张几乎成为必然。与无机电极材料相比，有机电极材料具有来源丰富、比容量高、结构可设计性强、绿色环保、可循环利用等优点，得到了研究者的广泛关注(图 6.86)。有机电极材料最显著的特征是其种类丰富，包含各种单双键、官能团、杂原子等；同时聚合反应可以连接小分子合成高分子材料。新型电极材料不断开发，进一步促进了有机电极材料的发展。

　　有机电池活性材料的研究可追溯到 1969 年提出的二氯异氰尿酸，几乎与锂离子电池无机电极材料的研究同步。迄今报道的有机电极主要基于 C=O(羰基)反应、双极反应和 C=N 反应。40 多年前，羰基化合物已被证明是电池的氧化还原中心。在 C=O 反应中，主要有 3 种羰基化合物，即醌类化合物、酸酐和酰亚胺(包括聚酰亚胺)。通常，简

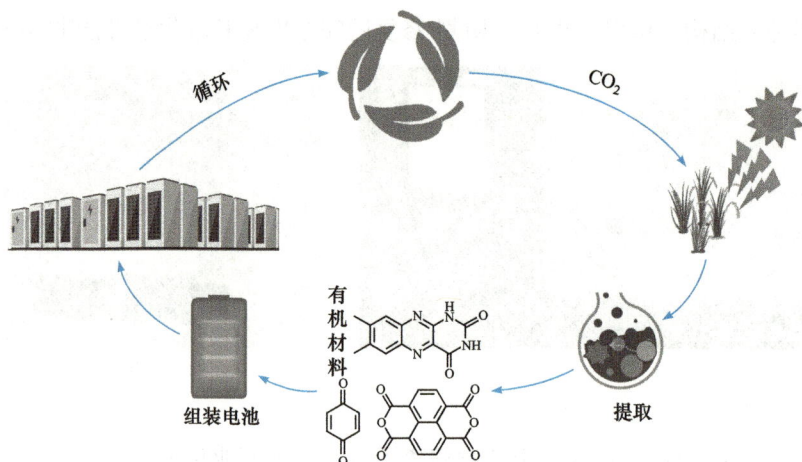

图 6.86 有机电极材料的来源与循环利用

单的醌类化合物具有很高的理论容量；由于合适的工作电压，酸酐化合物被认为是具有良好商业前景的电极材料；聚酰亚胺显示出高达 5000 次循环的超长循环性能，且容量衰减可忽略不计。在双极反应中，自由基化合物和导电聚合物可以可逆地进行与阴离子的 p 型掺杂反应和与载流子的 n 型掺杂反应，通常 p 型掺杂反应发生在高电压，n 型掺杂反应发生在低电压。在 C=N 反应的有机电极主要是蝶啶衍生物，其源自生物学在载流子插入之前的互变异构反应，是一类新的有机电极材料。

近十年来，锂离子电池体系性能瓶颈和对过渡金属资源的依赖特性开始显现。在此背景下，以羰基化合物为代表的有机电极材料迎来了研究热潮，主要体现在以下三个方面：第一，越来越多性能优异的小分子和聚合物新材料不断被发现与合成，比容量和循环稳定性的纪录被不断刷新，有机电池材料的容量与循环寿命都足以媲美无机电极材料，且在倍率、温度适应性方面优势更显著。第二，由于各种新的锂离子电池技术不断引入有机电池中，电极组成优化和隔膜技术的运用使有机电池逐渐转向应用研究领域。第三，在对有机电极材料电化学行为及影响因素的认识不断加深的同时，它的"灵活性"也得到充分发挥，其在锂二次电池之外的诸多新兴电池技术中也展现出潜力。

当前，研究者陆续报道了多种有机物用作二次电池电极材料，主要包括醌类和酸酐类小分子或聚合物，导电聚合物及有机聚硫化合物。醌类是一类具有两个双键的六元环二酮，结构中含两个羰基。与其他有机化合物相比，醌类化合物具有更高的氧化还原电

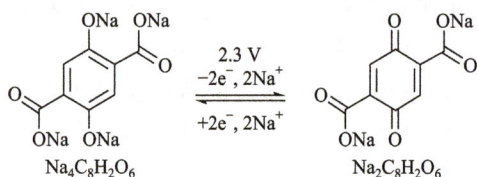

图 6.87 $Na_4C_8H_2O_6$ 的电化学反应式

位。陈军通过绿色一锅法制备的 2,5-二羟基对苯二甲酸有机四钠盐($Na_4C_8H_2O_6$)，其电化学反应式如图 6.87 所示，在 1.6~2.8 V 的电位窗口下作为正极能够提供约 180 $mA \cdot h \cdot g^{-1}$ 的可逆比容量，且具有出色的循环性能。

有机电极材料拥有丰富的资源、结构可设计性和可持续性，为开发可降解和环保电池提供了一个极具吸引力的解决方案，并满足了下一代储能系统低碳、低能耗和可持续性的要求。尽管许多明星材料与电池体系的

能量密度和循环稳定性已能满足或接近应用的基本要求，但大多数有机电极材料仍面临电子导电性差、溶解性差、氧化还原电位低、氧化还原反应机理复杂及表征技术有限等问题。而电化学储能的兴起是能源体系发展的需求，为有机储能电池提供了新的契机。共价有机框架等材料和不燃电解质的出现也为有机储能电池的安全性提供了保障。

为了克服从对有机电池的基本了解到进一步商业应用的障碍，人们已经为全面发展可充电有机电池做出了巨大努力。展望未来，作为革命性电池技术，有机电池在电化学储能领域有广阔的应用前景，经济价值巨大，对社会的可持续发展意义重大，潜在的环境和生态效益也十分显著。因此，大力发展新型有机储能电池对碳减排具有重要意义，也符合绿色发展理念，将助力我国"双碳"目标的完成。

6.8 储能电池管理与热管理系统

6.8.1 电池管理系统

针对上述章节涉及的电化学储能技术，在扩大化实际生产中，需要采用系统储能技术。集装箱式电池储能系统是目前应用最广泛的电化学系统储能技术，整个系统中包含电化学储能系统、电池管理系统(battery management system，BMS)、储能变流器、能量管理系统、热管理系统和消防系统等，具有集成度高、占地面积小、能量密度高、可靠性强等优点，在电网系统和工业园区供电等方面有广泛的应用。多个单电池组成电池组/堆/簇，电池组/堆/簇的容量较高，通常呈密集态安放在小型集装箱或空间中，局部能量密度大，一旦发生安全问题，将引起电池链式反应，导致热失控，造成严重安全事故。对于大规模储能体系，将会造成更严重的安全事故，带来更大的经济损失。因此，对于储能系统内部的电池管理至关重要。电池系统在使用过程中会因为超负荷运载或电池内阻产生热量，电池系统的集成化使电池组的比表面积较低，因而电池系统散热能力相对产热能力小，容易发生温度过高的情况。另外，大的储能电池组是由多个体积相同的小型电池通过串并联组装，单独或几个独立的电池出现问题时，电池系统会出现温度分布不均匀的现象，形成局部热区，增加故障隐患。同时，电池组的大型化使用也使得温度、电压等可测信号对电池内部状态的代表性降低，这些信息只能描述电池组中大部分电池的状态，无法可靠地表现电池系统内部每个电池的真实状态。因此，必须依靠有效的电池储能系统故障诊断方法和检测手段，才能确保储能电池系统安全、可靠、高效运行。

电池管理系统又称电池保姆或电池管家。该系统可为每个电池单元提供智能化管理及维护，监控电池的状态，防止电池出现过度充放电、温度异常等问题，从而延长电池的使用寿命并避免电池安全事故。国际电工委员会(IEC)发布的《IEC 62619—2017 储能电池安全标准》中给出了常见的设备、电池和 BMS 的组成逻辑框架，如图 6.88 所示，BMS 是电池系统不可或缺的组成部分。在电力储能系统中，BMS 负责监控各单体电池的工作状态，通过通信的方式上传电池相关信息和状态，防止电池的过充与过放。此外，储能系统的 BMS 还需要与电网进行通信，控制关键参数，并实现与电能转换系统(power conversion system，PCS)及监控系统信息交互，PCS 控制器通过控制器局域网

(controller area network，CAN)接口与 BMS 通信获取电池组状态信息，可实现对电池的保护性充放电，确保电池运行安全；监控通信系统是电池、电池管理系统及变流器之间的连接纽带，储能监控系统还负责电池管理系统与配电网调度系统接口，接受调度指令，完成蓄电池充放电控制、独立离网系统支持、削峰填谷及新能源发电平滑输出等电网实际应用。在储能系统中，储能电池在高压上只与储能变流器发生交互，变流器从交流电网取电，给电池组充电，或者电池组给变流器供电，电能通过变流器转换成交流发送到交流电网上。

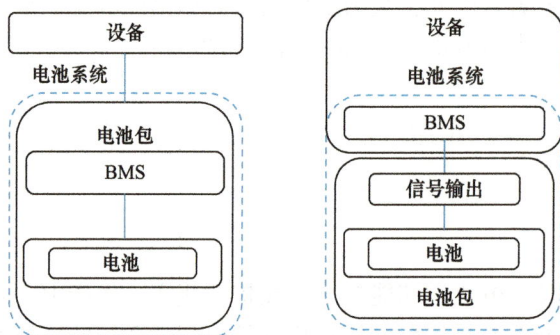

图 6.88　常见设备、电池和 BMS 的组成逻辑框架

一般来说，BMS 要实现单体电池电压/温度检测(voltage & temperature measurement)、电池荷电状态(state of charge，SOC)计算、均衡管理(balance management)、保护(protection)功能、实时通信(communication)、数据存储(data storage)、健康状态(state of health，SOH)管理、内置充电(charge management)管理、后备态(state of back-up)管理九大功能，如图 6.89 所示。

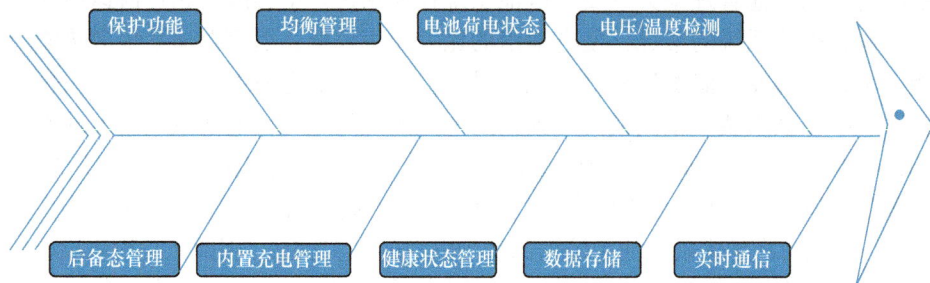

图 6.89　BMS 的基本功能

单体电池电压及电流监测的目的主要在于通过压差判断电池的差异性，以及检测单体的运行状态。

温度的测量对于电池组工作状态的评估具有重大意义，包括单体电池的温度测量和电池组流体温度监测。

电池荷电状态计算是基于对电池储能情况实时评估的需求，一般通过估算得到，便于对储能电池的使用安排。

均衡管理是指通过一定的手段使单体电池的电压趋于一致，从而保证每个单体电池在正常的使用时保持相同状态，以避免发生过充、过放。

电池保护功能主要包括过充电保护、过放电保护、过电流、短路保护及过热保护等。该功能可监测电池的电压、电流、温度是否超出正常范围，并在超出一定条件后做出反应和提供相应的保护，一般是出现异常现象时电子电路主动切断以实现保护。

实时通信功能能够提供电池内部的实况反馈，帮助确定电池内部运行正常，以及出现故障时的准确排查和问题确定。

数据存储功能有利于对电池整体性能进行分析，以及后续电池运行的估值运算。

健康状态管理包括电池组容量、健康度、性能状态，新装备的电池组为 100%，完全报废为 0。

BMS 的以上主要功能一方面能够反馈并监测保护电池组的安全运行，另一方面可以对电池组运行能力做出估计。其中，SOC 和 SOH 两个模块的精准度是评价 BMS 的重要参数，电压监测与温度检测用于对电池状态进行判断反馈，维持安全运行。

下面就 BMS 中重要的温度检测、技术重难点均衡管理进行详细介绍。

电池组温度的测量主要实现以下几个功能：①电池温度的准确测量和监控；②电池组温度过高时的有效散热和通风；③低温下的快速加热，使电池组能够正常工作；④有害气体产生时的有效通风；⑤保证电池组温度场的均匀分布。

设计合理的电池包结构，选择有效的热管理策略，开发经济的热管理方式，能最大限度地保证各个单体电池都在合理温度下工作，并维持单体之间温度的均一性，防止由于温度不均导致电池充放电的差异性，避免某个单体电池性能下降导致电池包的整体性能下降。另外，电池组中温度传感器的位置及数量对温度监测的准确性也有较大影响，电池充放电过程及老化副反应对温度也有一定的依赖性。因此，要真正解决电池温度敏感这一问题，需要从以下三个方面加强研究并综合利用各方面的研究成果。

(1) 在单体电池方面，目前的温度敏感领域的研究焦点是：正极材料的微观改性；新型黏结剂和导电剂的开发应用；功能型电解液的开发；电池结构的模拟与优化研究。

(2) 在充放电制度方面，交流充电有望成为有效解决单体低温充电问题的一个有力措施。

(3) 在热管理方面，液冷方案在保证温度场均匀性方面具有优势，但系统复杂性增加且成本提升，因此其优化设计是一个重要的研究方向。

SOC 是电池使用一段时间或长期搁置不用后的剩余容量与其完全充电状态时容量的比值，常用百分数表示。其取值范围为 0%～100%，当 SOC＝0%时表示电池放电完全，当 SOC＝100%时表示电池完全充满。SOC 的估算精度直接影响电池的可用容量，如何实现更高精度的电量计算是需要解决的难题，也是 BMS 的重点和难点。目前最常采用的估算方法是安时积分法和开路电压标定法。通过建立电池模型和采集大量数据，将实际数据与计算数据进行比较，是目前的主流方法。

电池均衡是 BMS 的技术难点之一，其功能是通过人为干预的方法使电池组内的所有电池综合性能趋于一致。电池组电芯大部分采用串联方式组装，放电过程取决于性能最低的单体电池，与木桶效应一致。因此，可以通过人为干预改善短板，从而延长电池组的使用寿命。但目前 BMS 的电池均衡还有很大的技术提升空间，能够达到的均衡效果不佳。常见的均衡技术分为被动均衡和主动均衡，相应的均衡思路及优劣势如图 6.90 所示。采用主动均衡技术时单体电池一般外加直流电压转换器(DC/DC 电路)，利用能量补充或能量转移的方式达到电池均衡的目的，在充电及放电过程中实现均衡。主动均衡较为复杂，变压器方案的设计及开关矩阵的设计无疑会使成本增加明显。主动均衡方式更有利于电池的合理利用，但技术难点仍需突破。被动均衡是通过外接电阻将能量较高的电池消耗至设定值。被动均衡发展较早，制作成本低，应用较成熟。但被动均衡也有明显的缺点，采用电阻耗能产生热量，使电池温度升高，从而使整个系统的效率降低。解决电池均衡问题，主要是从根本上提高单体电池的一致性。

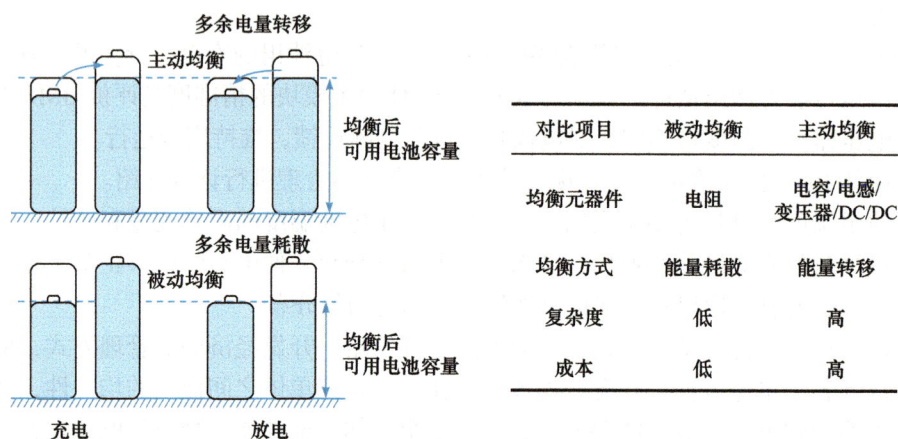

对比项目	被动均衡	主动均衡
均衡元器件	电阻	电容/电感/变压器/DC/DC
均衡方式	能量耗散	能量转移
复杂度	低	高
成本	低	高

图 6.90　主动均衡与被动均衡的区别

6.8.2　电池热管理系统

热管理系统也是电池储能系统的重要组成部分。温度变化会导致电池的容量、内阻改变。高温环境下电池内阻增大，活性材料和有效锂离子流失。关于电池内阻变大，有研究认为是由高温条件下正极金属离子发生溶解进入电解液，穿过隔膜沉积在负极，使负极内阻变大引起的。长此以往，将导致部分电池的充放电性能和使用寿命下降，更甚者会造成安全隐患。与电池系统相比，储能系统生热量更高，因此对散热也提出了更高的要求。当电池组的工作温度低于安全工作极限温度时，电池的反应效率降低，效率和容量也会随之降低。因此，应在充分认识电池的温度特性和热释放特点的基础上，研究及开发高效的电池热设计和热管理技术，以提高储能系统的安全性能和使用效率。

电池箱作为储能系统的核心装置，其内部环境的热特性和均匀性直接决定了电芯组的储能效果。为保证电池的高效工作和长使用寿命，储能系统需要合理的热设计和热管理，以保证储能系统有一个舒适的工作环境：一是电池表面温度处于可承受温度区间，二是各单体电池之间的温差不超过 5℃。如图 6.91 所示，以锂电池为例，其存在一个最佳的工作温度区间，在此区间

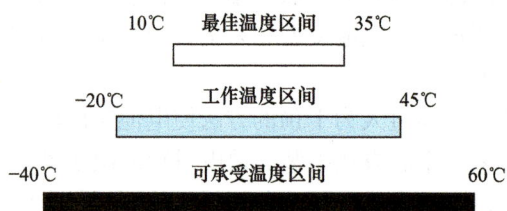

图 6.91　锂电池工作的各种温度区间

内，电池储能系统可提供最佳的能量与功率输出。另外，在实际生产中，储能系统的热管理结构还须满足结构紧凑、成本低、安全性高、普适性强和环境友好等条件。

热管理的主要功能是在整个系统温度过高时通过散热维持温度的平衡，防止出现温度过高的情况。现阶段常用的散热方式主要包括空气冷却、液体冷却、相变材料冷却和热管冷却。

空气冷却简称为空冷，是一种以气体为传热介质的热管理技术，包括自然冷却和强制冷却两种降温方式。空气冷却的结构如图 6.92(a)所示，低温介质进入系统内部，通过热传导和热对流两种传热方式带走电池产生的热量，从而达到冷却目的。自然冷却主要利用自然风压和空气温差对电池进行散热处理，效率低，且集装箱内空间相对狭小，空气流通不畅，难以实现温控目标。强制冷却是目前集装箱式储能系统最常用的散热方式，主要采用工业空调和风扇制冷，对电池进行降温处理，不仅能满足储能系统的散热要求，而且结构简单，成本相对较低。

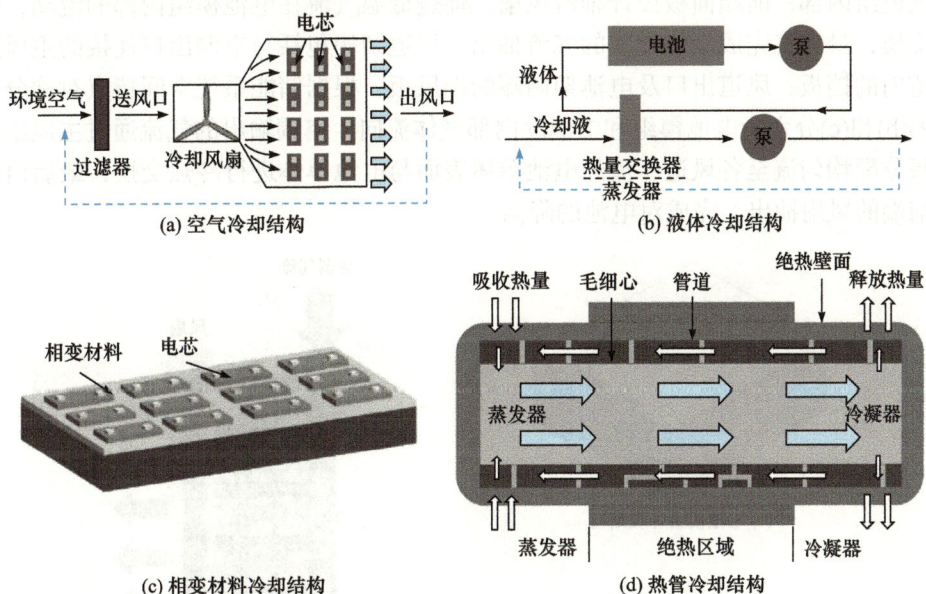

图 6.92 常用散热方式示意图

液体冷却简称液冷，以液体为传热介质，其结构如图 6.92(b)所示。具有较高热容量和热交换系数的液体介质流经储能电池的表面，带走电池表面的热量，从而达到降温目的。然而，液体冷却系统结构复杂、经济效益低、安装和后续维护成本高，一般不用于集装箱式电池储能系统散热。

相变材料冷却是利用材料本身发生相态转化来达到电池散热的目的，其结构如图 6.92(c)所示。相变材料的选择对散热效果影响最大，所选择的相变材料比热容越大，传热系数越高，相同条件下冷却效果越好。此类材料本身并不具备散热能力，需与其他散热方式配合使用。

热管冷却通过介质在热管吸热端吸热蒸发带走热量，在放热端冷凝将热量散发到外界环境中，从而实现电池冷却，其结构如图 6.92(d)所示。该方式可任意改变传热面积的大小，适用于较长距离的热量传输。

现阶段而言，在集装箱式储能系统热管理技术领域，液冷、相变材料冷却和热管冷却存在系统复杂、设备庞大、成本较高等问题，仍然停留在实验室阶段，难以投入实际生产。因此，有研究人员主要讨论具有实际应用价值的热管理设计——强制冷却，以国内某大规模储能电站示范工程用集装箱式电池储能系统为研究对象，论述了兆瓦级储能系统热管理设计方案，主要从风道结构设计、空调制冷量设计、电池模组风扇设计和集装箱舱体保温设计四部分展开。

1. 风道结构设计

集装箱式电池储能系统狭小的内部空间对电池模组和风道结构的设计提出了较为严格的要求。电池模组的外观结构如图 6.93(a)所示，其后端面板开孔，以便空调输出的气流进入模组内部；前端面板设计轴流风扇，促进低温气流在电池模组内部的流动，加速热量交换，最后将完成冷热交换的气流抽出。风道结构包括与空调出口连接的主风道、主风道内的挡板、风道出口及电池架两端的挡风板，根据储能系统空间特点对称分布。图 6.93(b)和(c)分别为电池模组和电池簇内部气体流向，空调输出的气流通过主风道，经挡风板分配均匀流至各风道，流经电池单体表面与电池单体进行冷热交换，最后由电池模块前端的风扇抽出，完成对电池的降温。

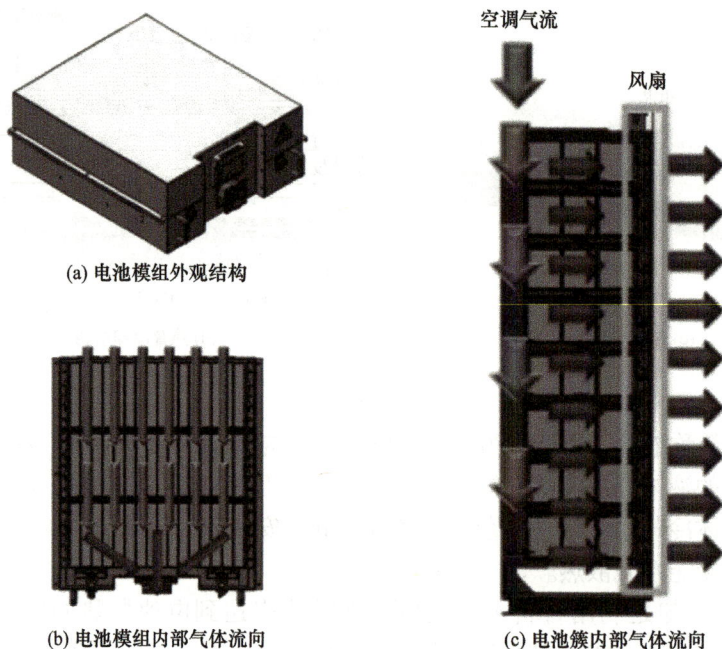

(a) 电池模组外观结构

(b) 电池模组内部气体流向

(c) 电池簇内部气体流向

图 6.93　电池模组外观及内部气体流向图

2. 空调制冷量设计

集装箱式储能系统舱内的冷负荷主要由两部分组成——电池发热形成的冷负荷和由

舱体内外温差及太阳辐射作用通过集装箱壁传入舱内的热量形成的冷负荷。有研究人员以采用磷酸铁锂电池单体的储能系统为例进行理论计算，在实验条件下进行 1C 充放电测试，电池单体充放电能效为 η，则储能系统电池发热形成的冷负荷 P_1 为

$$P_1 = \frac{nE(1-\eta)}{t_1} \tag{6.46}$$

式中，n 为储能系统内电池单体数量；E 为电池单体额定能量(W·h)；t_1 为充放电时间(h)。

集装箱传热冷负荷可由传热方程计算：

$$P_2 = KA\Delta T_1 \tag{6.47}$$

式中，K 为传热系数(W·m^{-2}·K^{-1})；A 为集装箱换热面积(m^2)；ΔT_1 为集装箱内外温差(K)。

由集装箱的传热过程可知，集装箱舱体内部、外部和舱体间为对流传热，舱体壁面间为导热传热，故传热系数 K 的表达式为

$$K = 1 \bigg/ \left[\frac{1}{h_{\mathrm{w}}} + \left(\sum \frac{\delta_i}{\lambda_i} \right) + \frac{1}{h_{\mathrm{n}}} \right] \tag{6.48}$$

式中，h_{w}、h_{n} 分别为舱体外、内壁传热系数(W·m^{-2}·K^{-1})；λ_i 为舱体壁面各层热导率(W·m^{-1}·K^{-1})；δ_i 为舱体壁面各层厚度(m)。

储能系统总冷负荷 P_3 为

$$P_3 = P_1 + P_2 \tag{6.49}$$

电池的发热量及经过集装箱壁面热传导进入舱内的热量，一部分转化为集装箱舱内设备的温升，主要是电池的温升；另一部分通过电池的散热设计由空调搬运至集装箱外部，该部分热量即空调所需要的最小制冷量。储能系统以 1C 进行充放电后，电池吸收的热量 Q_1 为

$$Q_1 = CM\Delta T_2 \tag{6.50}$$

式中，C 为电池比热容(J·kg^{-1}·K^{-1})；M 为储能系统内电池质量(kg)；ΔT_2 为电池平均温升(K)。

空调最小制冷功率 P_4 为

$$P_4 = k\left(P_3 - \frac{Q_1}{t_2} \right) \tag{6.51}$$

式中，k 为安全系数，建议取值范围为 1.2～1.5；t_2 为充放电时间(s)。

3. 电池模组风扇设计

储能系统运行过程中，电池温度达到一定值后，电池模块前端面板上风扇启动，用于辅助降温。电池模组散热所需风扇风量 Q_{f} 为

$$Q_{\mathrm{f}} = \mu \frac{0.05 P_4}{\Delta T_3} \tag{6.52}$$

式中，μ 为考虑电池模组内部气流阻力引入的增量系数，建议取值为 1.1～1.2；P_4 为电池模块发热功率(W)；ΔT_3 为电池模组进出风口温差(K)。可根据电池模块散热风量要求，

确定风扇型号规格。

4. 集装箱舱体保温设计

储能系统集装箱的保温性能对舱内温度的影响较大，集装箱保温性能越差，环境温度对集装箱舱体内的温度影响也越大。集装箱的保温设计主要考虑舱体的隔热和密封，减小壁面的传热和内外空气对流可以提高集装箱的保温性能。隔热方面，集装箱舱体通常选用导热系数小、阻燃性能好的保温材料，可以有效提高集装箱舱体的保温性能和防火性能。密封方面，集装箱舱体的防护等级也不低于 IP54。

温度对锂离子电池的容量、寿命、热稳定性有十分重要的影响。此外，电池单体间温度的不均匀性会使整个电池模组在运行时出现木桶效应。为了给电池模块工作提供一个适宜的工作环境，应当设计一个可应用于不同工况的温度控制策略，以提升热管理系统的温度控制能力，满足热管理性能指标。目前热管理系统应用较多的温度控制策略包括空调控制和电池模块风扇控制，如图 6.94 所示。

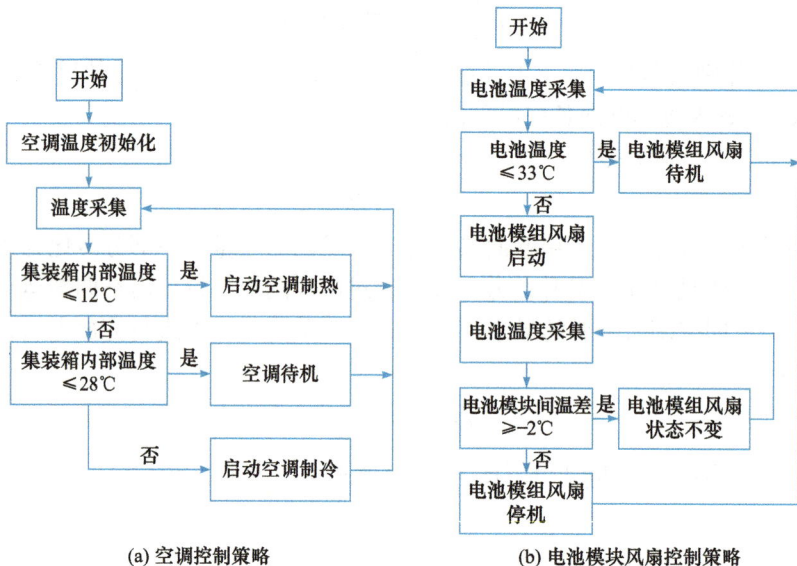

图 6.94　温度控制流程图

空调控制通过自身逻辑控制实现，根据集装箱内部温度条件的不同，空调控制分为制热模式和制冷模式。低温条件下，制热模式对电池实现控制和保护；制冷模式实现对电池温升的有效控制。一般来说，当集装箱内部温度低于 12℃时，空调制热模式开启；温度高于 28℃时，空调制冷模式开始工作。

电池模块风扇由电池管理系统控制，并且每一个电池模块的风扇可以独立控制运行。储能系统在运行过程中，当电池管理控制系统检测到某一电池模块温度高于 33℃时，对应的风扇启动工作，直至电池模块间温差小于 2℃风扇停止运行。

以上为电池常规使用时为应对电池升温过热而采取的降温策略，但是实际应用中难免遇到极端低温的情况，如在我国北方。电池的温度对其性能、寿命、安全性影响很大，在低温下，锂离子电池会出现内阻增大、容量变小的现象，极端情况更会导致电解液冻结、电池无法放电等情况，电池系统低温性能受到很大影响。在低温工况下对电池进行充电时，如果处理不当，会导致瞬间的电压过充，造成内部短路，进一步有可能会发生冒烟、起火甚至爆炸的情况。电池系统低温充电安全问题在很大程度上制约了电池储能在寒冷地区的推广。

为提高电池储能系统的低温性能，研究人员开发了电池低温加热系统，使电池在低温环境下能够保持正常的工作温度范围，从而达到能够正常充放电的状态。电池的低温加热系统按热的传导方式不同可分为外部加热系统和内部加热系统。

1) 外部加热系统

该方法主要是通过在电池包或电池模块的外部添加高温气体、高温液体、相变材料、电加热板或利用佩尔捷效应(Peltier effect)等方法实现对电池系统的加热，具体如下：

(1) 高温气体循环加热。是指以空气为介质在电池模块间穿梭流动，从而达到对电池组加热的目的。一般采用强制空气对流的方式，即通过添加外置风扇等装置将热空气吹入电池箱，然后通过热传导与电池进行热交换，从而加热电池。热空气可由加热片产生，也可利用电机工作散发的热量，还可从车内功率较大的电子电器加热装置获取。气体加热的方式能够最大限度地增加与电池的热接触面积，具有较低的成本优势，但是电池的安装位置、封装和热接触面积需要严格设计以提高能量的利用率和加热稳定性。已有报道说明，利用热空气对电池进行直接加热的方式，即空气调节系统存在要求较高、工作负荷大、经济性较差等问题。

(2) 高温液体循环加热。高温液体循环加热与高温气体循环加热方法类似，但是液体的边界层较薄，具有热导率高的优势，因此在相同流速下，直接接触式液体加热的热传导速率远高于空气加热。并且在较为复杂的工况下，液体可更好地满足电池的热管理要求。目前主要的方式是液体与外界直接进行热交换将热量送入电池组，可在模块间布置管线或围绕模块布置夹套，或将模块沉浸在液体中。若液体与模块间采用传热管和夹套等，则可用水、乙二醇、油甚至制冷剂等作为传热介质。但是若将电池模块沉浸在介质传热液中，必须采取绝缘措施防止短路。传热介质和电池模块壁之间进行热传导的速率主要取决于液体的热导率、黏度、密度和流动速度。目前液体加热方法对电池箱的密封和绝缘要求较高，会增加整个电池箱设计的复杂程度，在可靠性方面还有许多问题需要解决。

(3) 电池表面布置加热板、加热膜类加热法。加热板加热是指在电池包的顶部或底部之间添加电加热板，需要加热时，电加热板通电，加热板的热量通过热传导的方式直接传给电池。有研究人员对电池组底部加热方法进行了研究。结果表明：采用加热板加热，达到正常工作温度的加热时间长，加热后电池组温度分布不均匀，会出现较大温差。张承宁等将宽线金属膜贴在电池单体的两个较大侧面进行加热，该方法的温度均匀性较好、加热效率较高，但是需要精确的温度控制系统，并且温度过高时，在一定程度上会影响电池单体的散热。

(4) 电池模块填充相变材料或化学反应产热材料加热。相变冷却机理是靠相变材料(phase change material，PCM)的熔化(凝固)潜热工作，由于其巨大的蓄热能力被应用于电池热管理系统。利用 PCM 作为电池热管理系统时，将电池组浸在 PCM 中，PCM 吸收电池放出的热量而使温度迅速降低，示意图如图 6.95(a)所示。热量以相变热的形式储存在 PCM 中。在低温环境下，PCM 通过从液态转变为固态过程中释放储存的热量，可对电池进行加热和保温。在相变过程中，PCM 温度维持在相变温度，利用这个特性可有效解决电池在低温环境下温度过低的问题。但 PCM 的导热系数普遍较低，需要加入高导热材料如膨胀石墨、碳纳米管等增加其导热能力，导致其使用成本增加。

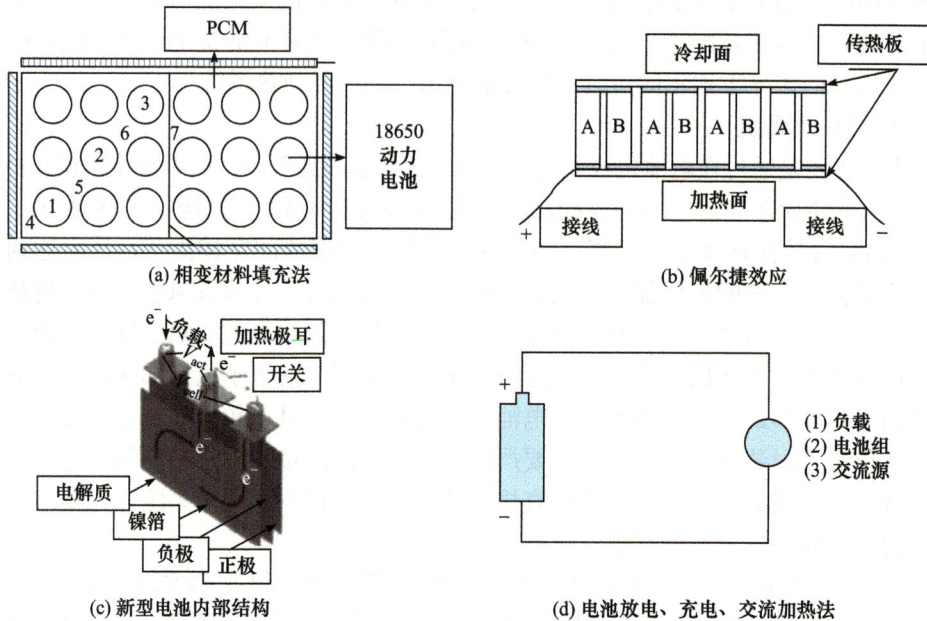

图 6.95　几种电池加热方式示意图

(5) 佩尔捷效应加热法。佩尔捷效应是指电流流过两种不同导体的界面时，将从外界吸收热量或向外界放出热量。利用佩尔捷效应，通过改变电流的方向，可实现加热和制冷两种功能，示意图如图 6.95(b)所示。加热和制冷的强度可通过调节电流的大小达到精确控制的目的。目前佩尔捷效应在电子设备上已经有一定的应用，但其在电池上的应用研究还较少。Bartek 和 Marcin 等利用佩尔捷效应研制开发了主动式电池组热管理系统，可有效地对电池进行冷却和加热，但文献中未给出热管理系统的具体结构形式。同时，有研究表明，利用佩尔捷效应进行电池热管理的效率相对较低，会增加电源的功耗。另外，基于佩尔捷效应的热管理系统，其加工制造工艺比较复杂，设计和使用成本较高。

2) 内部加热系统

内部加热系统是利用电流通过有一定电阻值的导体所产生的焦耳热加热电池，导体为电池本身。电池内部电解液在低温下黏度增大，阻碍了电荷载体的移动，导致电池内部阻抗增加，极端情况下电解液甚至会冻结。但是，利用电池在低温条件下阻抗增加的特性，可采用阻抗生热的方式保持电池的工作温度。Pesaran 等对内部加热和空气加热进行比较，发现内部所需能量更少，经济性更高。根据电流的正负流向可具体分为充电加热法、放电加热法和交流加热法；根据提供电流的电源不同，可分为自损耗型加热和外部能源供给加热。

(1) 充电加热法：Ashtiani 等提出电池低温充电加热方法，利用低温下电池阻抗增加的特性，在充电过程中的产热使电池恢复常温。专利文献中提出充电和电池表面贴电热片并用的混合型加热方法。充电加热法中，为避免电池产生过压，须对电池电压进行严格限制，这严重制约了其加热的灵活性和加热效果。

(2) 放电加热法：放电加热法是利用电池放电过程中的内部阻抗产热实现电池的升温。Ji 等建立了电池放电与空气对流综合加热系统，提出利用电池的放电电流通过加热元件时所产生的热量加热元件周围空气，热空气通过风扇输送至电池组，对电池组进行加热和保温。同时，电池自身的产热也会加快电池的温度上升速率。该文献中利用仿真技术研究了环境温度为–20℃时加热元件的电阻对系统加热性能的影响。结果表明，加热元件的电阻越小，系统的加热速率越快，效率越高。但放电加热法随着放电时间增加，电池能量的损耗较大，且该方法需要调节负载对电池放电电流进行控制，对放电负载要求较高。当电池荷电状态(SOC)较低时，该方法的使用有局限性。

(3) 电池自发热加热法：Wang 等设计了一种新型电池自发热结构，示意图见图 6.95(c)。在单体电池内部埋设镍箔加热片，当检测到电池温度低于 0℃时，引导电子穿过镍箔产生热量加热电池自身。该方法通过电池放电产热和内部加热片综合升温，实验结果表明能在 30 s 内将锂离子电池从–30℃加热到 0℃以上，具有较好的温升效果和加热效率，但须对电池单体结构进行较大的改动，一定程度上减小了电池的能量密度。

(4) 交流加热法：图 6.95(d)为交流加热法示意图，即对电池正负极施加一定频率和幅值的交流电，利用电池在低温下的自身阻抗产热升温。2004 年，Hande 和 Stuart 首先提出了利用交流激励对电池进行内部加热的方法，其实验对象为铅酸电池和镍氢电池。在其方案中，使用电流值为 110 A、频率为 60 Hz 的交流电对低温–40℃下的 12 V、13 A·h 铅酸电池进行激励，6 min 即可将铅酸电池从–40℃加热至 6℃，他们还对日本松下 16 组串联的镍氢电池组(单组电池额定容量为 6.5 A·h)进行交流电加热实验，交流电频率为 10～20 kHz。当交流电有效电流值为 80 A 时，仅需 2 min 即可将电池从–20℃加热至 10℃，满足正常使用要求。Zhang 等采用正弦交流激励对 18650 型锂离子电池进行低温下的内部加热，将集总参数热模型仿真与实验验证相结合，指出在一定范围内，正弦交流电的幅值越高，频率越低，则电池的升温速率越快。当正弦交流电的幅值为 7 A(2.25 C)，频率为 1 Hz，而外部对流换热系数为 15.9 W·m^{-2}·K^{-1} 时，电池可在 15 min 内从–20℃升高到 5℃，且电池内部温度分布均匀，验证了交流加热法应用于锂离子电池的可行性。北京交通大学也使用交变电压激励的方法，利用测试台架实现某款 18650 型锂离子电池的有效加热。

表 6.14 分别从结构复杂度、加热速率、温升均匀性和使用安全性等方面对上述几种主要加热方法进行总结。外部加热法依靠外部加热源通过热传导加热电池，比内部加热法安全。但它一般需要额外的组件，且有结构较复杂、能耗较高、加热温度场分布不均匀和加热较慢的缺点，主要原因在于外部加热法采用的是电池外部热源，热量由电池外部传递到电池内部需要一定的时间且易形成温度梯度。内部加热法依靠电池自身阻抗产热，具有加热快速且发热均匀的优势。放电和充电两种直流电加热方式对设备要求低，适用性好，具有速度快、效率高、温升均匀的优点，但直流电加热方式在加热过程中产

生的大电流和低温环境下的巨大内阻会使电池发生严重的副反应，且低温持续充电易导致锂离子电池负极石墨产生锂沉积，造成电池寿命衰减过快，严重时锂沉积结晶会刺穿隔膜产生热失控。与直流电加热方式相比，交流电加热方式由于其交流电特性，可有效降低对电池的副作用。总体来说，已有研究成果表明，内部加热法对锂离子电池的适用性和加热效果具有很好的可行性，但内部加热法的研究还处于初级阶段，其使用安全性有待进一步确认。

表 6.14 电池不同加热方法性能对比

	加热方式	结构复杂度	加热速率	温升均匀性	使用安全性
外部加热法	循环气体加热	较高	低	差	较高
	循环液体加热	高	较低	差	中
	电加热板加热	高	中	较差	中
	相变材料加热	高	较低	较差	较高
内部加热法	充电加热法	低	中	高	低
	放电加热法	低	较高	高	中
	交流加热法	较低	高	高	中

思　考　题

1. 高温钠硫电池的基本组成部分有哪些？正负极反应原理是什么？
2. β-Al_2O_3 和 β''-Al_2O_3 的主要区别是什么？
3. 高温钠硫电池在电化学储能中有哪些优势和实际应用？
4. 写出石墨‖$LiFePO_4$电池正负极和总反应方程式。
5. 分析磷酸铁锂作为正极材料在储能电池中的优势，并尝试总结理想储能电池正负极材料需满足哪些要求。
6. 简述全钒液流电池的工作原理。
7. 分析全钒液流电池相比于其他液流电池的优势。
8. 举例说明液流电池在社会中的实际应用。
9. 铅酸电池的基本组成部分有哪些？正负极反应原理是什么？铅酸电池和铅炭电池的主要区别是什么？
10. 钠离子电池的结构与工作原理是什么？钠离子电池与锂离子电池相比有哪些优势及不足？
11. 目前尝试商业化的钠离子电池体系有哪些？你更看好哪一种体系的发展？
12. 以对苯醌为正极，锂离子为载流子，写出充放电反应方程式并计算容量。
13. 电池管理系统的重点功能有哪些？其中的难点技术面临的主要挑战是什么？
14. 热管理的常见冷却技术及加热技术有哪些？

第 7 章　规模储能系统集成与智能管理

7.1　系统集成

7.1.1　储能系统分类

由于可再生能源发电存在分钟、小时、连续数天甚至跨季节等不同时间尺度上的波动性或间歇性，因此存在容量型、功率型、能量型和备用型等不同储能技术类型的需求，以及储能配置规模、成本要求等方面的差异。具体区别如下。

1. 容量型储能

该类型一般要求储能时长不低于 4 h，应用于削峰填谷或离网储能等容量型储能场景。利用长时储能技术可以减小峰谷差，提升电力系统效率和设备利用率，降低新发电机组和输电线路的建设需求。容量型储能技术种类较多，包括新型锂离子电池、铅炭电池、液流电池、钠离子电池、压缩空气、储热蓄冷、氢储能等。其中，铅炭电池、储热蓄冷等虽已进入商业推广阶段，但未来还需加强在大容量方向的技术创新，降低一次投入成本，延长使用寿命，开发绿色制造和绿色回收技术。液流电池、钠离子电池等已经进入示范应用阶段，目前面临的普遍问题是成本较高、关键性能还需进一步突破。新型锂离子电池(如锂浆料电池、水系锂离子电池)目前正处于中试或关键技术突破阶段，需要在已有锂离子动力电池产业基础上，进一步开发安全性高、成本低、易回收的大容量储能专用电池技术。

2. 功率型储能

该类型储能系统的储能时长一般为 15～30 min，应用于辅助 AGC 调频或平滑间歇性电源功率波动等功率型储能场景。在此场景下，要求储能系统可以瞬时吸收或释放能量，提供快速的功率支撑。功率型短时储能技术主要包括超导储能、飞轮储能、超级电容器和各类功率型电池。目前面临的主要问题是系统价格昂贵、可靠性低、维护要求较高，未来仍需在关键材料和大功率器件的开发方面加强创新，掌握核心技术，建立自主知识产权体系。

3. 能量型储能

该类型介于容量型和功率型储能之间，一般应用于复合储能场景，要求储能系统提供调峰调频和紧急备用等多重功能，连续储能时长为 1～2 h，如独立储能电站或电网侧储能。能量型储能技术以 0.5C 或 1C 型磷酸铁锂电池为主，已经进入商业应用阶段，是目前锂离子电池应用于电力储能的主要类型。未来该场景也有可能成为功率型和容量型混合储能的应用场景。

4. 备用型储能

当电网突然断电或电压跌落时，储能系统作为不间断电源提供紧急电力，持续时间一般不低于 15 min，应用于数据中心和通信基站等备用电源场景。备用型储能技术要求具有低的自放电率、响应时间短、性能稳定、安全可靠，铅蓄电池、梯级利用电池、飞轮储能等都可满足使用需求。

新型储能技术的规模化发展将从备用型(离网黑启动)和功率型(平滑功率波动，调频)应用逐步扩展至能量型(1 h 左右的临时顶峰输出)和容量型(4 h 以上的削峰填谷)的应用。储能应用场景的复杂性决定了单一储能技术无法满足电网需求的多样性。因此，针对特定场景选择合适的储能技术进行开发和应用将是储能市场的主旋律。

7.1.2 多体系联用

储能系统作为新能源并网系统、制动能量回收系统的关键组成部分，具有越来越广阔的应用前景。就电力系统来看，随着我国新型发电技术的快速发展，接纳这些电源的微电网也日益壮大，但分布式电源的输出功率具有间歇性，影响微电网的运行及电能质量，不利于电力行业的发展。为了增强微电网的运行稳定性及供电质量，储能系统的应用势在必行。但在储能系统中，单一储能系统不能满足微电网的发展需求，因此需要采用性能更加合适的混合储能系统，其发展前景广阔。

混合储能系统(hybrid energy storage system，HESS)指的是几种不同类型的储能系统的混合应用，其共同点是将两种或多种类型的储能组合在一起形成一个单一的储能系统。通过不同形式的储能设备，实现不同类型能量间的转化与储存，进而实现能源系统中多种能量的流动与协调运行。混合储能系统采用不同储存技术组合以提高整个系统的性能，具体作用如下：

(1) 提升供能质量。由于用户的多能用需求和大量可再生能源发电的并网接入，原有能源系统在供能时常面临储能设备响应时间过长、输电阻塞、电压不稳定及频率波动较大等问题。混合储能系统通过协调多种储能设备，可以平滑能量波动，保证能量供给的平稳和连续。

(2) 提升供需平衡程度。保持能量的供需平衡对减少能源浪费，提升系统经济性有重要意义。

(3) 削峰填谷。随着电网负荷的峰谷差不断增大，电网的调峰压力也越来越重。混合储能可以把用电谷期的电能转化为其他形式的能量，不仅提升储能设备的调峰能力，也使电力系统更加灵活。

(4) 可再生能源消纳。由于风电、光伏等可再生能源发电的不稳定性和随机性，风光发电上网难，造成了大量的弃风、弃光。混合储能通过平滑风光发电波动，减少了对配电网的冲击，提升了可再生能源发电消纳率。

目前，储能系统的主要储能元件一般为单一电池或超级电容元件。面对应用中大功率大能量并存的特点，以单一电池作为储能元件存在较多的问题，最突出的是电池功率密度较低，难以有效满足大功率场合的需求，而风电、光伏等新能源并网的平滑输出、频率控制、快速功率响应，以及电动汽车启动、轨道交通车辆制动等过程，均要求储能系统具有提供短时大功率的能力。较大的充放电电流冲击将导致电池效率低下且容易加剧电池之间的不一致，极大地降低了储能系统的循环寿命和安全可靠性。超级电容器储能系统则受限于超级电容器自身能量密度低的缺点，若要满足大容量储存场合将需要大量的电容器单体，其整体质量及体积是电池储能系统的数倍，同时超级电容器价格昂贵，储能系统的成本也将大幅上升。因此，将电池和超级电容器组成混合储能系统，通过两者之间的优化匹配和能量协调控制，可以有效提高储能系统的性能并降低成本，解决储能系统实际应用中的问题。

　　将电池与超级电容器组合本质上就是容量型储能系统和功率型储能系统的组合。功率型储能装置的功率密度较大，循环次数多，响应速度快，但是由于容量低、价格高等方面的影响，无法用于大规模储能场合。能量型储能装置的能量密度大，但是响应速度较慢，工作电压窗口有限，且循环寿命有限，不宜频繁充放电。将功率型储能装置与能量型储能装置合理结合组成的混合储能系统能够有效提升储能系统的整体性能。目前研究人员已发展了不同组合，如图 7.1 所示。

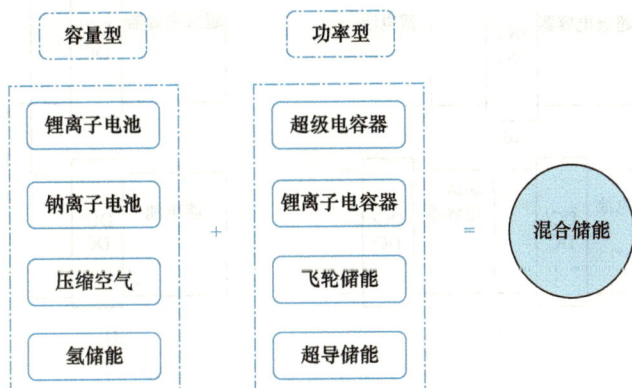

图 7.1　混合储能特性分类示意图

　　混合储能系统中功率型装置与能量型装置的不同组合将导致不同的性能差异。各混合储能装置的区别主要体现在其组合电路的拓扑结构上。其中，最普遍的是超级电容器与蓄电池的并联连接，图 7.2 为目前几种常见的并联方式。图 7.2(a)是美国学者杜格尔(Dougal)于 2002 年首次提出的超级电容器与蓄电池直接并联的方法，并在理论上证实了该拓扑可有效运用两者互补的特性。一方面，能够有效减少蓄电池的循环充放电次数，降低电池寿命损耗；另一方面，可以提升储能系统高功率输出的能力，拓宽了其应用范围。2006 年，中国科学院电工研究所的研究人员设计了如图 7.2(b)所示的拓扑结构，先将蓄电池与电感串联，然后与超级电容器并联。电感的存在可平滑流过电池的电流，保护电池免受瞬时大电流的冲击，起到延长电池使用寿命的作用。除此之外，还有学者设计了如图 7.2(c)所示的拓扑结构，将 BUCK(降压)/BOOST(升压)型 DC/DC 双向变换器用作功率变换电路，该拓扑能够对蓄电池进行双向控制，也可将电池电流限定在安全的范围内。但是由于其将超级电容器直接与直流母线连接，容易使母线的电压波动太大。为解决该问题，有学者将超级电容器与蓄电池互换，如图 7.2(d)所示，该拓扑既能够稳定直流母线的电压，又可控制超级电容器承担高频波动。有学者提出了以超级电容器为主、蓄电池为辅的调控策略，拓扑结构如图 7.2(e)所示，超级电容器可实时响应功率的波动，同时用蓄电池调整超级电容器的荷电状态。这种拓扑可实现储能系统平抑尖峰及应对频繁往复性的功率波动，减少蓄电池的充放电频率。新加坡南洋理工大学 K. W. Wee 等提出了如图7.2(f)所示的双功率变换电路拓扑。该拓扑可以根据不同的应用场景，分别对蓄电池和超级电容器进行独立的控制，进而提高系统整体的性能。综合目前已有的混合储能系统，按照接入微电网母线的不同连接方式，其所形成的拓扑结构又可分为：被动型、半主动型和主动型等。

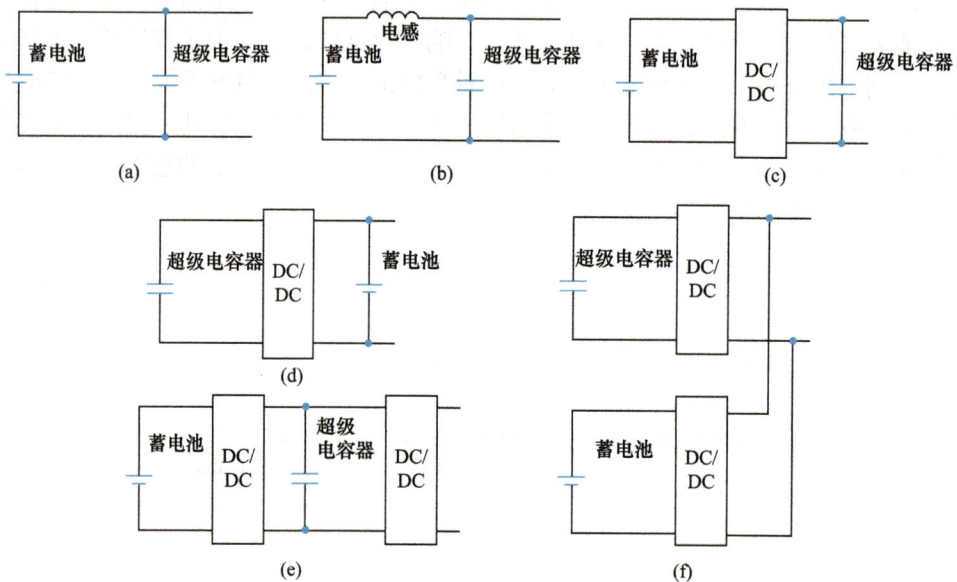

图 7.2　混合储能系统常见拓扑结构

1. 被动型结构

被动型结构主要是指两种储能设备输出的线路直接与直流母线并联，不需要加装任何其他电子电力变换器的结构，其结构框架如图 7.3 所示。

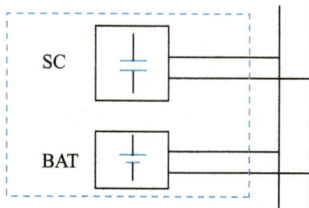

图 7.3　被动型结构示意图

SC: 超级电容器；BAT: 蓄电池

被动型结构较为简单，因不使用电子电力变换器，故成本普遍偏低，但各储能设备间功率的分配完全由各储能设备自身的参数决定，对各储能设备之间的能量流动控制较为困难，灵活性较差，目前已较少使用。

2. 半主动型结构

半主动型结构主要是在混合储能系统的两种设备之间选一种连接变换器再与直流母线相连，另一种则直接并在直流母线上的结构，其具体结构如图 7.4 所示。

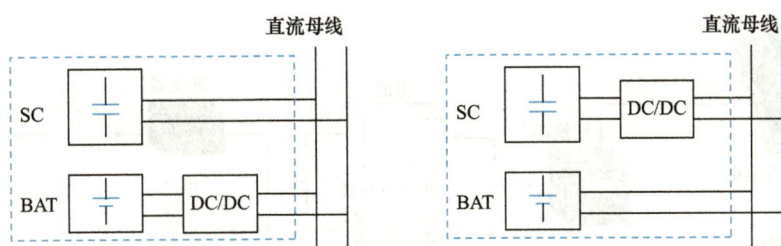

图 7.4　两种半主动型结构示意图

在半主动型结构中，无论哪一类型储能装置通过 DC/DC 变换器(斩波器)与直流母线连接，都存在另一种储能装置的充放电难以控制的情况，将在一定程度上对微电网的稳定性造成影响，也会减少混合储能系统的工作寿命，因此应用也比较少。

3. 主动型结构

主动型结构主要是指混合储能系统中两种类型的储能装置分别与各自匹配的 DC/DC 变换器连接后再与直流母线连接的结构，其具体结构如图 7.5 所示。

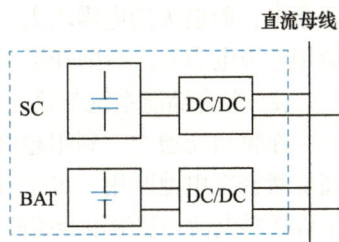

图 7.5　主动型结构示意图

主动型结构中，各储能装置均由与其各自配套的变换器控制其充放电，可对两种储能装置各自承担的功率进行合理分配，也可同时实现对单个储能装置的过充放电保护，从而延长储能系统的使用寿命，但是电子电力变换器的增加会造成系统的投资成本升高。

综上所述，为了更好地解决储能系统中功率的波动问题，充分利用功率型储能装置和能量型储能装置各自的优势进行互补，可有效提高母线电压的抗扰动能力，平抑储能系统输出功率的波动，保障储能系统稳定运行。

混合储能系统兼具功率和能量密度优势，应用范围广、适应能力强，可在工况复杂的环境中工作。其与发电端、用电端联用，应用于电动汽车、发电储存、轨道交通等领域，针对不同系统选择合适的储能组合可有效降低能量损耗，提高生产效率，推动经济发展，还能间接促进清洁能源的开发与利用。下面介绍多体系联用系统的主要应用范例。

(1) 混合储能系统与发电系统联用。

由于清洁可再生能源大规模发电及并网的工作场景工况复杂，目前研究人员用混合储能系统来改善风能和太阳能等发电的波动。如图 7.6 所示，可将混合储能系统与多个储能器件联用，以缓解发电源(风能和太阳能等)自身的一些不利影响。风力发电会产生不同幅值的频率，而混合储能系统包含低速和高速响应，与单一储能系统相比，能使电能具有更好的平滑性。有研究人员提出采用超级电容器和蓄电池组合，基于一种小波变换的算法复合容量配置，可缓冲风电的功率波动，能有效管理偏远地区风能的供电波动。

将传统太阳能系统与混合储能系统联用，在原有的单一储能系统上复合超级电容器，能够提高光伏储能系统的充放电效率，改善电能质量。有研究人员将电池、超级电容器和光伏电站联用，可以平滑 1 MW 光伏发电系统输出功率的振荡，在低功率下将超级电容器的额定功率降至电池的 20%，有效提高整体效率。

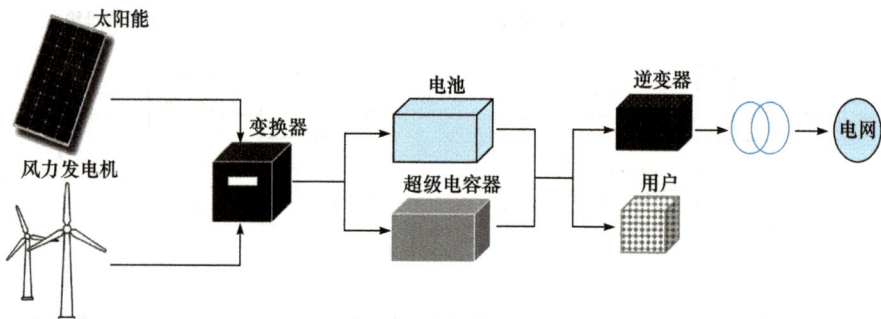

图 7.6　混合储能系统在储能电网中的应用

在微电网中，电池储能具有较好的频率调节功能，但是对频率的调节会造成电池寿命缩短。此外，电池需要在变频控制时应对突然的功率变化，这会加剧对电池的损伤。为解决上述问题，可联入混合储能系统，既能实现频率调节，还可延长电池寿命。此外，混合储能系统还可应用于电网储存，电网在夜间负荷较小，用电量少，可用储能设备蓄电，而白天用电需求大，电能大量释放，为减少频繁地充放电对电池的损伤，可以应用超级电容器进行削峰填谷，并且延长电池的使用寿命。

(2) 混合储能系统与轨道交通联用。

在轨道交通中，利用超级电容器的功率高、低温性能好、安全性能好等优势，再与高能量密度电池联用，可实现高功率的电能储存与释放。研究人员在 2017 年成功研制了以燃料电池和超级电容器联用作为能源系统的有轨电车，行驶速度可达到 70 km·h^{-1}，列车的续航里程可以达到 40 km 以上，在国内首次实现了超级电容器、动力电池和燃料电池联用的混合动力系统为车辆提供动力及辅助供电，其中超级电容器能够为车辆启动提供高倍率电流，也可减弱瞬时大电流对电池的冲击，有效延长电池寿命。近年来，轻轨列车发展迅速，轻轨列车在城市行驶的过程中启动和刹车的次数非常多，每次启动和刹车都会对牵引电网造成较大的冲击。引入超级电容器和蓄电池组成的混合储能系统，利用电池/超级电容器混合储能系统的高功率密度和高能量密度的优点，可维持牵引电网的稳定性，保障列车行驶的稳定与安全。

为了应对不同工况的需求，充分发挥功率型储能装置和能量型储能装置各自的优点，混合储能系统的技术参数匹配至关重要。但是，目前储能设备的整体结构在空间上受到限制，所以不能一味地增加超级电容器和电池的数目，而应对混合储能系统进行科学合理的参数匹配。这样才能在满足性能需求的同时也不浪费资源，降低储能电源成本，最大化提升系统的性价比，这对当前的清洁可再生能源的经济性和稳定性都有巨大的影响。

在参数匹配之前，首先需要对混合储能系统的各个器件进行检验，通过实验确定各个器件的性能特点，为后面的参数匹配奠定基础，然后确定混合储能系统的拓扑结构，不同拓扑结构匹配的参数也不同。在选定超级电容器和电池型号的基础上，确定复合电源的功率和能量是否满足负载需求，根据功率和能量需求得出超级电容器组和电池组的功率、能量，进而匹配合适的单体数目，即混合储能系统参数匹配的目的是确定超级电容器单体数目和电池单体数目。混合储能系统的能量配置主要受负载需求能量的影响。

综合考虑系统需求,科学设计拓扑结构,合理选择参数,均衡各储能体系的优点后,可保障优质电能的输出,助力全球能源转型和低碳经济的发展。

7.2　储能系统控制

混合储能系统中存在功率型储能装置和能量型储能装置的大量串并联,导致体系的容错能力极低,因此需要复杂的管理系统。目前储能系统一般采用分层控制的策略,大致可分为一级控制、二级控制和三级控制。一级控制的实施范围主要是在电池储能系统的内部,主要包括电流控制器、电压控制器和功率计算单元;二级控制主要是控制多系统协同供电,在此系统中,对储能系统的控制方式主要有三种,分别是分布式控制、分散式控制和集中式控制;三级控制的主要工作是协调电网,主要采用分布式控制,实现对微电网之间的能量管理。

7.2.1　储能系统的一级控制

一级控制主要是通过储能系统自身的电压和电流的控制反馈,实现电源之间的合理负荷分配。例如,在电池储能中提到的电池管理系统(BMS)就属于一级控制。一级控制的基本控制思路是通过在储能系统中添加"虚拟电阻"控制电压,实现串并联模块负荷分配。当前运用较多的是下垂控制,简单来说,下垂控制就是选择与传统发电机相似的频率一次下垂特性(droop character)曲线作为储能单元的控制方式,以获取稳定的频率和电压。这种控制方法对储能单元输出的有功功率和无功功率分别进行控制,无需机组间的通信协调,可实现储能单元即插即用和对等控制的目标,保证了孤岛微电网内电力平衡和频率的统一,具有简单可靠的特点。

基于电压源变换器的直流微电网常见的下垂控制有两种运行方式,一种是电流模式下垂(I-V),其下垂控制等效电路和控制框图如图 7.7(a)、(b)所示,此时控制器根据直流电压的频率、幅值和下垂特性曲线的计算给定系统参考电流,产生相应的有功功率和无功功率;另一种是电压源模式下垂(V-I),其下垂控制等效电路和控制框图如图 7.7(c)、(d)所示,此时控制器根据对直流电流的测量和下垂特性曲线的计算给定系统参考电压。

一级控制能够在不需要通信设备的情况下直接根据微电网状态调节储能系统的输出功率,实现微电网的负荷分配,且控制方式比较简单,但是同时存在固有的局限性。由于各线路阻抗的不对等,变换器端子的输出电压会存在偏差现象,导致变换器之间均流的不精确。虽然可以通过增加下垂增益改善均流的精度,但是会造成端口输出直流母线的电压偏差增大。为解决上述问题,国内外研究人员引入了适用于直流微电网的二级控制策略。

7.2.2　储能系统的二级控制

储能系统的一级控制主要是为了实现系统自我管理的一种控制方式,不需要外界信

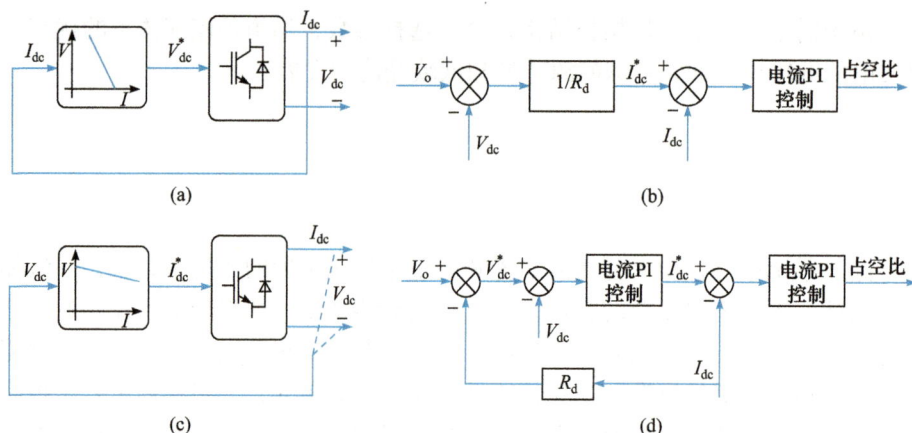

(a)

(b)

(c)

(d)

图 7.7　下垂控制等效电路及控制框图

V_{dc} 和 I_{dc} 分别为变换器的输出电压和输出电流；V_{dc}^* 和 I_{dc}^* 分别为通过下垂特性曲线计算后的输出参考电压和输出参考电流；V_o 为空载时的输出直流电压；R_d 为虚拟电阻，即下垂增益

息介入，但是一级控制只能保障系统的功率分配，并不能保证频率和电压的稳定。尤其是当负载急剧变化时，储能系统在一级控制条件下容易失控。为解决上述问题，研究人员设计了二级控制，添加处理器控制储能元件能量输出稳定频率和电压，维持储能系统的稳定运行，提高微电网的供电质量，保障其安全运行。

二级控制又可分为集中式控制、分散式控制和分布式控制。

1. 集中式控制

集中式控制的特点是要求储能系统内的每个储能元件与中央控制器进行通信，以获取系统全局信息。该控制方式需要拥有一个强大的中央控制器协调系统内每个储能元件，且需要同时处理系统内元件故障的问题，并处理负荷的切换。这样的控制方法简单易行，但是为了集中处理从系统所有装置中获得的信息，需要配备高带宽的基础通信设施，这将不可避免地增加控制成本。而当出现单点故障或建模发生错误时，极易导致集中控制器发生故障。此外，在实际的应用系统中各系统结构多变，如多微电网的机械结构多变，即插即用的特性便无法采用集中控制的方式。一个集中控制系统是一种规划与决策自上而下的层次控制结构。该方式的协调性较好，但实时性、动态性较差，对环境的应变能力较差。

2. 分散式控制

分散式控制的特点主要是其中央处理器只负责收集与传递信息，其他工作均由其他设备完成。简单来说就是，当采用分散式控制模式时，发电端的设备将独自处理故障的发电设备，并独自应对负载的切换。分散式控制方式作为集中式控制方式的改良，能在一定程度上减轻中央控制器的负担。但是分散式控制仅是将出现故障的电机或变化急剧的负载切掉，可见分散式控制的各个体系具有高度的自治能力，自行处理信息，能独自规划与决策，独自执行命令，与其他体系相互通信来协调各自的行为，但没有集中控制单元。分散式控制具有较好的容错能力与扩展性，但对通信要求较高，且多边协作效率低, 全局协调较为困难。

3. 分布式控制

与集中式控制和分散式控制相比, 分布式控制有优异的控制性能。首先, 它能够实现微电网之间的信息交流, 且并不需要中央控制器完成, 而是利用稀疏的通信拓扑。其次, 在各微电网中设置了二级控制器, 采用分布式控制的方法, 微电网可有效避免单点故障造成的影响, 节约了建设成本, 并有效提升了各微电网的协同响应性能。在实用即插即用类型的应用上, 分布式控制也有强大的优势。

以分布式控制方式工作的多个微电网通过稀疏的通信拓扑, 利用其自身和毗邻系统的信息, 即可轻松应对负载变化。此外, 分布式控制器能够在没有高通信带宽的条件下运行。在已有的分布式控制方法中, 多智能体系统常用于解决一些复杂的问题, 如工程中的一致性。利用基于多智能体系统的一致性的方法, 可使微电网的频率与功率相互协调, 实现体系稳定工作。

在分布式多智能体相互协调控制系统的基础上, 各个储能系统间的功率能够共享达到平衡, 频率也可恢复到额定值。针对多电池储能系统中存在的电池荷电状态(SOC)平衡问题, 研究人员提出了一种以多智能体系统为基础的分布式控制方法, 该方法可分析利用自身和毗邻系统的信息协调所有电池系统的 SOC 并使其水平达到一致。此外, 还有学者成功研制出电压二次控制器, 能够将二次电压控制变换为线性二阶跟踪器的同步问题。也有学者将分布式控制用于保持功率负载和功率输出之间的平衡。为了消除系统中的通信干扰, 还有学者运用分布式模糊逻辑的控制, 保障网络通信攻击场景中的收敛性。

实际上, 分布式控制结合了集中式控制和分散式控制各自的优点, 是一种全局上各智能体等同分层、局部集中的结构。这种结构是分散式控制的水平交互和集中式控制的相结合, 既提高了协调效率, 又不影响系统的实时性、动态性、容错性, 具有应用灵活和稳定可靠的特点, 已广泛应用于储能系统的控制。

7.2.3 储能系统的三级控制

三级控制的主要特点是运用大量算法对储能系统的能量进行管理, 其主要目的是解决多个微电网体系协调并网运作时的能量管理问题。集中式方法在能量管理中应用较为广泛, 大量算法都集中应用于对储能系统的能量管理。例如, 以拉格朗日乘数法、牛顿法和启发式方法等为代表的分析方法可以分析处理分散计算的经济功率的分配问题, 以及线性规划和梯度搜索方法。

同样, 分布式算法在储能系统的能量管理中也有一定的应用。已有学者采用多智能体系统用于储能系统的能量管理, 并且运用二次凸成本函数分析计算了有领导和无领导情况下的能量管理问题, 估计的全系统功率失配能够收敛到零。也有研究人员通过一阶一致性算法对功率失配进行评估, 并通过一致性算法保持了供需平衡。此外, 有学者针对离散型经济调度的问题, 设计研发了一种运用异步通信分布式动态规划算法的分布式调度方法, 该方法可分析各方需求并对总需求进行最优的分配。目前, 在线最优发电控制、非凸经济调度和分散自组织等方法运用不同算法应用于能量调度均取得了一定成效,为获得电力供需平衡、寻求社会总福利最大化的最优电力电能输出提供保障。

7.3 大数据监测与人工智能管理

7.3.1 概述

随着分布式和集中式储能电池的不断发展和深入推进,电池储能系统运行监测产生的数据呈指数级增长,这就需要相应的存储技术和快速处理分析系统作为支撑。如何将传统的数据库系统和大数据应用系统升级至现阶段工程中的数据处理系统,以及对电池储能系统相关数据积累的深入理解和相关价值分析是电池储能应用中的关键科学问题。

面对挑战,储能电网的大数据分析与电力调度亟须向智能化方向发展。2021年7月《发展改革委、能源局关于加快推动新型储能发展的指导意见》(以下简称《意见》)正式发布。根据该《意见》,到2025年,实现新型储能从商业化初期向规模化发展转变。《意见》中明确提出要积极支持用户侧储能多元化发展。鼓励围绕分布式新能源、微电网、大数据中心、5G基站、充电设施、工业园区等其他终端用户,探索储能融合发展新场景。鼓励聚合利用不间断电源、电动汽车、用户侧储能等分散式储能设施,依托大数据、云计算、人工智能、区块链等技术,结合体制机制综合创新,探索智慧能源、虚拟电厂等多种商业模式。

目前,大数据监测与人工智能技术在电力调度领域的应用已取得初步成效。中国电力科学研究院有限公司、南瑞集团有限公司等单位的技术攻关人员将深度学习人工智能等技术引入电力系统有功和无功负荷预测业务,基于海量历史数据样本掌握电力系统有功频率、无功电压的分布特性,开发了母线负荷预测软件。该软件已在福建、江苏电力调度控制中心等得到应用,提升了母线负荷预测准确度。

技术攻关人员利用知识图谱技术,构建电网设备操作、故障处理知识库。应用知识库的调度自动化系统,可根据电网运行数据和故障信息,主动向调度人员推送电网操作与故障处置预案,避免人为误操作的发生。相关研究成果已在江苏、福建、冀北电力调度控制中心等得到应用,可提升调度人员对电网事故的处置能力。利用语音识别、语义理解等技术,结合调度业务语料,还可开发调度语音助手。这一工具目前已在华东电力调度控制分中心和上海、江苏电力调度控制中心应用,丰富了电力调度人机交互手段,提升了交互效率。

面向加快构建新型电力系统的新形势,继续结合知识图谱、强化学习、群体智能等新一代人工智能技术,探索电力调度领域智能应用新场景,将有力支撑新型电力系统安全高效经济运行。

7.3.2 大数据管理

当前,庞大复杂的电力系统时刻产生海量的数据,对这些数据进行实时存储及合理分析，并对储能系统的运行状态进行预判和评估都是保障庞大电网有序安全运行的必要手段。对不同类型的数据进行存储与管理，使庞大的数据可以清晰地分级、分类被提取，能够快速地完成这些操作需要依靠系统的智能分析管理体系。

1. 数据的存储

电池数据存储需占用非常大的存储空间。从数据存储量上看，对于成千上万串联单体电池构成的电池组，除总电压、总电流外，每节单体电池的电压都需要测量存储，甚至每个单体电池的温度也需要进行存储。从数据存储时间上看，电力系统用储能电池采集数据的存储时间长度可能需要以年来计算。从数据存储频率上看，由于电池组经常处于动态工作阶段，因此需要有较快的存储频率。由于目前的 BMS 常采用分布式控制系统，因此数据存储必须通过网络通信进行，如常用的控制器局域网(CAN)，因受限于网络通信速率，即使采用专有的通信网络用于数据存储，成百上千个信号平均采用 4 Hz 的存储频率也已接近网络数据承载能力的极限。

由于存储信号的数量和存储的时间是电池组的系统需求，无法改变，因此只能通过调整数据存储的频率以实现减少数据存储占用空间的目的。通常采用 1 Hz 的存储频率，而对于更大的电池组或存储时间更长的电池组，除增加存储空间外，降低存储频率是更多 BMS 的选择。然而，降低存储频率的做法可能带来存储信号的失真问题。如何选择最佳的存储频率，在保证 BMS 存储信号不失真的条件下最大限度地减少存储空间是亟须解决的问题。

低频数据包括温度、稳态充电或静置时的电流和电压等，其特点是随时间变化缓慢。采用固定频率的采集/记录方法，当选取的频率较低时，确实可以减小记录量，但是容易导致信号失真；反之，采用较高的频率时，信号失真较小，但记录量却大大增加。因此，采用变频率的记录方法，即在信号变化时启动记录功能，实现变频记录，既保证存储信号不失真，又可最大限度地减少存储空间，如图 7.8(a)所示。

对于高频数据，如单体的电压、动态电流等，不能通过类似低频数据的变频存储方法，这样会导致存储的数据量更加庞大。为此，通过电池组工况分析确定高频下电池总电压、总电流和单体电压最佳的存储频率，既保证存储信号不失真，又可最大限度地减少存储空间。主要方法是：获取电池组电流工况后进行时频转换，分析频域结果，通过舍弃低幅值的电流高频信号后还原电流工况，进而通过采样定理确定电池组总电压、总电流和单体电压的最佳存储频率，如图 7.8(b)所示。

2. 数据的管理分析

储能电站海量电池数据按照来源可分为历史保存数据和实时记录数据。针对不同数据，平台将采取不同的计算框架进行分析。如图 7.9 所示，平台逻辑上可分为 3 层，由上到下分别为：分析层、服务层和数据层。数据层存放历史保存的电池数据，还有实时产生的数据；服务层提供数据服务和控制服务，包括数据存储服务模块、缓存模块和框架选择器；分析层进行数据分析，包括 Hadoop 的 MapReduce 计算框架和 Storm 流式框架。

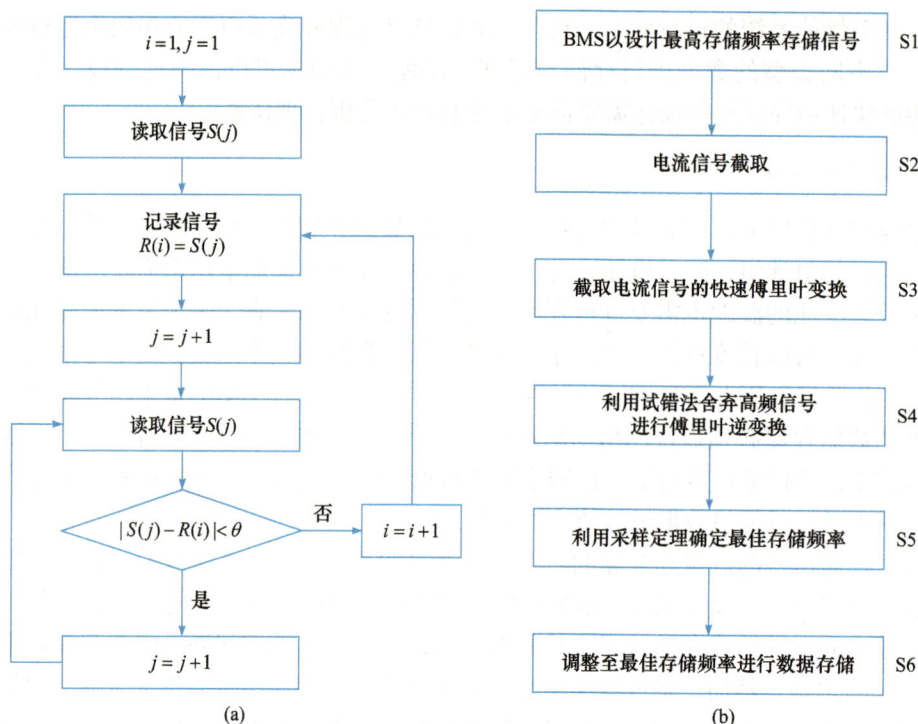

图 7.8　低频数据存储流程(a)和高频数据储存频率确定方法(b)

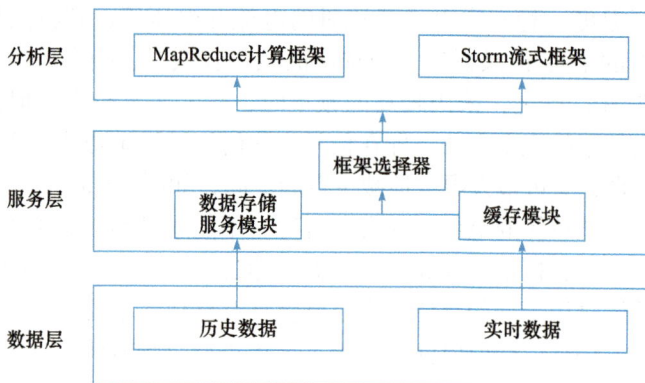

图 7.9　数据分析平台逻辑框架

　　大规模储能系统海量电池数据管理平台由大量硬件设备和系统服务组成，做好全系统的监控是保证平台正常运行的基本条件。Ganglia 是广泛使用的集群监控工具，而且能提供与分布式平台良好的兼容性，平台使用 Ganglia 作为系统数据采集的工具，通过平台界面展示系统主要的性能指标。平台通过监控工具监控主机的处理器负载、内存利用率、磁盘利用率和网络流量等基本信息。

　　大规模电池数据的处理需要依据统计学方法。依据统计学方法找出缺省值和异常值，并进行相应替换。遍历数据集找出缺省值，并利用 k-近邻算法找出缺省值附近的出现频率最高的值的范围，并作为正常值替换掉缺省值；遍历数据集，监测数据默认为服从正态分布，依据拉依达准则，算出总体的数学期望和标准差，对于各个数据偏差大于标准偏差的，认为是异常值，并根据 k-近邻算法找出异常值旁边的正常值，进行替换。流程示意图如图 7.10 所示。

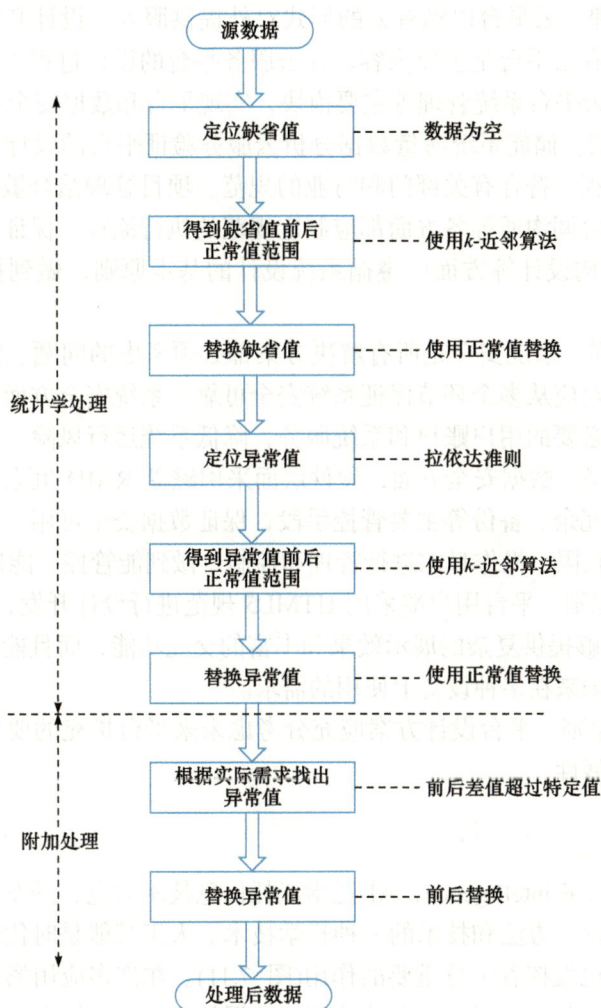

图 7.10　数据预处理流程

3. 云服务平台

大规模储能系统云服务平台的技术方向为虚拟化云计算领域，根据行业应用背景、数据存储格式、具体分析方法等方面的不同，从实际应用的角度出发，综合考虑共性技术和储能行业自身特点，设计出可满足储能系统海量系统数据分析云服务需求的平台。设计时，需重点考虑以下几个方面：

(1) 海量数据存储。储能系统电池单体数量庞大，数据采集周期频繁，随着时间的推移，会产生海量待处理数据。这些数据存储格式自由，涵盖了时间、空间、物理量等不同纬度的检测信息。要存储海量电池数据，优化数据访问性能，必须综合考虑硬件平台、文件系统、存储策略等多方面因素，设计一套面向海量电池数据存储需求的定制方案。

(2) 虚拟化服务。海量数据分析云服务以提供虚拟机为主要目标，因此需要采用可靠的虚拟化技术方案，既能很好地管理底层的硬件资源，又便于进行抽象，为上层业务系统特别是海量数据分析提供运行环境。

(3) 云平台管理。云平台以私有云的形式对外提供服务，设计和实现面向储能系统海量数据分析的私有云平台是主要内容。在云服务平台的设计过程中，可考虑虚拟机管理、物理机管理、云平台系统管理等主要模块，实现平台和数据安全可靠的目标。

(4) 规范化原则。储能系统海量数据分析云服务验证平台的设计开发应严格按照软件工程的标准和流程，符合有关部门和行业的规范。项目管理结合敏捷开发流程，人员管理、产品发布、协调沟通等各方面都应制定规范的执行流程，保证产品交付和质量要求。技术选型、架构设计等方面应遵循系统设计的基本原则，做到技术可靠、层次分明、松散耦合。

(5) 安全性原则。系统安全是所有解决方案都必须考虑的问题。储能系统海量数据分析云服务验证平台应从多个环节保证系统安全可靠。系统安全方面，对系统配置进行严格控制，关停不必要的用户账户和系统服务，降低系统运行风险，调整防火墙策略，防止非法访问和登录。数据安全方面，硬件层面采用磁盘 RAID 冗余机制，防止单点故障。数据存储采用冗余、备份等主要管控手段，保证数据安全可用。平台专门定制系统管理单元，对用户权限、操作日志进行管理和控制，做到能管控、能追溯。

(6) 可操作性原则。平台用户端采用 HTML5 规范进行设计开发，HTML5 是下一代 Web 设计标准，能够提供复杂的展示效果和丰富的交互功能，而且能更好地支持移动终端设备，可以满足未来在多种设备上使用的需求。

(7) 可扩展性原则。平台设计方案应充分考虑未来平台扩充的要求，在组件层和设计层提供丰富的扩展性。

7.3.3 人工智能技术的引入

人工智能(artificial intelligence，AI)泛指依托信息技术研究、开发用于模拟、延伸及扩展人工智能的理论、方法和技术的一种科学技术。人工智能是时代发展的产物，在储能系统中人工智能也发挥着十分重要的作用(图 7.11)。在许多应用场景，可以开发机器学习，实现深度智能化的应用。在电池管理、数据处理、电网协调、运行监测等方面都应用了人工智能处理或检测，使电能的储存、运输、使用更加高效、安全、节省人力。

1. 电池管理

在电池管理系统中，涉及的荷电状态监测功能是通过算法得到电池系统的运行状态，主要是可用电量。提高这一数据的精确度是 BMS 面临的挑战，人工智能的应用则有利于实现这一点。引入更加智能的算法，辅助计算手段，得到高精度结果。另外，在硬件的管理上也可以引入人工智能设备，简化流程提高效率。

2. 数据处理

储能网络中产生的庞大数据量需要借助智能化的分析和处理手段，才能实现数据的

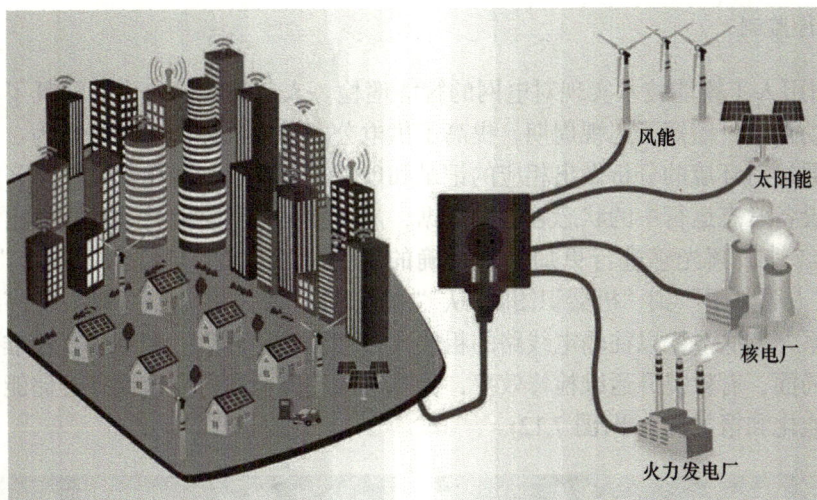

图 7.11　人工智能在储能网络中的应用

资料来源：腾讯网

高效管理和分析。大数据中存在大量噪声数据及无法识别的有效数据，对数据应用造成不同程度的影响。通过智能化数据挖掘筛选的应用，依托数据挖掘设定特征及类型，在实践过程中依托人工智能学习系统通过规律寻找出适应数据。在数据的存储中，引入智能化的压缩手段，可降低所需存储空间，保留数据真实度，达到高精度快速压缩。引入云计算或云存储，既可以为人工智能提供相应的数据存储空间，又可以方便企业在多终端使用人工智能技术，有效提升数据信息的计算效率。

3. 电网协调

随着全国联网规模的不断扩大和电压等级的不断提高，电网在设备数量、互联模式、耦合特性、复杂程度等方面已全面超越传统超高压交流电网，同时电网面临的来自自然、人为、系统自身等因素的问题也更为突出，导致调度员调度电网的工作量、复杂度和工作压力日益增大。

将人工智能技术引入电网调度自动化系统，不仅能够提升电力调度自动化系统的稳定性、安全性，还能提升电力调度的效率，解决实际调度中存在的问题，是智慧电网新时期发展的重要方向。

混合增强智能是将人的作用或人的认知模型引入人工智能系统中，与机器智能共同形成混合增强智能的形态。这是人工智能或机器智能可行的、重要的成长模式。混合增强智能技术与当前电力调度中人(调度员)与机器(调度自动化系统)协同合作方式高度契合，有望成为解决电力调度复杂问题的新工具。实现混合增强智能调度需要解决众多理论和技术问题。基于混合增强智能的电力调度将打通机器和人之间的双向通道，实现复杂随机电力调度问题的人机共识和共融决策，可应对能源转型过程中"源—网—荷—储"多元资源参与调度运行带来的随机性强、状态演变复杂、决策变量多、利益主体诉求不一等问题，提升调度决策的智能化水平。

4. 运行监测

(1) 利用人工智能技术实现对电网的智能巡检。人工智能巡检大大降低了检修工作人员的劳动强度，缩短了巡视周期，提高了供电公司输电线路运维检修能力。人工智能巡检可以通过对环境的分析做出相应的记录和反馈。例如，对设备温度、声音的智能感知，得到设备常态运行中的状态管理大数据，从而在出现异常时快速甄别做出判断。还可以通过红外波频光感进行更加精细准确的视觉智能监控，建立从"人巡"到"机巡"、从"人眼判图"到"机器识图"、从"地面巡视"到"空、天、地"的多维立体巡检运检体系，彻底改变以往输电线路的粗放式管理模式，开启"精细化、精准化、智能化"的新局面，有效提升运维检修效率，保障电网的安全运行，全面提升储能电网巡检业务的智能化和精益化水平(图 7.12)。

图 7.12　人工智能巡检实例

资料来源：中新网

(2) 智能化软件助力高效电池管理。电力的供应和使用是实时匹配的，如果没有储能系统和先进软件解决方案，很难实现这一点。可扩展的储能解决方案是引入电力领域的一项新的基本技术。另一个"革命性元素"是软件。软件可以有效管理电池储能系统，并使能源系统中的所有资源更加高效。采用人工智能技术的交易管理软件可以使锂离子电池储能系统快速、灵活地做出反应，并适应不断变化的市场条件。此外，储能管理系统中的人工智能软件也高效助力了大数据的分析和测算，对储能系统的情况做出智能化反馈，实现对系统的高效检测，也助力储能网络的更加高效、合理、节能化运转。

7.3.4　发展前景

当今社会的飞速发展与电能的发展息息相关，这是电网发展的机遇，也对电网智能化升级提出了新的挑战。人工智能是提供数字转型、智能升级、融合创新等服务的重要数字基础设施，是新基建数字化转型的重要抓手，也是面向高质量发展的需要，更是电网由数字化走向智能化、智慧化的重要驱动力。纵观人工智能的发展现状及各国针对人工智能推广应用所制定的相关政策，新一代人工智能产业已在全球范围快速进入发展轨道，逐渐成为储能科技革命的突破口和产业变革的核心驱动力。

7.4　系统规范

随着储能行业的不断发展，关于储能电池的行业系统规范也在不断完善。2022 年 3 月 3 日，中国化学与物理电源行业协会发布了最新的《储能用锂离子电池系统安全评测技术规范》(T/CIAPS 0016—2022)。该规范适用于储能用锂离子电池系统，包含电源侧储能、电网侧储能和用户侧储能应用场景，如风/光电站储能、一次/二次调频储能、调峰储能、数据中心储能、通信用储能、充电设施储能、工商业储能、户用储能场景等。以下是该规范中对于储能安全及性能评定的规范指标。

1. 安全等级描述

在不同条件下测试电池，如耐压、高温高湿、过充过放等，根据测试过程中及结束后观察 1 h 内现象，判定该电池危害等级(hazard severity level，HSL)，见表 7.1。

表 7.1　电池系统安全测试结果等级描述

危害等级	描述	判定条件
0	本质安全，无功能损伤	1. 环境可靠性测试，无影响，且功能正常； 2. 热扩散测试触发对象单体无热失控； 3. 被测单元中电池包箱体无变形，无漏液、无泄气、无冒烟、无起火、箱体无破裂、无爆炸； 4. 被测单元监测最高温度 T_{max} <运行温度上限 $T_{up, limit}$(热失控扩散测试除外)
1	可逆功能失效或可逆性保护动作、热失控无扩散	1. 环境可靠性测试，可逆功能失效(含可恢复性保护装置动作)； 2. 热扩散测试除触发对象单体无热失控外，未扩散到其他相邻的电池单体； 3. 被测单元中电池包箱体无变形，无漏液、无泄气、无冒烟、无破裂、无起火、无爆炸； 4. 被测单元监测最高温度 T_{max} <运行温度上限 $T_{up, limit}$(热失控扩散测试除外)
2	不可逆功能失效、热失控无扩散、轻微泄气、轻微漏液、轻微冒烟	1. 环境可靠性测试，不可逆功能失效(含被保护装置动作或功能器件损坏等)； 2. 热扩散测试除触发对象单体被触发热失控外，未扩散到其他相邻的电池单体； 3. 被测单元中电池包轻微漏液、泄气、轻微冒烟/白烟； 4. 被测单元监测最高温度 T_{max} ≥运行温度上限 $T_{up, limit}$(热失控扩散测试除外)； 5. 被测单元中电池包无变形、无起火/无炭化、无破裂、无爆炸
3	炭化、热失控电池包内扩散，严重漏液或泄气，大量冒烟	1. 被测单元中电池包严重漏液、泄气、严重冒烟/灰黑烟； 2. 热扩散测试除触发对象单体被触发热失控外，电池包内部分扩散到相邻电池单体，但电池包未热失控； 3. 被测单元中电池包结构部件或电气部件炭化面积≤20%，无起火； 4. 被测单元中电池包箱体轻微变形、无破裂、无爆炸
4	破裂	1. 被测单元中电池包箱体严重变形或破裂、无起火、无爆炸； 2. 热扩散测试，除被测电池单体热失控外，电池包内部分扩散到相邻电池单体
5	起火	1. 被测单元中电池包起火、无爆炸，与被测单元距离 100 mm 的环氧树脂板面温升 δT ≥97℃且持续 3 s 以上； 2. 热扩散测试，除被测电池单体热失控外，被测电池包热失控，但未扩散到相邻电池包
6	爆炸	1. 被测单元中电池包热失控爆炸； 2. 热扩散测试，除被测电池单体热失控外，被测电池包热失控，扩散到相邻电池包

针对不同的安全情况，电池管理系统需要做出预警，保障财产，降低损失。因此，安全预警的准确度和警告时间是判定预警等级(warning level，WL)的主要指标。安全预警等级详细描述见表 7.2。

表 7.2　电池系统热失控预警等级能力

热失控预警等级(WL)	判定标准
Ⅰ(天级预警)	被测电池系统触发热失控，提前告警时间≥12 h
Ⅱ(小时级预警)	被测电池系统触发热失控，0.5 h≤提前告警时间<12 h
Ⅲ(分钟级预警)	被测电池系统触发热失控，5 min≤提前告警时间<0.5 h
Ⅳ(无有效预警)	被测电池系统触发热失控，提前告警时间<5 min

2. 通用安全设计要求

1) 通用安全设计

电池系统的安全测试应考虑以下两个场景：①预期应用；②合理的可预见滥用。

电池模块、电池包和电池系统的设计和制造需同时确保在以上两个情形下的安全性。建议在预期应用的情形下电池不仅要保证安全，也要确保各方面的功能性不受损坏；电池在合理的可预见滥用情形下可失去其功能性，但不会造成任何严重危害或灾害。

2) 绝缘和线束

绝缘和线束应可承受最大预期电压、电流、温度、湿度和海拔的要求。

3) 泄气设计

电池模块、电池包和电池系统的外壳宜具备压力释放能力或泄气装置，防止电池外壳破裂或爆炸。

4) 温度/电压/电流管理

(1) 通用要求：电池系统的设计应防止电池温度异常升高，需确保系统中电池在制造商规定的电压、电流和温度范围内工作。必要时，需提供在充电和放电过程将电流限制在安全水平的控制方法。

(2) 功能要求：

(i) 采集功能：电池管理系统应能监测或者通过其他方式获取电池的状态数据，至少包括电池系统总电压、电池包电压、电池模块电压、电池单体电压、电池系统电流、电池包电流、电池模块电流、电池系统及电池包内部温度等参数。

(ii) 自检功能：电池管理系统应具有自检功能，对电池管理系统主要功能进行初步筛查和识别，对严重影响使用和安全的功能异常给出告警。

(iii) 信息交互功能：电池管理系统宜具有与电能转换系统、能量管理系统、消防系统、监控系统、温控系统、电池系统等不同级别监控单元之间信息交互的功能，通信协议应遵循相关规范。电池管理系统宜具备 RS-485/CAN、硬接点等通信接口。

(iv) 均衡功能：电池管理系统应具有均衡功能，宜具有电池单体、电池模块、电池包多级均衡功能。电池模块完成均衡后，要求内部不同电池单体间的动态压差在充电时不大于 10 mV。

(3) 状态参数精度：

(i) 总电压检测精度应满足±1%满量程(full scale，FS)。

(ii) 总电流检测精度应满足±0.5% FS。

(iii) 电池单体电压检测精度应满足±0.2% FS，且最大误差的绝对值应不大于 5 mV。

(iv) 温度：对于电池系统，在−20～65℃(包含−20℃和 65℃)范围内温度检测精度应满足±1℃，在−40～20℃以及 65～125℃(或电池管理系统标定的最高测量温度)范围内，温度检测精度应满足±3℃，采样周期应不大于 1 s。

(v) 电池管理系统 SOC 估算的累积误差应不大于 5%。

(vi) 针对标称总电压 400 V 及以上的电池系统，绝缘电阻检测相对误差应不大于±20%；而针对标称总电压 400 V 以下的电池系统，绝缘电阻检测相对误差不大于±30%。若绝缘电阻不大于 50 kΩ，检测精度应满足±10 kΩ。

(4) 电池故障诊断。

电池系统应具有故障诊断、故障信息记录及故障处理功能，如故障上报、实时警示和故障保护等。故障诊断的基本项目不限于表 7.3 所列项目，可由 BMS 或其他安全管理系统共同完成。

表 7.3　电池系统故障诊断试验项目

序号	故障描述	故障诊断方法
1	过温	电池温度大于温度设定值
2	电池包过压	电池包电池单体、电池模块、电池包、系统电压大于电压设定值
3	电池包欠压	电池包电池单体、电池模块、电池包、系统电压小于电压设定值
4	电池包不一致	电池包电池单体、电池模块、电池包一致性偏差大于设定条件
5	充电过流	充电电流(功率)大于最大充电电流(功率)值
6	放电过流	放电电流(功率)大于最大放电电流(功率)值
7	绝缘故障	绝缘电阻小于设定值
8	内短路故障	电池内阻异常
9	通信故障	通信异常
10	热失控故障	热失控

注：电压、电流、温度的设定值应与实际使用一致，并且不应超过电池制造商规定的最大工作限值。

随着我国"双碳"目标的实施，储能技术已经成为工业界和科技界研究的热点。近年来，我国储能政策不断出台，储能系统装机规模大幅增加，储能科技迅速发展。当前以抽水蓄能为主的物理储能受到场地地理位置、建设周期长和响应速度慢等限制，难以满足未来大规模储能的需要。而电化学储能具有响应快、能量密度高、灵活方便等优点，被认为是调整风、光发电的最佳选择，将逐步成为主流。同时，储能电池在极地、深海、深空、岛礁、边疆等极端条件下分布式储能的应用意义深远。未来，储能技术将秉承"高效、低碳、经济、安全"的发展理念，加快技术创新和迭代升级，结合不同应用场景需求建立相应的储能系统。相信依靠全国储能领域的科技工作者和企业人员的共同努力，我国储能技术必将蓬勃发展，引领世界。

思 考 题

1. 为什么将储能设备分为容量型、功率型、能量型和备用型？
2. 储能系统的控制方式主要有哪些？
3. 人工智能在储能系统中的应用有哪些？还可以拓展什么应用？
4. 大数据管理中对高频数据和低频数据存储管理的分类原则及办法是什么？

参考文献

白亚平, 张柳丽, 牛哲荟, 等. 2020. 集装箱式储能系统热管理设计及试验验证. 河南科技, 39(31): 25-28.

柴树松. 2016. 铅酸蓄电池制造技术. 2 版. 北京: 机械工业出版社.

陈海生, 李泓, 马文涛, 等. 2022. 2021 年中国储能技术研究进展. 储能科学与技术, 11(3): 1052-1076.

陈海生, 凌浩恕, 徐玉杰. 2019. 能源革命中的物理储能技术. 中国科学院院刊, 34(4): 450-459.

陈海生, 刘金超, 郭欢, 等. 2013. 压缩空气储能技术原理. 储能科学与技术, 2(3): 146-151.

陈海生, 吴玉庭. 2020. 储能技术发展及路线图. 北京: 化学工业出版社.

陈军, 陶占良. 2014. 能源化学. 2 版. 北京: 化学工业出版社.

陈军, 陶占良. 2015. 铅炭电池储能技术. 储能科学与技术, 4(1): 546-555.

陈亮亮. 2017. 磁悬浮高速飞轮储能系统永磁电机转子强度分析及转子振动控制. 杭州: 浙江大学.

陈雪丹, 陈硕翼, 乔志军, 等. 2016. 超级电容器的应用. 储能科学与技术, 5(6): 800-806.

陈玉龙. 2021. 应用于风电场的飞轮储能系统充放电控制研究. 北京: 华北电力大学.

陈云长, 滕军, 廖建强, 等. 2018. 广东抽水蓄能电站工程. 北京: 中国水利水电出版社.

程新群. 2018. 化学电源. 2 版. 北京: 化学工业出版社.

戴兴建, 魏鲲鹏, 张小章, 等. 2018. 飞轮储能技术研究五十年评述. 储能科学与技术, 7(5): 765-782.

邓雪原. 2006. 广东抽水蓄能电站周调节性能初步研究. 广东水利水电, (B11): 15-19.

丁玉龙, 来小康, 陈海生, 等. 2018. 储能技术及应用. 北京: 化学工业出版社.

方伟中. 2017. 储能技术在电气工程领域中的应用与发展. 科学技术创新, (33): 169-170.

费道罗夫 C Φ, 周航. 1958. 石油和天然气矿藏形成理论的发展. 科学通报, (5): 143-146.

傅献彩, 沈文霞, 姚天扬, 等. 2006. 物理化学(下册). 5 版. 北京: 高等教育出版社.

高峰. 1983. 煤炭的加工和利用. 北京: 煤炭工业出版社.

高永晟, 陈光海, 王欣然, 等. 2020. 钠离子电池电解质安全性: 改善策略与研究进展. 储能科学与技术, 9(5): 1309-1317.

国网新源控股有限公司技术中心. 2018. 抽水蓄能电站调压室及系统安全运行控制关键技术. 北京: 中国水利水电出版社.

韩小锋, 魏建设. 2021. 石油是如何形成的. 科学大观园, (19): 70-71.

郝春山, 史支清, 左代蓉. 2000. 天然气开发利用技术. 北京: 石油工业出版社.

何章兴. 2013. 全钒液流电池电解液添加剂和电极改性方法研究. 长沙: 中南大学.

胡英瑛, 吴相伟, 温兆银. 2021. 储能钠硫电池的工程化研究进展与展望——提高电池安全性的材料与结构设计. 储能科学与技术, 10(3): 781-799.

胡勇胜, 陆雅翔, 陈立泉. 2020. 钠离子电池科学与技术. 北京: 科学出版社.

胡子龙. 2004. 储氢材料. 北京: 化学工业出版社.

黄志高. 2018. 储能原理与技术. 北京: 中国水利水电出版社.

贾传坤, 王庆. 2015. 高能量密度液流电池的研究进展. 储能科学与技术, 4(5): 467-475.

姜竹, 邹博杨, 丛琳, 等. 2022. 储热技术研究进展与展望. 储能科学与技术, 11(9): 2746-2771.

孔令时. 2020. 储能技术在电气工程领域的运用及发展趋势. 通信电源技术, 37(3): 80-81.

雷治国, 张承宁, 董玉刚, 等. 2013. 电动汽车用锂离子电池低温性能和加热方法. 北京工业大学学报, 39(9): 1399-1404.

李德生. 2007. 中国石油地质学的创新之路. 石油与天然气地质, (1): 1-11.

李国玉, 曹亚鹏, 马巍, 等. 2021. 中俄原油管道冻土灾害问题及防控对策研究. 中国科学院院刊, 36(2): 150-159.

李季, 黄恩和, 范仁东, 等. 2021. 压缩空气储能技术研究现状与展望. 汽轮机技术, 63(2): 86-89, 126.

李建林, 徐少华, 靳文涛. 2017. 我国电网侧典型兆瓦级大型储能电站概况综述. 电器与能效管理技术, (13): 1-7.

李林林. 2021. 废旧镍钴锰酸锂电池的回收与再利用研究. 广州: 广州大学.

李文明. 2020. 六氟磷酸锂合成工艺研究进展. 化工设计通讯, (1): 78, 242.

李喜英. 2022. 大数据时代人工智能在计算机网络技术中应用研究. 网络安全技术与应用, (5): 74-75.

李先锋, 张洪章, 郑琼, 等. 2019. 能源革命中的电化学储能技术. 中国科学院院刊, 34(4): 443-449.

李妍. 2014. 煤炭运输与储存的研究. 科技致富向导, 11(8): 234.

梁贵宝. 2020. 无限风光在张北. 华北电业, (12): 70-71.

林河成. 2018. 稀土储氢合金材料的进展及前景. 世界有色金属, (18): 160-162.

刘嘉. 2021. 金属化合物在热化学储能和制氢循环反应体系中的应用. 北京: 北京化工大学.

刘建辉. 2012. 天然气储运关键技术研究及技术经济分析. 广州: 华南理工大学.

刘凯. 2015. 小型直流微网用飞轮储能系统的研究. 哈尔滨: 哈尔滨工业大学.

刘丽露, 戚兴国, 邵元骏, 等. 2017. 钠离子固体电解质材料研究进展. 储能科学与技术, 6(5): 961-980.

刘文军, 贾东强, 曾昊旻, 等. 2021. 飞轮储能系统的发展与工程应用现状. 微特电机, 49(12): 52-58.

刘宗浩, 邹毅, 高素军, 等. 2021. 电力储能用液流电池技术. 北京: 机械工业出版社.

卢高庆, 韩海伦, 杨德轩, 等. 2014. 基于半导体制冷技术的动力电池箱热管理应用研究. 电子世界, (3): 186-188.

罗尧治. 2007. 大跨距储煤结构: 设计与施工. 北京: 中国电力出版社.

罗耀东. 2021. 飞轮储能参与电网一次调频控制方法研究. 济南: 山东大学.

马骁. 2010. 电动汽车锂离子电池温度特性与加热管理系统研究. 北京: 北京理工大学.

缪平, 姚祯, 刘庆华, 等. 2020. 电池储能技术研究进展及展望. 储能科学与技术, 9(3): 670-678.

彭林峰, 贾欢欢, 丁庆, 等. 2020. 基于无机钠离子导体的固态钠电池研究进展. 储能科学与技术, 9(5): 1370-1382.

乔亮波, 张晓虎, 孙现众, 等. 2022. 电池-超级电容器混合储能系统研究进展. 储能科学与技术, 11(1): 98-106.

沈左松. 2003. 铅酸蓄电池正极性能提高的研究. 哈尔滨: 哈尔滨工程大学.

师慧娟, 陆冰沪, 樊小伟, 等. 2021. 电解铜箔表面处理技术及添加剂研究进展. 中国有色金属学报, 31(5): 1270-1284.

石小冬. 2008. 封闭式储煤设施的评价与比选. 内蒙古煤炭经济, (1): 48-50.

水电水利规划设计总院. 2018. 抽水蓄能电站技术与发展. 北京: 中国水利水电出版社.

索科洛夫 B A, 邱郁文. 1990. 石油和天然气地球化学普查的科学原理. 世界地质, (3): 103-117.

汤匀, 岳芳, 郭楷模, 等. 2022. 下一代电化学储能技术国际发展态势分析. 储能科学与技术, 11(1): 89-97.

田刚领, 张柳丽, 牛哲荟, 等. 2021. 集装箱式储能系统热管理设计. 电源技术, 45(3): 317-319, 329.

涂伟超, 李文艳, 张强, 等. 2020. 飞轮储能在电力系统的工程应用. 储能科学与技术, 9(3): 869-877.

汪翔, 陈海生, 徐玉杰, 等. 2017. 储热技术研究进展与趋势. 科学通报, 62(15): 1602-1610.

汪训国, 韩波涛. 2016. 一种铅炭电池负极的制备方法. 中国. CN201610658027.9.

王朝晖. 2013. 天然气吸附储运技术工艺研究. 广州: 华南理工大学.

王连成, 柳玉涛. 2019. 煤炭储存系统的发展. 港工技术, 56(1): 34-37.

王明菊, 王辉. 2021. 飞轮储能的原理及应用前景分析. 能源与节能, (4): 27-28, 54.

王瑞和, 张卫东, 孙友. 2007. 石油天然气工业概论. 东营: 中国石油大学出版社.

王睿佳. 2021. 飞轮储能在电力系统的应用和发展前景. 中国电业, (5): 21-23.

王霞, 王利恩. 熔融盐储热技术在新能源行业中的应用进展. 电气制造, (10): 74-78.

王晓丽, 张宇, 张华民. 2015. 全钒液流电池储能技术开发与应用进展. 电化学, 21(5): 433-440.

王遇冬. 2007. 天然气处理原理与工艺. 北京: 中国石化出版社.

王钊, 赵志博, 关士友. 2016. 超级电容器的应用现状及发展趋势. 江苏科技信息, (27): 69-71.

韦笑余. 2021. 高镁锂比盐湖卤水提锂新型萃取体系的开发及应用基础研究. 北京: 北京化工大学.

吴卫国. 2020. 大型电池电芯卷绕机关键结构及控制系统的设计与研究. 佛山: 佛山科学技术学院.

吴永宽. 1984. 煤炭. 北京: 能源出版社.

吴玉庭, 任楠, 马重芳. 2013. 熔融盐显热蓄热技术的研究与应用进展. 储能科学与技术, 2(6): 586-592.

吴玉庭, 宋阁阁, 张灿灿, 等. 2021. 超临界压缩空气储能系统蓄冷换热器优化设计. 储能科学与技术, 10(4): 1374-1379.

夏清, 贾绍义. 2011. 化工原理. 2 版. 天津: 天津大学出版社.

肖宇, 彭子龙, 何京东, 等. 2019. 科技创新助力构建国家能源新体系. 中国科学院院刊, 34(4): 385-391.

肖云飞. 2011. 改善铅酸蓄电池正极性能的研究. 杭州: 浙江工业大学.

谢聪鑫, 郑琼, 李先锋, 等. 2017. 液流电池技术的最新进展. 储能科学与技术, 6(5): 1050-1057.

谢刚. 熔融盐理论与应用. 1998. 北京: 冶金工业出版社.

解京选, 武建军. 2008. 煤炭加工利用概论. 徐州: 中国矿业大学出版社.

熊伟平, 郑觉平, 吴金水. 2018. 冲绳海水抽水蓄能电站概况、技术特点及借鉴. 水电与抽水蓄能, 4(6): 56-66, 12.

许志华. 1988. 煤炭加工利用概论. 徐州: 中国矿业大学出版社.

薛飞宇, 梁双印. 2020. 飞轮储能核心技术发展现状与展望. 节能, 39(11): 119-122.

闫霆. 2016. 中低温热化学吸附储热机理及实验研究. 上海: 上海交通大学.

闫霆, 王文欢, 王程遥. 2018. 化学储热技术的研究现状及进展. 化工进展, 37(12): 4586-4595.

杨济宇. 2014. 大型煤炭储运装系统设计. 北京: 华北电力大学.

杨菁, 刘高瞻, 沈麟, 等. 2020. NASICON 结构钠离子固体电解质及固态钠电池应用研究进展. 储能科学与技术, 9(5): 1284-1299.

杨毅. 2003. 天然气地下储气库建库研究. 成都: 西南石油学院.

杨裕生. 2021. 铅炭电池理应成为大规模储能的首选. 中国能源报, 2021-9-13 第 2 版.

叶冀升. 1998. 广州抽水蓄能电站建设的科技进步成果. 水力发电学报, (3): 87-97.

叶家业. 2020. 全钒液流电池复合隔膜的结构调控与性能研究. 重庆: 重庆大学.

叶文美. 2016. 电解液添加剂对阀控式铅酸蓄电池性能影响的研究. 福建: 福州大学.

原鲜霞. 2002. MH-Ni 电池用 AB_5 型贮氢合金电化学行为的研究. 北京: 中国科学院研究生院.

曾乐才. 2012. 储能锂离子电池产业化发展趋势. 上海电气技术, 5(1): 43-48.

曾正, 邵伟华, 宋春伟, 等. 2016. 电压源逆变器典型控制方法的电路本质分析. 中国电机工程学报, 36(18): 4980-4989, 5123.

张华民. 2022. 液流电池储能技术及应用. 北京: 科学出版社.

张华民, 赵平, 周汉涛, 等. 2005. 钒氧化还原液流储能电池. 能源技术, 26(1): 23-26.

张坤, 彭勃, 郭姣姣, 等. 2016. 化学储能技术在大规模储能领域中的应用现状与前景分析. 电力电容器与无功补偿, 37(2): 54-59, 66.

张璐. 2021. 高容量储能电池负极材料研究. 长春: 吉林大学.

张清林. 2014. 国内外石油储罐典型火灾案例剖析. 天津: 天津大学出版社.

张维煜, 朱熀秋. 2011. 飞轮储能关键技术及其发展现状. 电工技术学报, 26(7): 141-146.

张翔. 2019. 飞轮储能系统高速永磁同步电动/发电机控制关键技术研究. 杭州: 浙江大学.

张新敏, 陈海生, 刘金超, 等. 2012. 压缩空气储能技术研究进展. 储能科学与技术, 1(1): 26-40.

张阳, 曾福庚. 2022. 数据压缩与人工智能的数学研究. 新疆师范大学学报(自然科学版), 41(1): 1-7.

张宇, 张华民. 2013. 电力系统储能及全钒液流电池的应用进展. 新能源进展, 1(1): 106-113.

张正国, 方晓明, 凌子夜. 2021. 储热材料及应用. 北京: 化学工业出版社.

周怀阳, 彭小彤, 叶瑛. 2000. 天然气水合物. 北京: 海洋出版社.

周江, 单路通, 唐博雅, 等. 2020. 水系可充锌电池的发展及挑战. 科学通报, 65(32): 3562-3596.

周权, 戚兴国, 陆雅翔, 等. 2020. 钠离子电池标准制定的必要性. 储能科学与技术, 9(5): 1225-1233.

朱信龙, 王均毅, 潘加爽, 等. 2022. 集装箱储能系统热管理系统的现状及发展. 储能科学与技术, 11(1): 107-118.

Alva G, Lin Y X, Fang G Y. 2018. An overview of thermal energy storage systems. Energy, 144(Feb.1): 341-378.

Amiryar M E, Pullen K R. 2017. A review of flywheel energy storage system technologies and their applications. Applied Sciences, 7(3): 286.

Amit J, Karan J, Aman B, et al. 2006. Voltage regulation with STATCOMs: Modeling, control and results. IEEE Transaction on Power Delivery, 21(2): 726-735.

Armand M, Touzain P. 1977. Graphite intercalation compounds as cathode materials. Materials Science and Engineering, 31: 319-329.

Ashtiani C N, Stuart T A. 2005. Battery self-warming mechanism using the inverter and the battery main disconnect circuitry. US, US09224467.

Banik S J, Akolkar R. 2015. Suppressing dendritic growth during alkaline zinc electrodeposition using polyethylenimine additive. Electrochimica Acta, 179: 475-481.

Bartek K, Adrian A. 2010. Improvement of low temperature performance of SAM EV-Ⅱ Li-ion battery pack by applying active thermal management based on Peltier elements. Shenzhen: Proceedings of the 25th World Battery, Hybrid and Fuel Cell Electric Vehicle Symposium: 1-5.

Behm R J, Laruelle S, Armand M, et al. 2019. Impact of the electrolyte salt anion on the solid electrolyte interphase formation in sodium ion batteries. Nano Energy, 55: 327-340.

Bommier C, Surta T W, Dolgos M, et al, 2015. New mechanistic insights on Na-ion storage in nongraphitizable carbon. Nano Letters, 15(9): 5888-5892.

Buckles W, Hassenzahl W V. 2000. Superconducting magnetic energy storage. IEEE Power Engineering Review, 20(5): 16-20.

Bui K M, Dinh V A, Okada S, et al. 2015. Hybrid functional study of the NASICON-type $Na_3V_2(PO_4)_3$: Crystal and electronic structures, and polaron-Na vacancy complex diffusion. Physical Chemistry Chemical Physics, 17(45): 30433-30439.

Chen H S, Cong T N, Wei Y, et al. 2009. Progress in electrical energy storage system: A critical review. Progress in Natural Science, 19(3): 291-312.

Choi C, Kim S, Kim R, et al. 2017. A review of vanadium electrolytes for vanadium redox flow batteries. Renewable and Sustainable Energy Reviews, 69(Mar.): 263-274.

Eshetu G G, Grugeon S, Kim H, et al. 2016. Comprehensive insights into the reactivity of electrolytes based on sodium ions. ChemSusChem, 9(5): 462-471.

Gbenou S, Fopah-Lele A, Wang K. 2021. Recent status and prospects on thermochemical heat storage processes and applications. Entropy, 23(8): 953.

Guerrero J M, Vasquez J C, Matas J, et al. 2011. Hierarchical control of droop-controlled ac and dc microgrids: A general approach toward standardization. IEEE Transaction on Industrial Electronics, 58(1): 158-172.

Gupta S, Wai N, Lim T M, et al. 2016. Force-field parameters for vanadium ions (+2, +3, +4, +5) to investigate their interactions within the vanadium redox flow battery electrolyte solution. Journal of Molecular Liquids,

215: 596-602.

Hande A, Stuart T A. 2002. AC heating for EV/HEV batteries. Auburn Hills, Michigan: 7th Workshop on Power Electronics in Transportation (WPET 2002): 119-124.

Hande A, Stuart T A. 2004. A selective equalizer for NiMH batteries. Journal of Power Sources, 138(1-2): 327-339.

Hassenzahl W. 1989. Superconducting magnetic energy storage. IEEE Transactions on Magnetics, 25(2): 750-758.

Hieu D, Joon S, Yudi Y. 2018. Dry electrode coating technology. Denver: 48th Power Sources Conference: 33-36.

Hu J, Yue M, Zhang H, et al. 2020. A boron nitride nanosheets composite membrane for a long-life zinc-based flow battery. Angewandte Chemie International Edition, 59 (17): 6715-6719.

Huang Q, Wang Q. 2015. Next-generation, high-energy-density redox flow batteries. ChemPlusChem, 80(2): 312-322.

Jang W I, Lee J W, Baek Y M, et al. 2016. Development of a PP/carbon/CNT composite electrode for the zinc/bromine redox flow battery. Macromolecular Research, 24(3): 276-281.

Ji Y, Wang C Y. 2013. Heating strategies for Li-ion batteries operated from subzero temperature. Electrochimica Acta, 107: 664-674.

Jiang B, Wei Y, Wu J, et al. 2021. Recent progress of asymmetric solid-state electrolytes for lithium/sodium-metal batteries. EnergyChem, 3(5): 100058.

Jiang H R, Wu M C, Ren Y X, et al. 2018. Towards a uniform distribution of zinc in the negative electrode for zinc bromine flow batteries. Applied Energy, 213(Mar.1): 366-374.

Jing Q K, Zhang J L, Liu Y B, et al. 2020. Direct regeneration of spent LiFePO$_4$ cathode material by a green and efficient one-step hydrothermal method. ACS Sustainable Chemistry & Engineering, 8(48): 17622-17628.

Kim K J, Park M S, Kim Y J, et al. 2015. A technology review of electrodes and reaction mechanisms in vanadium redox flow batteries. Journal of Materials Chemistry A, 3(33): 16913-16933.

Koçak B, Fernandez A I, Paksoy H. 2020. Review on sensible thermal energy storage for industrial solar applications and sustainability aspects. Solar Energy, 209(Oct.): 135-169.

Kubota K, Yoda Y, Komaba S. 2017. Origin of enhanced capacity retention of P2-type $Na_{2/3}Ni_{1/3-x}Mn_{2/3}Cu_xO_2$ for Na-ion batteries. Journal of the Electrochemical Society, 164(12): A2368-A2373.

Lancry E, Magnes B Z, Ben-David I, et al. 2013. New bromine complexing agents for bromide based batteries. ECS Transactions, 53(7): 107-115.

Lee R J, Beene J L, Jeffrey D P, et al. 1994. Battery warmer: U. S. Patent 5281792. 1-25.

Li B, Zhang X, Wang T, et al. 2022. Interfacial engineering strategy for high-performance Zn metal anodes. Nano-Micro Letters, 14(1): 121-151.

Li G. 2016. Sensible heat thermal storage energy and exergy performance evaluations. Renewable and Sustainable Energy Reviews, 53(Jan.): 897-923.

Li X, Palazzolo A. 2022. A review of flywheel energy storage systems: State of the art and opportunities. Journal of Energy Storage, 46(Feb.): 103576.

Li Y X, Li C C, Lin N Z, et al. 2021. Review on tailored phase change behavior of hydrated salt as phase change materials for energy storage. Materials Today Energy, 22: 100866.

Li Z, Liu P, Zhu K, et al. 2021. Solid-state electrolytes for sodium metal batteries. Energy & Fuels, 35(11): 9063-9079.

Lin W Z, Wang Q H, Fang X M, et al. 2018. Experimental and numerical investigation on the novel latent heat exchanger with paraffin/expanded graphite composite. Applied Thermal Engineering, 144: 836-844.

Lu Y, Chen J. 2020. Prospects of organic electrode materials for practical lithium batteries. Nature Reviews Chemistry, 4(3): 127-142.

Lu Y, Zhang Q, Li L, et al. 2018. Design strategies toward enhancing the performance of organic electrode materials in metal-ion batteries. Chem, 4(12): 2786-2813.

Luongo C A, Baldwin T, Ribeiro P, et al. 2003. A 100 MJ SMES demonstration at FSU-CAPS. IEEE Transactions on Applied Superconductivity, 13(2): 1800-1805.

MacFarlane D R, Choi J, Suryanto B H R, et al. 2020. Liquefied sunshine: Transforming renewables into fertilizers and energy carriers with electromaterials. Advanced Materials, 32(18): 1904804.

Mauritz K A, Moore R B. 2004. State of understanding of Nafion. Chemical Reviews, 104(10): 4535-4585.

McLarnon F R, Cairns E J. 1989. Energy storage. Annual Review of Energy, 14(1): 241-271.

Meng J T, Tang Q, Zhou L Q, et al. 2020. A stirred self-stratified battery for large-scale energy storage. Joule, 4(4): 953-966.

Mousavi G S M, Faraji F, Majazi A, et al. 2017. A comprehensive review of flywheel energy storage system technology. Renewable and Sustainable Energy Reviews, 67(Jan.): 477-490.

Munaiah Y, Suresh S, Dheenadayalan S. 2014. Comparative electrocatalytic performance of single-walled and multiwalled carbon nanotubes for zinc bromine redox flow batteries. The Journal of Physical Chemistry C, 118(27): 14795-14804.

Noriaki K, Kenji H, Yuichiro Y, et al. 2011. A lithium superionic conductor. Nature materials, 10(9): 682-686.

Nourai A. 2002. Large-scale electricity storage technologies for energy management. Power Engineering Society Summer Meeting, 1: 310-315.

Olabi A G, Wilberforce T, Abdelkareem M A, et al. 2021. Critical review of flywheel energy storage system. Energies, 14(8): 2159.

Park M, Jung Y J, Kim J, et al. 2013. Synergistic effect of carbon nanofiber/nanotube composite catalyst on carbon felt electrode for high-performance all-vanadium redox flow battery. Nano Letters, 13(10): 4833-4839.

Pesaran A, Vlahinos A, Stuart T. 2003. Cooling and preheating of batteries in hybrid electric vehicles. 6th ASME-JSME Thermal Engineering Joint Conference.

Qian J, Wu C, Cao Y, et al. 2018. Prussian blue cathode materials for sodium-ion batteries and other ion batteries. Advanced Energy Materials, 8(17): 1702619.

Qiu J, Zhai M, Chen J, et al. 2009. Performance of vanadium redox flow battery with a novel amphoteric ion exchange membrane synthesized by two-step grafting method. Journal of Membrane Science, 342(1-2): 215-220.

Qiu S, Xiao L, Sushko M L, et al. 2017. Manipulating adsorption-insertion mechanisms in nanostructured carbon materials for high-efficiency sodium ion storage. Advanced Energy Materials, 7(17): 1700403.

Roy K, Amos U, Abraham D. 2012. Thermodynamic and hydrodynamic response of compressed air energy storage reservoirs: A review. Reviews in Chemical Engineering, 28(2-3): 123-148.

Ruan H, Jiang J, Sun B, et al. 2016. A rapid low-temperature internal heating strategy with optimal frequency based on constant polarization voltage for lithium-ion batteries. Applied Energy, 177 (Sep.1): 771-782.

Satola B. 2021. Review: Bipolar plates for the vanadium redox flow battery. Journal of the Electrochemical Society, 168(6): 060503.

Saurel D, Orayech B, Xiao B W, et al. 2018. From charge storage mechanism to performance: A roadmap toward high specific energy sodium-ion batteries through carbon anode optimization. Advanced Energy Materials, 8(17): 1703268.

Shao Y, El-Kady M F, Sun J, et al. 2018. Design and mechanisms of asymmetric supercapacitors. Chemical Reviews, 118(18): 9233-9280.

Shi R, Jiao S, Yue Q, et al. 2022. Challenges and advances of organic electrode materials for sustainable secondary batteries. Exploration, 2(4): 20220066.

Skyllas-Kazacos M, Cao L, Kazacos M, et al. 2016. Vanadium electrolyte studies for the vanadium redox battery: A review. ChemSusChem, 9(13): 1521-1543.

Stevens D A, Dahn J R. 2000. High capacity anode materials for rechargeable sodium-ion batteries. Journal of the Electrochemical Society, 147(4): 1271-1273.

Sung J, Shin C. 2020. Recent studies on supercapacitors with next-generation structures. Micromachines, 11(12): 1125.

Tang B Y, Shan L T, Liang S Q, et al. 2019. Issues and opportunities facing aqueous zinc-ion batteries. Energy & Environmental Science, 12(11): 3288-3304.

Tang B, Jaschin P W, Li X, et al. 2020. Critical interface between inorganic solid-state electrolyte and sodium metal. Materials Today, 41: 200-218.

Tarascon J M, Armand M. 2001. Issues and challenges facing rechargeable lithium batteries. Nature, 414(6861): 359-367.

Tatsidjodoung P, Le Pierrès N, Luo L. 2013. A review of potential materials for thermal energy storage in building applications. Renewable and Sustainable Energy Reviews, 18: 327-349.

Terashita F, Takagi S, Kohjiya S, et al. 2005. Airtight butyl rubber under high pressures in the storage tank of CAES-G/T system power plant. Journal of Applied Polymer: Science, 95(1): 173-177.

Vulusala G V S, Madichetty S. 2018. Application of superconducting magnetic energy storage in electrical power and energy systems: A review. International Journal of Energy Research, 42(2): 358-368.

Wang C Y, Zhang G, Ge S, et al. 2016. Lithium-ion battery structure that self-heats at low temperatures. Nature, 529(7587): 515-518.

Wang C, Lai Q, Xu P, et al. 2017. Cage-like porous carbon with superhigh activity and Br_2-complex-entrapping capability for bromine-based flow batteries. Advanced Materials, 29(22): 1605815.

Wang C, Li X, Xi X, et al. 2016. Bimodal highly ordered mesostructure carbon with high activity for Br_2/Br^- redox couple in bromine based batteries. Nano Energy, 21: 217-227.

Wang L, Wang J, Zhang X, et al, 2017. Unravelling the origin of irreversible capacity loss in $NaNiO_2$ for high voltage sodium ion batteries. Nano Energy, 34: 215-223.

Wu M C, Zhao T S, Jiang H R, et al. 2017. High-performance zinc bromine flow battery via improved design of electrolyte and electrode. Journal of Power Sources, 355(Jul.1): 62-68.

Wu X, Liu J, Xiang X, et al. 2014. Electrolytes for vanadium redox flow batteries. Pure and Applied Chemistry, 86(5): 661-669.

Wu X, Wu C, Wei C, et al. 2016. Highly crystallized $Na_2CoFe(CN)_6$ with suppressed lattice defects as superior cathode material for sodium-ion batteries. ACS Applied Materials & Interfaces, 8(8): 5393-5399.

Yang H S, Park J H, Ra H W, et al. 2016. Critical rate of electrolyte circulation for preventing zinc dendrite formation in a zinc-bromine redox flow battery. Journal of Power Sources, 325(Sep.1): 446-452.

Yang J H, Yang H S, Ra H W, et al. 2015. Effect of a surface active agent on performance of zinc/bromine redox flow batteries: Improvement in current efficiency and system stability. Journal of Power Sources, 275: 294-297.

Yang Z, Zhang J, Kintner-Meyer M C W, et al. 2011. Electrochemical energy storage for green grid. Chemical Reviews, 111(5): 3577-3613.

Yao M, Yuan Z, Li S, et al. 2021. Scalable assembly of flexible ultrathin all-in-one zinc-ion batteries with highly stretchable, editable, and customizable functions. Advanced Materials, 33(10): 2008140.

Yu L, Wang L, Yu L, et al. 2019. Aliphatic/aromatic sulfonated polyimide membranes with cross-linked structures for vanadium flow batteries. Journal of Membrane Science, 572: 119-127.

Yu W H, Guo Y, Shang Z, et al. 2022. A review on comprehensive recycling of spent power lithium-ion battery in China. eTransportation, 11: 100155.

Zhang H, Lu W, Li X. 2019. Progress and perspectives of flow battery technologies. Electrochemical Energy Reviews, 2(3): 492-506.

Zhang J, Ge H, Li Z, et al. 2015. Internal heating of lithium-ion batteries using alternating current based on the heat generation model in frequency domain. Journal of Power Sources, 273(Jan.1): 1030-1037.

Zhang X, Kong X, Li G, et al. 2014. Thermodynamic assessment of active cooling/heating methods for lithium-ion batteries of electric vehicles in extreme conditions. Energy, 64(Jan.1): 1092-1101.

Zhang Y, Wan F, Huang S, et al. 2020. A chemically self-charging aqueous zinc-ion battery. Nature Communications, 11: 2199.

Zhu J C, Yao M J, Huang S, et al. 2020. Thermal-gated polymer electrolytes for smart zinc-ion batteries. Angewandte Chemie International Edition, 59(38): 16480-16484.